셀프트래블

스위스

셀프트래블

스위스

개정 7판 1쇄 | 2026년 5월 4일

글과 사진 | 맹현정, 조원미

발행인 | 유철상
편집 | 성도연, 김가은
디자인 | 주인지, 박서연
마케팅 | 조종삼

펴낸 곳 | 상상출판
주소 | 서울특별시 동대문구 왕산로28길 37, 2층(용두동)
구입 · 내용 문의 | **전화** 02-963-9891(편집), 070-8854-9915(마케팅)
팩스 02-963-9892 **이메일** sangsang9892@gmail.com
등록 | 2009년 9월 22일(제305-2010-02호)
찍은 곳 | 다라니
종이 | ㈜월드페이퍼

※ 가격은 뒤표지에 있습니다.

ISBN 979-11-6782-239-0(14980)
ISBN 979-11-86517-10-9(set)

© 2026 맹현정, 조원미

www.esangsang.co.kr

셀프트래블 스위스

프리미엄 해외여행 가이드북

맹현정 · 조원미 지음

상상출판

Carrozza panoramica
Carrozza panoramic

Janice Says 우리의 책은 최초의 한국어 스위스 가이드북으로 시작해서, 여러 차례 개정을 거치며 십 년 이상 많은 분들의 스위스 여행서로 사랑받아 왔다. 현재도 각자 스위스 관광업에 종사하고 있는 우리는 책 속에 스위스의 최신 여행 트렌드를 반영하기 위해 끊임없이 노력을 기울여 왔으며, 책의 내용도 지속적으로 업데이트하였다.

최근에는 스위스를 다양한 시각으로 소개하는 여러 책들이 출간되었고, AI는 벌써 여행의 새로운 안내자로 깊숙이 자리잡아 가고 있다. 이러한 시대적 흐름 속에서 개정을 준비하며 Jay와 시작부터 많은 고민을 나눴다. 그래도 각 20년 이상 스위스를 경험해 온 여행 전문가인 우리가 앞으로 여행자들에게 어떤 도움을 줄 수 있을지가 중요한 고민의 지점이었다. 여행은 실체적 경험이다. 같은 장소라도 여행자마다 느끼는 감각과 취향은 모두 다르기에, 단순한 정보만으로는 그 설렘과 맥락을 전하기 어렵다. 우리는 스위스의 팔색조 매력을 우리의 발걸음과 시선을 담아 안내하며, 여행자가 길 위에서 직접 느끼고 체험할 수 있는 경험을 테마별로 제안하고자 했다. 동시에 우리가 경험했던 호텔, 레스토랑 들은 AI로 재검증하고, 여행 앱을 통해 호텔을 예약하는 여행 트렌드를 반영해 관련 페이지들은 과감히 줄었다.

스위스의 자연은 힘이 있다. 영국 시인 윌리엄 워즈워스는 생전에 알프스를 걸으며 경험했던 여행의 기억을 계속 떠올렸다. 그 기억을 되새길 때마다 그는 그의 영혼이 힘을 얻는다는 것을 깨달았다. 그래서 그는 자연 속에서 각인된 이러한 경험을 '시간의 점'이라 명명했다. '시간의 점'들은 재생의 힘이 있어, 이 힘은 우리를 파고 들어와 인생을 사는 동안 높이 오를 때는 더 높이 오를 수 있도록 해주고, 낙심할 때는 다시 일으켜 세워준다고 말했다. 스위스 알프스 여행을 꿈꾸는 많은 여행자는 아름다운 대자연 속에서의 나를 꿈꾸며 스위스로 향한다. 스위스 대자연 속에서 만들어질 여행자들의 '시간의 점'은 때론 지치고 낙심하는 현실의 삶 속에서 다시금 살아가고자 하는 힘이 될 수 있으리라 생각한다. 지금 이 순간 이 책과 함께 '시간의 점'을 만들어가고 있을 여행자들을 Jay와 함께 응원한다.

Always Thanks to 책을 만들기까지 감사드릴 분들이 참 많다. 인생 선배이자 든든한 동료가 되어주는 Jay 덕분에 이 책도 존재하며, 늘 많이 고맙다. 그리고 한 번 가본 스위스 여행 중 알프스가 너무 감동적이라며 눈물을 흘렸던 F 남편 김창겸, 의젓하고 든든한 청년이 되어가는 아들 김온유 외, 늘 기도하고 응원해주는 사랑하는 가족들, 매 순간 버팀목이 되어주는 든든한 지인들과 여행업계분들, 여러 스위스 친구들을 비롯하여 늦어지는 원고에 맘 고생하셨을 상상출판 유철상 대표님, 성도연 에디터님, 주인지 디자이너님 특히 감사하다. 그리고 부족한 자의 매일을 귀하게 허락해주시는 하나님 아버지께 진심으로 감사드린다.

다시, 스위스의 설렘 앞에 서서

솔직히 고백하자면, 출판사로부터 개정판 요청을 다시 받았을 때 선뜻 마음이 움직이지 않았다. 세상은 이미 정보의 홍수 속에 있고, 특히 무엇이든 즉각 대답해주는 AI의 등장은 '과연 종이 가이드북이 여전히 유효한가?'라는 근본적인 질문을 내게 던졌기 때문이다. 하지만 나를 다시 일으켜 세운 건 공동 집필자 Janice의 단단한 의지, 그리고 변함없는 믿음을 보내준 출판사 분들의 격려였다. 그렇게 무거운 마음으로 다시 들여다본 스위스는 신기하게도 내 안에 잠자고 있던 열정을 불러일으켰다. 지면 위에 정보를 채워 넣을수록 가이드북에 대한 애정도 다시 선명해졌다.

AI라는 동료와 함께한 치열한 여정

이번 개정판은 조금 특별하다. 나의 오랜 경험과 배경지식 위에 AI의 방대한 데이터를 더해 보았다. 작업 과정은 마치 살아 있는 동료와 열띤 토론을 하는 것 같았다. AI와 의견이 날카롭게 충돌할 때의 긴장감, 그리고 전혀 예상치 못한 지점에서 의견이 완벽히 일치했을 때 느꼈던 기묘한 희열은 이번 작업을 단순한 정보 업데이트 이상의 '프로젝트'로 만들어 주었다. 이 책에는 기술의 효율성과 인간의 통찰력이 치열하게 맞붙고 화해하며 만들어 낸 최선의 결과물들이 담겨 있다.

여행, 내면과 목적지가 만나는 순간

스위스는 여전히 아름답다. 다만 여행자들에게 꼭 전하고 싶은 말이 있다. 타인의 시선이나 알고리즘의 정보에만 의지하지 말아 달라는 것이다. 여행은 내면과 낯선 여행지가 만나는 사적인 대화다. 자신의 취향을 나침반 삼아 스위스의 공기를 깊게 마셔보길 바란다. 때로는 길을 잃거나 작은 실수를 마주하더라도, 그조차 여행의 찬란한 조각임을 잊지 않았으면 한다. 어려움 속에서도 미소 짓게 되는 것, 그것이 스위스의 마법이다. 이 책이 당신만의 스위스를 찾는 든든한 길잡이가 되길 진심으로 바란다.

Always thanks to 상상출판 유철상 대표님, 주인지 디자이너님, 성도연 에디터님. 든든한 남편 임종범과 아들 동후. 엄마 윤재희 님과 모든 가족들. 스위스 여행산업 동료들. 마지막으로, 물방울 무늬 원피스 인연으로 영혼의 단짝이 된 원미(Janice Jo) 작가에게 무한한 애정을 보낸다.

그리고 수고했다, 맹현정.

CONTENTS
목차

Mission in Switzerland

Enjoy Switzerland

Step to Switzerland

일러두기

❶ 주요 지역 소개

『스위스 셀프트래블』에선 스위스의 취리히, 베른, 바젤, 제네바, 루가노, 융프라우 등 크게 9곳의 지역을 다룹니다. 또한, 이 지역과 인접한 주변 지역들도 다양하게 다루고 있습니다. 지역별 주요 스폿은 관광명소, 액티비티, 쇼핑, 식당, 숙소 순으로 소개하고 있으니 참고 바랍니다.

❷ 알차디알찬 여행 핵심 정보

Mission in Switzerland 스위스에서 놓치면 100% 후회할 볼거리, 음식, 쇼핑 아이템 등 재미난 정보를 테마별로 한눈에 보여줍니다. 필요한 것만 쏙쏙~ 골라보세요.

Enjoy Switzerland 스위스의 지역별 주요 명소를 상세하게 소개합니다. 주소, 위치, 홈페이지 등 상세 정보는 물론, 유용한 Tip도 수록해 두었습니다.

Step to Switzerland 스위스로 떠나기 전 꼭 필요한 여행 정보를 모았습니다. 스위스의 일반 정보, 출입국 수속, 교통 패스, 기본 영어회화 등을 실어 초보 여행자도 어렵지 않게 여행할 수 있습니다.

❸ 원어 표기

최대한 외래어 표기법을 기준으로 표기했으나 몇몇 지역명, 관광명소와 업소의 경우 현지에서 사용 중인 한국어 안내와 여행자들에게 익숙한 이름을 택했습니다.

❹ 정보 업데이트

이 책에 실린 모든 정보는 2026년 4월까지 취재한 내용을 기준으로 하고 있습니다. 현지 사정에 따라 요금과 운영시간 등이 변동될 수 있으니 여행 전에 한 번 더 확인하시길 바랍니다.

❺ 구글 맵스 GPS 활용법

이 책에 소개된 주요 명소에는 구글 맵스의 GPS 좌표를 표시해 두었습니다. 스마트폰 앱 구글 맵스 Google Maps 혹은 www.google.co.kr/maps로 접속해 검색창에 GPS 좌표를 입력하면 빠르게 위치를 체크할 수 있습니다. '길찾기' 버튼을 터치하면 현재 위치에서 목적지까지의 경로도 확인 가능합니다.

GPS 47.164949, 8.517402

❻ 지도 활용법

이 책의 지도에는 아래와 같은 부호를 사용하고 있습니다.

주요 아이콘

- ● 관광명소, 기타명소
- ℝ 레스토랑, 카페 등 식사할 수 있는 곳
- Ⓢ 백화점, 슈퍼마켓, 기념품 숍 등 쇼핑할 수 있는 곳
- Ⓗ 호텔, 호스텔, 팜 스테이 등 숙소
- Ⓐ 스파, 크루즈, 하이킹 등 액티비티를 즐길 수 있는 곳
- Ⓝ 클럽, 바 등 나이트라이프를 즐기기 좋은 곳

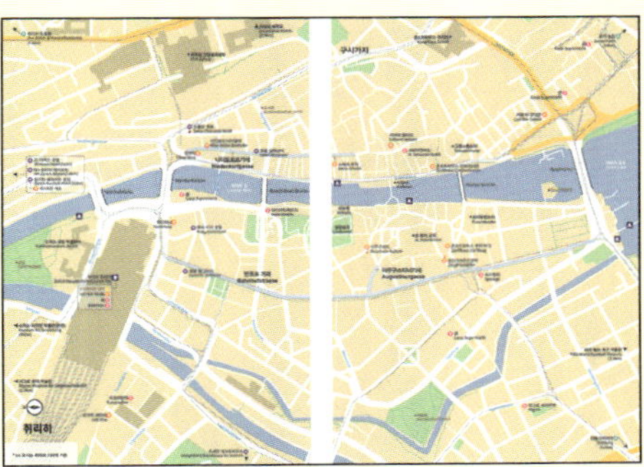

스위스 전도

프랑스
BASEL
바젤(p.132)
Rheinfelden
Reinach
Liestal
Porrentruy
Aarau
St-Ursanne
Delémont
Olten
Zofingen
Solothurn
Grenchen
Langenthal
BIEL/BIENNE
La Chaux-de-Fonds
Bielersee
Le Locle
Neuchâtel
Entlebuch
Pilatus
(2,120m)
베른(p.210)
BERN
Lac de Neuchâtel
Avenches
Belp
Ste-Croix
Fribourg/Freiburg
Payerne
Brienzer Rothorn
Yverdon les-Bains
Thun
Brienz
Interlaken
Brienzersee
Thunersee
인터라켄(p.252)
Le Pont
Spiez
Wilderswil
Grindelwa
Le Brassus
Lauterbrunnen
Wengen
로잔(p.360)
Gruyères
LAUSANNE
Zweisimmen
Mürren
Jungfraujoch
(3,454m)
Morges
Vevey
St-Cergue
Gstaad
Rolle
Lac Léman
Rocher de Naye
Kandersteg
Montreux
Bettmeralp
Nyon
Leysin
Leukerbad
Riederalp
Les Diablerets
(3,210m)
Crans-Montana
Aigle
Leuk
Visp
Brig
제네바(p.336)
Sierre
GENEVA
Monthey
Sion
Carouge
Simplon
Saas Fee
Martigny
Verbier
Täsch
Zermatt
체르마트(p.296)
Matterhorn
(4,634m)
Monte Rosa(4,634m)

독일
Neuhausen
Schaffhausen
Stein am Rhein
Kreuzlingen
Bodensee
urzach
WINTERTHUR
Rorschach
ST. GALLEN
ZÜRICH
취리히(p.74)
Gossau
Hesirau
Appenzell
Säntis
(2,120m)
오스트리아
Rapperswil
Zürichsee
Zug
Vaduz
체른(p.162)
JZERN
Einsiedeln
Walensee
리히텐슈타인
Küsnacht a. R.
Rigi(1,798m)
Glarus
Sargans
Weggis
Schwyz
Bad Ragaz
erwaldsättersee
Arth-Goldau
Landquart
Samnaun
Stans
Braunwald
Flüelen
Altdorf
Chur
Klosters
Flims
Engelberg
Laax
Davos
Scuol
Titlis(3,238m)
Disentis
Vals
Müstair
Andermatt
St. Moritz
Pontresina
생 모리츠(p.424)
Bedretto
Silvaplana
Biasca
Poschiavo
Bosco/Gurin
Locarno
Bellinzona
Ascona
루가노(p.390)
LUGANO
Lago di Lugano
Lago Maggiore
Morcote
Mendrisio
이탈리아
Chiasso

SWITZERLAND at a Glance
스위스 기초 정보

+ 국명
스위스 연방
(The Swiss Confederation)

+ 수도
베른(Bern, 인구 약 14만 4천 명). 구시가지 전체가 유네스코 세계문화유산에 등재될 만큼 아름다운 도시이다.

+ 인구와 면적
스위스의 인구는 약 901만 명으로 세계 100위에 해당한다. 면적은 41,290km²로 한반도의 약 1/5 크기에 이르는 작은 나라다(세계 132위).

+ 국가(國歌)
스위스 찬가(Schweizerpsalm)

+ 물가(슈퍼마켓, 미그로 기준가)
스위스의 물가는 상당히 비싼 편이다. 여행 중 예상치 못한 지출이 발생하기도 하므로 미리 여행 계획을 짤 때 충분히 여유 있게 예산을 잡고 가야 한다.
코카콜라 500mL 1개 CHF 1.5
비텔 생수 1.5L 1개 CHF 1.15
맥주(Eichhof) 500mL 1개 CHF 2.2
클래식 바게트(260g) 1개 CHF 2

맥도날드 빅맥
USD 7.99(빅맥지수 세계 1위, 2026년 기준)

+ 통화 및 환율
통화 단위는 스위스 프랑(CHF). 하위 단위로는 라펜(Rp, 독일어), 상팀(Ct, 프랑스어)이 있다. 지폐는 CHF 10, 20, 50, 100, 200, 1000 단위가 있다. 유로 화폐(EUR)의 경우 대도시, 관광지에서 받기도 하나 잔돈은 스위스 프랑으로 내어준다. 적용 환율은 CHF 1=1,882원이다(2026년 3월 초 기준).

+ 종교
스위스에는 연방 차원에서 정해진 국교가 따로 없다. 주 종교의 비율은 로마 가톨릭 32%, 개신교 20.5%, 무교 35%, 이슬람 5.8%, 기타 기독교 2.5%와 같다.

+ 언어
스위스는 지역에 따라 독일어, 프랑스어, 이탈리아어, 로망슈어 4개 국어를 사용한다. 독일어 62%, 프랑스어 23%, 이탈리아어 8%, 로망슈어 0.5%, 기타 외국어 6.5%의 비율을 차지하고 있다.

+ 역사
신성로마제국으로부터 1291년 8월 1일 독립을 선언, 1848년 9월 12일 연방 정부를 수립했다. 현재 대통령제를 채택하고 있는데, 국가원수인 대통령은 연방각료 7인이 윤번제로 1년간 겸직하는 형태다. 외교정책은 중립주의와 보편주의를 기초로 하고 있다.

➕ 신용카드

비자, 마스터스가 가장 일반적. 최근엔 여행자용 카드 TravelWallet, Revolut, Wise도 많이 쓰인다.

➕ 팁

서비스에 만족했을 경우 감사의 의미로 팁을 주는 것이 좋다. 최근 카드 결제 단말기에서 팁 비율(5%, 10%, 20% 등)을 선택하는 화면이 뜨는 경우가 많아지고 있다. 일반 식당(점심/저녁)에서는 금액의 5~10%, 고급식당에서는 약 10% 정도가 적당하다.

➕ 단위

무게는 그램(g), 킬로그램(kg), 길이는 센티미터(cm), 미터(m)를 쓰며 액체의 경우 리터(L)나 데시리터(dL)를 쓴다. 1dL=100mL에 해당한다.

➕ 물

물에 대한 엄격한 규정과 품질관리로 수돗물도 식수로 사용할 수 있다. 도시의 분수조차 별도의 표시가 없는 한 마실 수 있다.

➕ 화장실

취리히, 바젤 등 대도시 기차역에 있는 공중화장실 및 웬만한 기차역에서도 CHF 2 정도의 이용료를 받는다. 레스토랑에 가거나 백화점 등 서비스 시설에 있는 화장실을 이용하는 것이 편리하다. 또는 기차로 이동할 때 기차 내 화장실을 이용해도 된다.

➕ 시차

동절기에는 중앙유럽 표준시(CET)가 적용되며, 3월 말부터 10월 말까지는 서머타임이 적용된다(CET +1시간).

※ 2026년 서머타임 3.29~10.25

하절기	동절기
7시간 차이	**8시간 차이**
예	예
한국 14:00	한국 15:00
스위스 07:00	스위스 07:00
(날짜 변동 없음)	(날짜 변동 없음)

➕ 비행시간

스위스로 가는 직항편은 겨울 시즌(4월 중순 이후) 동안 대한항공(KE)과 스위스항공(LX)이 운항. 그 외에는 경유편이다.

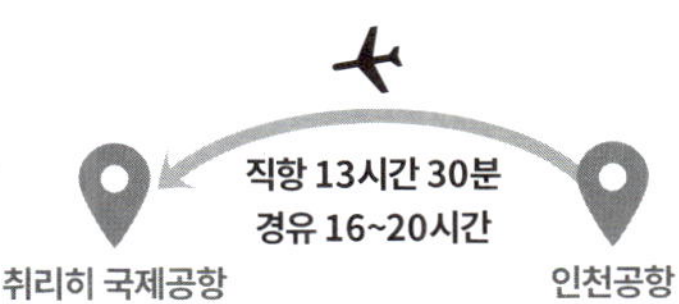

➕ 영업시간

은행 월~금 08:30~16:30(일 · 공휴일 휴무)
상점 월~금 08:30~12:00, 14:00~18:30
(토요일은 단축영업, 일요일엔 문을 닫는 상점이 많음)

※ 일주일에 한 번 대부분 목요일에 오후 8시까지 연장 영업
※ 상점마다 영업시간이 다를 수 있다.

PLAN 1 스위스 **3일 추천 일정** :명소 위주 핵심 여행

스위스 여행이 처음이면, 3일 동안 소도시 여행은 무리다. 공항이 있는 취리히나 제네바를 포인트로 두고, 스위스 하면 떠오르는 명소 위주로 여행 일정을 잡아보자. 만약 스위스 여행이 처음이 아니라면, 지난번 여행에서 한 번 더 가고 싶은 곳과 새로운 여행지를 조합해서 계획을 세워보자.

Route 1 (취리히 출도착)

DAY 1 루체른 시내 반나절 관광 ▶ 루체른 호수 유람선 타고, 리기 산 하이킹
(취향에 따른 산 옵션: 티틀리스 산, 필라투스 산, 슈토스 산 등정 및 하이킹)
▶ 인터라켄으로 이동

DAY 2 융프라우요흐 등정 및 피르스트 또는 아이거트레일 반나절 하이킹
▶ 베른으로 이동

DAY 3 베른 반나절 관광 ▶ 취리히 반나절 관광

Route 2 (제네바 출도착)

DAY 1 로잔에서 몽트뢰까지 레만 호수 유람선 타고 라보 이동 ▶ 라보 포도밭 하이킹 ▶ 몽트뢰 시옹 성 관광 및 이동

DAY 2 (관심에 따라 ❶ 혹은 ❷)
❶ 그슈타트까지 골든패스열차 탑승 ▶ 글레시어 3000 산 등정
❷ 그뤼에르 치즈 마을과 브록 까이에 초콜릿 공장 ▶ 체르마트 이동

DAY 3 체르마트 관광 및 마테호른 주요 전망대 등정 및 하이킹
(취향에 따른 전망대 옵션: 고르너그라트, 마테호른 글레시어 파라다이스, 수네가)
▶ 제네바 이동

Tip | 유연하게 일정 짜기

1 체력에 맞지 않는 무리한 일정보다는 약간 여유 있게 계획하는 것이 좋다.

2 관심 사항이 다른 동행인이 있다면, 때로는 따로 여행을 하자. 그리고 저녁에 만나 그날의 이야기를 공유하는 것도 함께하는 여행에서 오는 스트레스를 줄이는 방법이다.

3 어린아이와 여행한다면 아이들이 좋아할 만한 테마 파크, 초콜릿 및 교통 박물관, 특이한 탈거리 등 재미난 요소를 군데군데 넣어주자. 아이들은 부모와 함께한 시간을 추억으로 간직할 것이다.

스위스 전역을 구석구석 보기엔 여전히 짧은 시간이지만, 주요 코스는 돌아볼 정도의 시간은 되는 일정이다. 스위스를 알차게 둘러보는 고전 여행의 정석 코스로, 스위스의 유명 여행지인 융프라우, 루체른, 체르마트, 레만 호수 등의 주요 지역을 중심으로 핵심만 둘러볼 수 있다. 스위스 초행 여행자에게 추천한다.

Route (취리히 출발)

DAY 1 루체른 반나절 관광 ▶ 베른 반나절 관광

DAY 2 융프라우 지역으로 이동 ▶ 융프라우요흐 등정 및 간단한 하이킹

※ 골든패스 익스프레스 열차 탑승(인터라켄-몽트뢰)

DAY 3 레만 호수 지역 관광(로잔, 브베, 몽트뢰 등) ▶ 체르마트로 이동

DAY 4 고르너그라트 또는 마테호른 글레이셔 파라다이스 등정 및 하이킹

▶ 취리히로 이동

DAY 5 취리히 반나절 관광 ▶ 바젤 반나절 관광

PLAN 3 스위스 **5일 추천 일정** :로맨틱 투어

벨 에포크 시대의 낭만 가득한 레만 호수와 야자수가 있는 티치노 주, 유럽 최대 라인 폭포까지의 일정을 담아냈다. 이미 스위스 융푸라우만을 방문한 재방문자, 스위스의 독어~불어~이탈리아권을 모두 경험하고 싶은 여행자, 스파가 포함된 로맨틱한 허니문 일정으로 강력 추천한다.

Route (제네바 출발/취리히 도착)

DAY 1 레만 호수 지역 관광(로잔, 브베, 몽트뢰, 라보 등)
  ▶ 벨 에포크 유람선 탑승(로잔-시옹 성)

DAY 2 체르마트로 이동
  ▶ 고르너그라트 또는 마테호른 글레이셔 파라다이스 등정 및 하이킹

DAY 3 로이커바드 야외 스파와 겜미 패스 하이킹

DAY 4 티치노 주로 이동 및 관광(로카르노, 루가노, 벨린초나)
  ※ 첸토발리 열차 탑승(브리그-이탈리아 도모도솔라-로카르노)

DAY 5 취리히 반나절 관광 ▶ 샤프하우젠 라인 폭포 관광

PLAN 4 스위스 **5일 추천 일정** :고요하고 정제된 겨울여행

체르마트나 생 모리츠는 인파와 높은 숙박비가 부담될 수 있으니 로이커바드나 렝크 같은 가성비 좋은 온천 지역이 현명한 대안이다. 특히 지붕 위 설경이 초밥을 닮아 '초밥교회'라 불리는 베트머알프의 카펠레 마리아 춤 슈니는 겨울 여행의 백미다. 크리스마스 시즌이라면 대도시 마켓도 놓치지 말자.

Route **(전일: 취리히 도착/루체른 이동하여 숙박)**

DAY 1 리기 산 설경 하이킹 & 리기 칼트바드 스파(숙박: 루체른) ▶ 루체른 호수 유람선 탑승과 조합하여 리기 산 여행

※ 리기 산에서 스노우 하이킹을 하며 중간에 레스토랑에서 퐁뒤와 화이트 와인을 즐겨보자.

DAY 2 알레취 아레나 – 베트머알프 ▶ 베트머호른Bettmerhorn에서 알레취 빙하 조망

※ **베트머알프-리더알프 하이킹:** 두 마을을 잇는 산책로는 평탄하고 풍경이 아름다워 가벼운 산책으로 최고(약 1시간~1시간 30분 소요)

DAY 3 로이커바드 ▶ 토렌트Torrent에서 눈썰매 또는 겜미 패스 하이킹

※ 늦은 오후 알펜테름에서 뜨거운 노천탕에 몸을 담그며 힐링해보기

DAY 4 렝크(렝크 임 지멘탈)(숙박: Lenkerhof gourmet spa resort)

▶ 지멘 폭포까지 가벼운 산책

※ 7sources 스파를 즐긴 후 고메 다이닝 만끽해보기

DAY 5 슈피츠 경유 취리히(숙박: 취리히)

※ 툰 호수의 보석 같은 마을 슈피츠에 잠시 내려 호숫가 고성을 배경으로 남기고 취리히로 이동하여 지인에게 줄 선물 쇼핑 후 취리히 숙박

▶ 다음날 취리히 출발

만년설 녹은 에메랄드빛 호수와 남부의 야자수 햇살이 공존하는 온도 차가 스위스의 매력이다. 루체른과 리기 산을 거쳐 고타드 파노라마 익스프레스로 남북을 가로지르자. 체르마트를 지나 레만호의 우아한 와인, 베른과 바젤의 예술, 그리고 취리히에 이르는 여정으로 스위스의 다채로운 풍경을 만끽하자.

DAY 1 산들의 여왕, 리기 산과 루체른 구시가지 탐방(숙박: 루체른)

DAY 2 고타드 파노라마 익스프레스(GOPEX: 북→남 이동) 탑승
루가노로 이동(숙박: 루체른)
※ **유람선 구간:** 루체른-플뤼엘렌 / **기차 구간:** 플뤼엘렌-루가노
※ GOPEX는 매년 4월 중순~10월 중순까지 매일 운행

DAY 3 티치노—에메랄드빛 계곡과 어부의 마을 간드리아(숙박: 루가노)
※ 베르자스카 계곡Verzasca의 '베르테초' 다리 탐방 후 오후에는 루가노 인근 간드리아 관광

DAY 4 첸토발리 '100개 계곡' 열차 & 체르마트 수녀가(숙박: 체르마트)
※ **첸토발리 열차:** 로카르노Locarno ▶ 도모도솔라Domodossola(이탈리아) / 도모도솔라 ▶ 브리그Brig 또는 비스프Visp
경유 ▶ 체르마트

DAY 5 체르마트—마테호른의 웅장함 감상(숙박: 체르마트)
※ **오전:** 고르너그라트, **오후:** 마테호른 글레이시어 파라다이스 또는 마을 탐방

DAY 6 라보Lavaux 포도밭 & 수도 베른 – 유네스코 세계유산 탐방의 날(숙박: 베른)
※ 라보(유네스코 자연유산)를 가볍게 산책하며 와인 테이스팅 후 베른 구시가지(유네스코 문화유산) 관광

DAY 7 바젤 아트 투어 & 취리히 OUT(숙박: 취리히)
※ 세계적인 미술관인 바이엘러 미술관Fondation Beyeler 혹은 쿤스트뮤지엄 바젤 관람
※ 취리히 시내(린덴호프 언덕, 반호프슈트라세) 관광

PLAN 6 스위스 **7일 이상 추천 일정** :매력발산 리투어

주요 여행지들을 이미 방문한 여행자라면, 가보지 않은 스위스 동부와 작은 소도시로의 여행을 계획해보자. 스위스 동부 알프슈타인에서의 하이킹 경험은 필수. 생 모리츠, 쿠어 등 동부 도시들은 주변 이탈리아 밀라노나 오스트리아 인스부르크까지 이동이 편리해서, 출도착 항공편도 다양하게 검토가 가능하다.

Route (취리히 출발)

DAY 1 장크트 갈렌 반나절 관광 ▶ 아펜첼로 이동

DAY 2 알프슈타인 산군 하이킹 ▶ 쿠어 이동
[**산장과 호수 뷰**] 에벤알프-제알프 호수 하이킹
[**뾰족한 돌산과 인생사진**] 작서뤼케 하이킹

DAY 3 마이언펠트 하이디의 길 ▶ 바드라가츠 온천

DAY 4 그라우뷘덴 주 여행(실스 마리아 호수 산책, 생 모리츠 반나절 관광)
[**자연파**] 디아볼레짜 산 또는 등정 : 빙하 감상과 맛있는 점심
[**스파파**] 스쿠올 야외스파

DAY 5 티라노로 이동(베르니나 특급열차 혹은 일반열차) ▶ 이탈리아에서 점심
▶ 베르니나 특급버스 탑승(티라노-루가노): 코모 호수를 지나는 시닉 루트
▶ 루가노로 이동

DAY 6 티치노 주 여행(루가노, 몬타뇰라, 간드리아)

DAY 7 루체른 여행(루체른과 주변 산: 리기, 티틀리스, 필라투스, 슈토스)

DAY 8 취리히 여행(취리히, 라퍼스빌, 유틸리베르크)

스위스 문학 및 건축 기행

✚ 테마가 있는 스위스 문학기행

스위스는 단지 아름다운 풍경의 나라가 아니다. 수많은 작가와 예술가들이 이곳에 머물며 사유하고, 위로 받고, 새로운 작품을 탄생시켰다. 알프스의 설산과 고요한 호수, 햇살이 스며드는 산책길과 작은 도시의 카페마다 한 편의 소설과 한 줄의 문장이 깃들어 있다. 그들이 머물렀던 도시와 풍경을 따라가며, 작품 속 장면을 실제 공간과 연결해보는 일정은 어떨까? 풍경을 바라보는 여행에서 한 걸음 더 나아가, 풍경을 읽는 여행으로. 스위스의 자연과 도시가 어떻게 문학이 되었는지, 그 이야기를 따라가보자.

1 레만 호수: 폭풍의 밤에서 시작된 상상력, 음악이 되어 다시 호숫가로

유럽 전역이 기후 이상으로 어두웠던 1816년 여름. 레만 호수에 모인 젊은 예술가들은 폭풍과 번개가 몰아치는 밤마다 서로에게 공포 이야기를 제안했다. 그 자리에서 탄생한 것이 메리 셸리의 소설, '프랑켄슈타인'. 소설 속 괴물은 제네바를 떠나 알프스를 헤매고, 빙하와 산악 풍경 속에서 창조자를 마주한다. 같은 시기 레만 호수에 머무르며 메리 셸리와 우정을 나누었던 영국 시인 바이런 역시 시옹 성을 배경으로 한 시 '시옹 성의 죄

수'를 남겼다. 그리고 한 세기 후. 몽트뢰의 호숫가에 자리한 스튜디오에서 프레디 머큐리는 생의 마지막 녹음을 이어갔다. 호수는 잔잔해졌지만. 여전히 레만 호수는 우리에게 삶과 죽음. 창조와 불멸이라는 같은 질문을 던지고 있다.

핵심 루트 제네바 구시가지-몽트뢰 시옹 성과 호숫가-몽트뢰 퀸 스튜디오와 프레디 머큐리 동상
핵심 인물 메리 셸리, 바이런, 퀸 프레디 머큐리

- **1816 여름, 우리는 스위스로 여행을 갔고**(작가: 메리 셸리, 퍼시 비시 셸리, 출판사: 이일상)
- 소설 **프랑켄슈타인**(작가: 메리 셸리, 출판사: 문학동네)

2 루체른 지역: 알프스를 처음 마주한 숭고를 기록한 예술가들

19세기 유럽인들에게 루체른과 루체른 호수는 '알프스를 처음 만나는 자리'였다. 호수 위에 비친 산의 실루엣, 안개가 걷히며 드러나는 리기와 필라투스의 능선은 여행자들에게 경외와 전율을 안겼다. 알프스의 장엄함은 예술가들에겐 문장이 되고, 선율이 되었다.

러시아의 대문호 톨스토이는 루체른 슈바이처 호프 호텔 체험을 바탕으로 단편 「루체른」을 집필하며. 아름다운 풍경 뒤에 가려진 인간 존엄과 사회적 모순을 응시했다. 미국 작가 마크 트웨인은 리기 산을 오르며 유쾌하고도 솔직한 여행기를 남겼그, 그의 해외 유랑기A Tramp Abroad는 알프스를 대중적 상상의 공간으로 만들었다. 낭만주의 대표화가 윌리엄 터너J. M. W. Turner는 여행 중 리기 산의 경관에 매혹당해 매해 리기 산을 비추는 빛의 변화에 따른 수채화 연작을 그렸다. 한편 리하르트 바그너는 루체른 호숫가 트리브셴Tribschener에 머물며 아들 지그프리트를 주신 것에 감사해했고, 여기서 그의 장대한 음악 세계를 구상했다.

핵심 루트 루체른 카펠교와 슈바이처호텔 앞-루체른 호숫가 트리브센-리기 산
핵심 인물 마크 트웨인, 바그너, 톨스토이

- **해외 유랑기**A Tramp Abroad 28장 리기 편(영문)(작가: 마크 트웨인, 출판사: 황금알북스)
- 바그너 **지그프리트 목가**(음악)
- 윌리엄 터너 **푸른 리기산 : 동틀 녘의 루체른 호수**The Blue Rigi, Lake of Lucerne Sunrise(그림)

3 그라우뷘덴 지역: 예술가들에겐 사유의 무대가 된 엥가딘 고원

스위스 동남부의 그라우뷘덴은 알프스가 가장 깊고 높게 펼쳐지는 곳이다. 맑은 엥가딘 고원의 공기와 고요한 호수, 눈 덮인 산맥은 이곳을 단순한 휴양지가 아닌 '사유의 무대'로 만들었다. 누군가는 이곳에서 자연의 순수를 노래했고, 누군가는 인간과 시간, 존재의 의미를 질문했다.

취리히 출신 요한나 슈피리가 우울증을 치유하기 위해 머물렀던 마이엔펠트. 이곳에서 그녀는 전 세계인이 사랑한 하이디를 집필했다. 산 위 오두막과 초원은 도시 문명에 대비되는 자연의 치유와 순수를 상징하는 공간이 되었다. 토마스 만 역시 다보스 요양원 체류 경험을 바탕으로 「마의 산」을 완성했다. 고산지대의 느린 시간과 고립된 공간인 샤츠알프는 20세기 유럽 지성의 불안을 담는 무대가 되었다.

- **알프스 소녀 하이디**(작가: 요한나슈피리, 출판사 다양)
- **마의 산**(작가: 토마스 만, 출판사 다양)
- **차라투스트라는 이렇게 말했다**(작가: 프레드리히 니체, 출판사 다양)

바젤에서 교수생활을 했던 프레드리히 니체는 매년 여름 실스 마리아에 왔다. 이곳에서 그는 『차라투스트라는 이렇게 말했다』의 핵심 사상을 구상했다. 실스 호수와 엥가딘의 빛은 그의 사유를 깊게 만든 배경이었다.

핵심 루트 마이엔펠트(하이디 마을)–다보스 샤프알프–실스 마리아
핵심 인물 요한나 슈피리, 토마스 만, 프리드리히 니체

 **4** **티치노 지역:** 예술가들이 회복과 평화를 찾은 남쪽의 빛

스위스 최남단 티치노는 알프스를 넘어 지중해의 기운이 스며드는 곳이다. 야자수와 석조 마을, 루가노와 로카르노 호수 위로 번지는 부드러운 빛은 이곳을 단순한 휴양지를 넘어 '내면을 회복하는 공간'으로 만들었다. 북쪽 알프스가 숭고와 장엄의 무대라면, 티치노는 고요와 성찰, 그리고 삶의 균형을 되찾는 장소였다.

헤르만 헤세는 1919년 몬타뇰라에 정착했다. 그는 루가노 호수를 내려다보는 언덕에서 삶의 중심을 다시 세웠다. 따뜻한 기후와 남쪽의 빛 속에서 『싯다르타』, 『황야의 이리』, 『유리알 유희』 등 그의 대표작이 탄생하거나 구상되었으며, 정원가로서 정원을 가꾸고, 수채화가로서 그림 작품을 남겼다. 티치노는 헤세에게 문학적 완성의 공간이었다. 『서부 전선 이상 없다』, 『개선문』의 작가 에리히 마리아 레마르크 역시 전쟁과 망명에 대한 글을 쓰다가, 말년을 로카르노에서 보냈다. 전쟁의 상처를 증언했던 그는 온화한 호숫가 도시에서 평온한 일상을 누리며 삶의 후반을 정리했다. 로카르노의 햇살과 잔잔한 물빛은 격동의 시대를 통과한 한 작가에게 찾아온 '조용한 평화'의 상징이 되었다.

핵심 루트 루가노–몬타뇰라(헤세 박물관)–로카르노 마지오레 호수
핵심 인물 헤르만 헤세, 에리히 마리아 레마르크

함께 보면 좋은 책과 영화, 음악, 그림
- **유희알 유희**(작가: 헤르만 헤세, 출판사: 다양)
- **정원 가꾸기의 즐거움**(작가: 헤르만 헤세, 출판사: 반니)

 **5** **융프라우 지역:** 알프스가 만든 문학적 클라이맥스

융프라우의 웅장한 봉우리와 끝없는 설원은 단순한 자연 풍경을 넘어, 인간의 상상력과 감성을 흔들기 충분하다. 19세기 초, 윌리엄 워즈워스는 알프스의 장엄함에서 인간과 자연의 조화, 그리고 존재의 경외를 깊이 체험하며 시 속에 숭고를 담았다. 괴테 역시 베르너 오버란트의 자연을 거닐며 알프스 봉우리와 계곡이 만들어내는 극적인 풍광에서 감정의 격정과 문학적 영감을, 멘델스존은 라우터브룬넨 계곡에서 음악적 아이디어를 얻었다. 이러한 자연의 장관은 인간의 나약함을 동시에 상기시키는데, 한 걸음만 잘못 디디면 추락할 수 있는 협곡과 빙하의 절벽은 문학적 긴장과 불안감을 배가시킨다. 이러한 불안감

함께 보면 좋은 책과 영화, 음악, 그림
- **셜록홈즈 마지막 사건**(작가: 코난 도일, 출판사: 다양)
- **죽은 왕녀를 위한 파반느**(작가: 박민규, 출판사: 위즈덤하우스)
- 멘델스존 **스코틀랜드 교향곡** Symphony No. 3, Scottish (음악)

은 코난도일의 '마지막 사건'에서 셜록홈즈의 마지막과 우리나라 박민규 작가의 '죽은 왕녀를 위한 파반느'의 한 장면을 만들어냈다.

핵심 루트 마이링엔–그린델발트–라우터부룬넨 폭포–융프라우 지역
핵심 인물 윌리엄 워즈워스, 코난 도일, 멘델스존, 괴테, 박민규

⑥ 취리히: 망명 문학 루트

취리히는 20세기 초 전쟁을 피해 모여든 예술가들이 새로운 창조를 시작한 도시다. 중립국 스위스의 안전지대였던 이곳에서 제임스 조이스는 인간 의식의 깊이를 파고드는 작품 세계를 발전시켰고 취리히에서 사망했다. 동시에 순수한 아이 같은 예술사조를 지향하는 다다이즘은 기존 예술을 뒤흔드는 혁명을 일으켰다. 혼란의 시대 속에서 취리히는 단순한 피난처가 아니라 사유와 실험이 폭발한 창조의 무대였다. 취리히에서 그 흔적을 따라 걸으며 추락의 시대에서 어떻게 새로운 예술이 탄생했는지 마주할 수 있게 된다.

핵심 루트 플라츠슈피츠 공원-크로넨할레 레스토랑-뤼블론 묘지-카바레 볼테르-카페오데온
핵심 인물 제임스 조이스, 휴고 발(다다이즘 및 카바레 볼테르 공동 설립자), 레닌

함께 보면 좋은 책과 영화, 음악, 그림
· **율리시스**(작가: 제임스 조이스)

✚ 그 외 읽어보면 좋은 스위스 관련 책과 영화들

도서 우즐리의 종소리

작가: 셀리나 숀츠
출판사: 비룡소

엥가딘 지역을 배경으로 마을 아이들이 집집마다 돌면서 종을 울려 추운 겨울을 몰아내는 축제 '칼란다 마르츠'를 그려내고 있는 스위스 국민 동화책.

도서 읽는 여행 스위스 feat. 니체, 바그너, 실러, 헤세

작가: 안인희
출판사: 휴머니스트

스위스 바젤에서 교수를 하던 젊은 교수 니체와 루체른에 살던 바그너의 우정을 나누어 간 이야기가 인상적이다.

영화 클라우즈 오브 실스 마리아

감독: 올리비에 아사야스

스위스, 독일, 프랑스 합작 영화로 생 모리츠 인근 실스 마리아를 배경으로 촬영했다. 엥가딘 지역의 아주 조밀한 구름과 계곡을 뛰어난 영상미로 담은 띵작.

도서 책상은 책상이다

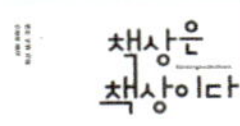

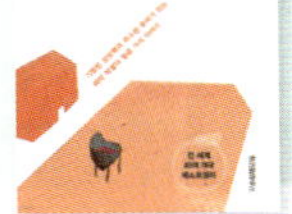

작가: 피터 빅셀
출판사: 위즈덤하우스

스위스 교과서에 실린 스위스 국민 작가 소설. 스위스인 특유의 위트를 단편 소설들 속에 잘 담아냈다.

스위스 건축기행은 화려한 랜드마크 투어가 아니다. 대신, 자연과 인간, 빛과 재료, 전통과 혁신이 정교하게 만나는 건축 실험의 무대가 스위스이다. 거대한 알프스 산맥과 작은 마을 단위의 자치 문화는 건축가들에게 끊임없이 질문을 던진다. "이 풍경 속에서 건축은 어떻게 존재해야 하는가?"
그래서 스위스 건축여행은 단순한 건물 관람이 아니다. 자연과 인간의 관계를 읽는 여행이며, "건축이란 무엇인가"를 다시 묻게 하는 여행이다. 스위스를 대표하는 유명 건축가들을 알고, 이들의 건축물들을 방문해보자.

1 르 코르뷔지에: 스위스가 낳은 근대 건축의 아버지

스위스 라쇼드퐁 출신의 세계적 건축가. 정밀한 시계 산업 도시의 질서와 구조적 사고 속에서 성장했다. 그의 건축 철학은 기능과 비례, 모듈 시스템을 중시하는 합리주의에서 출발했으며, 철근 콘크리트와 필로티 구조, 기능주의 건축을 정립하며 20세기 건축의 흐름을 바꾸었다. 그의 자연과 빛에 대한 감각은 그의 건축에서 색채와 공간 구성 방식으로 발전해 나갔다.

르 코르뷔지에 하우스 *Le Corbusier House*

취리히 호숫가에 있다. 그가 설계한 마지막 작품으로, 강렬한 색채와 구조, 모듈 개념이 집약된 공간이다.

빌라 르 락 *Villa Le Lac*

레만 호숫가 코르소^{Corseaux}에 위치. 부모님을 위해 설계한 작은 호숫가 주택으로, 수평 창과 간결한 비례가 돋보이는 초기 근대 건축의 시발점이 된 건축물이다.

② **마리오 보타:** 기하학과 영성을 설계하는 건축가

이탈리아어권 티치노 출신의 스위스 건축가. 우리나라의 강남역 교보빌딩이나 리움미술관을 만든 건축가이기도 하다. 돌, 벽돌, 빛과 그림자를 활용한 강렬한 기하학적 건축 형태가 특징이다. 그의 건축은 단순한 형태미를 넘어, 자연과 인간 사이의 긴장과 조화를 탐구한다.

산 조반니 바티스타 교회 *San Giovanni Battista Church*

티치노주 모뇨Mogno에 위치. 신사태로 파괴된 옛 교회를 대신해 설계된 건축물로, 흑백 대리석의 수직적 리듬과 원통형 구조가 인상적이다. 자연 재해 이후 재탄생을 상징하는 작품으로, 알프스 풍경과 강렬하게 대비되면서도 조화를 이룬다.

글레시어 3000 보타 전망대와 피크워크 다리

Glacier 3000 Peak Walk by Tissot

디아블레레 빙하 위, 해발 3,000m에 위치한 세계 최초의 두 봉우리를 연결하는 현수교. 단순한 전망대가 아닌, 알프스의 압도적 풍경을 체험하게 하는 공간 장치다. 극한의 자연환경 속에서도 최소한의 구조로 존재감을 드러내는 이 프로젝트는 보타 특유의 조형적 명료함을 보여준다.

③ **피터 줌터:** 침묵과 감각을 설계하는 건축가

그라우뷘덴 주 출신의 건축가로 2009년 프리츠커상을 수상했다. 화려한 조형보다 재료의 질감, 빛, 소리, 온도까지 설계하는 '감각의 건축'을 추구한다. 그의 건축은 눈에 띄기보다 풍경 속에 스며들며, 시간을 견디는 물성과 침묵의 밀도를 중요하게 여긴다. 세계적 명성에도 불구하고 소수의 프로젝트만을 완성해 온 장인적 태도로도 유명하다.

테르메 발스 *Therme Vals*

그라우뷘덴 주 발스Vals에 위치한 온천 건축의 걸작. 지역에서 채석한 석재를 수평으로 쌓아 올려 산과 하나가 된 듯한 구조를 완성했다. 빛은 천창을 통해 절제되어 들어오고, 물과 돌, 어둠과 울림이 공간을 지배한다. 건축을 '보는 것'이 아니라 '몸으로 경험하는 것'임을 보여주는 대표작이다. 7132 호텔 내 위치한다.

성 베네딕트 예배당 *Saint Benedict Chapel*

그라우뷘덴 주 숨비트크Sumvitg 다을에 위치한 현대 목조 예배당. 곡선형 외관과 따뜻한 목재 내부가 특징이며, 눈사태로 파괴된 교회를 대신해 설계된 작은 목조 예배당이다. 피터 줌터의 발스 이전의 초기 대표작으로 매우 중요한 건축물로 여겨진다.

스위스 파노라마 열차

스위스만큼 열차 여행이 어울리는 곳이 또 어디 있을까 싶다. 보통 도보 이동이 잦은 유럽 여행에서 대부분은 이동 중 잠을 청하는 경우가 많은데, 스위스에서는 그러기 쉽지 않다. 깜빡 잠든 사이 알프스의 초원과 목가적인 전원 풍경, 에메랄드 호수의 아름다운 풍광이 끝없이 펼쳐질지 모르기 때문이다. 스위스는 이처럼 아름다운 경관을 잘 볼 수 있는 다양한 열차 인프라를 갖추고 있는데, 그중 대표적인 것이 파노라마 관광 열차다. 각 지방의 개성을 듬뿍 담은 관광 열차들을 지금 만나보자.

✚ MOB 골든패스 라인 *MOB Goldenpass line*

골든패스 라인은 스위스의 독일어권과 프랑스어권을 연결하는 관광 열차로 인터라켄에서 몽트뢰로 향하거나 혹은 반대의 루트로 운행한다. **여행자가 상상하는 스위스의 목가적인 풍경이 현실에도 존재한다는 것을 알려주는 것이 바로 골든패스 라인이다.** 알프스의 목초지대를 지나기 때문에 푸른 벌판 위를 자유롭게 뛰노는 소와 양,

알프스 전통가옥 형태인 샬레 등 동화 같은 모습을 파노라마 통창을 통해 시원하게 감상할 수 있다. 툰 호수, 브리엔츠 호수, 레만 호수 등 스위스 중남부의 주요 호수들도 지난다.

골든패스 라인은 인터라켄부터 몽트뢰까지 갈아타지 않고 닿을 수 있는 '골든패스 익스프레스'와 츠바이짐멘부터 몽트뢰까지 가는 '골든패스 파노라마 열차', '골든패스 벨 에포크 열차'가 있다.

골든패스 라인은 한 시간에 한 대가 있기 때문에, 시간과 취향에 맞춰서 선택해 즐길 수 있다. 참고로 골든패스라인 이름을 같이 쓰는 ZB(젠트럴반)의 루체른–인터라켄 익스프레스로 룽게른 호수 풍경을 즐길 수 있다.

MOB 골든패스 라인 지도

소요시간 몽트뢰→츠바이짐멘 약 1시간 48분
몽트뢰-인터라켄 3시간 12분
요금 몽트뢰-인터라켄 프리스티지 1등석 CHF 96, 2등석 CHF 59
몽트뢰-츠바이짐멘 1등석 CHF 58, 2등석 CHF 34
※ 스위스 트래블 패스 및 유레일 패스 소지자 무료
예약비 골든패스 익스프레스 프리스티지 CHF 49 (예약 필수),
1등석 및 2등석 CHF 20 (예약 권장),
골든패스 파노라믹, 벨 에포크 CHF 10 (예약 권장),
파노라믹 VIP CHF 15 (예약 필수)
※ 골든패스 라인 및 SBB 홈페이지, 주요 기차역에서 예약 가능
전화 국내 +41 (0)21 989 8190 **국외** +41 (0)84 024 5245
홈피 www.mob.ch, www.sbb.ch

❶ 골든패스 특급(익스프레스)

인터라켄부터 몽트뢰까지의 구간을 달리는 골든패스 익스프레스는 페라리 디자이너가 디자인한 날렵한 외관이 돋보인다. 지형으로 인해 달라지는 선로에 따라 열차 바퀴를 맞추어 여행자가 열차를 갈아탈 필요가 없게 해준 엄청난 기술력을 가지고 있다. 1, 2등석 외에도 프리스티지 좌석이 있다. 프리스티지 좌석은 앞뒤로 의자를 자유롭게 돌릴 수 있고, 특히 풍경을 더 잘 감상할 수 있도록 좌석 높이가 일반보다 더 높이 설계되어 있다. 예약을 하면, 아침메뉴 및 샴페인과 로컬 치즈 등의 미식 경험을 즐길 수 있다.

❷ 골든패스 파노라믹

골든패스 파노라믹은 츠바이짐멘–몽트뢰 사이 구간을 운행한다. 파란 내부가 인상적이다 열차 앞뒤의 운전석을 개조해 통유리로 만들어 파노라믹 풍경을 즐길 수 있도록 한 VIP 좌석이 있으며, MOB 골든패스 라인 열차 중 가장 운행 빈도가 높다.

❸ 골든패스 벨 에포크

골든패스 벨 에포크는 1930년대 열차를 그대로 가져와 내부 목조 느낌의 클래식한 디자인이 개성 있다. 매일 왕복 4회 츠바이짐멘–몽트뢰 사이 구간을 운행한다(몽트뢰 출발 09:43, 14:43, 츠바이짐멘 출발 12:04, 17:04). 벨 에포크 감성이 가득해, 앉아 있으면 옛 영국 귀족이 된 기분이 든다. 인생샷 필수.

✚ 빙하 특급 *Glacier Express*

빙하 특급은 체르마트와 생 모리츠 사이 총 300km를 달린다. 총 7개의 골짜기, 291개의 다리, 91개의 터널을 지나는 만큼 알프스의 험준한 지형들을 관통하는 열차이다. '특급'이라는 이름과는 상반되게 **총 7시간 30분을 여행하는 세상에서 가장 느린 특급열차**이다. 파노라마 통창과 식사(info@panoramic–gourmet.ch)를 즐길 수 있다. 빙하 특급은 하루에 약 2~3편 운행되며, 계절과 좌석에 따라 운행 노선과 출발, 횟수가 다르므로 미리 홈페이지를 꼭 참고하자. 예약비가 발생하며 예약은 필수.

빙하 특급 지도

소요시간 체르마트→브리그 약 1시간 20분
브리그→안데르마트 약 1시간 30분
안데르마트→쿠어 약 2시간 30분
쿠어→생 모리츠 약 2시간
※ 하나의 구간으로 편의상 소요시간을 나누어 표기함
요금 좌석요금(체르마트→생 모리츠 전 구간) 2등석 CHF 159, 1등석 CHF 272, 6~16세 50%, 6세 미만 무료, 반액 카드 및 스위스 카드 50%, 스위스 패스 및 유레일 패스로 이용 가능 **식사요금** 오늘의요리 CHF 36, 2코스 CHF 42, 3코스 CHF 49, 4코스 CHF 54, 아침 CHF 18, 브런치 CHF 43
예약비 1등석 및 2등석 전 구간 CHF 49, 짧은 구간(열차번호 900, 901, 906, 907) CHF 44, 엑설런스 클래스 CHF 470
※ 빙하 특급 및 SBB 홈페이지, 주요 기차역에서 예약 가능
전화 +41 (0)81 288 6565
홈피 www.glacierexpress.ch

✚ 베르니나 특급 *Bernina Express*

베르니나 특급은 스위스 최대 규모의 사철 레티셰철도 Rhätische Bahn의 파노라마 열차이다. 그라우뷘덴 주의 주도인 쿠어에서 생 모리츠를 거쳐 이탈리아 티라노까지 빙하와 야자수를 함께 감상할 수 있는 특별한 열차이다. 55개의 터널과 196개의 다리를 지나는 베르니나 특급은 스위스를 여행한다면 누구나 꼭 한번 경험해보라고 강추하고 싶은 매력적인 열차이다. 특히 베르니나 특급의 하이라이트는 스위스에서 유일하게 구간(투시스–티라노) 자체가 유네스코 세계문화유산에 지정된 것. 열차 탑승만으로도 유네스코를 경험하는 셈이다.

최저 430m에서 최고 2,253m까지의 고도를 빙빙 돌며 신기하고 재미있는 열차 경험을 선사하는 베르니나 특급은 세계에서 가장 높은 기차역, 오스피치오 베르니나, SNS 단골손님인 유서 깊은 란드바서 돌다리, 에메랄드 빛호수 라고 비앙꼬, 360도로 회전하며 내려가는 브루지 오교, 모르테라취 빙하 등 다양한 볼거리를 제공하며 여행자들의 숨을 막히게 하는 버라이어티함을 갖추었다.

베르니나 특급은 전 세계 여행자들에게 많은 사랑을 받는 관광 열차이므로 좌석 예약은 필수이다. 열차 탑승객들에게는 모두 베르니나 열차 모양의 틴케이스에 담긴 린트 초콜릿과 포스키아보에서 나온 로컬 허브티를 기념품으로 무료 제공한다. 간단한 스낵과 음료, 주류를 열차 내에서 주문할 수 있다. 티라노에서 루가노까지 연

결되는 베르니나 특급 버스는 이탈리아 코모 Como 호수를 지나는 시닉 루트이다. 티라노에서 밀라노가 가깝다. 이탈리아로 여정을 이어가기에도 좋은 열차 노선이다.

베르니나 특급 지도

소요시간 쿠어→티라노 약 4시간
티라노→루가노 약 3시간(버스)
요금 쿠어→티라노 구간 2등석 CHF 66, 1등석 CHF 113, 6~16세 50%, 반액 카드 및 스위스 카드 50%, 스위스 패스 무료
예약비 베르니나 특급 비수기(10월 말~4월 말) 전 구간 CHF 40, 성수기(5~10월 말) 전 구간 CHF 44, 연중 짧은 구간(생 모리츠-티라노) CHF 32 **베르니나 특급 버스** 비수기 CHF 16, 성수기 CHF 18
※ 베르니나 특급 및 SBB 홈페이지, 주요 기차역에서 예약 가능
전화 +41 (0)81 288 6565 　　　**홈피** www.rhb.ch

몬테벨로 커브와 모르테라취 빙하

> **Tip │ 베르니나 열차 예약이 어렵다면**
>
> 특급열차의 파노라마 통창으로 바라보는 뷰도 의미 있지만, 인기가 많은 베르니나 특급은 원하는 날짜에 예약이 어려울 수가 있다. 그때 실망은 금물. 한 시간에 한 대씩 다니는 일반열차를 타자(스위스 패스가 있다면, 심지어 무료). 유네스코에 지정된 건 구간이므로 일반열차로도 같은 경관을 경험할 수 있다. 일반열차의 장점은 창문을 열고 사진을 찍을 수 있다는 것도 추가 Tip.

✚ 고타드 파노라마 특급 *Gotthard Panorama Express*

고타드 파노라마 특급은 스위스 루체른 지역과 티치노 주를 북–남으로 잇는 구간이다. 루체른에서 플뤼에렌까지는 증기유람선을 타고 스위스 연방국이 시작된 뤼틀리 초원을 지나 호수 여행을 즐기고, 플뤼에렌부터 루가노까지는 역사가 깃든 고타드 길의 다노라마 열차를 탄다. 봄부터 가을까지 루체른, 루가노에서 하루에 한 번 출발한다. 기본적으로 파노라마 열차를 타기 위해서는 1등석 티켓이나 패스를 소지해야 하며, 2등석 패스 소지 시 추가 요금이 발생하니 유념해두자. 유람선에서는 1, 2등석 모두 각 탑승이 가능하다.

고타드 파노라마 특급 지도

소요시간 루체른→플뤼에렌 약 3시간 미만
플뤼에렌→루가노 약 2시간 이상
운영 4월 말~10월 중순 화~일
요금 일반 1등석 CHF 164(루체른-루가노)
스위스 트래블 패스 1등석 소지 시 추가 요금 없음
스위스 트래블 패스 2등석 소지 시 기차 1등석 탑승 조건
CHF 31.5 추가
하프 페어 트래블 카드 소지 시 1등석 CHF 82
예약비 CHF 24(예약 필수)
※ SBB 홈페이지, 스위스 기차역 어디서든 예약 가능
전화 스위스 열차 고객센터 +41 (0)84 844 6688(CHF 0.08/분)
홈피 www.gotthard-panorama-express.ch/en

✚ 보랄펜 특급 *Voralpen Express*

유네스코 세계문화유산으로 지정된 세계에서 가장 오래된 수도원 도서관이 있는 장크트 갈렌에서 시작하는 보랄펜 특급은 라퍼스빌, 페피콘을 지나 루체른으로 이르는 총 길이 125km의 노선으로 평이하지만 아름답고 평온한 스위스의 풍광들을 보여준다. 장크트 갈렌을 조금 벗어나면 스위스에서 가장 높은 철교인 높이 99m 지터 Sitter 다리를 지나게 된다.

보랄펜 특급 지도

소요시간 장크트 갈렌→루체른 약 2시간 15분
요금 일반요금 1등석 CHF 87, 2등석 CHF 77 **세이버요금**
1등석 CHF 61, 2등석 CHF 51, 스위스 트래블 패스 무료
예약비 CHF 5 (예약 필수 아님)
※ 보랄펜 특급 혹은 SBB 홈페이지, 주요 기차역에서 예약 가능
전화 +41 (0)58 580 7070
홈피 www.voralpen-express.ch

일생일대의 발걸음
스위스 베스트 하이킹

스위스 거주 중인 내 친구는 본래 산을 싫어하던 '도시녀'였으나, 이주 후 하이킹에 매료되어 지금은 비박까지 즐긴다. 이처럼 스위스의 자연은 누구라도 걷게 만드는 마력이 있다. '하이킹 천국'답게 지구 한 바퀴 반에 달하는 65,000km의 산책로가 나라 전체를 촘촘히 잇고 있다. 모든 경로는 난이도별 색상 표지판으로 명확히 구분되어 초보자도 안심하고 즐길 수 있으니, 스위스에서만큼은 꼭 걸어보자.

자세한 정보 스위스 하이킹 연맹Schweizer Wanderwege
홈피 schweizer-wanderwege.ch

✚ 실스 호수 철학자 하이킹 루트 사색을 통해 나를 돌아보는 하이킹

지역 그라우뷘덴 주, 실스 호수Lake Sils
루트 말로야Maloja(벨베데레 타워Turm Belvedere) ↔ 이졸라Isola ↔ 실스 마리아Sils-Maria(니체 하우스Nietzsche Haus)
※ 역방향으로 걸어도 됨

난이도 하
거리 7.8km
소요시간 2시간
고도 거의 평지
최고지점 1,920m
출발지점 벨베데레 타워, 말로야
도착지점 실스 마리아, 니체 하우스

영화 〈클라우즈 오브 실스 마리아〉의 배경이자 니체와 세간티니가 생애 마지막을 보낸 이곳은 사색과 전환점이 필요한 이들을 위한 완벽한 장소다. 바람 잔잔한 날 호수에 투영되는 엥가딘의 고요한 반영을 카메라에 담으며 태고의 아름다움 속에서 나를 일깨워보자.

이동방법 생 모리츠 기차역에서 지역버스 604번에 탑승하여 말로야Maloja, 포스타Posta까지 이동(약 23분 소요).

시작지점 벨베데레 타워는 브레갈리아 계곡 주변의 전경을 한눈에 볼 수 있는 망루이자 이 지역 랜드마크. 1882년에 벨기에의 괴짜 카밀 드 르네세 백작이 건축한 것으로 현재는 프로 나투라 상설 전시장으로 변모했다. 주소 Pro Natura Graubünden Maloja
중간지점 산책로 중간 지점에 위치한 평화로운 삼각주 마을 이솔라Isola, 레스토랑 라그레브Ristorante Pensione Lagrev는 하이커에게 인기장소. 커피나 음료를 즐기기 좋다. 주소 Isola 11, 7516 Maloja

종료지점 실스 마리아는 샤스테Chastè 반도 입구를 지나 호수 반대 방향으로 걷다 보면 나온다. 특히 이곳의 니체 하우스는 철학자 니체가 7번의 여름을 보낸 곳으로 『차라투스트라는 이렇게 말했다』가 탄생했다. 실스 마리아에서는 생 모리츠까지 버스가 운행된다.
주소 Via da Marias 67, 7514 Sils im Engadin/Segl

✚ 4개의 호숫길 하이킹 *4 Lakes Route*

티틀리스와 고산의 4개 호수를 만나는 파노라마 하이킹

지역　스위스 중부

루트　트륍제 호수Trübsee → [체어리프트 탑승: 상행] → 요흐파스Jochpass
→ [체어리프트 탑승: 하행] → 엥스틀렌제 호수Engstlensee → 탄넨제
호수Tannensee → 멜히제 호수Melchsee

난이도 하
거리 7.8km
소요시간 2시간
고도 거의 평지
출발지점 벨베데레 타워, 말로야
도착지점 실스 마리아, 니체 하우스

4개의 호숫길이 있다는 걸 알았을 때, 기회를 꼭 잡아야겠다고 생각했다. 드디어 가을로 접어드는 10월 비교적 한산했던 트륍제 호수를 끼고 돌아 요흐파스까지 그리고 다시 엥스틀렌제 호수까지 체어리프트를 탔다. 엥스틀렌제 호수까지는 방문하는 시간에 따라 다르겠지만 그늘이 꽤 짙고, 이곳을 벗어나면 햇살 아래 고요함이 지속되는 탄넨제 호수까지 걷게 된다. 탄넨제 호수에서는 낚시하는 사람들도 보이고 비교적 규모 있는 레스토랑도 있어 쉬기 좋다. 난이도는 높지 않지만 체력 소모가 있는 루트라 물과 간식을 여유 있게 싸가는 것이 좋다. 만약 탄넨제에서 멜히제 호수까지 걷는 것이 힘들다면 다행히 셔틀 미니 열차가 운행하니 체력에 따라 이용하면 된다. 미니 열차의 유혹을 떨치고 하이킹의 종착지 멜히제 호수까지 가는 길은 오히려 발걸음이 가벼워진다.

이동방법　시작지점인 트륍제까지는 엥겔베르크에서 익스프레스 곤돌라를 타고 이동한다.

시작지점　트륍제에서 요흐파스 구간은 체어리프트를 타고 이동하는 것이 현명하다.

중간지점　탄넨제 호수 근처 베르크하우스 탄알프Berggasthaus Tannalp에서 식사 또는 음료 가능, 이곳에서 미니 열차도 탈 수 있다.

종료지점　멜히제까지 이동했다면 멜히제–프루트 곤돌라를 타고 슈토크알프Stöckalp로 내려온 뒤, 포스트버스를 이용해 자르넨Sarnen이나 케른스Kerns로 이동하여 기차로 다음 여정지로 이동한다.

✚ 알레취 아레나 하이킹

알레치 빙하를 가장 입체적으로 경험할 수 있는 루트

지역　발레 주, 알레취 빙하 지역Aletsch Arena

루트　베트머호른Bettmerhorn → 로티 춤마Roti Chumma → 메르엘렌제 호수Märjelensee → 텔리그라트Tälligrat → 피에셔알프Fiescheralp → 베트머알프Bettmeralp

난이도 상
거리 약 15.2km
소요시간 5.5~6시간
시즌 7~10월 중순/6월 말~10월 초
고도 Ascent 237m, Descent 952m
출발지점 베트머호른(전망대 및 곤돌라역)
도착지점 베트머알프
자세한 정보 www.aletscharena.ch

20대 후반 경험한 하이킹 루트를 시간이 한참 흘러 다시 하게 된 가을, 그날 따라 비가 내렸다. 우비까지 단단히 입고 세계 최대 규모의 빙하를 바로 옆에서 보며 걷는 그 신비로움은 날카로운 신선함으로 다가왔다. 문을 닫은 빙하 식당 Glacierstube 때문에 처마 밑에서 덜덜 떨며 먹었던 바나나와 보온병에 담아온 커피의 향기는 지금까지 코끝에서 맴돈다. 빙하 호수인 메르엘렌제 호수와 터널을 통과하는 하이킹 체험은 스위스 N차 여행객에게도 큰 감동으로 다가올 것이다.

© Aletsch Arena AG

이동방법 베트머알프 마을에서 곤돌라를 타고 베트머호른 역(2,647m)에 내리면서 하이킹이 시작된다.

루트 진행 방향

베트머호른 → 로티 춤마 → 메르엘렌제 호수 (빙하 구간)

- 빙하를 왼쪽에 끼고 계속 평행하게 걷는 구간. Uf de Setzu 방면으로 완만하게 내려가며 빙하의 균열(크레바스)과 푸른 얼음 빛을 아주 가까이서 관찰할 수 있다.
- 로티 춤마 근처에서는 빙하의 휘어진 곡선미를 조망할 수 있다. 지형은 주로 바위와 돌계단으로 이루어져 있어 발목을 지지해주는 등산화가 필수.

메르엘렌제 호수 및 Glacierstube (호수와 산장)

- 빙하 끝자락에 위치한 메르엘렌 호수에 도착한다. 이곳은 과거 빙하가 더 컸을 때 형성된 빙하 호수로, 주변 경관이 매우 신비롭다.
- 근처 Glacierstube 산장은 중간기점으로 식사나 음료를 즐기며 휴식을 취하면 된다.

텔리그라트 터널 통과 (이색 경험)

- 약 1km 길이의 조명이 설치된 보행자 전용 터널로, 산을 관통하여 반대편 곰스Goms 계곡 쪽으로 연결된다.

피에셔알프 → 베트머알프 (마무리 구간)

- 터널을 나오면 알레치 아레나의 탁 트인 고원지대가 나타난다. 평탄하고 넓은 길을 따라 피에셔알프를 거쳐 다시 출발지였던 베트머알프 마을로 돌아오게 된다.

종료지점 베트머알프

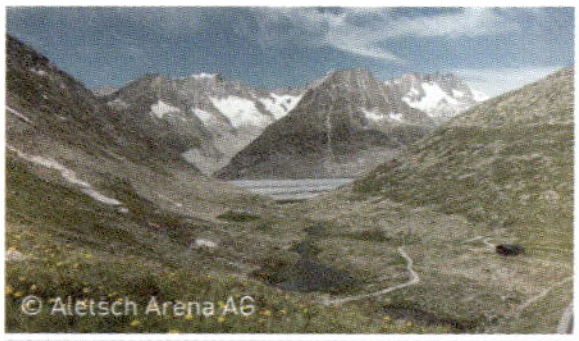
© Aletsch Arena AG

© Aletsch Arena AG

© Aletsch Arena AG

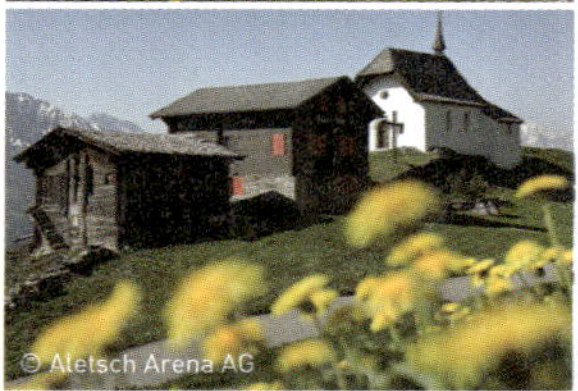

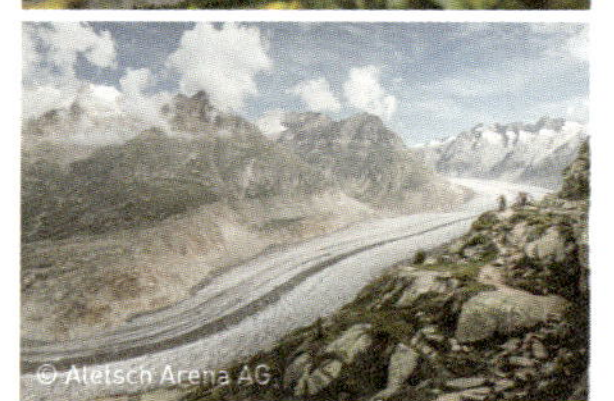

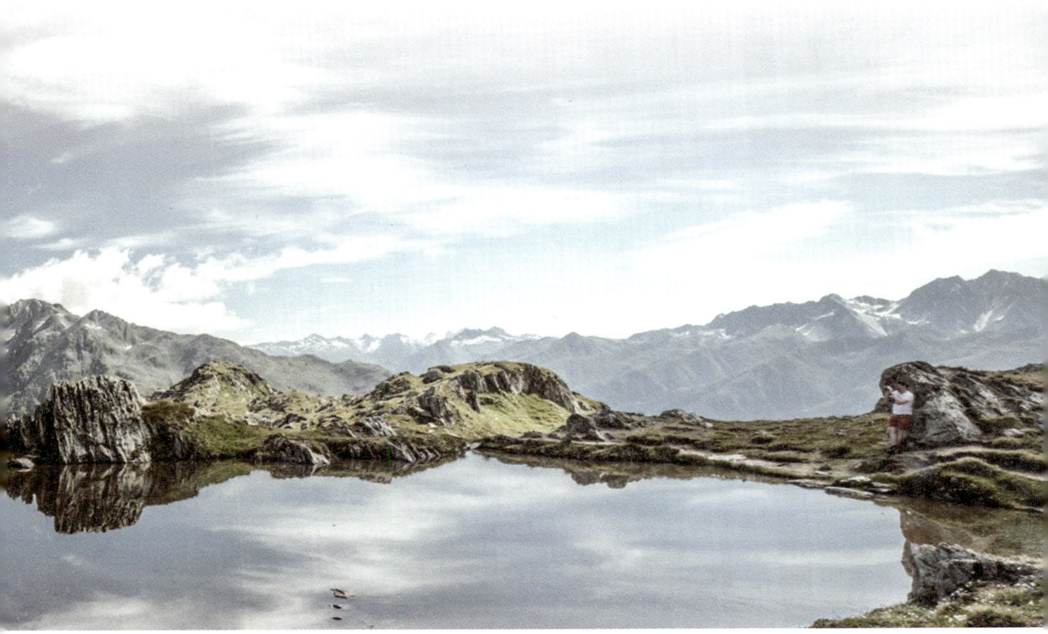

✚ 에벤알프에서 느끼는 두 번의 감동 에셔 산장-제알프 호수 하이킹

지역 **아펜첼 이너로덴 주**Appenzell Innerrhoden, **알프슈타인**Alpstein **산악지대**

루트 (에벤알프 8번 추천루트)

바서라우엔Wasserauen → [케이블카] → **에벤알프**Ebenalp → [하이킹] → **에셔 산장**Berggasthaus Aescher → [하이킹] → **제알프 호수**Seealpsee **한 바퀴** → [하이킹] → **바서라우엔**

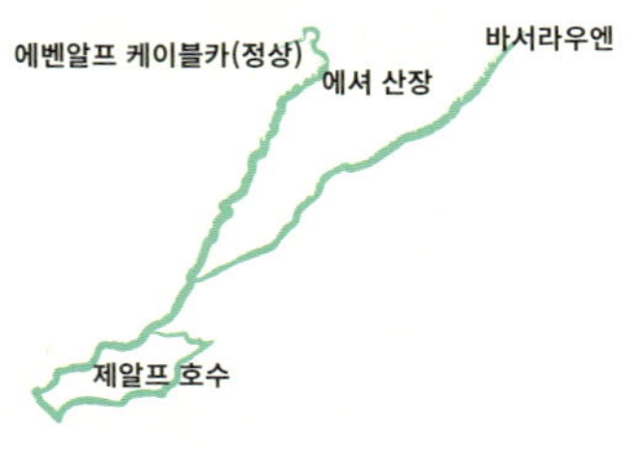

난이도 중하(에벤알프-에셔 산장), 중상(에셔 산장-제알프 호수), 하(제알프 호수-바서라우엔)
거리 5.4km (에벤알프-바서라우엔)
소요시간 2시간 30분 (에벤알프-바서라우엔)
고도 오르막 구간 64m, 내리막 구간 794m
출발지점 바서라우엔 기차역
도착지점 바서라우엔 기차역

절벽에 위치한 에벤알프 산장 사진만으로 마음이 설레인다. 실제로 가보면?! 감동은 두 배. 힙하고 세련된 산장 종업원들이 건넨 리벨라 한 잔에 한 숨 돌리면, 바로 고민이 된다. AI로 만든 엽서 그림 같은 제알프 호수로 다음 여정을 이어갈 것인가. 신발이 튼튼하지 않거나, 어린아이들과 함께라면 1) 다시 에벤알프 케이블카로 돌아가서 하산 2) 바서라우엔에서 케이블카를 타지 않고, 바로 제알프 호수까지 하이킹 길을 선택하면 평지! 하지만 이 하이킹을 위해 충분한 준비를 해 온 여행자라면 반드시 경험해야 할 여정이다. 조금은 험한 산길(흰색과 빨간 표지판은 난이도가 있는 하이킹 길)을 내려가면 만나는 제알프 호수는 절대 후회하지 않을 감동을 줄 것이다. 미끄럽지 않은 튼튼한 신발 필수!

이동방법 아펜첼에서 열차로 바서라우엔역까지 15분 이동. 도보 3분 거리에 에벤알프행 케이블카 역이 있다.

* 케이블카 운영: 4월 말~10월, 요금: 성인 편도 CHF 24, 왕복 CHF 36, 스위스 패스 50% 할인
* 에벤알프-에셔 산장 하이킹만 하는 경우 왕복, 제알프 호수까지 하이킹하는 경우 편도 티켓 구매

시작지점 에벤알프에 도착하면, 에셔 산장까지 약 40분여 걷는 길이 첫 번째 구간. 알프슈타인의 파노라마 전경을 즐기며 걷다가, 약간의 경사가 있는 동굴과 절벽 교회당을 지나면, 에셔 산장에 닿는다. 산장 테라스에서 브런치를 즐기며 잠시 휴식.

중간지점 안전을 위해 어린아이들은 줄로 묶어서 데리고 가라는 좀 무서운 사인과 함께 있는 제알프 호수 사인을 따라 조금 아찔한 몇 구간을 지나면 드디어 에메랄드빛의  제알프 호수가 나온다. 호수는 무조건 한 바퀴 돌면서 인생사진을 찍어야 한다. (시간 여유가 없으면 호수를 돌지 말고 바로 바서라우엔역 표지를 따라 짧은 구간을 선택)

종료지점 호숫길을 중간 정도 걷다 보면 제알프 치즈공방Seealpkäserei(주소: Seealpsee 10, 9057 Wasserauen)이 나오는데 맛있는 치즈 쇼핑이 가능하다. 치즈를 사서 남은 여정을 이어간다. 바서라우엔 역 전에 나오는 실개울가에 하이킹으로 피곤해진 발을 꼭 담그면, 피로가 좀 풀린다.

✚ 옛날 옛적 배추도사 무도사가 살 것 같은 스위스의 신비로운 산 작서뤼케 하이킹

지역 아펜첼 아우서로덴 주Appenzell Ausserrhoden, 알프슈타인Alpstein 산악지대

루트 프륌젠 스타우베른Frümsen Staubern 케이블카 역 → [케이블카] → 정상 케이블카 역 → [하이킹] → 작서뤼케 뷰포인트(펠렌 호수Fälensee 하강 전) → [하이킹] → 정상 케이블카 역 → [케이블카] → 프륌젠

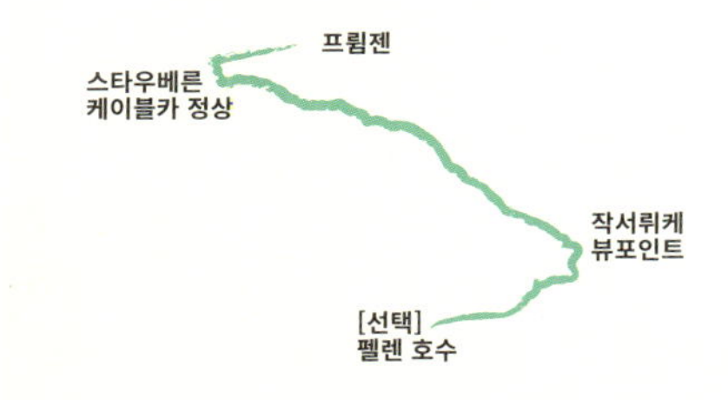

난이도 중상
거리 7km + (선택-약 2km) Fälen호수 볼렌베스 Bollenwees산장까지 하이킹(뢰스티 유명)
소요시간 3시간
고도 오르막 구간 240m , 내리막 구간 240m
출발지점 프륌젠 스타우베른 케이블카(하부)
도착지점 프륌젠 스타우베른 케이블카(하부)

스위스 하이킹도 트렌드가 있다. 최근 소셜미디어에서 꽤 자주 보이는 산이 작서뤼케. 뾰족한 모양의 돌산으로 작서뤼케를 뒷배경으로 그 앞 작은 언덕에 올라 찍는 앵글이 인기이다. 이 인생샷을 위해서 발에 제법 걸리는 돌들을 조금은 헤치며 걸어야 한다. 고도 변화는 크지 않아

중간 정도 수준의 하이킹이지만, 중간 중간 좁은 길 옆으로 아찔한 낭떠러지가 있다. 지형이 고르지 않은 편이라 튼튼한 신발을 챙기는 것이 좋다. 작서뤼케 사진을 남편에게 보냈는데, 옛날 만화영화에 나오는 배추도사, 무도사가 살 것 같은 산 같다고 했다. 한국에 돌아와 찾아보니 구름 위로 생긴 돌산이 진짜 똑같다. 전망 포인트에서 준비해 온 간단한 샌드위치를 먹고 다시 되돌아가는 걸 추천한다. 에너지가 넘친다면 펠렌 호수까지 하강을 해서 뢰스티 맛집인 볼렌베스 산장까지 30여 분 갔다가 다시 같은 길로 돌아온다.

이동방법 생갈렌에서 열차로 잘레츠–젠발트 Salez–Sennwald까지 약 50분, 여기서 411번 (Bendern, Post 행) 버스로 환승 Frümsen, Rathaus 하차. 도보로 스타우베른 케이블카 역까지(주소: Frümsnerbergstrasse, 9467 Sennwald) 10분 이동

* 케이블카 운영: 4~10월, 요금: 성인 편도 CHF 18, 왕복 CHF 36, 스위스 패스 50% 할인

시작지점 스타우베른 케이블카 역(상부)에서 바로 시작해 1시간여 하이킹.

중간지점 계속 작서뤼케를 향해서 가기 때문에, 전망 포인트에 도착 후 컨디션을 보고 다시 돌아갈지, 호수까지 내려갈지를 결정한다. 호수까지 내려가면 다시 같은 길을 올라와야 하는 것을 염두해두자.

종료지점 왕복이므로 다시 스타우베른 케이블카 역(상부)에 도착한다.

스위스 속살까지 감도 깊게 즐기는
스위스 포스트버스 여행

포스트버스는 열차가 다니지 않는 시내 외곽, 산간 지역까지 운행하는 덕분에 좀 더 감도 깊은 스위스 여행을 원할 때 제격이다. 눈에 확 띄는 진한 노란색이 매우 인상적이며 출발하거나 도착할 때 즈음 그리고 커브를 돌 때 상대 드라이버에게 알림을 주는 포스트 호른 소리가 더없이 낭만적이다. 호른 소리는 세 옥타브로 마치 "두–다–도Du-Da-Do"라고 들리며 포스트버스 여행의 멋진 추억으로 남는다. 대부분의 포스트버스 노선은 예약 없이 스위스 트래블 패스만으로 탑승할 수 있다. 여행 짐 또한 포스트버스 짐칸에 무료로 실을 수 있어 매우 편안한 여행이 보장된다. 다만, 특정 노선(산악고개 등)이나 상황에서는 예약을 해야 한다. 예약비는 무료인 경우가 많다.

자세한 정보   www.postauto.ch

© PostAuto AG

➕ 그림젤 패스 라인 *Grimselpass-Linie*

알프스의 역동적인 대자연과 스위스의 정교한 엔지니어링을 동시에 경험할 수 있는 최고의 드라이브 코스이다. 저자는 가을이 깊어가는 10월 초, 안데르마트에서 가벼운 하이킹과 하룻밤을 보낸 후 기차로 오버발트 기차역으로 이동했다. 신나는 호른 소리와 함께 포스트버스 여행이 시작되는데, 기사님께서 독어, 불어, 영어로 간단히 루트 및 랜드마크에 대해 친절하게 설명해준다. 덩치 큰 버스가 지나기 어려울 만큼 구불구불 이어지는 도로와 론느 강이 빚어내는 풍광이 이어지고 마침내 그림젤 패스의 정점, 토텐 호수Totensee가 눈부시게 빛나는 그림젤 패스 역Grimsel Passhöhe에 도착한다. 관광버스처럼 15분 휴식시간이 주어진다. 험준한 산길과 건설 중인 댐을 배경으로 그림젤 호수Grimselsee가 펼쳐지고, 사람의 발길이 닿지 않을 것만 같은 곳에 오래된 산악 호텔 그림젤 호스피츠Historisches Alpinhotel Grimsel Hospiz가 있다. 소셜미디어의 스타답게 독특하고 멋지다. 이곳에 머물 수 있는 시간은 단 5분. 노란색 포스트버스는 또 다시 론느 빙하 지역의 끝자락을 내달려 계곡을 따라 푸르름이 펼쳐지는 하슬리탈Haslital 지역으로 들어가고, 마침내 여행의 종착지인 마이링엔에 닿는다. 마이링엔은 셜록 홈즈의 타운으로 인터라켄과도 멀지 않아 호텔 숙박지로도 괜찮은 편이다.

루트	포스트버스 161번 (오버발트 기차역Oberwald Bahnhof – 그림젤Grimsel – 마이링엔 기차역Meiringen Bahnhof)
운행기간	매년 6월 초중순~10월 초중순
소요시간	1시간 40분
요금	스위스 트래블 패스 소지자 무료, 성수기 좌석 예약 권장

호텔 그림젤 호스피츠

그림젤 패스에 건설 중인 댐

목가적인 풍경의 하슬리탈

✚ 산 베르나디노 루트 *San Bernardino Route*

이탈리아어권인 티치노Ticino 주의 벨린초나와 스위스에서 가장 오래된 도시, 그라우뷘덴Graubünden 주의 쿠어를 연결하는 환상적인 파노라마 노선이다. 티치노에서 가장 편하게 그라우뷘덴으로 가기 위한 방법으로 선택했던 이 버스는 드라마틱한 풍경의 변화를 느끼며 마치 때묻지 않은 스위스의 아름다운 민낯을 그대로 바라볼 수 있는 여정이기도 하다. 뫼졸라 호수Lago Moesola, 전통적인 알프스 마을의 정취를 지닌 슈플뤼겐Splügen을 지나는 동안 시간 여행을 즐긴 듯한 감동을 받을 수 있다. 쿠어 도착 이후 생 모리츠나 다보스로 갈 수도 있지만 쿠어 구도심에서 1박 하는 것도 추천하고 싶다.

루트	포스트버스 익스프레스 버스 171번(EXB171) 벨린초나Bellinzona Stazione – 산 베르나르디노 S.Bernardino Villaggio – 투시스Thusis Bahnhof – 쿠어Chur
운행기간	매일 수회 운행
소요시간	약 2시간 10분
요금	스위스 트래블 패스 소지자 무료, 성수기 및 주말에는 좌석 예약 권장
좌석예약	포스트버스 www.post-auto.ch

01

Mission in Switzerland

스위스에서 꼭 해봐야 할 모든 것

SIGHTSEEING 스위스의 세계유산

스위스는 2026년 현재 총 13개의 유네스코 세계유산(문화유산 9개, 자연유산 4개)을 보유하고 있다. 이 유산들은 단순히 '아름다운 장소'를 넘어, 스위스라는 국가의 정체성, 기술적 혁신, 그리고 지구 역사의 기록이라는 깊은 의미를 지니고 있다. 스위스 여행 계획을 세울 때 관심 있는 세계유산을 포함시켜 본다면 보다 의미 있는 여행이 될 수 있을 것이다.

1 장크트 갈렌 수도원 *Abbey of St. Gallen*

9 스위스 사르도나 지각 표층 지역
Swiss Tectonic Arena Sardona

뮈스테어 성 요한 베네딕트회 수도원
Benedictine Convent of St. John at Müstair 2

알불라·베르니나 지역의
레티셰 철도(베르니나 특급) 8
Rhaetian Railway in the Albula-Bernina Landscapes

4 벨린초나 3개의 고성, 구시가지 성벽
Three Castles, Defensive Wall and
Ramparts of the Market-Town of Bellinzona

산 조르지오 산 6

Monte San Giorgio

❶ 장크트 갈렌 수도원 *Abbey of St. Gallen*

유럽의 지성적 중심지이자 서구 문명의 저장고다. 바로크 건축의 걸작인 수도원 도서관에는 역사적으로 중요한 서적들이 소장되어 있다.

❷ 뮈스테어 성 요한 베네딕트회 수도원
Benedictine Convent of St. John

8세기 프랑크 왕조 칼 대제의 명령으로 세워졌다. 건물 내부의 장대한 벽화와 프레스코화로 유명하다.

❸ 베른 구시가지 *Old City of Bern*

아레 강에 둘러싸인 작은 언덕 위에 12세기경 세워진 도시. 일관성 있는 계획하에 건립되어 도시 원형이 보존되어 내려오는 것이 특징이다.

❹ 벨린초나 3개의 고성, 구시가지 성벽
Three Castles, Defensive Wall and Ramparts of the Market-Town of Bellinzona

티치노 계곡 전역이 내려다보이는 바위 위에 세워진 카스텔그란데와 성벽의 일부를 이루고 있는 몬테벨로 Montebello 성, 사소 코르바로 Sasso Corbaro 성으로 구성되어 있다.

❺ 스위스 알프스 융프라우-알레취 빙하-비취호른
Swiss Alps Jungfrau-Aletsch-Bietschhorn

알프스 최초의 유네스코 세계자연유산으로, 고도별 다양한 식생과 샤무아 · 아이벡스의 서식지이자 기후 변화의 지표가 된다.

❻ 산 조르지오 산 *Monte San Giorgio*

루가노 호수 남쪽 피라미드 모양의 산. 트라이아스기의 화석들로 인해 주목을 받았으며, 과거 이곳이 바다였다는 지질학적 증거와 함께 다양한 화석이 대량 출토된다.

❼ 라보 계단식 포도밭 *Lavaux Vineyard Terraces*

레만 호숫가 약 30km에 걸쳐 곧게 뻗은 계단식 포도밭. 11세기 개척 정신이 담긴 아름다운 풍경이다.

❽ 알불라·베르니나 지역의 레티셰 철도
Rhaetian Railway in the Albula·Bernina Landscapes

알불라와 베르니나를 잇는 67km의 알프스 횡단 철도. 42개의 터널과 144개의 교량으로 이루어진 공학적 걸작이다.

❾ 스위스 사르도나 지각 표층 지역
Swiss Tectonic Arena Sardona

3,000m급 봉우리를 포함한 32,850ha의 산악지대. 대륙 충돌로 고대 암석층이 신생 암석층 위로 밀려 올라간 독특한 지형적 전형을 보여준다.

❿ 라쇼드퐁·르 로끌 시계 제조 계획 도시
La Chaux-de-Fonds·Le Locle Watchmaking Town Planning

시계 제조업자들을 위해 설계된 계획도시. 쥬라 산맥의 척박한 환경을 극복한 합리적 구성 덕분에 마르크스로부터 '거대한 공장 도시'라는 별칭을 얻었다.

⓫ 알프스 주변의 선사시대 호상 가옥
Prehistoric Pile dwellings around the Alps

알프스 주변 습지에 기둥을 세워 가옥을 띄운 선사시대 유적지들이다. 초기 농업 사회의 생활상을 보여주는 111개의 유산으로 구성된다.

⓬ 르 코르뷔지에 건축물
The Architectural Work of Le Corbusier

현대건축의 거장 르 코르뷔지에의 17개 유네스코 등재작 중 스위스에는 레만호의 빌라 르 락 Villa Le Lac 과 제네바의 클라르테 Clarté 빌딩이 포함되어 있다.

스위스 연방은 총 26개의 주(州), 칸톤Canton으로 구성된다. 스위스의 칸톤Canton은 대한민국의 '도(道)'와 비슷한 행정구역처럼 보이지만, 각 주는 관할 영토 내에서 완벽한 자치권을 바탕으로 고유한 정치 체계 및 입법권, 행정권을 유지하고 있어, 그 권한과 성격은 비교할 수 없을 정도로 강력하다. 사실상 스위스는 하나의 작은 국가인 칸톤들이 모여 연방을 이룬 형태라고 이해하는 것이 정확하다. 이 중 6개 주는 반주(半州)로서 지리적, 종교적 문제 등으로 인해 속해 있던 주에서 자치권을 인정받고 1999년 독립하였다. 현재 바젤-슈타트, 바젤-란트 샤프트, 옵발덴, 니드발덴, 아펜첼 아우서로덴과 아펜첼 이너로덴이 반주에 속한다.

스위스
Switzerland(CH)
수도 Bern

그라우뷘덴 주
Graubünden(GR)
연방가맹년도 1803
주도 Chur

글라루스 주
Glarus(GL)
연방가맹년도 1352
주도 Glarus

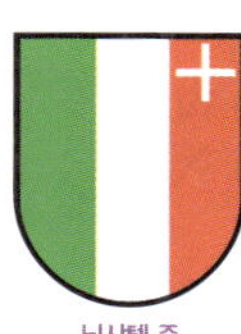

뇌샤텔 주
Neuchâtel(NE)
연방가맹년도 1815
주도 Neuchâtel

니드발덴 반주
Nidwalden(NW)
연방가맹년도 1291
주도 Stans

루체른 주
Lucerne(LU)
연방가맹년도 1332
주도 Lucerne

바젤-슈타트 반주
Basel-Stadt(BS)
연방가맹년도 1501
주도 Basel

바젤-란트샤프트 반주
Basel-Landschaft(BL)
연방가맹년도 1501
주도 Liestal

발레 주
Valais(VS)
연방가맹년도 1815
주도 Sion

베른 주
Bern(BE)
연방가맹년도 1353
주도 Bern

보 주
Vaud(VD)
연방가맹년도 1803
주도 Lausanne

샤프하우젠 주
Schaffhausen(SH)
연방가맹년도 1501
주도 Schaffhausen

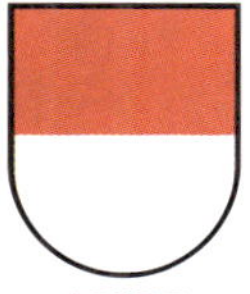

솔로투른 주
Solothurn(SO)
연방가맹년도 1481
주도 Solothurn

슈비츠 주
Schwyz(SZ)
연방가맹년도 1291
주도 Schwyz

아르가우 주
Aargau(AG)
연방가맹년도 1803
주도 Aarau

아펜첼 아우서로덴 반주
Appenzell Ausserrhoden(AR)
연방가맹년도 1513
주도 Herisau

아펜첼 이너로덴 반주
Appenzell Innerrhoden(AI)
연방가맹년도 1513
주도 Appenzell

옵발덴 반주
Obwalden(OW)
연방가맹년도 1291
주도 Sarnen

우리 주
Uri(UR)
연방가맹년도 1291
주도 Altdorf

장크트 갈렌 주
St. Gallen(SG)
연방가맹년도 1803
주도 St. Gallen

제네바 주
Geneva(GE)
연방가맹년도 1815
주도 Geneva

쥬라 주
Jura(JU)
연방가맹년도 1979
주도 Delémont

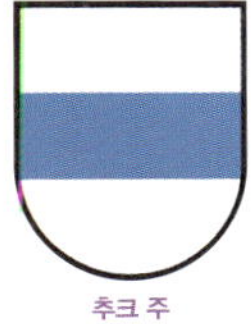

추크 주
Zug(ZG)
연방가맹년도 1352
주도 Zug

취리히 주
Zürich(ZH)
연방가맹년도 1351
주도 Zürich

투르가우 주
Thurgau(TG)
연방가맹년도 1803
주도 Frauenfeld

티치노 주
Ticino(TI)
연방가맹년도 1803
주도 Bellinzona

프리부르 주
Fribourg(FR)
연방가맹년도 1481
주도 Fribourg

스위스를 여행하다가 예상치도 않게 그 지역 페스티벌과 이벤트를 접할 기회가 생기면 마치 복권에 당첨된 듯한 기분이 들기도 한다. 축제는 보통 농촌 지역은 가을에, 관광지로 유명한 지역은 여름과 겨울에 많이 열린다. 봄에는 주로 겨울을 보내고 봄을 맞이하는 전통행사가 열린다.

1월

샤또데 국제 열기구 페스티벌
International Balloon Festival

1월 말부터 8일 동안 샤또데에서 펼쳐지는 세계적 열기구 축제. www.festivaldeballons.ch

벵엔 스키 월드컵 *Ski World Cup Wengen*

아이거, 묀히, 융프라우가 보이는 벵엔에서 스키 월드컵 중 가장 긴 레이스가 펼쳐지며 특히 활강 코스가 까다롭기로 유명하다. www.lauberhorn.ch

2~3월

생 모리츠 설상 경마 대회 *White Turf*

1907년부터 매년 얼어붙은 생 모리츠 호수에서 펼쳐진다. 매년 2월 세 번의 일요일에 걸쳐 진행된다. www.whiteturf.ch

체게테 *Tschäggätta*

발레 주 뢰첸탈 지역의 빌러, 블라텐 등지에서 열리는 전통 행사. 털로 된 의상과 기괴한 마스크를 쓰고 거리 곳곳을 행진한다. www.loetschental.ch

바젤 파스나흐트 *Basler Fasnacht*

2월 중순 월~목까지 이국적이고도 기괴한 옷을 입고 축제를 벌인다. www.baslerfasnacht.info

4월

루체른 페스티벌 *Lucerne Festival*

부활절(4월)과 여름(8월 중순~9월 중순), 초겨울에 세 번 열리는 세계적인 클래식, 모던 음악 축제이다. www.lucernefestival.ch

아펜첼 공의회 *Landsgemeinde*

주민들이 아펜첼 란츠게마인데 광장에 모여 주요 사안에 대해 거수로 직접 민주주의를 실현한다. www.ai.ch/politik/landsgemeinde

체르마트 언플러그드 *Zermatt-unplugged*

매년 4월 초 봄을 알리는 행사로, 체르마트의 시내, 주요 전망대에서 유명 뮤지션들의 콘서트가 열려 흥을 돋운다. www.zermatt-unplugged.ch

5월

에페스 햇 와인 축제 *Epesses nouveau en fête*

5월 초 보 주의 별미 소시지, 소시송과 함께 와인 생산자들이 작년 수확철에 거둔 포도로 담근 와인의 시음 축제를 벌인다. www.epesses-nouveau.ch

로잔 카니발 *Carnaval de Lausanne*

1982년 비교적 현대에 시작된 열정적인 행사로 신나는 구겐뮤직과 아이들을 위한 프로그램으로 가득하다. www.carnavaldelausanne.ch

보 주 와인 저장고 오픈 축제
Caves Ouvertes Vaudoises

보 주 전체적으로 약 300여 와인 생산업자들이 방문객을 위해 와인 저장고를 열고 와인 시음 및 판매를 한다. mescavesouvertes.ch

6월

제네바 음악 축제 *Fête de la Musique Genève*

매년 열리는 음악 축제로 즐거운 음악이 3일 동안 연주된다. 장르를 뛰어넘는 흥겨운 음악 축제. www.ville-ge.ch/culture/fm

아트 바젤 *Art Basel*

'예술계의 올림픽'이라고 평가받는 행사로 세계에서 가장 훌륭한 임시 박물관이라고도 불린다. 세계 각국의 200~300여 곳 갤러리에서 4,000여 명의 예술가들의 빼어난 현대미술 작품을 전시한다.
www.artbasel.com

7월

몽트뢰 재즈 페스티벌 *Montreux Jazz Festival*

매년 7월 초 열리는 세계적으로 유명한 음악 축제. 블루스부터 팝까지 음악이 다양하며 1967년부터 뮤지션과 음악 애호가들을 불러 모으고 있다.
www.montreuxjazz.com

루가노 에스티벌 재즈 *Lugano Estival Jazz*

7월 거의 한 달간 열리는 음악 축제로 모두 야외에서 공연되며 무료로 가방되어 재즈 애호가들을 설레게 만든다. 유럽 최대 규모로 성장했다.
www.estivaljazz.ch

니옹 팔레오 축제 *Paléo Festival Nyon*

1976년부터 매년 열리는 스위스 최대 규모의 야외록 페스티벌. 6일간 음악과 다양한 즐길거리로 가득하다. yeah.paleo.ch

겜미 양치기 축제 *Sheep Procession Gemmi*

목동들의 모임에서 시작한 행사로 7월 마지막 주 일요일 양 떼가 계곡과 호수를 내려와 사료를 마구 먹어대는 독특한 경관을 지켜보는 축제.
www.valais.ch

8월

취리히 스트리트 퍼레이드 *Zürich Street Parade*

매년 8월 초 사랑, 자유, 타인에 대한 이해, 존중을 주제로 하여 거리에서 퍼레이드가 이어진다.
www.streetparade.com

로카르노 필름 페스티벌 *Festival del Film Locarno*

매년 8월 초부터 로카르노는 전 세계 영화인의 메카가 된다. 그란데 광장에 대형 스크린이 설치되어 야외에서 영화를 즐길 수도 있다.
locarnofestival.ch

9월

알프압추크 *Alpabzug*

9월 말~10월 초 스위스 전역에서 소몰이 축제가 열린다. 여름에 산으로 올라갔던 소들이 다양한 꽃장식과 목종을 매달고 산 아래로 목동들과 내려온다.
www.appenzellerland.ch

10월

루가노 & 아스코나 가을 페스티벌
Lugano & Ascona Autumm Festival

티치노의 가을은 밤 굽는 냄새와 축제로 활기가 넘친다. 각 10월 초 루가노와 아스코나에서 티치노 토산품과 지역 음식을 마켓에서 선보인다.
www.amascona.ch

옥토버페스트 *Oktoberfest*

옥토버페스트는 독일어권 스위스에서도 열리며, 9월부터 10월까지 전국 곳곳에서 맥주와 축제 분위기를 즐길 수 있다. www.oktoberfest.ch

11월

로잔 루미나리에 *Festival Lausanne Lumieres*

매년 11월 말부터 약 한 달간 로잔 기차역 및 구시가지 등 도심 주요 광장과 건물들이 아름다운 빛으로 물든다. www.festivallausannelumieres.ch

크리스마스 마켓 *Christmas Market*

크리스마스이브 약 한 달 전부터 당일까지 열린다. 장식품과 현지 음식, 따뜻한 와인을 즐길 수 있으며 바젤·취리히·몽트뢰가 가장 유명하다.

12월

성 니콜라스 축제 *St. Nicolas Celebrations*

산타클로스의 유래가 된 성 니콜라스를 기념하기 위한 행렬 및 이벤트. 아르가우, 빌 등에서 열린다.
www.stnicholascenter.org

질베스터클라우젠 *Silvesterchlausen*

아펜첼 각 지역에서 12월 31일, 1월 13일에 열린다. 마스크를 쓴 사람들이 종을 들고, 요들을 부르며 각 집을 다니면서 복을 빈다. www.appenzell.info

 스위스 전통 음식

산악 지방의 알프스 지역 음식들은 저장성을 높이기 위해 대체로 짭짤한 편이며, 추운 곳에서도 생장할 수 있는 감자와 많이 생산되는 치즈를 이용한 음식이 많다. 스위스는 독일, 프랑스, 이탈리아, 오스트리아 등과 접해 있는 까닭에 주변 국가에 따라 식문화에 영향을 많이 받기도 했다. 스위스의 꼭 맛보아야 할 맛있는 음식은 어떤 것들이 있을까?

한국의 어르신들도 반한 맛 　　산악 지방/주로 독일어권
라클렛Raclette

라클렛 치즈를 불에 가져다 녹인 다음, 녹인 단면을 칼로 살짝 긁어 접시에 올려서 삶은 감자와 피클을 함께 먹는 음식이다. 와인을 곁들이면 맛이 배가 되며, 요즘엔 현대적인 라클렛 기구를 이용하기도 한다. 생각보다 느끼하지 않고 치즈의 풍미가 살아 있어 부모님과 함께 먹기도 그만이다.

진정한 치즈 마니아의 맛 　　산악 지방/프랑스어권 & 독일어권
치즈 퐁뒤 Fondue Fromage

2~3가지의 치즈를 약간의 화이트와인과 녹말가루를 넣어 함께 녹인 다음, 주사위 모양으로 자른 빵을 포크로 찍어 먹는 음식이다. 이 밖에도 기름에 튀겨서 먹는, 일명 미트 퐁뒤, 퐁뒤 부르기뇽Fondue Bourguignonne, 스위스 샤부샤부라 할 수 있는 퐁뒤 시누아Fondue Chinoise가 있다.

막걸리를 떠오르게 하는 친근한 맛 　　독일어권
뢰스티Rösti

뢰스티는 감자를 강판에 갈거나 가늘게 채 썬 것을 전처럼 부친 음식이다. 본래 지역 농부들의 전통적인 아침 식사로, 현대에는 다양한 요리의 사이드 메뉴로 곁들이기도 한다. 소시지인 브라트부어스트와 함께 먹기도 하며, 남녀노소 거부감 없는 친근한 맛으로 쉽게 도전해볼 만한 요리다.

풍부한 감칠맛
카푼스 *Capuns*

엄마가 해준 건강한 음식 같은 느낌이 저절로 드는 음식. 속재료를 넣고 근대 잎으로 감싸 크림소스를 끼얹어 먹는데, 그라우뷘덴 주 전통음식으로 우리 김치처럼 그라우뷘덴 주 어머니들마다 레시피가 조금씩 다르다.

그 누구도 거부할 수 없는 맛　　독일어권
브라트부어스트 *Bratwurst*

소고기, 돼지고기 등을 이용하여 만든 소시지 음식. 거리에서 커다란 석쇠나 팬에 소시지를 구워 머스터드 소스와 빵을 곁들여 팔곤 하는데 이 맛이 끝내준다. 길거리 음식이면서 레스토랑 음식으로 아주 대중적이다.

고급스럽고 깔끔한 맛　　호수 지방/프랑스어권
필레 드 페르쉐 *Filet de Perche*

바다가 없는 스위스에서 맛볼 수 있는 민물 생선 음식. 깨끗한 호수에서 건져 올린 민물 농어의 일종인 페르쉐를 뫼니에르*Meuniere*(생선을 밀가루에 묻힌 뒤, 버터와 기름을 넣은 냄비에 지지는 요리)로 만들거나 튀겨서 먹는다. 레만 호수가 유명하다.

감칠맛 나는 송아지 고기와 소스의 맛　　독일어권
게슈넷첼테스 *Geschnetzeltes*

한입 크기로 자른 송아지 고기를 버섯과 크림을 넣어 만든 취리히와 독일어권 지역의 대표 음식이다. 취리히 지역에서 탄생했다. 브라트부어스트, 알펜 마카로니, 뢰스티 등과 함께 먹기도 한다.

술안주로 그만　　발레/그라우뷘덴 주/티치노 주
뷘드너 플라이쉬 *Bündner Fleisch*

겨울에도 맛 좋은 고기를 먹기 위해 소금과 향신료를 발라 공기 중에 건조한 소고기 음식이다. 얇게 잘라 먹으며 애피타이저와 안주로 제격이다. 마트에서 편리하게 구입할 수 있다.

 슈퍼마켓에서 찾은 스위스 음식

여행을 하다 보면 레스토랑에서 우아하게 먹는 것이 생각보다 쉽지 않다. 이럴 때는 슈퍼마켓이나 편의점 또는 길거리에서 파는 스위스 브랜드 음식을 맛보는 것도 여행의 즐거움이 된다. 소소하지만 강력한 맛의 음식들, 어떤 게 있을까?

카오티나
Caotina

스위스의 핫초코. 달달한 음료가
마시고 싶을 때 추천!

리벨라
Rivella

우유에서 추출한 성분으로 만든
스위스 국민 음료.

허브 티와 허브 캔디
Herbal Tea & Candy

몸에 좋은 허브 티와 허브 캔디.
리콜라가 대표적.

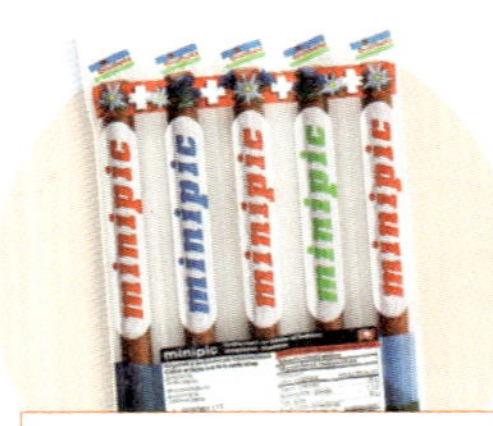

미니픽
Minipic

육포 맛이 나는 소시지.
입이 심심할 때 하나씩 가볍게
먹어도 좋다.

츠바이펠 파프리카
Zweifel Paprika

과자가
심하게 당길(?) 땐 먹어보자.
스위스 칩스의 대명사다.

요거트
Yogurt

스위스에는 다양한 맛의
요거트가 있다.
가을엔 밤 맛 요거트는 어떨까?

뷘드너 플라이쉬
Bündner Fleisch

식빵 사이에 껴 넣으면 맛있는
육가공품. 와인 안주로도 제격.

스위스 꿀
Schweizer Honig

알프스에서 자란 꽃들의 향기가
날 정도로 맛이 풍부하다.

스위스 치즈
Cheese

출출할 때 스위스 치즈가 최고.
빵과 함께라면 금상첨화.

스위스 와인은 프랑스나 이탈리아 와인만큼 우리나라에서 접하기 쉽지 않다. 이는 스위스 와인의 맛이 떨어져서가 아니라 워낙 적은 양을 생산하는 데다 자국에서 소비하는 양이 많기 때문이다. 그러니 스위스에 가기로 했다면 꼭 와인을 맛보라고 권하고 싶다. 스위스 내에서도 지역별로 와인의 품종과 맛이 다르니 여행하는 지역마다 다양하게 시도해보자! 아래 추천 와인을 꼭 따를 필요는 없다. 대표 지역과 품종만 기억해서 레스토랑에서 주문 혹은 마트에서 구매 시 참고하자. 스위스 와인이 전체적으로 가벼운 편이라, 개인적으로 레드보단 화이트를 가볍게 마시는 걸 좋아한다.

대표 품종 및 추천 와인

1

샤슬라
CHASSELAS

Dézaley Grand Cru – Domaine Louis Bovard

유네스코 지정 포도밭 라보Lavaux 지역의 대표 샹산자로, 샤슬라의 미네랄과 섬세한 스타일을 가장 잘 보여주는 와인이다.

© DomaineBovard

3

멜롯
MERLOT

Merlot Sassi Grossi – Gialdi Vini

티치노 대표 프리미엄 멜롯 와인으로, 스위스 남부 티치노 주 특유의 개성 강한 스타일의 와인을 상징한다. 벨벳 같은 질감과 깊은 과실 향이 특징이다.

© Gialdi Vini

2

피노 누아
PINOT NOIR

Pinot Noir Passion–Donatsch

그라우뷘던 Malans 지역은 알프스 최고의 피노 누아 산지로, Donatsch는 국제적 수준의 최고급 생산자이다. 부르고뉴 스타일의 와인.

© Donatsch

4

에르미타쥬
HUMAGNE ROUGE

Humagne Rouge – Domaine Jean-René Germanier

발레Valais 토착 품종인 에르미타쥬를 대표하는 와인으로 스위스 고유 품종의 개성을 잘 보여주는 스파이시한 스타일의 와인이다.

© Domaine Jean-René Germanier

스위스 와인의 역사

스위스는 로마시대부터 본격적으로 와인 산업이 시작되었다. 이후 중세시대 수도원이나 영주들에 의해 유지되다 19세기말부터 20세기 초까지 침체기를 맞았다. 1970년 스위스 자국의 와인 수요가 증대되면서 다시 와인 산업은 부흥한다. 스위스 와인 역사에서 중대한 사건이 몇 가지 있는데, 그중 1882년 스위스 트루가우 주의 헤르만 뮐러 Hermann Müller 교수가 포도 품종 리슬링 Riesling과 마들렌 로열 Madeleine Royale을 섞어 **뮐러 투르가우** Müller-Thurgau**라는 새로운 품종**을 만들어내 독일 및 전 세계 화이트와인에 많은 영향을 끼친 것이 첫 번째 사건이다. 두 번째 사건은 2007년 레만 호수의 계단식 **와인 생산지인 라보 지역이 유네스코 세계자연유산**으로 등재된 것이다. 이로 인해 라보 지역 관광뿐 아니라 라보 지역의 주요 품종인 샤슬라 Chasselas와 스위스 화이트와인이 전 세계적으로 알려졌다.

스위스의 대표 와인 산지

스위스의 대표 와인 산지는 발레 주, 보 주, 제네바, 스위스 서쪽 뇌샤텔, 스위스 동쪽 마이언펠트/그라우뷘덴 지역, 티치노 주 등 크게 여섯 지역으로 나뉜다. 지역마다 대표 포도 품종이 다르지만, **스위스 화이트와인의 대표는 샤슬라** Chasselas(발레 주는 펭당 Fendant이라고 불림)이다. 샤슬라는 토양과 환경에 굉장히 민감한 포도 품종으로 조건이 조금만 달라져도 맛에 차이가 난다고 알려져 있다. **레드와인은 피노 누아** Pinot Noir로 여섯 지역에서 골고루 재배되나 각 기후 조건과 생산방식에 따라 맛이 조금씩 다른 편이다. **메를로** Melot는 이탈리아와 접경 지역인 티치노 주의 주요 포도 품종이다. 최근에는 취리히 주변의 소규모의 와이너리도 관심을 받고 있으며, 유기농 와인도 스위스 전역에서 인기를 끌고 있다.

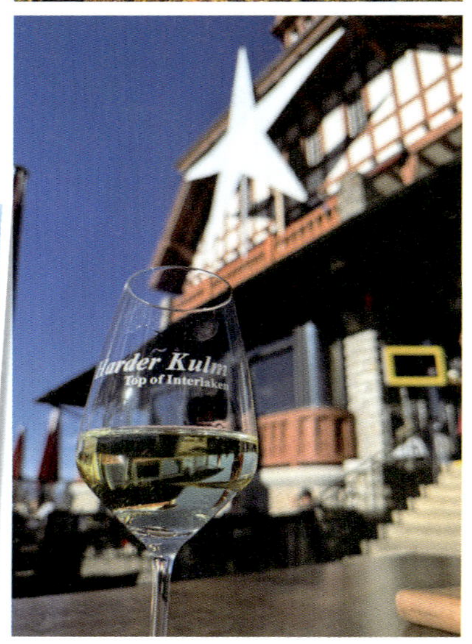

■ 화이트와인

와인 맛	포도 품종	주요 지역	어울리는 음식
Dry + Light	샤슬라Chasselas	보 주, 제네바, 뇌샤텔 지역, 발레 주	라클렛, 치즈 퐁뒤, 아시아 요리, 새우 및 튀긴 생선 요리
	뮐러 투르가우Müller-Thurgau	스위스 동부, 빌 호수, 보 주, 제네바, 발레 주	굴이나 생선 요리, 에멘탈이나 틸 등의 치즈 요리
Dry + Full-Bodied	샤도네이Chardonnay	발레 주, 제네바, 보 주, 뇌샤텔 지역, 스위스 동부	새우, 버섯 크림소스, 치즈나 토마토소스로 만든 생선 요리
	샤슬라	라보 지역(깔라망, 셰브레 등), 시옹	가벼운 소스 생선 요리, 스위스 전통 요리, 치즈 요리, 아시아 요리
	멜롯 비앙코Melot Bianco	티치노	파스타, 일반 생선 요리
	피노 블랑Pinot Blanc	발레 주, 보 주, 제네바, 빌 호수, 스위스 동부	해산물 요리
	발레 특산 품종 아미뉴Amigne, 위마뉴 블랑슈 Humagne Blanche, 에르미타쥬 Ermitage, 발레 무스카Muscat du Valais, 쁘띠 아뱅Petite Arvine	발레 주	가벼운 소스의 생선 요리, 아시아 요리
Medium + Rich	돌 블랑슈Dôle Blanche	발레 주, 보 주	훈제연어, 차가운 돼지고기 요리, 부드러운 치즈
	게뷔르츠트라미너Gewürztraminer	발레 주, 보 주, 제네바, 뇌샤텔 지역, 빌 호수, 스위스 동부	매콤한 아시아 요리, 열대과일
	레우슐링Räuschling	발레 주, 제네바, 보 주, 스위스 동부	데치거나 구운 생선, 닭고기, 연성치즈, 튀기거나 소스로 만든 생선 요리
	실바네르Sylvaner (=요하니스베르크Johannisberg)	발레 주, 보 주, 빌 호수	홀란데이즈(마요네즈류) 소스를 곁들인 야채, 크림소스 생선 요리, 취리히 스타일 송아지 요리
Sweet + Semi-sweet	**늦 수확 와인들** 아미뉴, 에르미타쥬, 쁘띠 아뱅, 실바네르, 피노 그리스Pinot Gris	발레 주, 보 주	치즈류 디저트, 매운 아시아 요리

■ 레드와인

와인 맛	포도 품종	주요 지역	어울리는 음식
Fine + Elegant	피노 누아Pinot Noir	뇌샤텔 지역, 제네바, 보 주, 스위스 동부, 발레 주	토끼 등의 고기류, 스튜, 치즈
Powerful + Full Bodied	티치노 멜롯Melot del Ticino	티치노	양, 오리, 토끼 등의 고기류, 버섯, 리소토, 파스타, 부드러운 치즈
	피노 누아	보 주, 발레 주	말린 고기, 스테이크, 치즈
	발레 특산 품종 위마뉴 루쥬Humagne Rouge, 쉬라 Syrah, 코르날린 발레Cornalin Valais	발레 주	말린 고기, 스테이크, 치즈
Rosé	가메 로제Gamay Rosé (가벼움, 과일향)	제네바, 보 주, 발레 주	소시지, 아보카도, 생선수프, 염소치즈, 가벼운 식사류
	오이 드 페르드리Oeil de Perdrix (묵직한 보디감)	뇌샤텔 지역, 빌 호수, 발레 주, 제네바, 보 주	생선, 버섯 크림소스, 송아지 요리, 신선한 치즈, 스시

FOOD 4 스위스 치즈

'식탁 위에 위대한 알프스가 내려준 유산'이라고 불리는 스위스 치즈는 알프스 산악 지역 건강한 소의 생우유만을 이용하여 만든다. 소들이 먹는 건 그냥 풀이 아니라 알프스의 야생화와 허브로 스위스 치즈를 한 입 베어 물면 그해 여름 알프스의 향기가 입안에 퍼진다. 이렇게 '알프Alp 방식'으로 생산된 스위스 치즈는 생산 지역과 제조장에 따라 다양한 맛과 향을 지니며 치즈 농장이나 대형 슈퍼에서 구입할 수 있다.

자료제공 스위스 치즈 마케팅 주식회사 Switzerland Cheese Marketing

+ 스위스 3대장 치즈

■ 에멘탈*Emmental*

베른 주 에메Emme 강을 낀 계곡에서 생산되는 '치즈의 왕'으로 만화 속에 나오는 구멍 숭숭 뚫린 치즈. 구멍Eyes은 발효 과정에서 탄산가스가 만들어 낸 '맛의 흔적'이다. 은은한 고소함과 과일 향이 나는 부드러운 하드 치즈.

■ 아펜첼러 *Appenzeller*

스위스 동북부, 콘스탄스 호수와 센티스 고원지대 사이 완만한 고원지대에서 생산되는 700년의 역사를 지닌 '가장 향기롭고 신비로운 치즈'. 수십 가지 허브 추출물과 화이트와인으로 껍질을 닦으며 숙성시킨다. 매니아층이 두터운 하드 치즈.

■ 르 그뤼에르 *Le Gruyère*

그뤼에르 지역에서 12세기 경부터 생산했다. '치즈의 여왕'으로 불리며 구멍이 없고 단단하며 견과류처럼 고소한 맛이 일품이다. 퐁뒤의 핵심 재료로, 전 세계에서 가장 사랑받는 스위스 치즈로 다양한 방법으로 즐길 수 있는 세미하드 치즈.

✚ 스위스 미식 치즈

■ 슈브린츠 *Sbrinz*

최고 품질의 우유만을 재료로 하여 엄격히 선정된 산악 및 계곡 지역에서 생산된다. 수분 함량이 적기 때문에 대패로 민 듯 종이처럼 얇게 만들어 먹는다. 위스키나 진한 레드와인과 궁합이 맞다. 최소 18개월에서 3년 이상 숙성하는 초경성Extra-hard 치즈.

■ 틸지터 *Tilsiter*

스위스 가정집 냉장고에 가장 많이 들어 있는 친숙한 치즈로, 19세기 말 한 장인이 러시아 틸지트 지역의 레시피를 가져와 스위스 방식으로 개량한 치즈. 아침 식사 때 빵 위에 올려 먹거나 샌드위치에 가장 많이 넣어 먹는 실용적인 세미하드 치즈.

■ 테트 드 무안 *Tête de Moine*

'수도사의 머리'라는 뜻을 가진 칼로 자르지 않고 '지롤Girolle'이라는 전용 회전 칼로 깎아 카네이션 모양으로 만들어 먹는 치즈. 얇게 깎으면 공기와 접촉하는 면적이 넓어져 풍미가 더해진다.

FOOD 5 스위스 맥주

스위스 슈퍼마켓에 들어서면 카스나 테라에 익숙했던 눈이 휘둥그레진다. 매일이 맥주 파티일 만큼 로컬 브랜드가 다양하기 때문이다. 스위스는 1991년까지 이어진 '맥주 카르텔'로 인해 타 지역 맥주 유통이 금지된 독특한 역사가 있다. 카르텔 붕괴 후 개성 있는 양조장이 폭발적으로 늘어났고, 현재는 인구 대비 가장 많은 양조장을 보유한 나라가 되었다. 이제 각 지역을 대표하는 '우리 동네 맥주'를 소개한다.

❶ 루체른
▶ **아히호프** *Eichhof*

❷ 인터라켄, 융프라우
▶ **루겐브로이** *Rugenbräu*

❸ 쿠어, 그라우뷘덴 주
▶ **칼란다** *Calanda*

❹ 아펜첼 주
▶ **아펜첼러** *Appenzeller*
▶ **퀠프리쉬** *Quöllfrisch*

❺ 샤프하우젠
▶ **팔켄** *Falken*

❻ 바젤
▶ **펠트슐뢰스헨** *Feldschlösschen*
(라인펠덴에 양조장이 있음)

❼ 프리부르
▶ **카디널** *Cardinal*
(1991년 펠트슐뢰스헨에 매각)

※ 펠트슐뢰스헨과 카디널은 2000년 덴마크의 칼스버그Carlsberg에 인수되었지만 고유의 맛은 그대로 지켜 나가고 있다.

❽ 장크트 갈렌
▶ **쉬첸가르텐** *Schützengarten*

❾ 제네바
▶ **칼비누스** *Calvinus*

❿ 베른
▶ **베르너 뮌치** *Bärner Müntschi*

> **Jay Says** 현재 이 맥주들은 대형 소매점에서 구할 수 있는데, 여행 도중 루체른에 들렀다면 "맥주 주세요" 하지 말고 "아히호프 한 잔 주세요"라고 주문해보자. 뭘 좀 아는 여행객처럼 보이니까!

"

 일한 자에게 맥주를 마실 권리를 주노라!

✛ 파이어아벤트비어 & 리베스비어 *Feierabendbier & Liebesbier*

지금은 거의 혼자 일하고 혼자 마시는 일이 많지만, '나인투식스 9 to 6, 정규 직장'에 다닐 때에는 퇴근 후 마시는 맥주가 나에게 성배였고 황금빛 유혹이었다. 스위스 사람들도 퇴근 후 맥주 한 잔의 여유를 굉장히 중요하게 생각한다. 파이어아벤트비어 *Feierabendbier*(퇴근한 후 마시는 술)는 단순히 술을 마시는 행위를 넘어, "오늘의 업무는 끝났고, 이제부터는 나의 사적인 시간이 시작된다"라는 일종의 선언과 같은 문화라 볼 수 있다. 그렇다고 거한 안주와 함께하지는 않는데, 보통 직장 동료들(가까운 사이여야 한다)과 가볍게 한잔하면서 업무의 스트레스를 털어내거나, 집에 가기 전 단골 바 *Stammtisch*에 들러 이웃들과 소소한 이야기를 나눈다. 딱 한두 잔을 천천히 즐기며 '일과 삶의 경계'를 긋는 것이 핵심이다.

✛ 친구, 앤디가 만든 맥주, 스카이 호퍼 *Sky Hooper*

누군가는 맥주를 '황금빛 다리'라고 한다. 치열했던 일터의 끝과 평온한 나의 공간 사이를 연결해주는 매개체라는 뜻이다. 스위스 친구, 앤디는 자택 지하에 홈브루어리를 만들어놓고 일과 후에 맥주를 마시며 홈브루잉을 즐긴다 법적으로 400리터 미만으로 판매가 아닌 경우에는 주세를 낼 필요가 없어 본인과 지인들이 마실 맥주를 부지런히 만들고 즐긴다. 덕분에 최리히에 가게 되면 친구가 만든 IPA 맥주는 원하는 대로 마실 수 있다. 스위스가 그리운 건 친구의 맥주 브랜드, '스카이 호퍼'가 있기 때문인가 보다.

> **Tip | COOP에서 맥주 구입 요령**
>
> 스위스 슈퍼마켓 체인, 'Coop Supermarkt'나 'Coop City'처럼 규모가 큰 매장일수록 타 지역의 맥주를 구비할 경우가 크다. 'Aus der Region 우리 지역 맥주'라는 로고가 붙은 매대가 따로 있는 경우가 많아 그 지역에서만 맛볼 수 있는 한정판 맥주를 찾기에 가장 좋다. 루겐브로이나 베르너 뮌치 같은 로컬 맥주는 병 맥주가 훨씬 풍미가 좋고 패키지도 예쁘다.

 스위스 초콜릿

스위스 국민 한 사람이 소비하는 연간 초콜릿 양은 약 12kg으로 세계 1위 수준이다. 카카오가 생산되지도 않는 나라에서 이토록 초콜릿이 많이 만들어지고, 팔리고, 사랑받는 이유는 무엇일까? 스위스에서 놓치지 말아야 할 초콜릿의 모든 것, 지금 만나보자.

1 맛있는 우유와 농축 기술로 탄생한 스위스 밀크 초콜릿

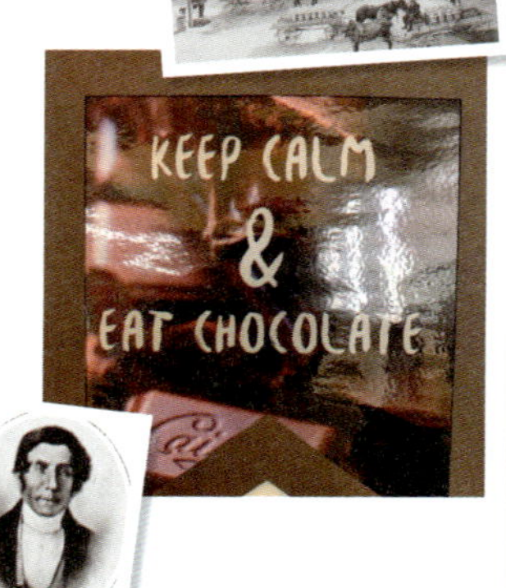

1819년 프랑수아 루이 까이에 François-Louis Cailler가 스위스 최초의 초콜릿 공장을 만든 이후, 1875년 브베의 다니엘 피터 Daniel Peter가 농축 우유를 초콜릿에 넣는 시도를 하면서 스위스 최초의 밀크 초콜릿이 탄생했다. 그 전까지 우유는 수분 위주라 자연 그대로는 고체 형태인 초콜릿에 넣기 어려웠는데, 파우더 형태로 초콜릿에 넣는 이 제조법은 획기적인 사건이 되었다. 여기에 스위스 푸른 목초지대에서 자라는 건강한 젖소로부터 얻은 우유는 밀크 초콜릿의 수준을 더욱 높였다. 그때 우유 공급을 한 브랜드가 네슬레. 이후 모든 초콜릿의 제조과정은 이와 같아졌다. 이후 1879년 루돌프 린트 Rodolphe Lindt가 콘칭 공정을 발명, 린트 브랜드를 통해 현대 초콜릿으로의 품질 혁신이 이루어졌다.

2 COOP에서 찾은 초콜릿 제품

스위스를 대표하는 슈퍼마켓에서 살 수 있는 초콜릿들을 추천한다. 여행 중 간식으로 요긴하며, 한국에 돌아올 때는 좋은 선물이 된다.

CAILLER
MILK CHOCOLATE TABLET

CHF 3.2(100g)

한국에 없는 브랜드로 선물로서 가치가 높다.

OVOMALTINE CHOCOLATE

CHF 3.2(100g)

우리나라 '가나초콜릿' 같은
스위스 국민 초콜릿 브랜드

NATURAPLAN BIO
70% CACAO HONDURAS

CHF 3.95(100g)

스위스 바이오 초콜릿도 특이하고 맛도 있다.

SMARTIES CANDIES
HEXATUBE 6 PIECES

CHF 2.43(100g)

스위스 어린이들이 사랑하는
스위스식 m&m 초콜릿

MÖVENPICK
SWISS CHOCOLATE

CHF 1.4(100mL)

스위스 대표 아이스크림 브랜드 뫼벤픽. 맛있다.

CAMILLE BLOCH
RAGUSA CLASSIQUE

CHF 3.1(100g)

스위스 국민 초콜릿 브랜드
라구사의 시그니처는 헤이즐넛.

③ 부티크 수제 초콜릿 숍들

고급 초콜릿을 사고 싶다면, 스위스 전역에 위치한 슈프링리나 레더라, 혹은 지역에서 오랜 시간 사랑받아 온 부티크 수제 초콜릿 숍들을 방문해보자.

슈프링리(스위스 전역)

레더라(스위스 전역)

토이셔(취리히)

파바르제(제네바)

막스 쇼콜라티에(루체른 및 취리히)

발더(베른 및 뇌샤텔)

④ 스위스 초콜릿 박물관 체험

❶ 메종 까이에 *Masion Cailler*(그뤼에르-브록)

스위스에서 가장 오래된 초콜릿 공장에서 스위스 초콜릿의 역사를 체험해보자.

※ 초콜릿 시식 무료, 무료 한국어 오디오 가이드, 스위스 패스 무료 입장

❷ 린트 홈 오브 초콜릿 *Lindt Home of Chocolate*(취리히 근교 킬히베르크)

2020년에 개관한 스위스 최대 초콜릿 박물관으로 초콜릿 분수가 하이라이트.

※ 초콜릿 시식 무료, 무료 한국어 오디오 가이드

❸ 스위스 초콜릿 어드벤처 *Swiss Chocolate Adventure*

(루체른 교통 박물관 내부)

아이와 함께 교통 박물관에 방문했다면, 카트를 타고 초콜릿의 역사를 둘러볼 수 있다.

※ 초콜릿 시식 무료, 스위스 패스 50% 할인

❹ 알프로제 초콜릿 박물관 *Alprose Chocolate Museum*(루가노)

티치노에서 사랑받는 알프로제 초콜릿의 역사와 제품들이 가득하다.

※ 초콜릿 무료 시식

❺ 쇼콜라리움 *Chocolarium*(생갈렌 주 플라빌)

초콜릿 브랜드 문즈, 미노 초콜릿을 생산하는 공장으로, 생산라인을 관람해볼 수 있다.

※ 액상 초콜릿 시식

Tip | 스위스 초콜릿 열차 여행

5~9월 상시 운영되는 '스위스 초콜릿 열차'는 몽트뢰에서 출발해 치즈의 본고장인 그뤼에르를 거쳐 네슬레 까이에 초콜릿 박물관이 있는 브록으로 가는 하루코스 프로그램이다. '스위스 초콜릿 열차'를 타면 커피와 크루아상 제공뿐 아니라 네슬레 까이에 초콜릿 박물관 방문 및 초콜릿 시식, 그뤼에르 성 방문, 치즈 공장 방문 등의 서비스도 모두 포함되어 있다. MOB 홈페이지에서 예약 필수.

요금 성인 1등석 CHF 99, 2등석 CHF 89 (스위스 패스 1, 2등석 소지 시 CHF 59)

SHOPPING 스위스 쇼핑 아이템

낯선 땅에서 지인을 위한 선물을 고르는 일은 여행의 기쁨이지만, 때론 고민이 된다. 고물가와 높은 환율로 인해 스위스에서의 소비가 부담스러울 수 있지만, 꼭 비싼 것이 최선은 아니다. 한국에서 찾기 힘든 희소성 있는 아이템이나 진심이 담긴 선물을 선택해보자. 적절한 아이템이 고민된다면 누구나 좋아하는 초콜릿, 허브 캔디, 건강식품 등이 무난하고 좋은 대안이 된다.

For 부모님과 어르신 및 건강 관리 철저한 지인

1_ 건강 보조 식품, 영양제

스위스 허브를 이용한 건강 보조 식품이나 영양제가 최고. 가격 대비 만족도가 높다. 약국 및 대형 마트 Coop, Migros에서 구입할 수 있다.

2_ 와인

한국에서는 구입 불가능한 스위스 와인이 제격이다. 주류 전문점이나 대도시 Coop에서 원산지별로 구매 가능하다. 레만호 지역Vaud이나 발레 주의 화이트 와인이나 티치노 주의 메를로가 좋다.

3_ 소금

오염되지 않은 고대 바다의 깨끗함을 간직한 론느 계곡, 베Bex 지역의 소금이 인기. 특히 셀 데 알프Sel des Alpes나 유라셀JuraSel이 대중적이다.

4_ 허브 캔디 & 허브 티

선물할 사람이 많아 고민이라면 허브 캔디나 허브 티가 그만. 부모님들도 친구들에게 생색내기도 좋은 아이템이다. 국내에도 들어온 브랜드 리콜라 외에도 다양한 브랜드가 많다.

5_ 허브 화장품 & 바디 용품

스위스는 가히 허브의 천국이라 할 만하다. 기초 제품부터 다양한 라인이 있다. 약국, 대형 슈퍼마켓에서 구입 가능하다. 라우쉬 Rausch 샴푸, 루이스 비드마 Louis Widmer 가 대중적이다.

6_ 테이블웨어

생각보다 아기자기'한 동화가 그려진 테이블웨어가 많다. 특히 스위스 동화작가 셀리나 쇤츠 Selina Chönz 와 화가 알로이스 카리지에 Alois Carigiet 가 협업하여 탄생한 그림이 예쁘다. 스위스 국기를 모티브로 하여 디자인된 작은 퐁뒤팟도 추천.

7_ 앤티크 제품

스위스에 앤티크 제품을 구입하러 여행 오는 사람도 있을 정도. 벼룩시장, 앤티크 마켓 등에서 스위스에서만 만날 수 있는 독특한 물건을 구입해보자. 장식장에 채워질 기쁨을 상상하면서.

8_ 스위스 실크 제품

'유럽의 실크 수도'였던 취리히. '자이덴가세 Seidengasse (실크 거리)'라는 이름이 있을 정도. 취리히 브랜드, 패브릭 프론트라인 fabric frontline 이나 자이덴만 Seidenmann 의 스카프와 넥타이를 추천한다.

9_ 스위스 음식 요리책

이국적인 스위스 요리와 레시피를 좋아하는 사람들을 위한 선물이 될 듯. 접하기 들었던 특색 있는 레시피도 담겨 있어 더욱 특별하고, 영문으로 된 책자는 서점에서 어렵지 않게 구할 수 있다.

10_ 프라이탁 백

패션에 민감한 남자친구 저격 선물. 지갑, 백팩, 크로스백 등 다양한 아이템이 있어 선택의 폭이 넓다.

11_ 온 스포츠웨어

취리히에서 탄생해 세계적으로 급성장 중인 프리미엄 브랜드. 러닝 퍼포먼스는 물론 패션 아이템으로도 완벽하다.

12_ 스위스 브랜드 시계

미래를 위한 투자가 되는 고가 명품 브랜드부터 다채로운 디자인의 스와치까지, 예산에 맞춰 고르는 재미가 쏠쏠하다.

13_ 아미나이프

'스위스 툴'로 불리는 아웃도어 필수품. 기념품 숍에서 영문 이니셜 각인 서비스를 해주기도 한다.

For **어린 자녀와 조카**

14_ 스위스 전통의상 또는
스위스 국기가 그려진 티셔츠

아이들을 동화 속 하이디와 피터로 변신시켜 줄 원색의 전통의상. 에델바이스 등 기념품 숍에서 구매 가능하다. 선물용으로 인기가 많다.

15_ 카란다쉬

세계적인 필기구 브랜드 카란다쉬는 국기 모티프와 지역 한정판 제품 덕분에 선물 아이템으로 손꼽힌다.

16_ 목각인형 및 교구

스위스 목가풍의 트라우퍼와 국내에서도 유명한 네프가 대표적이다. 하이마트베르크, 파스토리니 슈피엘초이크 등 전문 숍에서 구매 가능하다.

17_ 초콜릿

직장 상사에게는 스위스 명품 초콜릿 슈프륑리 Sprungli, 토이셔 Teucher, 레더라흐 Läderach, 린트 Lindt. 초콜릿 맛을 좀 아는 사람에게는 까이에 Cailler, 수샤드 Suchard, 프레이 Frey가 좋다. 다수에게 선물해야 한다면 Migros나 Coop 같은 대형마트의 자체 브랜드 초콜릿을 공략해 저렴하게 구입하자.

18_ 포테이토 필러, 과도

비교적 저렴하지만 이것처럼 생색내기 좋은 선물이 있을까. 실용만점의 아이템이라 남녀노소 불문 누구에게나 인기다. 가벼워서 무게도 별로 나가지 않는다. 빅토리녹스 제품이 좋다.

19_ 스위스 국기 디자인 기념품

스위스 여행의 끝판왕. 빨간색과 하얀색의 산뜻한 스위스 국기 문양과 스위스를 상징(?)하는 귀여운 소가 들어간 기념품이 단연코 인기다. 가격도 부담스럽지 않고 두고두고 스위스에 다녀온 기분을 낼 수 있다는 게 장점.

20_ 식료품

스위스에서 탄생한 뮈슬리, 몇 번만 톡톡 넣어주면 맛있게 변한다는 아로마트 Aromat, 맛있는 마요네즈 토미 Tommy 등 꼭 스위스 브랜드가 아니어도 유럽에서 많이 찾는 식료품이 인기다.

21_ 캄블리

스위스 프리미엄 국민과자 브랜드 캄블리 Kambly. 에멘탈 Emmental 지역에 본사가 있다. 한국인 입맛에 맞는 바삭바삭 고소하고 달콤한 과자 종류가 다양하다.

22_ 지그 물병

등산이나 하이킹 등 각종 운동을 좋아하는 지인을 위한 선물로 이만한 게 없다. 휴대용 물병으로 실용성도 좋지만, 디자인도 각양각색이라 고르는 재미가 있다. 스위스 베스트 아이템이다.

02

Enjoy Switzerland

스위스를 즐기는 가장 완벽한 방법

ZÜRICH 취리히와 주변 지역

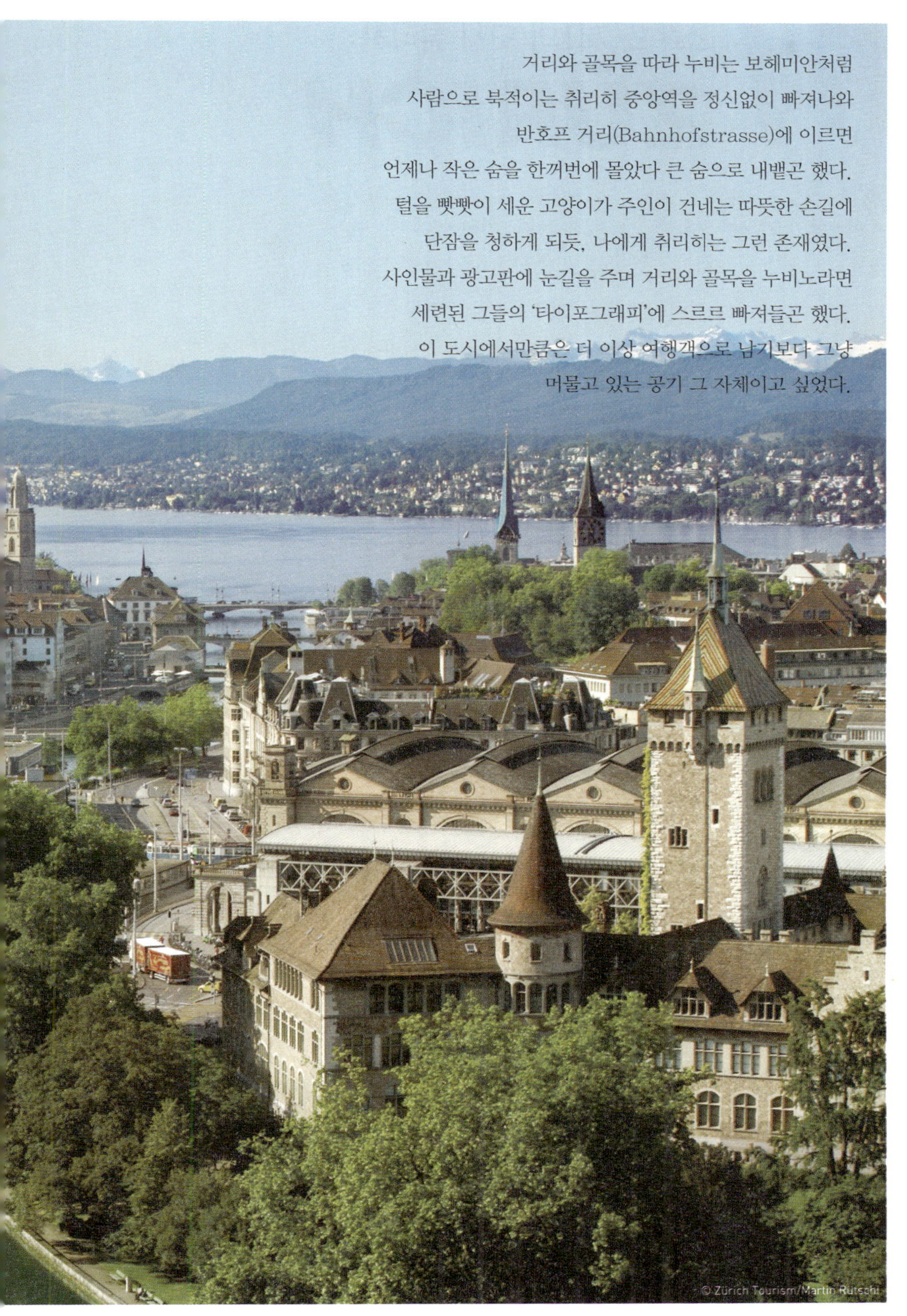

거리와 골목을 따라 누비는 보헤미안처럼
사람으로 북적이는 취리히 중앙역을 정신없이 빠져나와
반호프 거리(Bahnhofstrasse)에 이르면
언제나 작은 숨을 한꺼번에 몰았다 큰 숨으로 내뱉곤 했다.
털을 빳빳이 세운 고양이가 주인이 건네는 따뜻한 손길에
단잠을 청하게 되듯, 나에게 취리히는 그런 존재였다.
사인물과 광고판에 눈길을 주며 거리와 골목을 누비노라면
세련된 그들의 '타이포그래피'에 스르르 빠져들곤 했다.
이 도시에서만큼은 더 이상 여행객으로 남기보다 그냥
머물고 있는 공기 그 자체이고 싶었다.

01 스위스 제1의 도시 **취리히**
ZÜRICH

스위스는 '디테일'을 살리는 데 천재적인 소질이 있다. 아마도 그들의 유전자 때문인지도 모른다. 지인은 스위스 디자인을 보기 위해 박물관이나 갤러리를 애써 찾아가지 않아도 된다고 했는데 그 의견은 정말이었다. 거추장스러운 것 없이 핵심만을 전달하는 그들의 디자인은 중세부터 내려오는 건축물들과 새로운 현재를 이루고 있다.

취리히는 또한 세계에서 가장 살기 좋은 도시로 손꼽힐 정도로 삶의 질이 높기도 하다. 이는 단순히 높은 소득 수준 때문이라기보다 문화와 환경 그리고 남을 배려하는 마음까지 조화를 이루었기 때문일 것이다. 세계적으로 유명한 셀럽들이 이 도시를 즐겨 찾는 이유 중 하나가 도시를 마음대로 걸어 다닐 수 있어서라니. 자신의 프라이버시가 중요하듯 다른 사람 또한 존중해 주는 스위스 취리히 시민들의 시민의식을 높게 사고 싶다. 월드 클래스 스위스가 만든 세계 최고 수준의 도시 취리히를 마음껏 누려보자.

추천 여행 일정

1 | Only 취리히

❶ **낮** 취리히 시내 및 구시가지 도보 여행 + 박물관 및 갤러리(여름: 취리히 호수에서 수영)

❷ **밤** 나이트라이프 + 스타일리시한 디너 즐기기 (취리히 웨스트, 유로파 거리)

2 | 취리히와 주변 지역

❶ **취리히 + 샤프하우젠, 슈타인 암 라인** 스위스에서 남부 독일을 만난다.

❷ **취리히 + 장크트 갈렌, 아펜첼** 세계문화유산과 스위스 토속문화를 맛본다.

❸ **취리히 + 바젤 혹은 베른 등** 하루에 유명 도시를 하나 더 둘러본다.

인포메이션 센터

취리히 중앙역 1층 Bahnhofquai 방면 출구 근처에 위치한다. 레스토랑 '페데랄Federal' 옆에 있어 눈에 잘 띈다. 취리히 시내 지도, 명소와 함께 주변 지역에 대한 관광정보를 얻을 수 있다.

주소 Zürich Hauptbahnhof, 8001 Zürich
운영 **11~4월**
월~토 08:30~19:00, 일 09:00~18:00
5~10월
월~토 08:00~20:30, 일 08:30~18:30
(일부 공휴일 업무 시간 변경될 수 있음)
전화 +41 (0)44 215 4000
홈피 www.zuerich.com

여행정보
도시명 취리히
주 취리히
인구 약 402,762명
주요 언어 독일어
고도 408m
키워드 스위스 제1의 도시, 세계에서 가장 살기 좋은 도시 2위(2026년 기준), 나이트라이프, 쇼핑

Janice Advice 여름에 취리히를 여행한다면 수영복과 타월은 필수. 수영에 자신 있다면 현지인들처럼 호수에서 수영을. 자신이 없다면 발만 담그는 것도 좋다.

Jay Advice 낮에는 구시가지를 활보하고, 저녁만은 니더도르프, 취리히 웨스트 같은 곳에서 핫한 분위기를 즐겨보자.

✚ 취리히 들어가기 & 나오기

취리히는 경제, 상업, 문화의 중심지로 스위스에서 가장 큰 도시이다. 그 위상에 걸맞은 국제공항과 체계적인 교통 시스템을 갖추고 있어 여행객들이 대중교통을 이용하여 구석구석 편리하게 이동할 수 있다. 트램, 열차, 유람선까지 이용 가능해 여행에 재미를 더한다.

1. 차량으로 이동하기

스위스 내에서 A1, A2, A3, A4 고속도로 모두 취리히로 이어진다. 교통 표지판, 도로 사정이 좋은 편이라 외국인들도 쉽게 적응할 수 있다. 다만 취리히 시내는 교통체증이 있는 편이고 전차 이동이 많아 대중교통이 훨씬 편리하다. 아울러 취리히 시내에서의 주차는 무척 비싸고 주차공간 또한 여의치 않은 편이다.

- 주차장 정보 www.parkkarten.ch
- 역 주변 주차구역 정보 www.sbb.ch (검색어 Car Parking)

2. 항공으로 이동하기

취리히 국제공항 Zürich Flughafen(Zürich Airport)

취리히 국제공항은 취리히 시내에서 북쪽으로 불과 13km 정도 떨어져 있으며, 행정구역상 클로텐Kloten에 위치한다. 매일 약 700여 편의 항공편이 이착륙하며 전 세계 170여 개 취항지로 운항한다. 세관을 지나자마자 두 곳의 입국장에서 스위스 인포 데스크Switzerland info desk를 발견할 수 있으며 이곳에서 취리히 및 스위스 전역에 필요한 여행 정보를 얻을 수 있다. 또한 스위스를 떠나기 전에 취리히 국제공항을 이용할 경우 선물 쇼핑도 걱정하지 말자. 미그로Migros부터 각종 브랜드 상점까지 원스톱 쇼핑이 가능하다.

공항에서 시내 이동

공항에서 취리히 시내까지 가장 빨리 이동하는 방법은 열차를 이용하는 것이다. 어떤 청사 터미널에 있든지 지하에 있는 기차역과 바로 연결된다. 취리히 중앙역 Zürich HB(Hauptbahnhof, Main Station)까지는 10분이면 된다. 스위스 패스 개시 전이라면 티켓 발매기에서 취리히 전 시내로 이동할 수 있는 티켓을 구입하자(2등석 CHF 7~).

★ 주요 도시
→ 취리히 차량 이동시간
- 바젤 약 1시간 5분
- 제네바 약 3시간
- 루체른 약 40분
- 베른 약 1시간 25분
- 빈터투어 약 25분

한국에서 스위스로 들어가기 전 다른 EU 국가를 경유하는 경우, 첫 경유지에서 여권심사를 받았다면 스위스에서 다시 받을 필요가 없는 셍겐조약Schengener Abkommen이 시행되고 있다. 2026년 4월부터 비EU국 여행자를 대상으로 EES(Entry/Exit System) 절차가 생겨 여권심사가 생체정보등록의 자동절차로 바뀌었다. 첫 등록 시 시간이 소요될 수 있으니 경유 시, 시간을 여유 있게 잡자. 12세 미만이나 비전자여권은 여전히 여권심사대로 간다. 2027년 말부터는 ETIAS(전자여행 허가제)가 실시될 예정이다.

3. 열차로 시내 중심지까지 이동하기

취리히 시내 중심지로 들어오는 관문은 취리히 중앙역이다. 취리히 중앙역은 티켓 발매 등의 기본적인 기차역의 기능뿐만 아니라 은행 업무, 여행안내소, 쇼핑몰 등 기타 편의시설을 갖추고 있어 여행의 시작, 종착역인 동시에 종합적인 역할도 한다. 이 도시 곳곳을 향하고 있는 버스, 트램, 택시를 역 바로 앞에서 탈 수 있다.

취리히 시내 중심지로 들어오는 관문은 취리히 중앙역이다.

★ 주요 도시 → 취리히 열차 이동시간

- 밀라노 약 4시간
- 프랑크푸르트 약 4시간
- 뮌헨 약 3시간 40분
- 루체른 약 1시간

- 인터라켄 동역 약 1시간 55분
- 베른 약 55분
- 바젤 약 55분

※ 각 도시 중앙역, 최단 시간 기준

✚ 취리히 시내에서 이동하기

1. 버스·트램·열차 이용하기

취리히는 스위스 제1의 도시답게 대중교통 수단이 매우 발달되어 있다. 트램, 버스, 지방간선 열차와 더불어 호수와 강을 부지런히 다니는 유람선도 이용할 수 있다. 취리히 시내는 대부분 하나의 구역, 이른바 하나의 ZONE 110으로 묶여 있어 교통비도 저렴하다.

취리히 내 대중교통 수단은 대체적으로 05:00~00:30까지 운행한다. 금~일에 운행하는 야간 버스는 매우 편리한데, 대부분 취리히 주요 중심지인 벨뷰Bellevue에서 출발하여 센트럴Central과 에쉐-비스 광장 Escher-Wyssplatz을 지난다. 요금은 유효한 버스 티켓에 CHF 5 정도의 할증이 붙는다. 자세한 내용은 www.zvv.ch 참조.

2. 택시 이용하기

취리히에서는 1,350여 대의 택시가 있으며, 역 앞에서 비교적 쉽게 택시를 잡을 수 있다. 직접 전화로 요청할 수도 있다. 기본 요금은 CHF 8이며, 1km당 CHF 4 전후(주야간 차이 있음)의 가산 요금이 붙는다. 온라인으로 예약이 가능하며, 물론 우버도 가능하다.

- **Taxi 7x7** 전화 +41 (0)44 777 7777 홈피 www.taxi7x7.ch
- **Taxi 444** 전화 +41 (0)44 444 4444 홈피 www.taxi444.ch

Tip | 취리히 카드

취리히 카드Zürich Card는 취리히 지역에서 다양한 할인 혜택과 대중교통 무료 이용을 가능하게 해준다. 24시간, 72시간 중 택할 수 있으며, 취리히 관광청 홈피에서 편안하게 온라인 구매 가능.

요금 **24시간** 성인 CHF 29, 6~16세 CHF 19

　　 72시간 성인 CHF 56, 6~16세 CHF 37

※ 취리히 내 대다수 박물관 무료 입장

※ 폴리반, 위클리베르크 S10 S-Bahn, 취리히 호수 숏크루즈 무료

※ 취리히 내 상점에서 쇼핑 시 10% 할인 혜택(해당 상점에 한함) 등

✚ 취리히 시티 투어

스위스 제1의 도시, 취리히를 제대로 즐기려면 천천히 구역을 나누어 살펴보는 것이 좋다. 취리히는 현대적인 세련미, 중세적인 중후함, 젊은 활기, 우아함 등을 두루 갖춘 곳이니 취향에 따라 계절에 따라 쏙쏙 골라 여행해보자.

① 취리히 중심가 + 린덴호프 City + Lindenhof

리마트Limmat 강 서편으로 취리히 시내를 조망할 수 있는 린덴호프 (Linden: 보리수, Hof: 뜰). 이곳 주변의 작은 거리와 골목마다 다양한 레스토랑, 상점, 바가 자리한다. 취리히 시내에서 가장 큰 거리인 반호프 거리는 세계 Top 10 안에 드는 유명한 쇼핑 거리이고, 파라데 광장 Paradeplatz은 금융과 업무 중심지, 기차역 근처Europaplatz는 새로운 쇼핑, 레스토랑 거리로 인기가 높다.

② 니더도르프 Niederdorf

니더도르프는 리마트 강의 동쪽으로 '낮은 곳에 있는 마을'이란 뜻이다. 센트럴 광장과 벨뷰 사이에 위치한다. 작지만 맛으로 소문난 레스토랑, 바가 즐비한 동시에 성인들을 위한 업소도 함께 있어 약간의 퇴폐미가 흐른다.

❸ 제펠트 Seefeld

제펠트는 취리히 호수의 동쪽으로 취리히 현지인에게 '가장 이사 가고 싶은 곳, 살고 싶은 곳'이다. 이들은 여름철이면 호수에서 수영과 보트를 즐기고, 야외 바비큐를 먹거나 호수가 잘 보이는 레스토랑에서 즐거운 한때를 보낸다.

❹ 엥에 & 볼리스호펜 Enge & Wollishofen

취리히 호수의 서쪽에 위치하며, 널리 알려져 있진 않지만 가볼 만한 곳이다. 여름철 제펠트 지역이 사람으로 북적일 때, 보다 한가롭게 여름을 즐기고자 한다면 이 지역에 가보자. 엥에 구역에는 벨보아Belvoir 공원과 리터Rieter 공원이 있다.

© Zürich Tourism / Martin Rütschi

❺ 랑 거리 Langstrasse

긴 거리Long Street라는 뜻의 이 거리는 과거 홍등가 지역으로 불과 10여 년 전만 하더라도 지나가기 꺼려지는 곳이었다. 하지만 지금은 젊은이들이 즐겨 찾는 바와 클럽이 즐비한 곳으로 탈바꿈했다. 여흥을 즐기는 곳이 많이 있는 까닭에 때론 술이 과한 사람들이 벌이는 해프닝도 일어나지만, 바 호핑Bar hopping을 즐기기 위해 세계 각국의 젊은이들이 모여든다.

❻ 취리히 웨스트 Zürich West

산업화 시대, 공장과 선박을 수리하는 지대였던 이곳은 새로운 상업 지구 및 주거지로 급속히 탈바꿈을 하였다. 기존 공장 건물 등을 부수고 새롭게 짓는 대신 낡은 것들을 살려 디자인적인 요소를 입히고 가꾸어 새로운 얼터너티브 공간으로 변신시켜 놓았다. 취리히 웨스트는 취리히에서 가장 스타일리시한 나이트라이프를 즐길 수 있는 장소가 되었으며, 계속 발전과 진화를 거듭하고 있다.

❼ 취리히 노어트 & 욀리콘 Zürich Nord & Oerlikon

취리히 북쪽 지구로 공항에서 가까운 상업, 거주, 호텔 및 공원 지역이다.

낮엔 취리히 구시가지, 호수 주변의 제펠트나 엥에 지역을, 그리고 어둠이 내려앉을 즈음엔 랑 거리, 취리히 웨스트 혹은 니더도르프를 가보자. 중세적 느낌을 간직한 구시가지와 늘 세계에서 가장 살기 좋은 도시 1, 2위를 할 만큼 뛰어난 삶의 질을 느낄 수 있는 호수 주변의 주거지와 화끈하게 밤을 즐길 수 있는 곳들을 함께 둘러보는 것도 좋을 듯.

© Zürich Tourism / Martin Rütschi

A 취리히 동물원
Zoo Zürich & Masola Rainforest
(4.6km)

▲ 취리히 대학교
Universität Zürich
(1.7km)

● 취리히 연방공과대학
ETH Zürich

● 도서관
Zentralbibliothek Zürich

Seilergraben

Mühlegasse

Weinbergstrasse

H 조콜릿 호텔
Swiss Chocolate Hotel

라인펠더 비어할레
R Rheinfelder Bierhalle

찹스틱 R
Chop-Stick

H 호텔 알렉산더
Hotel Alexander

니더도르프가세
Niederdorfgasse

Bahnhofbrücke

Mühlesteg

리마트 강
Limmat River

Rudolf-Brun-Brü

H 25 아워스 호텔
25 Hours Hotel(850m)

H NH 취리히 에어포트
NH Zürich Airport(7.8km)

H 취리히 메리어트 호텔
Zürich Marriott Hotel(500m)
R 레스토랑 에코

Walchebrücke

S 쿱
Coop Supermarkt

S 하이마트베르크
Heimatwerk

유미하나 R
YumiHana

H 루비 미미 호텔
Ruby mimi Hotel

스위스 국립 박물관 ●
Landesmuseum Zürich

Museumstrasse

공원
Park Platzspitz

H 호텔 생 고타드
Hotel St. Gotthard

반호프 거리
Bahnhofstrasse

취리히 중앙역
Zürich Hauptbahnhof(Zürich HB)
i 인포메이션 센터
R 브라세리 페데랄
S 쿱
S 에델바이스

Sihlquai

Löwenstrasse

◀ 스위스 디자인 박물관(본관)
Museum für Gestaltung
(450m)

Gessnerallee

Uraniastrasse

◀ 미그로 현대 미술관
Migros Museum für Gegenwartskunst
(1.8km)

Europlaplatz

유로파알레 S
Europaallee

N
취리히

로프트 파이브 R
Loft Five

Lagerstrasse

Kasernenstrasse

* km 표시는 취리히 기차역 기준

조세핀 게스트하우스 H
Josephine's Guesthouse for Women

구시가지
쿤스트하우스 취리히 •
Kunsthaus Zürich
Rämistrasse
유카 농장
Jucker Farm
(24km)
쿱
Coop Supermarkt
쿱
Coop Supermarkt
카페 바 오데온
Café Bar Odeon
카바레 볼테르
Cabaret Voltaire
슈바르첸바흐
H. Schwarzenbach
그로스뮌스터
Grossmünster
스위스 추치
wiss Chuchi
춘프트하우스 짐머로이텐
Zunfthaus Zimmerleuten
Limmatquai
Quaibrücke
취리히 호수
Zürich Lake
시청사
Rathaus
Münsterbrücke
Bauschänzli
프페
hipfe
호프
enhof
프라우뮌스터
Fraumünster
성 페터 교회
St. Peterkirche
아우구스트
Boucherie AuGust
춘프트하우스 추어 바그
Zunfthaus Zur Waag
초이크하우스켈러
Zeughauskeller
아우구스티너가세
Augustinergasse
슈프링리
Sprüngli
쿱
Coop Supermarkt
Sihlstrasse
Talstrasse
피파 월드 축구 박물관
FIFA World Football Museum
(2.4km)
Dreikönigstrasse
식물원
Old Botanical Garden
Stockerstrasse
미그로 슈퍼마켓
Migros
위틀리베르크
Üetliberg
(5.6km)

✚ 취리히 구시가지 둘러보기

추천 여행 일정

정통 여행파 코스

취리히 중앙역 → 빨간 폴리반 타고 취리히 공과대학(전망 감상) → 니더도르프와 좁은 골목들 → 그로스뮌스터 → 프라우뮌스터 → 성 페터 교회 → 린덴호프(전망 감상) → 반호프 거리 → 스위스 국립 박물관 → 취리히 중앙역

쇼핑파 코스

- **추천 1** 취리히 반호프 거리, 중앙역 근처에서 브랜드 쇼핑
- **추천 2** 취리히 웨스트 임 비아둑트, 프라이탁 디자이너 브랜드 쇼핑
- **추천 3** 니더도르프, 유로파 거리에서 로컬 디자이너 숍 탐방

주말 여행파 코스

뷔르클리 광장 벼룩시장(혹은 칸츨라이 벼룩시장) → 춘프트하우스 레스토랑에서의 점심 → 린덴호프(전망 감상) → 취리히 호반 탐방 → 취리히 중앙역(간단한 장보기)

Tip │ 리마트 강을 사이로 나누어 여행하기

취리히는 리마트 강을 사이에 두고 크게 두 부분으로 나눌 수 있다. 그 어느 구역을 먼저 시작하든 상관없지만 취리히 구시가지를 한눈에 바라볼 수 있는 린덴호프 언덕에 올라 취리히 정취를 한번에 느껴보는 것도 좋겠다.

★★★

 **린덴호프** Lindenhof

GPS 47.373053, 8.541047

취리히 구시가지, 그로스뮌스터, 시청사, 리마트 강, 스위스 연방 공대 등을 한눈에 볼 수 있는 뷰포인트. 4세기경 고대 로마인의 요새 중 하나였으나 지금은 시민들의 휴식 공간이다. 쉬프페 구역의 포르투나가세 Fortunagasse 골목을 따라 올라가는 것이 가장 좋다. 스위스를 배경으로 한 드라마 〈사랑의 불시착〉 촬영지이기도 하다.

주소 Lindenhof, 8001 Zürich
위치 취리히 센트랄에서 4번 트램, Rathaus 하차, 도보 4분 거리 또는 7번 트램 Rennweg에서 하차, 도보 5분 거리

★★★

GPS 47.378484, 8.538382

취리히 중앙역 Zürich Hauptbahnhof(Zürich HB)

취리히 중앙역은 1847년에 개관한 스위스에서 가장 오래되고 큰 역으로, 연간 40만 명 이상이 이용하는 스위스 제1의 기차역이다. 열차 관련 서비스 외에도 인포메이션 센터, 코인 로커, 샤워실 등 여행자 편의시설도 잘 되어 있다. 취리히 중앙역의 또 다른 이름은 Shopville-RailCity Zürich로, 약 190개의 상점과 약 50개의 레스토랑이 있어 교통뿐만 아니라 로컬들의 다이닝, 쇼핑의 중심 공간의 역할을 하고 있다. 매주 수, 토요일 역 안에 서는 장터도 명물이며, 독일에만 있을 것 같은 맥주 축제도 흥겹게 열린다. 크리스마스 기간에는 수많은 크리스털로 장식된 15m 높이의 트리와 크리스마스 마켓도 들어선다. 역 천장 쪽을 바라보면 파란 천사가 있는데 유명 조각가, 니키 드 생팔Niki de Saint Phalle의 작품이다. 역을 나오면 바로 보이는 동상은 철도선구자 알프레드 에셔Alfred Escher의 청동 동상으로 1889년에 세워졌다.

주소 Bahnhofplatz 15, Zürich
운영 각 사무실, 영업점마다 상이하므로 홈페이지 참조
※ 취리히 중앙역 내 상점 오픈 시간 월~금 21:00, 토·일·공휴일 20:00
전화 레일 서비스Rail Service 0900 300 300 (분당 CHF 1.19, 유선전화망 이용)
홈피 www.sbb.ch

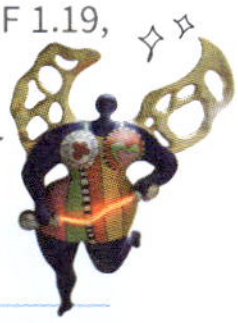
니키 드 생팔의 천사

Tip | 화장실 이용

중앙역 1층 Sihlpost 출구 쪽에 무료 화장실이 있으며, 1층과 지하층 사이에 유료 화장실Hygienecenter이 있다(CHF 2).

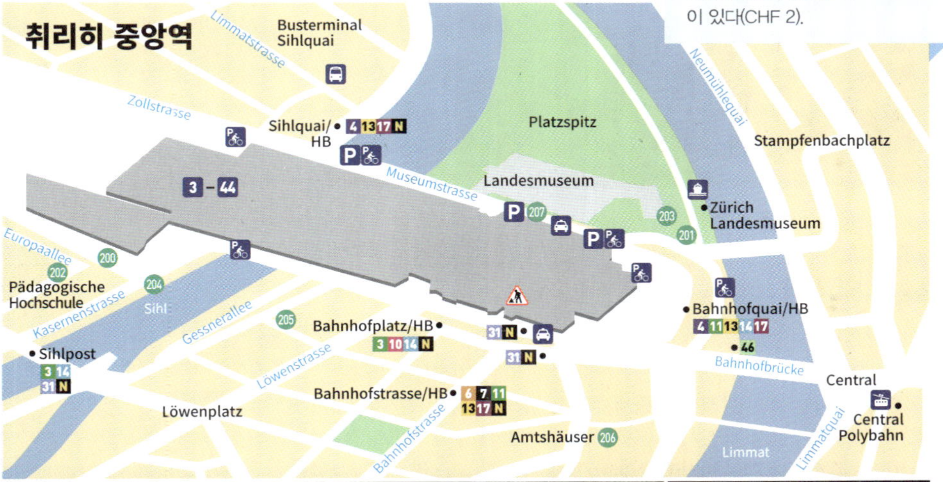

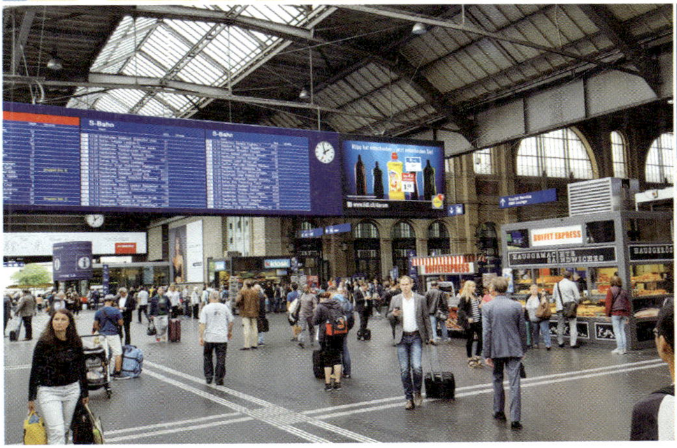

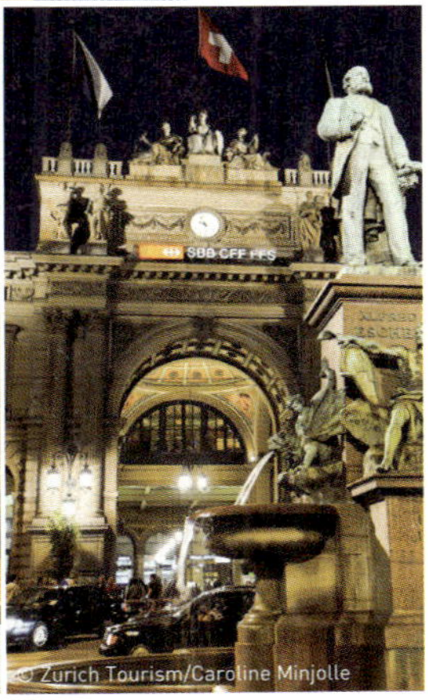
© Zürich Tourism/Caroline Minjolle

★★★ 반호프 거리 Bahnhofstrasse

우리말로 직역하면 '역 앞 거리'. 취리히 중앙역 앞에 놓인 1.3km 대로로 주요 은행, 유명 백화점, 브랜드 상점이 들어서 있다. '세계 쇼핑 거리 10선'에 이름을 올리기도 한 '반호프 거리'는 가장 쇼핑하기 좋은 곳으로 정평이 나 있다. 유럽에서 가장 부동산 가격이 높기로도 유명하다. 취리히 시내 거의 모든 트램 노선이 이곳을 지나며, 글로부스Globus 백화점 앞에는 교육의 아버지 페스탈로치의 동상이 있다.

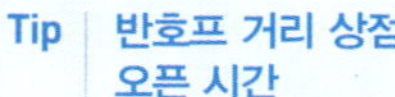

위치 기차역에서 나와서 바로 앞(트램 2, 6, 7, 8, 9, 11, 13번)

봄날의 반호프

성탄절 즈음 반호프

Tip │ 반호프 거리 상점 오픈 시간

보통 스위스 상점들은 18시면 문을 닫는데, 반호프 거리는 19시나 20시까지는 오픈한다 (토요일은 17시경, 일요일은 휴무). 더 늦은 시간이나 일요일에 급히 구입해야 할 것이 있다면 취리히 중앙역으로!

★★☆ 쉬프페 Schipfe

취리히에서 가장 오래된 지역 중 하나. 루돌프 브룬 다리Rudolf Brun Brücke 주변 지역 이름은 강둑에서 어부들이 배를 밀어 내는 것에서 '밀다'라는 뜻의 슈프펜Schupfen이 유래했다. 중세시대에는 교역을 위한 요충지로 16세기에는 실크 산업의 중심지로 현재는 소규모 예술인들이 리마트 강가를 따라 워크숍이나 개성 넘치는 가게를 연다.

주소 Schipfe, 8001 Zürich
위치 Zürich HB 트램 14번 Bahnhofquai에서 하차, 도보 500m 또는 취리히 중앙역에서 걸어서 약 10분 거리 트램 6, 7, 11번 Rennweg에서 하차, 도보 8분 소요

취리히 구시가지

서울에도 덕수궁 돌담길, 부암동 언덕길, 북촌의 한옥길 등 시대와 그 지역의 풍미를 그대로 간직한 곳이 있듯이 취리히에도 리마트 강을 중심으로 동, 서쪽 구석구석 진짜 취리히를 느낄 수 있는 골목들과 오래전부터 내려오는 구역이 있다. 현재는 레스토랑, 앤티크 숍, 장인들의 공방이 자리하고 있어 물 흐르듯 유유히, 레가토Legato 스타일로 우아하게 걸어 다니면 된다.

▶▶ 아우구스티너가세 Augustinergasse

아우구스티너가세는 취리히에서 가장 아름답고 고풍스러운 좁은 거리로, 중세 길드하우스가 줄지어 있는 대표적 골목이다. 화려하게 채색된 퇴창 건물도 많다. 린덴호프를 지나 성 페터 교회로 이어지는 길까지 취리히 구시가지의 진정한 아름다움을 느끼며 걸어보자.

주소 Augustinergasse,
8001 Zürich
위치 중앙역 앞 반호프 거리에서
6, 7, 11, 13번 트램 승차
Rennweg에서
하차(1개 정거장) 후 도보 2분

© Zürich Tourismus

▶▶ 니더도르프가세 Niederdorfgasse

작은 골목길이 패치워크 된 듯한, 숨겨진 보물처럼 자리한 니더도르프. 이곳에는 수많은 부티크가 자리하고 있어 센스 있는 쇼퍼들이 찾는다. 쇼핑을 하다 지치면 이 지역의 로젠가세Rosengasse 골목 등에 있는 카페나 레스토랑에서 잠시 커피 혹은 원하는 음료를 즐겨도 좋다. 저녁에도 매우 붐빈다.

주소 Niederdorfstrasse, 8001 Zürich
위치 중앙역에서 4번 트램 승차(2개 정거장)
Rudolf-Brun-Brücke에서 하차 후
도보 2분 또는 3, 6번 트램 승차
(1개 정거장) Central에서 하차 후
도보 3분 후 도보 2분

프라우뮌스터 Fraumünster

일명 '성모 교회'인 프라우뮌스터는 853년 독일의 국왕 루이스Louis에 의해 건립되어 수녀원으로 이용되다 종교개혁을 거쳐 개신교 교회가 되었다. 본당은 북쪽 탑을 높이고 18세기 남쪽 탑을 제거하는 작업에 이어 1911년 완공되었다. 무엇보다 이 교회의 특징은 아름다운 보석과도 같은 샤갈Marc Chagall의 스테인드글라스이며, 프라우뮌스터 수녀원 창립을 기념하는 회랑 내의 폴 보드메Paul Bodmer의 벽화 시리즈로도 유명하다. 그로스뮌스터에서 3분 거리.

주소 Münsterhof 2, 8001 Zürich
위치 취리히 중앙역에서
트램 11, 13번
Paradeplatz에서 하차 후
도보 2분 또는 4번
Helmhaus에서 하차 후
도보 2분
운영 3~10월 10:00~18:00,
11~2월 10:00~17:00,
매주 일요일 10시 예배
요금 CHF 5 (오디오 가이드 포함),
프라우/그로스뮌스터(종탑)
같이 입장 CHF 8
전화 +41 (0)44 211 4100
홈피 www.fraumuenster.ch

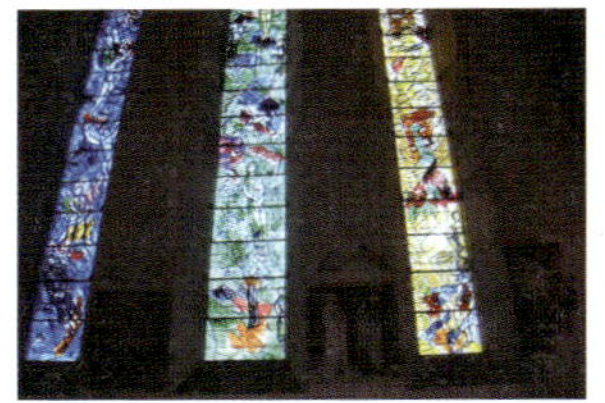

그로스뮌스터 Grossmünster

그로스뮌스터는 로마네스크 스타일의 개신교 교회로 16세기 중반 울리히 츠빙글리와 하인리히 불링어H. Bullinger가 이끈 스위스-독일 종교개혁이 시작된 곳이다. 교회 앞에 츠빙글리 동상이 있으며, 교회 내 종교개혁 박물관과 부속건물에 취리히 신학대가 있다. 첨탑에 오르면 취리히 시내 경관을 눈에 담을 수 있다.

주소 Grossmünsterplatz, 8001 Zürich
위치 트램 11번 탑승, Paradeplatz 하차 후
도보 약 5분. 트램 4번 탑승, Zürich,
Helmhaus 하차 후 도보 약 2분
운영 3~10월 10:00~18:00,
11~2월 10:00~17:00
요금 성당 무료, 첨탑 CHF 5
(포함: 오디오 가이드, 성경 컬렉션,
현대 미술관 CHF 5 할인),
프라우/그로스뮌스터
같이 입장 CHF 8
전화 +41 (0)44 251 3860
홈피 grossmuenster.ch

Tip | 스위스 종교개혁

취리히는 츠빙글리에 의해 진행된 개신교 종교개혁으로, 군주 마크 로이스트와 시민들의 지지를 얻어, 혁신적인 종교 변화를 이루었다. 칼뱅이 이끈 제네바와 더불어 종교개혁이 스위스를 중심으로 전 유럽으로 퍼져 나갔다는 평가를 받고 있다.

장 칼뱅Jean Calvin

프랑스 출신 종교개혁가로 엄격한 신앙생활을 강조했으며, 신정정치적 체제를 수립했다.

울리히 츠빙글리Ulrich Zwingli

스위스 출신의 종교개혁가. 루터의 영향으로 취리히 종교개혁에 앞장섰지만, 종군목사로 참전했다가 카펠에서 전사했다.

성 페터 교회 St. Peterkirche

★★☆

1534년 탑에 설치된 지름 8.7m의 시계판으로 유명하며, 이는 유럽에서 가장 큰 교회 시계판 중 하나로 꼽힌다. 탑은 후기 로마네스크 양식에서 고딕 양식으로 넘어가는 과도기적 특징을 보여주며, 현재 사용 중인 5개의 종은 19세기 말부터 전해 내려오고 있다. 중세시대부터 1911년까지는 화재를 감시하는 망루로도 활용되었다. 츠빙글리의 동료 레오 유드 Leo Jud 가 이곳의 초대 개신교 목사로 재직했으며, 취리히 초대 시장 루돌프 브룬 Rudolf Brun 이 교회 내부에 안치되어 있다.

주소 St. Peter-Hofstatt 2, 8001 Zürich
위치 트램 4, 15번 Rathaus, 4, 6, 11, 13번 Rennweg에서 하차 후 도보 4분(300m), 린덴호프에서 도보로 약 2분 거리 (130m)에 위치
운영 월~금 08:00~18:00, 토 10:00~16:00, 일 11:00~17:00 (교회 행사 시 변경될 수 있음)
전화 +41 (0)44 250 6655
홈피 www.st-peter-zh.ch

시청사 Rathaus

★★☆

1694년부터 1698년까지 건축되어 지금까지 내려오는 바로크 양식의 건물. 초기 국회의사당 건물이 있었던 리마트와 인접해 있다. 건축학적으로 뛰어나 방문객들이 끊이질 않는다. 성 페터 교회에서 라트하우스 다리 Rathausbrücke 를 건너면 바로 보인다. 약 2분 거리.

주소 Limmatquai 55, 8001 Zürich
위치 트램 4, 15번 Rathaus에서 하차
운영 월~금 08:00~16:30
휴무 토·일·공휴일
전화 +41 (0)44 412 1111
홈피 www.stadt-zuerich.ch

힙한 로컬 스폿, 유로파알레 Europaallee

취리히 시의 새로운 핫 스폿, 유로파알레에 집중할 필요가 있다. 취리히 중앙역 주변 부지를 새롭게 개발해 쇼핑, 문화, 휴식의 장소가 되었다. 밤문화가 발달된 랑거리Landstrasse와 취리히 중앙역 중간에 위치. 신생 로컬 브랜드 및 부티크 제품이 입점해 있고, 젊은 층이 좋아할 만한 채식, 중동, 아시아, 퓨전, 카페, 맥주 브루어리 등의 다이닝이 있다. 로컬들의 만남의 장소이며, 걷기 좋은 길이다. 유로파알레 지하에는 중앙역 지하와 연결된 자전거 전용 터널이 있는데, 여기서 자전거 대여도 가능하다. 최근엔 기차역 반대편 졸스트라세Zollstrasse 도 함께 힙해지고 있으니, 두 거리를 함께 걸어보자.

❶ 쇼핑 추천

❷ 다이닝 추천

트란사 TRANSA

여행과 아웃도어와 관련된 다양한 제품이 3,000㎡의 거대한 공간에 디스플레이되어 있다. 신제품 위주로 판매해 트렌드를 체크해볼 수 있는 것이 장점.

주소 Lagerstrasse 4, 8004 Zurich
운영 월~금 09:00~20:00, 토 09:00~18:00
홈피 www.transac.ch

미스 미우 Miss Miu

취리히의 힙한 거리 유로파알레에는 아시안 식당 미스 미우가 있다. 전통적인 메뉴보다는 한국 퓨전 음식을 선보인다. 취리히에서 가장 큰 한국 레스토랑으로 한국식 BBQ, 비빔밥, 치킨, 김밥뿐만 아니라 여름에는 빙수도 판매한다.

주소 Europaallee 48, 8004 Zurich
운영 월~목 11:00~23:00, 금~토 11:00~자정, 일 12:00~23:00
홈피 www.miss-miu.ch

비어베르크 취리 Bierwerk Züri

취리히 젊은 세대들은 와인보다 맥주에 빠져 있는 듯하다. 직접 양조한 풍미 감도는 시원한 맥주를 로컬들과 마실 수 있는 곳이다.

주소 Gustav-Gull-Platz 10, 8004 Zurich
운영 월~토 11:00~자정
홈피 www.bierwerkzueri.ch

취리히의 대학들

뛰어난 교육 환경으로도 정평이 나 있는 취리히에는 스위스 취리히 연방 공과대학교 및 이공계가 강한 취리히 공립대학교 Universität Zürich, 취리히 전문대학 Zürcher Fachhochschule, 취리히 사범대학 Pädagogische Hochschule Zürich 등이 있다. 대학가를 둘러보는 것만으로 지성인이 된 듯한 느낌을 받을 때가 있다. 만약 아이와 함께 여행하고 있다면 이곳 대학에서 공부했던 위인들의 이야기를 들려주며 공부에 대한 열의를 다지게 할 수 있지 않을까?

← 취리히 대학교 엠블럼,
취리히 연방공과대학 로고 ↓

▶▶ 취리히 연방공과대학 ETH Zürich

국내는 물론, 세계적으로 인정받는 스위스 취리히 연방 공립대학교이다. 흔히 '에테하ETH'라 불리며, 1855년 개교한 이래 유럽에서는 3〜5위권, 세계에서 10〜20권 내의 대학 서열을 유지하고 있다. 이 대학에서만 21명의 노벨상 수상자를 배출했으며, 그중 우리도 익히 알고 있는 알베르트 아인슈타인과 빌헬름 뢴트겐도 이 학교 출신이다. 건물 내부로 들어가면, 아인슈타인이 사용했던 사물함이 일반 사물함 구역에 위치해 있으니 꼭 찾아보자. 구석구석 아름다운 공간들이 많아서, 학생들이 무척 부러워진다.

주소 Rämistrasse 101, 8092 Zürich
홈피 www.ethz.ch

▶▶ 취리히 대학교 Universität Zürich

취리히 대학교는 주정부가 세운 유럽 최초의 대학으로 1833년에 설립되었다. 약자로 UZH로 표기하며 의학, 과학, 경제학 분야가 특히 유명하여 유럽 상위 대학 10위권 안에 들 정도이다. 취리히 대학교에서 운영하는 의학역사 박물관은 입장이 무료이며, 의학에 관심 있는 여행자라면 관람할 가치가 있다.

주소 Rämistrasse 71, 8006 Zürich
홈피 www.uzh.ch

Tip | 취리히의 명물, 폴리반 Polybahn

일명 '학생들의 특급열차 Student Express'라고도 불리는 폴리반은 1889년부터 운행된 취리히의 명물로, 센트랄에서 취리히 공대까지 한번에 50명가량이 탑승할 수 있고 2.5분 만에 양방향을 운행한다. 연간 200만 명 이상의 사람들이 이용한다. 취리히의 뛰어난 경관을 볼 수 있는 고트프리드 젬퍼 Gottfried Semper가 설계하여 1864년 완공된 취리히 연방공과대학은 폴리반을 타고 3분이면 올라간다. 현재 UBS에서 재정 지원을 받고 있다.

주소 Central Plaza Hotel, Central 1, 8001 Zürich
위치 **트램** 4, 10번 탑승해 Central에서 하차 후 스타벅스 바로 옆 탑승장
도보 중앙역 Central 출구로 나와 도보 5분
운영 월~금 06:30~21:00, 토 07:30~21:00, 일·공휴일 09:00~21:00, 매월 1회 정도 점검일 휴무
요금 CHF 1.2 ※ 취리히 카드 소지자 무료
전화 +41 (0)44 411 4111
홈피 www.polybahn.ch

★★☆

스위스 국립 박물관 Landesmuseum Zürich

스위스 역사를 크게 이주 및 정착의 역사, 종교 및 지성의 역사, 스위스 정치, 경제 4가지의 주제로 나누어 다양한 전시물과 함께 관람객들에게 알려준다. 박물관 서쪽 건물에는 스위스 가구, 인테리어를 시대의 흐름에 맞게 볼 수 있는 11개의 전시실이 있어 흥미를 자아낸다. 이곳 하나만 둘러봐도 스위스 역사를 설명할 수 있을 정도의 지식인이 된다.

주소 Museumstrasse 2, Zürich
위치 중앙역 Museumstrasse 표지판 방향으로 나가면, 바로 길 건너 박물관이 위치
운영 화~일 10:00~17:00 (목 10:00~19:00) **휴무** 월요일
요금 성인 CHF 13, 만 16세 이하 어린이 및 취리히 카드 소지자, 스위스 뮤지엄 패스 소지자 무료
전화 +41 (0)44 218 6511
홈피 www.nationalmuseum.ch

Tip | 박물관 선택 요령

빠듯한 시간에 수백여 곳의 박물관을 다 둘러볼 수는 없는 일! 이럴 땐 국립 박물관 위주로 관람하는 것도 현명한 방법. 특히 취리히에 위치한 국립 박물관은 아이들을 동반한 가족 여행객에게 제격이다.

★★☆

스위스 디자인 박물관 Museum für Gestaltung

그래픽, 디자인, 포스터와 응용미술 등 비주얼 커뮤니케이션과 관련된 역사와 현재에 중점을 둔 박물관. 취리히가 디자인, 타이포그래피의 중심지인 만큼 이 박물관을 적극 추천하고 싶다. 취리히 예술대학ZHdK 부속 박물관으로 스위스의 중심지에서 스위스 디자인을 경험할 수 있다. 자료가 방대해져 각기 다른 2곳의 장소로 나뉘어져 있다.

© Museum für Gestaltung

주소 **토니 아레알** Pfingstweidstrasse 96, 8005 Zürich
본관 Ausstellungsstrasse 60, 8005, Zürich
위치 본관에서 토니 아레알까지는 도보로 이동하기 힘들다. 트램 4번에 탑승하여 약 8분 거리
운영 화·수·금~일 10:00~17:00, 목 10:00~20:00 **휴무** 월요일 및 일부 공휴일
요금 1곳만 방문 시 성인 CHF 12, 2곳 방문 시 성인 CHF 15, 만 16세 이하 및 취리히 카드 소지자, 스위스 뮤지엄 패스 소지자 무료
전화 +41 (0)43 446 6767
홈피 www.museum-gestaltung.ch

© Museum für Gestaltung

쿤스트하우스 취리히 Kunsthaus Zürich

★★☆

스위스 중세시대부터 현대미술에 이르기까지 폭넓은 시대를 아우르는 작품을 소장하고 있는 대표 미술관으로, 1910년 개관된 이래 바젤 쿤스트하우스와 더불어 스위스에서 가장 큰 미술관으로 정평이 나 있다. 호들러 Hodler, 세간티니 Segantini 등 스위스 출신 예술가들의 작품 및 알베르토 자코메티 Alberto Giacometti 뿐만 아니라, 국제적으로 널리 알려진 마네 Manet, 반 고흐 Van Gogh, 바젤리츠 Baselritz 와 같은 화가들의 작품도 전시하고 있다. 기존 구관은 19세기 인상파 및 스위스 대표 작가들 작품 위주, 황금빛 문이 인상적인 맞은편 신관은 현대미술 위주의 전시이다. 두 건물은 지하에서 연결되어 있어서, 관람하기 편리하다.

주소 Heimplatz 1, 8001 Zürich
위치 중앙역에서 3, 5, 9번 트램 Kunsthaus에서 하차 (3개 정거장) 또는 31번 버스 Kunsthaus에서 하차 (3개 정거장)
운영 화~일 10:00~18:00 (목 20:00까지) **휴무** 월요일
요금 성인 CHF 24, 만 16세까지 및 취리히 패스 소지자 무료
전화 +41 (0)44 253 8484
홈피 www.kunsthaus.ch

취리히는 바젤과 더불어 박물관의 도시라 할 수 있다. 다양한 주제를 다룬 43개의 박물관이 있다. 기타 정보 www.museen-zuerich.ch

미그로 현대 미술관 Migros Museum für Gegenwartskunst

★★☆

20세기 이후의 현대 예술작품을 주로 전시하고 있는 이곳은 스위스 최대 슈퍼마켓 체인회사 미그로 Migros 의 창업자인 고클리브 두트바일러 Gottlieb Duttweiler 가 1950년 중반부터 수집한 작품을 바탕으로 문을 연 곳이다. 다양한 현대 예술작품을 구입하여 1996년 개관하였으며, 기발한 전시 및 대규모 작품 전시를 자주 기획하는 것으로 정평이 나 있다.

주소 Limmatstrasse 270, 8005 Zürich
위치 트램 4, 13, 17번 Löwenbräu 하차
운영 화·수·금~일 11:00~18:00, 목 11:00~20:00 **휴무** 월요일 ※ 공휴일 휴관 사이트 참조
요금 무료
전화 +41 (0)44 277 2050
홈피 www.migrosmuseum.ch

© Migros Museum für Gegenwartskunst

© Migros Museum für Gegenwartskunst

피파 월드 축구 박물관 FIFA World Football Museum

★☆☆

국제축구연맹 FIFA 본부가 취리히에 있다는 것을 알고 있던 축구광이라면 한 번쯤 둘러볼 만한 곳. 2016년에 개관한 박물관으로, 다양한 전시품과 기록 영화, 멀티미디어를 통해 피파 월드컵의 역사를 볼 수 있다. 월드컵 개최지와 그 당시 우승팀이 입었던 유니폼, 그리고 해당 연도의 공인구도 전시되어 흥미를 자아낸다. 박물관뿐만 아니라 펍, 레스토랑 등의 편의시설도 잘 되어 있다.

주소 Seestrasse 27, 8002 Zürich
위치 중앙역에서 5, 6, 7, 13, 17번 트램 승차, Bahnhof Enge에서 하차 (5개 정거장) 후 도보 2분 거리
운영 화~일 10:00~18:00 **휴무** 월요일 ※ 공휴일·휴관 사이트 참조
요금 성인 CHF 26, 어린이(7~15세) CHF 15, 만 6세 이하 어린이 및 스위스 패스 소지자 무료
전화 +41 (0)43 388 2500
홈피 www.fifamuseum.com

위틀리베르크 Üetliberg

서울에 남산이 있다면 취리히에는 위틀리베르크가 있다. 868m 높이의 위틀리베르크 타워에서 취리히의 시내 전경을 한눈에 볼 수 있다. 특히 11월에는 안개가 자욱하게 깔린 모습을 볼 수 있어 더욱 인기가 높다. 여름에는 하이킹과 산악자전거 코스로 여행객들이 즐겨 찾는다. 위틀리베르크에서 펠젠엑Felsenegg까지 행성 트레일Planet Trail을 따라 2시간 정도 걷는 코스는 자칫 책으로 읽으면 지루할 수 있는 태양계를 흥미롭게 배울 수 있게 해준다.

주소 8143 Ütliberg, Zürich
위치 질탈 취리히 위틀리베르크 철도(SZU) S10 노선이 취리히 중앙역에서부터 위틀리베르크 역까지 운행 (20분 소요) 정상까지는 10분 정도 걸어 올라가면 된다 (www.zvv.ch).
운영 연중무휴
요금 위틀리베르크 전망대 타워 티켓 CHF 2
홈피 www.uetliberg.ch

# 리마트 강 & 취리히 호수 크루즈 Limmat & Zürichsee Cruise

취리히 호수Zürichsee는 스위스에서 세 번째로 큰 호수로 알프스 빙하가 녹아 생긴 것이라고 한다. 긴 초승달 모양의 호수로 취리히 주, 생갈렌 주, 슈비츠 주에 속해 있다. 호숫가에 위치한 타운 중 가장 유명한 마을은 라퍼스빌로 유람선 여행을 하기에 좋다. 취리히를 흘러가는 리마트 강에서도 크루즈를 즐길 수 있다. 구시가지만 훑어보기보다 시간을 좀 더 여유 있게 투자하여 크루즈 여행을 해보자. 자세한 내용은 취리히 항운 회사 홈페이지(www.zsg.ch) 참조.

교통의 요지 벨뷰와 가까운 뷔르클리 광장은 취리히 구시가와 취리히 호수가 만나는 곳이라 생각하면 된다. 그리스 신화의 제우스가 시동으로 삼기 위해 독수리로 변신하여 채갔다는 가니메데 Ganymede 동상이 있다.

취리히 중앙역에서 출발 Zürich, Bahnh ofstrasse/HB 트램 11번 Bürkliplatz 하차

취리히 벨뷰에서 출발 Zürich, Bellevue 트램 8번 Bürkliplatz 하차

---

more & more 추천 크루즈 여행

❶ 리버 크루즈 River Cruise

스위스 국립 박물관Landesmuseum Zürich에서 30분 간격으로 출발, 약 50분 걸리는 왕복 코스로, 리마트 강변에 있는 명소를 지나게 된다.

출발/도착 Landesmuseum
소요시간 55분
운행(동계 비운행) 4월 초~10월 하순 매일 10:50~17:20, 30분 간격
(토 · 일 · 공휴일 13:35~16:35, 1시간 간격)
요금(2등석 기준) 성인 CHF 4.7, 만 6세 이상 어린이 및 반액카드 소지자 50%, 스위스 패스 소지자 무료

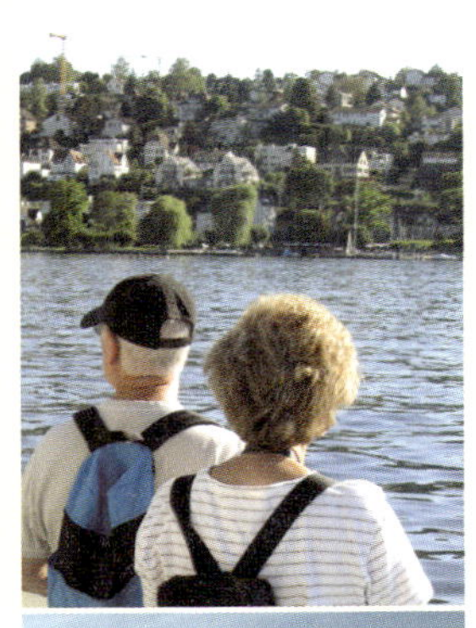

❷ 단거리 레이크 크루즈 Short Lake Cruise

뷔르클리 광장Bürkliplatz에서 시작하여 피파 월드 축구 박물관, 린트초콜릿 박물관, 차이니스 가든 등을 지나는 왕복 크루즈로 취리히 올드타운에서 살짝 벗어난 명소들과 연계해 즐기기 좋다.

출발/도착 Zürich Bürkliplatz
소요시간 최대 2시간
운행 연중 10:00~19:00 30분 간격(7~8월 연장 운행)
요금(2등석 기준) 성인 CHF 9.4, 만 6세 이상 어린이 및 반액카드 소지자 50%, 스위스 패스 소지자 무료

❸ 라퍼스빌까지 유람선으로 여행하기

취리히 뷔르클리 광장에서 출발하는 정기 유람선을 타고 장미의 도시 라퍼스빌Rapperswil까지 이동한다(2시간 소요). 라퍼스빌을 관광한 후 취리히나 다른 여행지로 갈 경우에는 기차를 타고 이동해보자.

홈피 www.zsg.ch(타임테이블 참조)

취리히 동물원 Zoo Zürich & Masola Rainforest

어린 자녀와 여행하고 있다면 동물원에 데리고 가면 어떨까? 친환경적으로 고안돼, 동물이 살기에 가장 좋은 환경이라고 해도 과언인 아닌 이곳에서 다양한 기후대의 동물들을 만날 수 있다. 어린이들이 직접 동물을 만져보거나 먹이를 줄 수 있는 프로그램도 마련되어 있으니 홈페이지를 통해 시간을 꼭 확인하자. 놀이터와 피크닉 장소도 잘 갖춰진 편. 이 동물원의 또 다른 볼거리는 마조알라 열대우림 식물원Masoala Rainforest. 아열대 기후의 식물이 잘 가꿔져 있어 관찰하며 식생을 파악하기에도 좋다.

주소 Zürichbergstrasse 221, 8044 Zürich
위치 Bahnhofstrasse 출발, 트램 6번 Zoo에서 하차 (약 16분 소요)
운영 3~10월 09:00~18:00, 11~2월 09:00~17:00
휴무 연중무휴 (단, 12월 24일 16:00까지)
요금 성인 CHF 32, 청소년(만 16~20세) CHF 27, 어린이(만 6~15세) CHF 18 ※ 온라인 구매 요금
전화 +41 (0)44 254 2505
홈피 www.zoo.ch

© Zoo Zürich

유커 농장 Jucker Farm (Juckerhof)

유커 팜은 취리히 근교 제그레벤Seegräben의 어드벤처형 농장으로, 페피콘Pfäffikon 호수의 아름다운 뷰와 농장의 평화로움이 어우러져 힐링 그 자체인 곳. 지역에서 생산한 건강한 식재료로 매일 점심 및 주말엔 브런치 메뉴를, 여름 시즌에는 야외 BBQ 메뉴를 제공한다. 농장 내 상점도 있으며, 특히 겨울을 제외하곤 시즌별로 과수원에서 사과 및 블루베리 등의 과일 따기 체험과 가을 호박 전시축제, 염소 체험, 농장 게임 등 가족, 친구들과 여러 체험이 가능한 모험형 관광지이다. 로컬들에게 인기가 많아 주말엔 예약 필수.

주소 Dorfstrasse 23·CH-8607 Seegräben
위치 자동차 접근이 가장 좋지만, 조금 걷는 것도 괜찮다면 대중교통도 추천
❶ 취리히역에서 로컬열차 S14 타고 Aathal에서 하차 후, Seegräben 방향으로 15분 도보(경사 심한 편)
❷ 취리히역에서 로컬열차 S3은 Pfäffikom, S5, S15, S14는 Wetzikon 혹은 Kempten에서 하차, Lake Pfäffikon 호수를 따라 50분 호숫길 도보 (평지&예쁨)
❸ 9월 초 주말, 9월 말~10월 말 매일 호박축제 기간 동안 Sergräben 방향 846번 버스 운행
운영 연중무휴 11~4월 09:00~17:00, 6~9월 09:00~22:00, 10~5월 09:00~18:00
요금 **주말 브런치 및 평일** 점심 13세 이상 CHF 49 (혹은 무게로), 7~12세 CHF 20 (목요일: 채식 메뉴)
여름 시즌 BBQ 디너뷔페 CHF 58
과수원 입장료 CHF 3 (과일은 무게로 별도 과금)
전화 Dorfstrasse 23·CH-8607 Seegräben
홈피 www.juckerfarm.ch

휠리만바드 & 스파 취리히 Hürlimannbad & Spa Zürich

스위스 스파가 점점 인기를 끌고 있다. 취리히 도심 한가운데서도 끝내주는 스파를 즐길 수 있으며 옥외 스파 공간에서는 취리히 전경을 내려다볼 수 있다. 아이리시 로만 스파에서는 좀 더 신비롭고 호젓한 분위기가 연출되는데 매주 화요일에는 여성만 입장 가능하다. 수영복, 타월, 위생용품은 개인 지참이 필수이며, 대여도 가능.

주소 Brandschenkestrasse 150, 8002 Zürich

위치 Bahnhofquai/HB에서 Zürich, Albisgütli 방면 13번 트램 탑승, Waffenplatzstrasse에서 하차 (정류장 약 7개), 도보 약 5분

운영 연중무휴 09:00~22:00
휴무 일부 보수 기간

요금 **테르말 바스** 성인 CHF 42, 만 7~14세 CHF 22, 만 4~6세 CHF 14
아이리시 로만 바스 성인 CHF 68

전화 +41 (0)44 205 9650
홈피 www.aqua-spa-resorts.ch

새해맞이 축제 New Year's Festival

12월 31일 저녁 8시부터 새벽 3시까지 스위스 취리히 호수와 리마트 강은 새해를 맞이하기 위한 사람들로 물결을 이룬다. 취리히 새해맞이 하이라이트는 단연코 불꽃놀이. 취리히 트램은 이날의 편의를 위해 새해 첫날 새벽 4시까지 운행한다.

운영 겨울 축제(12월 31일~1월 1일)

Tip | 그 외 취리히 대표 이벤트

취리히는 일 년 내내 풍성한 이벤트로 가득하다. 이벤트 기간에는 취리히에서 숙박이 어려울 수 있으니 미리 예약하거나 주변 도시(스위스는 작다!)를 공략하는 센스가 필요하다.

2월 취리히 카니발 ZüriCarneval
취리히 카니발은 화려 그 자체이다. 신나는 음악과 재밌는 복장을 구경하는 재미가 있다.
운영 매년 2월 말
홈피 zurichcarneval.ch

4월 취리히 마라톤 Zürich Marathon
취리히 마라톤 코스는 대부분 취리히 호수를 따라 달리는 시닉한 스포츠 행사.
운영 매년 4월 중순
홈피 www.zuerichmarathon.ch

5월 취리히 탄츠 Zürich Tantz
취리히 시내 전역에서 열리는 신나는 댄스 축제.
운영 매년 5월 첫째 주 금~일요일
홈피 www.zuerichtanzt.ch

9월 취리히 영화제 ZFF, Zurich Film Festival
국내 및 해외에서 유망한 영화 관계자 및 현재 뛰어난 역량을 발휘한 영화인에게 상을 수여한다.
운영 매년 9월 마지막 주 목요일~10월 첫째 주 일요일
홈피 www.zff.com

11~12월 크리스마스 마켓 Christmas Market
오페라하우스, 구시가지 등 취리히 전역이 크리스마스 마켓이 된다. 특히 노래하는 싱잉 트리를 놓치지 말자.
운영 11월 말~ 12월 24일

젝세로이텐 Sechselaeuten

매년 지루했던 겨울을 끝내고 봄을 맞이하기 위한 전통 축제이다. 먼저 불에 잘 타는 충전재로 만든 대형 눈사람 뵈그Böögg를 준비해둔다. 그다음 취리히 전통 의상을 입은 길드 대표자들이 말을 타고, 뵈그를 향해 전속력으로 달린다. 들고 있던 횃불을 던져서 뵈그를 태운다. 뵈그의 머리가 폭발하기까지 걸리는 시간으로 그해 여름 날씨를 예측하는데, 빨리 터질수록 따뜻하고 화창한 여름을 뜻한다. 타는 시간이 길면 비가 많고 흐린 여름을 예상한다. 축제일에 전통 의상을 입은 사람들의 행렬도 볼만하다.

운영 봄 축제(4월 중순 월요일)
홈피 www.sechselaeuten.ch

© Zürich Tourism / Bruno Macor

© Zürich Tourism / Bruno Macor

스트리트 퍼레이드 Street Parade Zürich

세계에서 가장 큰 규모의 테크노파티로, 취리히 호수변에 전 세계 각지에서 온 수천 명의 일렉트로닉, 테크노 음악 팬들이 모여들어 재미있는 의상들을 차려입고 춤을 춘다. 약 7개의 강변 스테이지에는 수백 명의 DJ들이 매력적인 테크노 음악으로 뜨겁게 분위기를 달군다. 행사가 끝나고도 주변 클럽에서 그 분위기를 이어갈 수 있도록 다양한 프로그램들을 마련하고 있다.

운영 여름 축제(8월 둘째 주 토요일)
홈피 www.streetparade.com

© Street Parade

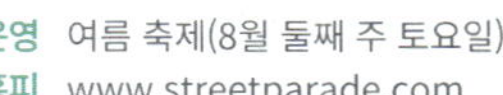
© Street Parade

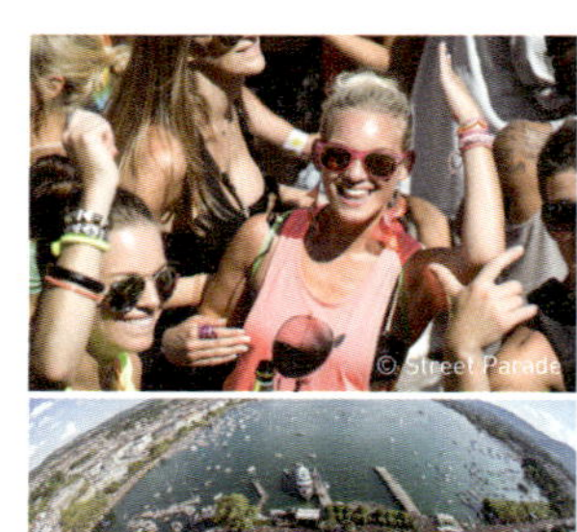
© Street Parade

취리히 웨스트 Zürich West

취리히에서 지금 가장 핫한 곳, 우리는 웨스트를 여행한다!

스위스가 그저 알프스와 자연뿐이라고 이야기하는 친구가 있다면, 손을 꼭 붙들고 취리히 웨스트로 향해보자. 취리히 웨스트는 취리히 시내 외곽, 아무것도 없는 허허벌판이었는데 200~300년 전 이곳에 각종 공장들과 스위스 브랜드 맥주, 뢰벤브로이Löwenbräu가 들어서면서 전성기를 맞는다. 20세기 후반에 들어서 제조업에서 서비스업 사회가 되면서 이곳은 점차 쇠퇴하고 공장 건물들만 남았다. 그 후 '공업 디자인'이란 새로운 콘셉트로, 기존 조선소, 공장, 발전소 등의 건물들의 내부, 외부의 특징적 요소를 그대로 살려 감각적인 공간으로 탄생시켰다. 특히 조선소를 재탄생시킨 쉬프바우Schiffbau, 제철소였던 펄스 5Puls 5, 뢰벤브로이 맥주 공장을 개조하여 오픈한 내일의 쿤스트할레Tomorrow's Kunsthalle가 유명하며 이곳은 모두 레스토랑 등으로 이용되고 있다. 쇼핑할 곳으로는 취리히 웨스트를 기반으로 하여 지금은 세계적으로 유명해진 프라이탁Freitag과 아직도 열차가 달리고 있는 고가교 아래 공간을 살린 임 비아둑트Im Viadukt 쇼핑 구역이 유명하다.

취리히 시내에서 가는 법

열차 취리히 중앙역에서 취리히 간선을 타고 Zürich Hardbrücke역에서 하차(열차 탑승 시간 2분)

트램 취리히 Bahnhofplatz에서 트램 4번을 타고 Zürich Schiffbau 정거장에서 하차(13분 거리, 8개 정거장)

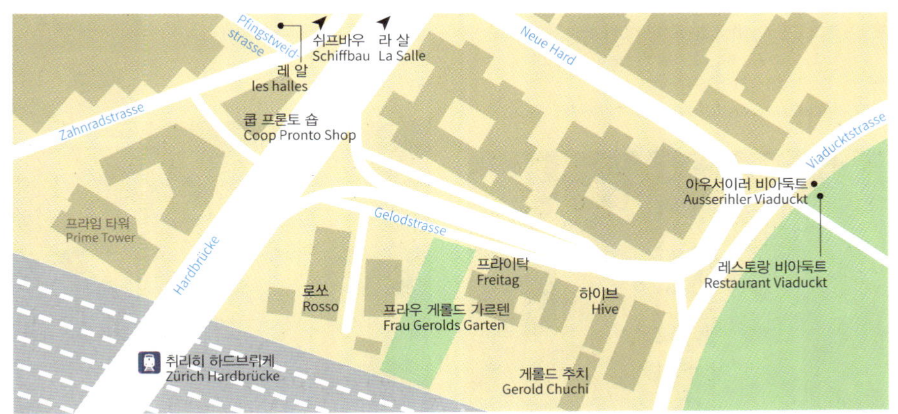

독일어로 '배를 만들다'라는 이름에서 보듯, 쉬프바우는 배를 건조하던 조선소다. 이곳에는 레스토랑, 재즈 클럽 무드 Moods, 공연장, 갤러리 등이 함께 있다. 로비에 자리한 레스토랑 라 살 La Salle 은 취리히 트렌드세터들도 인정하는 프렌치 레스토랑이며, 공연장 취리히 샤우슈피엘하우스 Zürich Schauspielhauss 는 3개의 공연장을 갖추고 있다.

주소 Schiffbaustrasse 4, 8005 Zürich
위치 버스 33, 72번 Schiffbau에서 하차 또는 Hardbrücke역에서 도보 5분 거리
운영 공연장, 갤러리, 레스토랑 상이
전화 +41 (0)44 258 7070
홈피 www.lasalle-restaurant.ch
www.schauspielhaus.ch

프라우 게롤드 가르텐 Frau Gerolds Garten

우리말로 풀이하면 '게롤드 부인의 정원' 정도로 풀이되는 웨스트의 명소로 문화, 다이닝, 쇼핑 등의 공간으로 이용된다. 프라이탁 맞은편에 있어 찾기도 쉽다. 감각적인 아이템들을 쇼핑할 수 있는 여섯 개의 아틀리에와 레스토랑은 여름철 저녁이면 젊은 사람들의 발걸음이 끊이지 않는다.

주소 Geroldstrasse 23, 8005 Zürich
위치 트램 4번 Schiffbau 하차, 열차 Bahnhof Hardbrücke 하차
운영 레스토랑 4~10월 월~토 11:00~24:00, 일 12:00~22:00, 11~3월 월~토 18:00~24:00
전화 +41 (0)78 971 6764
홈피 www.fraugerold.ch

스위스 MZ세대들이 좋아할 만한 한국 스타일 프라이드 키친, 일본의 스시, 중국의 덤플링, 하와이안 포케 및 버거까지 한자리에서 먹을 수 있는 캐주얼 레스토랑. 인근 사무실 직원들도 많이 찾는다. 테이크아웃도 가능.

주소 Heinrichstrasse 239, 8005 Zürich
위치 Hardbrücke역에서 도보 5분
운영 월~토 11:30~22:00, 일 12:00~22:00
요금 런치 메뉴(메인+음료) CHF 24.5~
전화 +41 (0)44 271 4801
홈피 www.kitchen-republic.ch

 레 알 Les Halles

레 알에 가면 레알(?) 즐겁다. 홍합 요리가 유명한 레스토랑 겸 펍이자 레트로 바이크 상점, 베이커리 숍 등 다양한 형태로 음식과 주류를 즐기거나 로컬푸드를 구매할 수 있다. 옆 테이블과도 금방 친해지는 젊은이들의 메카. 지루한 스위스는 이곳엔 없다.

주소 Pfingstweidstrasse 6, 8005 Zürich
위치 트램 Schiffbau역 바로 앞
운영 월~수 11:00~자정, 목·금 11:00~자정 이후,
　　　　토 16:00~자정 이후 **휴무** 일요일
요금 CHF 20~30
전화 +41 (0)44 273 1125
홈피 www.les-halles.ch

임 비아둑트 Im Viadukt (In Viaduct)

이름과 같이 고가교 아래, 다리를 떠받치고 있는 지주 사이사이 공간에 각종 상점, 레스토랑, 갤러리가 들어서 약 52개의 점포가 입점해 있는 시장 홀Markthalle을 이루었다. 기막힌 아이디어를 가지고 황량한 음지에 불과하였던 이곳을 취리히에서 가장 흥미로운 쇼핑거리로 2009년에 탄생시켰다.

주소 Schiffbaustrasse 4, 8005 Zürich (프라이탁 근처)
위치 트램 4, 6, 13번 Löwenbräu 하차, 열차 33, 72번 Schiffbau 또는 Zürich Hardbrücke 하차
운영 상점마다 상이하므로 사이트 참조
홈피 www.im-viadukt.ch

 프라이탁 플래그십 스토어 Freitag Flagship Store Zürich

취리히 웨스트에 있는 프라이탁은 플래그십 스토어로 수출입할 때 쓰이는 컨테이너 박스를 층층이 올려 건물을 이루었다. 취리히 웨스트 랜드마크로 멀리서도 눈에 들어온다. 스위스의 젊은이들이 어깨에 둘러메고 다니는 흔한 가방은 포장마차에나 쓰일 법한 비닐 천으로 만들어진 것이 많다. 이 가방은 스위스의 마르쿠스와 다니엘 프라이탁 형제가 의기투합하여 만든 가방 브랜드 프라이탁Freitag으로 버려진 화물용 트럭의 덮개를 이용하여 가방을, 튼튼한 자동차의 안전벨트로 끈을 만들고, 폐타이어를 이용해 가방의 힘받이로 사용한 것이 시작점이 되었다. 현재 프라이탁은 세계 젊은이들이 열광하는 '잇 백'이다.

주소 Geroldstrasse 17, 8005 Zürich (Flagship)
위치 트램 4번 Schiffbau 하차, 열차 Bahnhof Hardbrücke 하차
운영 월~토 09:00~17:00 **휴무** 일요일
요금 메신저 백Messenger Bag M사이즈 CHF 240~, 랩톱 케이스Laptop Case 11인치 CHF 85~
전화 +41 (0)43 366 9520　　**홈피** www.freitag.ch

 스위스 길드와 조합회관 **춘프트하우스** Zunfthaus

길드는 중세시대에 상공업자들이 만든 상호 부조적인 동업조합으로, 벨기에, 독일, 스위스 등 서유럽 도시에서 발달하였다가 근대산업의 발달과 함께 16세기 이후 쇠퇴하였다. 취리히에는 이 길드의 회관 건물인 춘프트하우스가 내려오는데 각각 직업군에 따라 조합건물에 특색이 주어진다. 현재는 연회장이나 레스토랑으로 운영되고 있다. 대표적인 2곳을 소개해 본다.

❶ 춘프트하우스 추어 바그
Zunfthaus Zur Waag

취리히 전통 음식을 맛볼 수 있는 레스토랑으로 운영되고 있다. 여름철에는 테라스에서 식사를 즐겨보자.

주소   Münsterhof 8, 8001 Zürich
(프라우뮌스터 근처)
위치   트램 7, 6, 11, 13번 탑승, Paradeplatz 하차 후
도보 약 10분
운영   11:30~14:00, 18:00~22:00 **휴무** 일요일
전화   +41 (0)44 216 9966
홈피   www.zunfthaus-zur-waag.ch

❷ 춘프트하우스 짐머로이텐
Zunfthaus Zimmerleuten

2007년 화재로 거의 소실되었으나, 취리히 시민의 간절한 노력으로 복원되었다. 중세 분위기의 길드 홀, 퀴퍼Küfer에서 취리히 전통을 느끼며 식사를 할 수 있다. 리마트 강과 구시가지의 경관을 아름답게 선보인다.

주소   Limmatquai, 40, 8001 Zürich
위치   트램 7, 6, 17, 11, 13번 탑승, Paradeplatz 하차 후
도보 약 5분
전화   +41 (0)44 250 5363
홈피   www.zunfthaus-zimmerleuten.ch

슈프륑리 Sprüngli *Sprüngli*

스위스 하면 떠오르는 초콜릿! 1836년 취리히에서 탄생한 초콜릿은 슈프륑리로 취리히 시내, 파라데 광장에 처음 개점했다. 부인에겐 대형마트 혹은 미그로에서, 애인에겐 슈프륑리 초콜릿을 사준다는 우스갯소리가 있듯 슈프륑리는 소중한 사람에게 선물로, 좋은 날에 그 기쁨을 더하기 위해 많이 구입한다. 초콜릿뿐만 아니라 저절로 하트가 뿅뿅 나오게 만드는 작고 예쁜 케이크, 베이커리 또한 선보인다. 취리히 중앙역을 비롯하여 취리히 시내에 여러 상점이 있지만 카페도 있어 여유롭게 즐기며 맛볼 수 있는 파라데 광장점이 가장 인기다. 초콜릿과 더불어 앙증맞은 마카롱은 Must have Item이다.

Paradeplatz점
주소   Bahnhofstrasse 21, 8001 Zürich
위치   트램 6, 7, 11, 13번 Paradeplatz역 하차
운영   월~금 07:00~18:30,
토 08:00~18:00
휴무 일요일(레스토랑, 카페는 일요일에도 영업)
전화   +41 (0)44 224 4646
홈피   www.spruengli.ch

하이마트베르크 Heimatwerk

수공예품이 많아 가격이 조금 사악한 편이다. 하지만 스위스에서 생산하는 특이한 어린이 장난감, 정성이 많이 들어간 스위스풍의 어린이 옷, 목공예품, 스위스산 기념품이 많다. 특히 흔한 기념품에 싫증을 많이 낼 법한 아주 가까운 지인에게 선물할 거리가 많은 곳이다. 취리히 공항에서도 만날 수 있다.

주소 Uraniastrasse 1, 8001, Zürich
위치 중앙역에서 Bahnhofquai 향해 도보 5~8분
운영 월~토 10:00~19:00
휴무 일요일
전화 +41 (0)44 222 1955
홈피 www.heimatwerk.ch

슈바르첸바흐 H. Schwarzenbach

유럽 여행의 묘미 중 하나가 오랜 전통을 이어오고 있는 상점을 발견하여, 국내에서 보지 못한 식료품들을 구입해보는 것이다. 1864년에 문을 연 슈바르첸바흐는 시나몬 시럽, 천연 바닐라, 최상의 다즐링 홍차, 커피, 과일 식초 등 셰프의 주방에 있을 법한 최상의 재료를 갖추고 있다.

주소 Münstergasse 17, 8001 Zurich
위치 Bahnhofquai/HB에서 4번 트램 탑승 Rathaus에서 하차 후 도보 2분 거리
운영 월~금 09:00~18:00, 토 09:00~17:00
휴무 일요일
전화 +41 (0)44 261 1380
홈피 www.schwarzenbach.ch

칸츨라이 벼룩시장
Kanzlei Flohmarkt

아마도 스위스에서 열리는 벼룩시장 중 가장 큰 시장으로 매주 토요일마다 열리며 약 300명의 셀러Seller들이 참가하여 중고품들을 내다 판다. 그림, 가구, 주얼리뿐만 아니라 다소 엉뚱해 보이는 물건들도 파니 둘러볼 만하다.

주소 Helvetiaplatz, Zürich
위치 중앙역 광장에서 트램 3번 탑승 Bezirksgebäude에서 하차 후 도보 약 2분
운영 토 07:20~16:00
홈피 www.flohmarktkanzlei.ch

전통 의상을 입은 아가씨가 그려진 작은 접시, 20프랑에 득템 :)

뷔르클리 광장 벼룩시장
Bürkliplatz Flohmarkt

취리히 호수 유람선이 출발하는 뷔르클리 광장 앞에서도 취리히에서 두 번째로 큰 규모의 벼룩시장이 매주 토요일마다 선다. 손때 묻은 가구, 액세서리, 어렸을 때 혼을 쏙 빼놓았을 장난감, 우표, 그림, 자기류에 이르기까지 여행자의 관심을 강탈할 만한 스위스인들의 애장품들을 접할 수 있다.

주소 Bürkliplatz, 8001 Zürich
위치 트램 정류장 Bürkliplatz, Paradeplatz에서 하차
운영 5월 초~10월 말 토 07:00~17:00
휴무 11월~4월 말 혹은 시내 주요 행사 시
홈피 www.flohmarktbuerkliplatz.ch

Writer's Pick

- ### 아우구스트 Boucherie AuGust

  저자가 사진으로 남기는 것조차 잊을 만큼 그 맛에 반해버린 취리히 맛집으로, 고기 덕후들에게 안성맞춤인 곳. 스위스 및 해외에서 생산된 육류와 특수부위 및 소시지 등을 특별한 레시피로 요리한다. 유동 인구가 많은 올드타운 렌베그Rennweg에 자리하고 있어, 투어를 하다가 들러 식사하기에도 좋다.

주소	Rennweg 7, 8001 Zürich
위치	트램 4, 11, 13번 Rennweg 하차 후 도보 3분 (비더 호텔Widder 1층)
운영	11:30~23:00
메뉴	고기류, 맥주, 샐러드 등
요금	그릴에 구운 소시지 CHF 19, 구운 소갈비 CHF 42, 샐러드 CHF 12~, 트러플 살라미(50g) CHF 16
전화	+41 (0)44 224 2828
홈피	www.au-gust.ch

작가 추천 & AI 검증

1. 캐주얼 & 가성비 Casual & Budget

- #### 로프트 파이브 Loft Five
  젊은 비즈니스맨들이 주로 찾는 캐주얼 레스토랑. 버거 외에도 아시아 스타일의 볼 음식이 인기.

- #### 찹스틱 Chopstick
  메뉴 규성이 다채로운 중식 레스토랑. 느끼함을 잠시 피해, 입맛에 맞게 가볍게 먹고 싶을 때 추천한다.

- #### 유미하나 YumiHana
  중앙역 부근 한국제품 전문숍인데, 김밥이나 김치 같은 간단한 테이크아웃용 식품을 판매한다.

- #### 네니 Neni
  25 아워스 호텔 랑스트라세에 위치한 중동, 지중해 스타일 모던 레스토랑. 한국식 치킨샐러드도 있다.

2. 합리적인 로컬 Affordable Local

- #### 스위스 추치 Swiss Chuchi
  니더도르프 아들러 호텔에 위치한 스위스 전통 음식 레스토랑. 퐁뒤, 취리히 전통 송아지요리 게슈네첼테스 추천.

- #### 레스토랑 에코 ECHo
  스위스 지역 및 계절별 식재료와 전통 조리법을 세련되게 요리하는 곳이다. 월, 화는 쉬고 수~토 저녁과 일요일에만 문을 여는 메리어트호텔 건물 내 위치.

- #### 초이크하우스켈러 Zeughauskeller
  옛 무기고를 개조한 스위스 전통 레스토랑. 한국어 메뉴판이 있는 관광객 친화형 스위스 레스토랑이다.

3. 미식 & 고품격 다이닝 High-end Luxury

- #### 비더 레스토랑 Widder
  비더 호텔 내, 미슐랭 2스타 파인 다이닝으로 프랑스식 요리에 아시아 풍미를 접목한 창의적 미식 레스토랑.

- #### 크로넨할레 Kronenhalle
  1920년대에 문을 연 클래식 다이닝. 전통 스위스 요리를 예술적인 분위기 속에 즐길 수 있다.

Writer's Pick

■ 신코나 바 Cinchona Bar

랑스트라세 25 아워스 호텔 1층에 있는 신코나 바. 하이볼 위주로 로컬들과 활기찬 분위기 속에서 초경쾌한 맛의 건강한 칵테일들을 즐기기 그만인 곳이다. 베르무트(주정강화 와인)에 신코나만의 진을 섞어 만든 칵테일이 신코나 바의 시그니처.

주소	Langstrasse 150, 8004 Zürich
위치	랑스트라세에 위치한 25 아워스 호텔 내 1층 펍
운영	일~목 08:00~01:00, 금~토 08:00~02:00
요금	칵테일 CHF 15 전후, 한국식 치킨샐러드 CHF 25, 시그니처 후무스 컬렉션 CHF 26, 고구마튀김 CHF 12
전화	+41 44 576 5004
홈피	cinchona.bar/en/

작가 추천 & AI 검증

■ 브라세리 페데랄 Brasserie Federal
취리히 중앙역에서 맥주 한 잔과 가벼운 점심 가능(오늘의 메뉴 추천).

■ 라인펠더 비어할레 Rheinfelder Bierhalle
니더도르프에 위치한 1870년에 오픈한 취리히에서 가장 오래된 맥주홀 중 한 곳. 스위스 동북부 지방의 로컬 맥주를 즐길 수 있다.

■ 엘 로칼 El Lokal
취리히 중앙역 도보 5분 거리. 라이브 음악이 있는 캐주얼한 분위기로 로컬들로 북적이는 바.

---

more & more **취리히 젊은이들의 핫 스폿, 채식 뷔페**

취리히 젊은이들에게 요새 가장 핫한 건 채식 뷔페. 태국, 인도, 이집트 등에서 영감을 받은 채식 요리와 유럽 스타일의 홈메이드 방식으로 만든 채식 요리를 뷔페처럼 담아 무게에 따라 계산하는 방식이다. 세계 최초 채식 레스토랑이 바로 힐틀이다.

❶ 힐틀 Hiltl
1898년에 문을 연 현존하는 가장 오래된 채식 레스토랑. 채식의 열풍 아래 취리히 곳곳에서 만날 수 있다.

홈피 www.hiltl.ch

❷ 티비츠 Tibits
취리히 외 장크트 갈렌, 루체른, 베른 등 여러 지점이 있다.

주소 Seefeldstrasse 2, 8008 Zürich
전화 +41 (0)44 260 3222

❶ 카페 바 오데온 Café Bar Odeon

한 잔의 커피를 음미하며 누리는 작은 휴식은 우리에게 어떤 의미일까? 그 답을 카페 바 오데온에서 찾아보자. 1911년 개업, 취리히에서 꼭 가봐야 할 곳으로 손꼽히는 오데온은 커피 맛도 뛰어나지만 클라우스 만, 베니토 무솔리니, 슈테판 츠바이크, 알베르트 아인슈타인 등 철학가, 문인, 과학자를 막론하고 역사에 한 획을 그은 유명 인사들이 즐겨 찾은 곳으로 더 유명하다. 아침, 점심을 위한 다양한 메뉴 그리고 샴페인 메뉴도 있으니 꼭 들러보자.

주소　Limmatquai 2, 8001 Zürich
운영　월~목 07:00~24:00, 금 07:00~02:00,
　　　토 09:00~02:00, 일 09:00~24:00
요금　**조식/브런치** 햄&치즈 오믈렛 CHF 21
　　　점심 메뉴 CHF 26~ **단품 메뉴** 클럽샌드위치 CHF 34
전화　+41 (0)44 251 1650
홈피　www.odeon.ch

❷ 카바레 볼테르 Cabaret Voltaire

전 세계 예술사조에 영향을 미친 '다다이즘'이 태어난 곳. 기존의 형식에 반기를 들고 새로운 것을 지향하는 젊은이들이 현재에도 존재하듯 1910년대 스위스 취리히의 젊은이들도 우리와 다르지 않았음을 발견할 수 있는 곳. '다다'는 우리가 사는 2020년대에도 신선하게 다가온다. 카바레 볼테르는 단순한 카페가 아니라 다다이즘의 성역이며 지성을 일깨우는 공간이다. 다다이즘에 대해 알 수 있는 간단한 전시관과 카페, 숍이 있다.

주소　Spiegelgasse 1, 8001 Zürich
운영　**카페/바** 화~목 17:00~20:00, 금·토 13:30~자정,
　　　일 13:30~18:00 **전시/도서관** 화·목 17:00~20:00,
　　　수~일 13:30~18:00
　　　※ 여름 시즌 운영 시간 다름
요금　입장 무료, 카페/바 메뉴 맥주(3.3dl) CHF 5~7,
　　　커피 CHF 4~6
전화　+41 (0)43 268 5720
홈피　www.cabaretvoltaire.ch

Tip | 다다이즘 Dadaism

간단히 '다다'라고 하는 다다이즘은 프랑스어로 '아이들이 타고 노는 목마'라는 뜻이다. 아무렇게나 지어진 것과 같은 느낌의 이름처럼 다다이즘은 아무런 뜻 없는 '무의미함'에 의미와 가치를 둔 예술사조. 한국의 유명 시인 이상(1910~1937)의 연작시 '오감도'도 숫자로만 나열한 시를 짓거나, 무의미한 단어를 열거하는 듯한 작가의 작품 세계도 다다이즘의 영향을 받았다고 할 수 있다.

취리히는 여행지로도 유명하지만 금융, 상업 등 비즈니스 중심지답 게 주중에는 출장을 오는 비즈니스맨들로 인해 시내 중심가, 윌리콘 Oelikon, 취리히 공항 일대의 호텔이 붐빈다. 오히려 주말이 더 여유가 있을 정도. 호텔 예약 앱을 이용해 취리히 공항 근처, 취리히 중앙역이 나 구시가지 니더도르프 근처 등의 시내, 모던하고 힙한 감성의 취리히 웨스트, 주거지나 호수가 가까운 제펠트 등 위치와 여행 스타일을 잘 선 택해 호텔을 예약하자.

© Mövenpick Hotel

Writer's Pick

■ **도들러 그랜드 호텔** The Dolder Grand ｜5성급｜
시내를 벗어난 언덕에 위치해 취리히를 한눈에 볼 수 있는 뷰. 스파 시설과 미술 컬렉션으로 유명하다.

■ **루비 미미 호텔** Ruby mimi Hotel ｜4성급｜
역 근처 영화관 건물을 개조한 라이프스타일 호텔로 기타를 누구나 칠 수 있는 라운지, 방마다 화려한 스피커시스템 등을 갖춘 개성 있는 호텔.

■ **스위스 초콜릿 호텔** Swiss Chocolate Hotel ｜3성급｜
중앙역 앞 센트랄에 위치. 파스빈드에서 인수해 초콜릿 컨셉의 호텔로 레노베이션. 룸은 작지만 깔끔하 고 세련된 느낌을 준다.

■ **25 아워스 호텔** 25 hours Hotel ｜이색 호텔｜
웨스트, 랑스트라세 두 곳에 위치. 전 세계 체인으로 힙스터들이 특히 좋아하는 분위기 힙한 갬성호텔.

■ **조세핀 게스트하우스** Josephine's Guesthouse for Women ｜호스텔｜
중앙역에서 트램으로 5분거리 위치한 여성전용 숙소이다. 모던하고 깔끔한 스타일이며, 조식은 루프트 탑에서 간단히 먹을 수 있다.

루비 미미 호텔

25 아워스 호텔

25 아워스 호텔

조세핀 게스트하우스

SHIN
MICHELIN
2021

취리히 **주변 지역**

취리히는 독일과 비교적 가까운 스위스 동북쪽 지역에 위치한 까닭에 라인 강을 끼고 있는 **샤프하우젠** Schffhausen, **슈타인 암 라인** Stein am Rhein, 스위스 유수의 종합 대학과 유네스코 세계문화유산으로 등재된 수도원 부속 도서관이 자리한 **장크트 갈렌** St. Gallen 그리고 스위스에서 가장 스위스다운 전통을 살려 핫한 관광지가 된 **아펜첼** Appenzell로 떠날 수 있다. 취리히에서 가장 근교에 위치한 장미도시 **라퍼스빌** Rapperswil과 수준 높은 박물관의 도시 **빈터투어** Winterthur도 놓치지 말자.

라퍼스빌 Rapperswil

도시 문장이 장미일 만큼 '장미의 도시'라 불리는 라퍼스빌(행정구역명: 라퍼스빌–요나)은 푸르른 취리히 호수 끝자락에 자리하고 있다. 보랄펜 특급열차(장크트 갈렌 – 루체른 구간)가 정차하는 구간으로 테마 열차 또는 취리히 호수 유람선을 타고 여행하기에도 그만인 관광지이자 교통 허브다. 도시 규모는 매우 아담하여 구시가지 곳곳을 돌아다녀도 2~3시간이면 충분하다. 도시 가장 높은 곳에 위치한 린덴 언덕에서 시작하여 늦봄부터 가을 초입까지 고성에서부터 마을까지 600여 종의 장미들이 앞다투어 피어 장관을 이룬다. 아이들과 여행을 한다면 크니 어린이 동물원Knies Kinderzoo이나 700m 길이의 토보건을 즐길 수 있는 아츠매니크Atzmännig를 추천하고 싶다.

라퍼스빌로 이동하기

1. 열차로 이동하기
- 취리히에서 약 40분
- 장크트 갈렌에서 약 50분

2. 유람선으로 이동하기
- 매일 13:30 취리히 뷔르클리 선착장Zürich Bürkliplatz, Schiffst 출발 → 15:20 라퍼스빌 도착(약 1시간 50분 소요)
- 주말, 공휴일, 여름 시즌 추가 운행. www.zsg.ch 참조

★★★

GPS 47.227387, 8.815599

린덴 언덕 Lindenhügel

도시에서 가장 높은 곳에 위치한 린덴 언덕에는 14세기에 재건축된 라퍼스빌 고성Schloss Rapperswil과 성 요한 교회Stadtpfarrkirche St. Johann, 공동묘지 교회당이 있으며 고성 주변 성벽 아래 초지에는 사슴 공원도 조성되어 있다. 글라루스 알프스에서 취리히 오버란트까지 이어진 멋진 전망을 내려다볼 수 있다.

주소 Lindenhügel, 8640 Rapperswil-Jona
위치 Hauptplazt 방면을 향해 걷다 계단이 나오면 계단으로 올라가면 된다. 어디에서나 눈에 띄어 찾기 쉽다.

구시가에서 린덴 언덕 가는 길

귀겔 탑과 린덴호프

리브프라우엔 교회

제담 & 목조다리 Seedamm & Holzbrücke Rapperswil-Hurden

라퍼스빌을 인상적인 도시로 만드는 구조물인 제담은 취리히 호수의 가장 좁은 곳에 놓인 인공 둑과 다리로 구성된다. 슈비츠주, 후어덴Hurden과 라퍼스빌을 이어주며 호수를 가로질러 열차의 통행로가 되어준다. 나무다리인 홀츠브뤼케는 기원전 1523년부터 흔적을 찾을 수 있는 역사적인 구조물로 로마시대, 중세시대, 현대에 이르기까지 증축, 보수를 거듭하여 지금의 모습을 갖추게 되었다. 다리는 도보로 건널 수 있다.

피쉬마크트 광장 Fischmarktplatz

풀이하자면 어물시장 광장이라는 뜻. 역에서 빠져나와 길 하나만 건너면 만날 수 있다. 호숫가와 바로 인접한 광장으로 레스토랑, 카페, 작은 호텔들이 길가를 따라 형성되어 있어 햇살 좋은 날 여유를 즐기기 좋은 곳이다.

위치 라퍼스빌 역에서 도보 1분 거리

Tip | 비어 팩토리 라퍼스빌
Bier Factory
Rapperswil AG

비어 팩토리 라퍼스빌에서 생산되는 크래프트 비어는 인공 첨가물을 전혀 넣지 않고, 양질의 재료와 좋은 물을 이용해 만들어진다. 독특한 라벨 디자인으로 보는 즐거움도 있는 다양한 맥주는 스위스 전역에서 맛볼 수 없으므로 라퍼스빌 여행 시 취급하는 펍이나 레스토랑에 들러 맛을 보도록 하자. 해당 펍과 레스토랑 검색은 bierfactory.ch 참고.

라퍼스빌 시립 박물관 Stadtmuseum Rapperswil

라퍼스빌 고성, 성 요한 교회

린덴호프에 인접한 시립 박물관으로 육중한 중세 탑이 있는 15세기 저택을 토대로 만들었다. 황동 재질 외장재를 이용해 2012년 현대적으로 개축, 증축했으며, 18개의 전시실에서 라퍼스빌의 역사와 문화를 다양한 유물로 설명해준다.

주소 Herrenberg 30/40, 8640 Rapperswil
위치 라퍼스빌 고성에서 도보 2분 거리
운영 수~금 14:00~17:00, 토·일 11:00~17:00
　　　 휴무 월·화요일, 12월 24~25·31일, 1월 1일 등
요금 성인 CHF 6, 16세 미만 무료
　　　 ※ 스위스 뮤지엄 패스 유효
전화 +41 (0)55 210 7164
홈피 www.stadtmuseum-rapperswil-jona.ch

✚ 빈터투어 Winterthur

빈터투어는 취리히와 가장 가까운, 스위스에서 6번째로 큰 도시이다. 예전부터 산업도시로 알려져 온 빈터투어는 지금은 수준 높은 컬렉션을 자랑하는 문화의 도시이자 정원이 많은 녹색 도시로 더 유명하다. 도시 내 대학들이 있어 젊은 층으로 늘 붐비고, 물가 높은 취리히에 비해 저렴한 물가로 취리히로 출근하는 사람들이 이곳에 많이 거주한다. 빈터투어는 관광으로 유명한 곳은 아니지만, 미술작품에 관심이 있거나 소극장 공연, 편히 즐기며 쇼핑하는 것을 좋아하는 여행자들이라면 분명 빈터투어의 매력에 빠지게 될 것이다. 빈터투어는 '예술의 도시이자, 박물관의 도시'라는 별칭을 가지고 있는데, 박물관 곳곳을 둘러보려면 뮤지엄 패스를 이용하는 것이 경제적이다. 뮤지엄 패스는 인포메이션 센터나 박물관 등에서 구입 가능한데, 스위스 패스 안에 해당 패스가 포함되어 있어 소지 시 무료로 이용할 수 있다.

빈터투어로 이동하기
- 취리히 시내에서 열차로 약 19분 소요
- 취리히 공항에서 열차로 약 13분 소요

Tip | 빈터투어 현지인처럼 즐기기, 베움리 Bäumli

빈터투어 현지인들이 일상에서 잠시 벗어나 여유로움을 찾고 싶을 때 가는 곳. 도시가 내려다보이는 골든베르그 Goldenberg에 있다. 리헨베르그 거리 Rychenbergstrasse에서 걸어갈 수 있는데, 와이너리에 둘러싸여 있는 나무가 늘어선 전망대가 인상적이며, 골든베르그 레스토랑에서 맛있는 음식도 즐길 수 있다.

주소 Bäumli, Goldenberg
      8400 Winterthur

GPS 47.499331, 8.731258

★★☆

옛 수로길 Oberer Graben

가로수 길인 이곳은 예전에는 수로로 사용되어 '윗수로'라는 뜻의 Oberer Graben이라는 명칭으로 불린다. 가로수 길에는 분위기 있는 레스토랑과 상점들이 즐비해 있으며 중간에는 'Holidi'라는 이름의 큰 목조 거인이 누워 있어 벤치로 활용된다.

주소 Oberer Graben 8400 Winterthur
위치 구시가지 Marktgasse를 따라 걷다 보면 길 끝 지점에서 Oberer Graben 길의 교차점과 만나게 된다.

구시가지 Altstadt

★★★

빈터투어 구시가지는 쇼핑에 최적이다. Untertor와 Marktgasse 거리를 중심으로 유명 브랜드 숍들과 개성 넘치는 젊은 층이 좋아할 만한 숍들이 몰려 있어 쇼핑하기에 편리하다. 구시가지의 중심에는 교회 시계탑이 있어 구시가지 여행의 중심을 시계탑으로 하고, 거리 곳곳을 둘러보자.

위치 빈터투어 기차역에서 길을 건너자마자 구시가지가 시작된다.

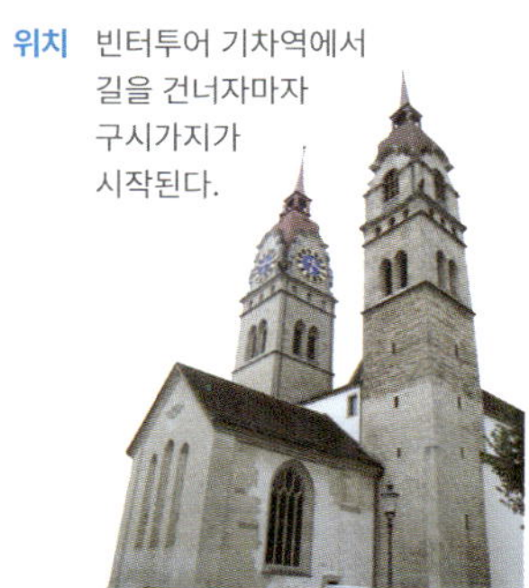

쿤스트할레 빈터투어 Kunsthalle Winterthur

★★☆

구시가지를 걷다가 쉽게 만날 수 있는 붉은 회벽 건물에 자리하고 있다. 특히 아르데코 스타일의 매우 독특한 창문이 인상적. 이곳은 1980년 개관 이래 1년에 5~6차례 빈터투어 및 세계 각국의 진취적인 현대 예술가들의 작품을 전시하고 있다.

주소 Marktgasse 25, 8400 Winterthur
위치 구시가지 Marktgasse의 중간 정도에 위치
운영 수~금 12:00~18:00, 토·일 12:00~16:00 **휴무** 월·화요일
요금 무료 　　　　　　　　**전화** +41 (0)52 267 5132
홈피 www.kunsthallewinterthur.ch

응용예술 디자인 박물관 Gewerbemuseum

★★☆

인간의 오감과 무한한 상상력을 자극하는 다채로운 전시가 열리는 곳이다. 로봇, 디자인 소재, 자전거 디자인, 미래의 빛인 올레드, 음식까지 다양한 주제를 크로스오버로 넘나든다. 특히 디자인 분야에 관심이 많은 여행자라면 꼭 둘러볼 만하다. 함께 붙어 있는 **켈렌베르거 시계 박물관** Kellenberger Clock and Watch Collection에도 방문해보자. 수 세기에 걸친 스위스 시계 디자인과 역사를 알 수 있을 것이다. 박물관 후원에는 카페도 있어 작은 여유를 즐길 수 있다.

주소 Kirchplatz 14, CH-8400 Winterthur
위치 구시가지 교회 광장 앞
운영 화·수·금~일 10:00~17:00, 목 10:00~20:00 **휴무** 월요일 및 공휴일
요금 성인 CHF 12, 학생 CHF 8, 16세 이하 무료
　　　　※ 스위스 뮤지엄 패스 유효
전화 +41 (0)52 267 5136 　　　**홈피** www.gewerbemuseum.ch

★★★ 오스카 라인하르트 컬렉션 '암 뢰머홀츠' Oskar Reinhart Collection 'Am Römerholz'

'오스카 라인하르트'는 빈터투어 지역 유명 거상의 개인 컬렉션으로, 암 뢰머홀츠라는 이름은 그가 살았던 곳이자, 현재 미술관으로 운영되는 이 저택의 이름이다. 개인 컬렉션이라고 하기엔 세계적인 화가 모네, 세잔, 고흐, 피카소의 가치 있는 작품들이 다수 전시되어 있다. 마치 유럽의 기품 넘치는 대저택에 원래부터 걸려 있는 그림처럼 저택과 작품들의 조화가 정말 훌륭하다. 작품 감상 외에도 잘 가꾸어진 정원에서의 산책, 아름다운 정원과 햇볕이 통유리창으로 들어오는 카페에서의 커피 한 잔이면 빈터투어에 온 이유가 충분할 정도이다.

주소 Haldenstrasse 95, 8400 Winterthur
위치 기차역을 기준으로 10번 버스는 Haldengut에서, 3번 버스는 Kantonsspital에서 하차 후, 언덕 쪽으로 약 10분 정도 도보 이동
운영 화~일 10:00~17:00 (수 10:00~20:00) **휴무** 월요일 및 주요 공휴일
요금 성인 CHF 15, 16세 이하 무료
전화 +41 (0)58 466 7740
홈피 www.roemerholz.ch

© Oskar Reinhart Collection 'Am Römerholz', Winterthur

★★☆ 빈터투어 현대 미술관 Kunst Museum Winterthur

빈터투어 현대 미술관은 2017년 이후 오스카 라인하르트 미술관과 빌라 플로라 미술관을 합병하여 스위스에서 4번째 규모로 큰 대형 현대 미술관으로 변모했다. 각기 다른 세 곳의 장소에서 전시된다.

주소 Museumstrasse 52, 8400 Winterthur
위치 1, 3, 5번 또는 10번 버스 Schmidgasse 하차
요금 **3곳 방문** 성인 CHF 26, 학생 CHF 19 **1곳 방문** 성인 CHF 18, 학생 CHF 15, 16세 이하 및 스위스 뮤지엄 패스 소지자 무료
전화 +41 (0)52 267 5162 **홈피** www.kmw.ch

▶▶ 바임 슈타트하우스
Beim Stadthaus

빈터투어 현대 미술관 전신으로 회화, 조각, 드로잉 및 판화 작품만 수집하며 인상주의를 비롯해 19세기 후반부터 현대까지 아름다운 미술작품을 다양하게 소장하고 있다.

주소 Museumstrasse 52, 8400 Winterthur
운영 화 10:00~20:00, 수~일 10:00~17:00

▶▶ 라인하르트 암 슈타트가르텐
Reinhart am Stadtgarten

스위스 최초의 개인 미술 박물관인 오스카 라인하르트가 전신으로 18~20세기 독일, 스위스, 오스트리아, 네덜란드 작품이 주를 이룬다.

주소 Stadthausstrasse 6, 8400 Winterthur
운영 화~일 10:00~17:00, 목 10:00~20:00

▶▶ 빌라 플로라
Villa Flora

1846년 건축된 고급스러운 빌라 건축물 내에 마네, 세잔, 고흐, 마티스, 앙리 드 툴루즈 로트레크의 작품이 전시되어 있다.

주소 Tösstalstrasse 44, 8400 Winterthur
운영 화~일 10:00~17:00, 수 10:00~20:00

빈터투어 사진 박물관
Fotomuseum Winterthur
★★☆　　GPS 47.496218, 8.738904

© Christian Schwager

빈터투어 사진 박물관은 19세기 이후 사진 예술작품과 관련 자료들을 전시하고 있는 곳으로, 세계적인 유명 사진작가들의 작품 3만 점 이상이 전시되어 있다. 현대 사진의 흐름과 실험적 비주얼 문화를 조명하는 기획전과 국제 심포지엄, 교육 프로그램을 활발히 운영하며 유럽 사진 예술의 중심지로 평가받고 있다.

주소 Grüzenstrasse 44 + 45, 8400 Winterthur
위치 기차역에서 2번 버스를 타고 Fotomuseum에서 하차하거나 Technikumstrasse를 따라 도보로 15분 소요
운영 화, 목, 금 11:00~17:00, 수 11:00~20:00, 토~일 11:00~18:00
요금 성인 CHF 14, 학생 CHF 12, 16세 이하 및 뮤지엄 패스 소지자 무료, 수요일 17:00 이후 무료
전화 +41 (0)52 234 1060 **Infoline** +41 (0)52 234 1034
홈피 www.fotomuseum.ch

테크노라마
Swiss Science Centre Technorama
★★☆　　GPS 47.513978, 8.764370

'Please Touch'라는 콘셉트를 가진 스위스 과학 센터는 독특하다. 500여 개가 넘는 실험 스테이션과 흥미진진한 실험실 섹션에서는 놀이하듯 자연과 기술에 대한 정보를 얻을 수가 있다. 아이들뿐 아니라 어른들도 흥미롭게 빠져드는 매력 있는 박물관이다.

주소 Technoramastrasse 1, 8404 Winterthur
위치 기차역을 기준으로 5번 버스 탑승 후 Technorama역 하차
운영 10:00~17:00 **휴무** 12월 25일
요금 성인 CHF 34, 6~15세 CHF 21, 5세까지 무료
전화 +41 (0)52 244 0844 **홈피** www.technorama.ch

© Roland zh

알바니 뮤직 클럽
Albani Hotel & Music Club

알바니 뮤직 클럽은 록, 블루스, 테크노, 1980~1990년대 음악 등 다양한· 장르의 밴드들이 공연을 하는 곳이다. 공연 외에도 다양한 파티, 모임들이 열린다. 빈터투어 관광청에서는 이곳이 스위스 뮤직 클럽의 태동이 된 곳이라고 소개할 정도로 유명하다. 자세한 정보는 홈페이지에서 확인해보자.

주소 Steinberggasse 16, 8400 Winterthur
위치 교회당 광장을 뒤로하고 Obere Kirchgasse에서 우측으로 조금 내려가면 위치
운영 월~수 15:00~24:00, 목 15:00~01:00, 금·토 15:00~파티가 끝날 때까지 **휴무** 일요일
전화 +41 (0)52 212 5996 **홈피** www.albani.ch

잘츠하우스 Salzhaus

영어로는 솔트하우스로, 소금 창고를 개조한 곳이다. 인디부터 록, 일렉트로닉 등 다양한 음악을 세계적인 스타와 스위스 로컬 스타들을 통해 즐길 수 있다. 바나 라운지, 클럽이 혼재하며, 빈터투어의 젊은 층에게 파티 장소나 공연 관람 장소로 인기가 높다. 1년 동안 유효한 콘서트, 파티 바우처도 판매하니 참고하자.

주소 Untere Vogelsangstrasse 6, 8401 Winterthur
위치 기차역에서 도보로 1분 소요
운영 목~토 저녁 시간 **휴무** 일~수요일
전화 +41 (0)52 204 0554 **홈피** www.salzhaus.ch

© Salzhaus

➕ 샤프하우젠 Schaffhausen

샤프하우젠은 스위스 북동부에 위치한 도시로, 같은 이름의 주(州) 샤프하우젠의 주도이다. 라인강의 무릎 지점에 자리한 이 도시는 중세 시대의 특징적인 건축과 분위기를 잘 보존하고 있는 동시에, 스위스 시계 산업의 중요한 거점으로도 알려져 있다. 1868년 설립된 IWC Schaffhausen을 비롯해 정밀 기계공업과 시계 제작 전통이 이어져 오며 '시간의 도시'라는 별칭도 얻었다. 171개의 퇴창과 거리 곳곳의 분수는 약 1,000년의 역사를 품고 있으며, 보도 전용 구역인 구시가지에서는 중세적 풍경과 현대적 장인정신을 함께 느끼며 산책할 수 있다. 주변에는 질 좋은 와인을 생산하는 와이너리도 많아 와인 투어를 즐기기에도 좋다.

샤프하우젠으로 이동하기
- 취리히에서 열차로 약 40분 소요
- 바젤에서 열차로 약 1시간 30분 소요
- 루체른에서 열차로 약 1시간 30분 소요
- 장크트 갈렌에서 열차로 1시간 30분 소요

★ 인포메이션 센터

주소 Vordergasse 73
8200 Schaffhausen
운영 월~금 10:00~17:00
휴무 일요일
전화 +41 (0)52 632 4020
홈피 www.schaffhauserland.ch

★★★ 무노트 Munot

GPS 47.696709, 8.639799

샤프하우젠의 랜드마크로 400년이 넘는 오랜 세월 동안 이 도시를 높은 곳에서 내려다보고 있다. 무노트 요새는 샤프하우젠 사람들이 자발적으로 16세기에 건축한 것으로 관광객뿐만 아니라, 이 지역 사람들에게 인기가 높다. 이곳에선 야외 영화상영 이벤트, 어린이 페스티벌, 댄스 이벤트 등 다양한 축제가 열린다. 또한, 무노트 관리인은 타워 내에서 거주하고 있으며, 그 유명한 무노트 종을 매일 저녁 9시에 직접 울린다.

주소 Munotstieg 17, 8200 Schaffhausen
위치 Schaffhausen역에서 도보로 약 12분 거리
운영 5~9월 08:00~20:00, 10~4월 09:00~17:00
요금 무료
홈피 www.munot.ch

Tip | 샤프하우젠에서 여유 있는 저녁 식사

라인 강을 바라보며 여유 있는 저녁 식사와 낭만을 즐겨보자. 샤프하우젠이야말로 여름철 저녁을 보내기에 그만이다. 강변에 자리한 레스토랑, 귀터호프Güterhof를 추천한다.

홈피 www.gueterhof.ch

★★☆ 하우스 춤 리터 Hause zum Ritter

하우스 춤 리터는 알프스 북쪽 지방에서 르네상스 양식 프레스코화 특징을 가장 잘 나타내고 있는 중요한 건물이다. 원형 그대로 잘 보존되고 있는 프레스코화는 1935년 토비아스 스티머 Tobias Stimmer 에 의해 복원되어 뮤지엄 추 알러헤일리겐 Museum zu Allerheiligen에 전시되었다. 이 건물은 보는 것만으로 중세시대로 시간여행을 떠난 듯한 기분을 전해준다.

주소 Vordergasse 65, 8200 Schaffhausen
위치 Schaffhausen역에서 도보로 약 6분 거리
요금 외부관람 무료, 내부관람 사전 예약제

★★☆ IWC 샤프하우젠 박물관 IWC Schaffhausen Museum

1868년 미국인 시계 제작자 Florentine Ariosto Jones가 설립한 IWC의 150년이 넘는 역사를 한눈에 볼 수 있는 공간이다. 초기 포켓워치부터 파일럿 워치, 포르투기저, 다 빈치 등 대표 컬렉션과 230여 점 이상의 역사적 타임피스가 전시되어 있다. 무료 오디오 가이드를 통해 정교한 무브먼트 구조 및 기술혁신 과정, 브랜드 철학과 제작 과정을 깊이 있게 이해할 수 있다. 시계 애호가뿐 아니라 공학·디자인에 관심 있는 여행자라면 방문해볼 만하다.

주소 Baumgartenstrasse 15, CH-8201 Schaffhausen
위치 샤프하우젠 기차역에서 도보 약 10분
운영 화~금 09:00~17:30, 토 09:00~15:30
휴무 일·월요일 및 일부 공휴일
요금 성인 CHF 6, 학생·시니어 CHF 3, 12세 이하 무료
전화 +41 (0)52 235 7565
홈피 www.iwc.com/ww-en/company/museum

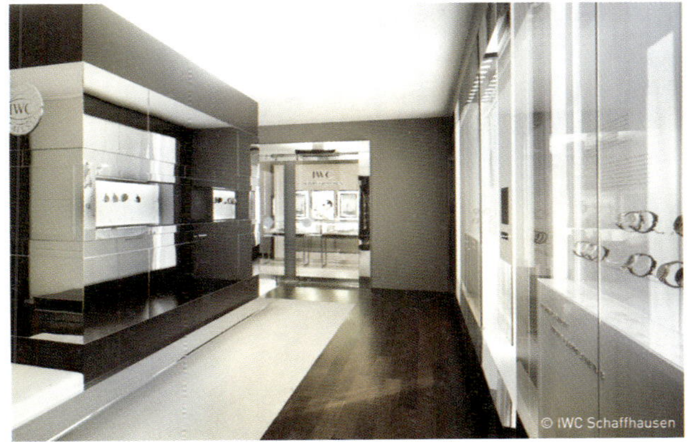

★★★
📷 라인 폭포 Rheinfall

샤프하우젠에 왔다면 라인 폭포는 꼭 보고 가야 한다. 라인 폭포는 유럽에서 가장 큰 규모로, 높이 약 24m, 폭 약 113m에 달한다. 규모 면에서 나이아가라 폭포와 비교하면 아담하게 느껴질 수 있다. 그러나 거대한 수량이 굉음을 내며 떨어지는 순간의 위력과 물보라는 충분히 압도적이다.

샤프하우젠 북쪽 노이하우젠Neuhausen의 뵈르트 성Schlössli Wörth과 남쪽 라우펜 성Schloss Laufen am Rheinfall 사이에 위치하며, 양쪽에서 모두 관람할 수 있다.

홈피 www.rheinfall.ch

▶▶ 노이하우젠 뵈르트 성

자연의 위력을 가장 가까이에서 체험하며 유람선을 타고 싶다면 노이하우젠 뵈르트 성 쪽으로 가자. 뵈르트 성은 현재 레스토랑으로 운영되고 있으며, 쏟아지는 물줄기를 바라보며 식사를 즐길 수 있는데, 1797년 괴테가 방문해 기록을 남긴 곳으로도 유명하다.

주소 Rheinfallquai 30, 8212 Neuhausen am Rheinfall
위치 ❶ 열차로Neuhausen an Rheinfall에서 하차 후 도보 3분
❷ 버스로 샤프하우젠 역에서 1, 7번 탑승 후 Neuhausen Zentrum에서 하차
운영 **레스토랑** 수~금 11:30~14:00/18:00~22:00, 토 11:30~22:00, 일 11:30~17:00
요금 무료(유람선 별도 요금)　　　**전화** +41 (0)52 544 1400
홈피 erlebnis-rheinfall.ch/en

Tip | 보트 투어

라인 폭포의 진면목은 물 위에서 더욱 실감난다. 뵈르트 성Schlössli Wörth 선착장에서 출발하는 유람선은 약 15~30분 코스로 운행하며, 폭포 가까이 접근하거나 중앙 암석 전망대에 내려 볼 수 있는 '록Rock 투어'도 인기다. 요금은 코스에 따라 약 CHF 8~20 내외(시즌 4~10월 운영). 물보라를 직접 맞으며 폭포의 위력을 체험할 수 있다.

▶▶ 라우펜 성

한눈에 담는 파노라마 풍경을 원한다면 라우펜 성Schloss Laufen 전망대를 추천한다. 라우펜 성 전망대는 입장료가 있는데, 폭포의 역사를 소개하는 히스토라마Historama, 전망대, 벨베데레 트레일Belvedere Trail을 갖추고 있어 전경을 한눈에 조망하기 좋다. 노약자와 함께하는 경우라면 라우펜 성 전망대 쪽 관람을 추천한다.

주소 Schloss Laufen am Rheinfall, CH-8447 Dachsen
위치 ❶ 열차로 Schloss Laufen am Rheinfall 에서 하차 후 도보 3분
❷ 버스로 샤프하우젠 역에서 634번 탑승 후 위 역에서 하차(약 25분 소요)
운영 전망대는 24시간 운영, 그 외 시설 및 셀프 서비스 레스토랑 아침부터 저녁까지 매일 운영하나 월별로 운영시간이 다름. 레스토랑은 점심부터 늦은 밤까지 운영 (단, 11~3월 월~화 미운영)
요금 전망대 및 리프트 포함 티켓 성인 CHF 5, 어린이(6~15세) CHF 3
전화 +41 (0)52 659 6767　　　**홈피** schlosslaufen.ch

✚ 슈타인 암 라인 Stein am Rhein

'슈타인 암 라인'이라는 이름은 '라인 강에 있는 돌'이란 뜻이다. 이곳에서 콘스탄스Constance 호수가 라인 강과 다시 만나게 되는데, 슈타인 암 라인 역에 내려 길을 따라 3분 정도 걸어 내려가면 라인 강에 놓인 라인 다리Rheinbrücke를 건너 구시가지로 들어갈 수 있다. 1분이면 건너갈 수 있는 다리지만 다리 하나 사이로 현대에서 중세시대로 여행을 떠날 수 있다. 이 중세도시 위에 있는 호엔클링엔Hohenklingen 성에는 꼭 올라가 보자. 남쪽으로 헤가우Hegau, 콘스탄스 호수, 라인 강이 한눈에 보인다.

★ **인포메이션 센터**

주소 Oberstadt 3, 8260 Stein am Rhein

위치 슈타인 암 라인 중앙역에서 도보 7분 거리, 구시가지 내

전화 +41 (0)52 632 4032

홈피 www.steinamrhein.ch

슈타인 암 라인으로 이동하기

1. 취리히 → 슈타인 암 라인
취리히에서 열차르 약 1시간 20분 소요

2. 장크트 갈렌 → 슈타인 암 라인
장크트 갈렌에서 약 1시간 30분 소요

동화 속 성을 모터브로 해서 만든 간판은 바로 인포메이션 센터를 위한 것! 간판조차 서정적이다.

★★★
라트하우스 광장 Rathausplatz

시청 광장이란 뜻의 라트하우스 플라츠에는 화려하게 채색된 두 채의 빌딩이 유명하다. 이 광장과 연결되는 좁다란 골목도 매우 인상적. 두 채의 가옥엔 각기 다른 시대로부터 현재까지 내려오는 퇴창과 외벽이 관광객의 마음을 사로잡는다. 16세기에 건축된 시청사는 백화점으로 이용되기도 했다. 현재 의회 홀은 박물관으로 이용되지만 예약에 의해서만 관람 가능하다는 것이 아쉽다.

위치 Stein am Rhein역에서 도보로 약 7분
전화 +41 (0)52 742 2020
홈피 www.steinamrhein.ch

★★☆
호엔클링엔 성 Burg Hohenklingen

1225년경 세워진 성으로 매력적인 작은 도시 슈타인 암 라인을 내려다보고 있다. 현재는 미식가들이 즐겨 찾는 훌륭한 레스토랑으로 각광을 받고 있다. 레스토랑 식사만으로도 좋지만, 성을 둘러보며 마을을 감상하는 것은 무료니 슈타인 암 라인을 제대로 보고 싶다면 꼭 찾아가보자.

주소 Burg Hohenklingen, 8260 Stein am Rhein
위치 Bahnhofstrasse에서 NFB 7349 버스 탑승, Untertor에서 하차. 도보 약 15분
운영 2~12월 수~일 10:00~23:00 (5~9월 화요일 10:00~17:00, 1월은 수요일 미운영)
전화 +41 (0)52 741 2137
홈피 www.burghohenklingen.com

★★☆
린트부름 박물관 Museum Lindwurm

여행을 하다 보면 '현지인들은 과거에 어떻게 살았을까'라는 궁금증에 빠져들 때가 있다. 19세기는 프랑스 혁명으로 인하여 정치와 경제가 새로운 시류를 타서 혼란하였고 기계의 발달로 산업이 급속도로 발전한 격변기였다. 린트부름 박물관에서는 이 시대의 가정 생활상 및 농부의 작업 모습 등을 그대로 옮겨 담아 스위스를 새롭게 볼 수 있도록 해준다.

주소 Understadt 18, 8260 Stein am Rhein
위치 기차역에서 도보로 10분
운영 3~10월 화~일 10:00~17:00 11~2월 토~일 10:00~17:00
요금 무료
전화 +41 (0)52 741 2512
홈피 www.museum-lindwurm.ch

★★☆

성 게오르겐 수도원 박물관 Klostermuseum St. Georgen

성 게오르겐 수도원은 콘스탄스 호수 서쪽 끝자락 라인 강둑에 자리한 까닭에 아름다운 경관을 자랑한다. 과거 베네딕트 수도원으로서 2012년 연방정부가 운영하는 박물관이 되었으며 이 박물관을 찾는 관람객들은 수도원의 구조와 각 방들의 역할에 대해 알 수 있다. 11세기에 건축된 수도원 건물은 역임했던 수도원장의 지휘 아래 14, 16세기에 증축되기도 했다.

르네상스 양식의 연회장(1515~1516)과 함께 수도원장 응접실, 식당, 예배실, 기숙사 등이 수도원 건물을 이루고 있다. 특히 연회장의 벽화는 초기 르네상스 양식으로 알프스 북쪽 지방 스위스의 문화적 경관을 독특하게 살리고 있다.

주소 Fischmarkt 3, 8260 Stein am Rhein
위치 구시가지 위치, 도보로 이동
운영 4~10월 화~일 12:00~17:00
요금 성인 CHF 7, 16서 이하 무료 ※ 스위스 뮤지엄 패스 유효
전화 +41 (0)52 741 2142
홈피 www.klostersanktgeorgen.ch

운터 호수와 라인 강 유람선 Untersee & Rhein Schifffahrt

운터 호수와 라인 강을 오가는 유람선들은 샤프하우젠과 콘스탄츠 Konstanz 사이를 4월부터 10월까지 운행한다. 슈타인 암 라인, 라이나우 섬 등과 같이 독특한 목적지를 여행할 수 있다는 것이 큰 장점이다. 스위스 동북부 지역의 특별한 전경을 유람선에서 바라보며 코끝에서 톡톡 터지는 화이트와인을 마시는 것도 여행의 묘미. 전 구간을 이용하는 것보다 관심 있는 지역을 선택하여 시간에 맞춰 임팩트 있게 유람하는 것을 권하고 싶다. 유람선에서 식사도 할 수 있으니 사전에 홈페이지를 통해 예약해 이용해보자. 스위스 패스 소지자 정기 유람선 무료.

주소 **샤프하우젠** Freier Pl. 8, 8200 Schaffhausen
슈타인 암 라인 Schiffländi 10, 8260 Stein am Rhein
크로이츠링엔 Kreuzlingen Hafen(see), Kreuzlingen
운영 4~10월 중순 운행
샤프하우젠-크로이츠링엔 약 4시간 45분 소요
샤프하우젠-슈타인 암 라인 약 2시간 소요
요금 **샤프하우젠-크로이츠링엔** (전 구간) 성인 CHF 49.5, 6세~16세 CHF 28.70
샤프하우젠-슈타인 암 라인 성인 CHF 30.2, 6세~16세 CHF 15.1
전 구간 이용 가능한 Day Pass 성인 CHF 49.5, 6~16세 CHF 31 (부모와 여행 시 최대 금액 CHF 10로 이용 가능)
※ 스위스 패스 소지자 정기 유람선 무료
전화 +41 (0)52 634 0888
홈피 www.urh.ch

© Rheinschifffahrt

✚ 장크트 갈렌 St. Gallen

장크트 갈렌은 지형적으로 보면 북으로 독일, 동으로 오스트리아와 인접해 있는 도시이다. 장크트 갈렌 주의 주도이자 중세시대에는 유럽 문화와 무역, 교육, 종교의 중심지이기도 했다. 오늘날 도보 전용도로로 이루어진 구시가지는 여행객들의 마음을 사로잡고 있으며, 종합 대학이 있어 도시 자체가 활기차다. 연극 및 클래식 공연 등 다양한 예술 행사가 도시 곳곳에서 열리며, 과거의 찬란함을 엿볼 수 있는 퇴창과 유네스코 세계문화유산으로 등재된 수도원 도서관은 널리 알려져 있다. 근거리에 있는 샌티스 Säntis 산과 에벤알프 Ebenalp 로 반나절 하이킹 여행을 떠나는 것도 좋다.

장크트 갈렌으로 이동하기

취리히 중앙역 Zurich HB 에서 열차로 약 1시간 10분 소요(직행열차 있음)

※ 볼알펜 특급열차: 장크트 갈렌-루체른을 잇는 알프스 초원과 호수 경관이 아름다운 열차

Tip | 장크트 갈렌 페스티벌 St. Gallen Festival

장크트 갈렌 페스티벌 기간(6월 말) 중 수도원 뜰은 거대한 무대로 변한다. 웅장한 바로크 수도원 건물을 배경으로 오페라 · 콘서트 · 발레 등이 상연되며, 페스티벌 기간 동안 이 도시를 방문하는 여행객들은 클래식 음악에 깊게 심취할 수도 있다.

© Toni Suter/T+T Photograpie

장크트 갈렌 수도원 지구

유럽에서 가장 중요한 영적, 지성의 중심지였던 장크트 갈렌 수도원 지구는 오늘날에 이르러서도 베네딕트 수도사들의 정신을 느껴볼 수 있다. 후기 바로크 양식으로 건축된 웅장한 대성당과 방대한 원서가 보관되어 있는 수도원 부속 도서관 지구는 **1983년 유네스코 세계문화유산으로 지정**되었다. 수도원 안뜰에서는 매년 장크트 갈렌 페스티벌이 열린다.

▶▶ 대성당 Kathedrale

1755~1767년까지 건축된 대성당 2개의 첨탑은 도시의 상징이 되고 있다. 대성당 내부는 '콘스탄스 호수 바로크 양식'으로 알려진 화려한 로코코와 고전주의 양식이 결합한 페인팅과 조각상이 인상적이다. 성당 내부 원형 홀에는 약 60명의 성인이 그림으로 묘사되어 있으며, 아름다운 성가대석과 오랜 전통의 오르간이 영적인 힘을 보태준다. 동편 지하실에는 수도원과 도시의 기원이 된 성인 갈루스의 무덤이 안치돼 있다.

주소 Klosterhof, 9001 St. Gallen
운영 월~수 06:00~18:30 (여름 시즌 19:00까지),
     목~토 07:00~18:30 (여름 시즌 19:00까지),
     일 07:30~20:30
     ※ 예배 시간 중에는 내부 방문이 제한될 수 있음
전화 +41 (0)71 227 3381
홈피 www.kathsg.ch

▶▶ 수도원 부속 도서관 Stiftsbibliothek

719년에 세워진 장크트 갈렌 수도원 도서관은 세상에서 가장 아름다운 도서관이란 평가를 받을 만큼 숭고한 아름다움이 감도는 곳이며 '영혼을 치료하는 약국'이라 불리기도 한다. 17,000여 권의 장서와 2,000여 점의 필사본들은 중세시대부터 유럽 문화와 역사의 발전을 보여준다. 오늘날 도서관 홀은 1758~1767년 사이에 재건되어 예술적인 완성도를 높였다. 세계에서 가장 오래된 건축도면이 이곳에 있다.

주소 Klosterhof 6d, 9004 St. Gallen
운영 연중 10:00~17:00(여름 시즌 18:00까지)
     휴무 특정 전시 및 이벤트(홈피 사전 참고)
요금 성인 CHF 18, 학생 CHF 12
     ※ 스위스 뮤지엄 패스 유효
전화 +41 (0)71 227 3416
홈피 www.stiftsbibliothek.ch

Tip | 성인 갈루스 St. Gallus

아일랜드의 수도사로 도시의 기원이 된 인물. 전설에 따르면 갈루스가 쉬고 있던 중 곰이 불쑥 나타났다. 갈루스는 곰을 근엄하게 꾸짖었는데, 그런 그에게 존경심을 품은 곰은 이후 주위를 맴돌았다. 이로 인해 도시의 상징이 되는 동물도 곰이 되었다고 전해진다.

성 라우렌첸 교회 St. Laurenzenkirche

스위스 연방 기념물로 지정되어 보호되고 있는 유서 깊은 개신교 교회다. 12세기 중반 건축되기 시작했으나 현존하는 교회는 15세기부터 내려오는 것으로, 1850~1854년 사이에 탈바꿈되었다. 이 교회는 거의 300년이 넘는 기간 동안 장크트 갈렌의 정치, 종교, 사회적인 중심지의 역할을 해왔으며, 교회의 이름은 로마의 순교자, 로렌스 Laurence(독일어: Laurenzen)에 기인한다. 교회 탑까지 올라가면 수도원의 두 탑과 도시 전경을 감상하기에 아주 환상적이다.

주소 Marktgasse 25, 9000 St. Gallen **위치** 대성당 인근, 중앙역에서 도보 9분
전화 +41 (0)79 222 6792 **홈피** www.ref-sgc.ch

퇴창 Erker

과거 장크트 갈렌 상인들의 재력의 증거이기도 한 퇴창은 구시가지 곳곳에 약 110개가 존재한다. 파인애플, 야자 열매 등 이국적인 과일과 코끼리, 원숭이 등 마치 인도를 연상시키는 듯한 형상의 조각으로 장식해 놓은 퇴창들을 보는 재미가 아주 쏠쏠하다. 과거 이곳에 살았던 부유한 계층은 이곳에서 차를 마시며 지나가는 사람들을 유유자적 구경했을 것이다.

위치 Spisergasse, Marktgasse, Kugelgasse, Schimiedgasse 등 구시가지 내

★★☆

슈타트 라운지 Stadtlounge

일명 '시티 라운지' 또는 '로터 플라츠Roter Platz'라 불리는 이곳은 스위스에서 가장 큰 야외 응접실로 유명하다. 빨간 카펫이 깔려 있는 듯한 바닥과 곳곳에 동일한 색깔로 만들어진 벤치에서 이 도시를 찾는 사람들이라면 누구나 편히 쉬었다 갈 수 있다. 건축가 카를로스 마르티네즈Carlos Martinez와 멀티미디어 예술가 피필로티 리스트Pipilotti Rist의 아이디어로 시작되었는데 지금은 도시의 명물이 되었다.

주소 Schreinerstrasse 6, 9001 St. Gallen
위치 중앙역에서 도보자 전용 거리를 향해 도보 6분
홈피 www.stadtlounge.ch

★★☆

텍스타일 박물관 Textilmuseum

오늘날 장크트 갈렌이 있기까지 많은 공헌을 한 산업이 텍스타일인 만큼 초기 역사부터 현재까지 흥망성쇠의 사이클을 알려주는 흥미로운 박물관이다. 희귀한 자수, 유럽 각 지역의 귀한 패브릭, 의상 및 패브릭을 짜던 기계 및 프린팅 기계들이 전시되어 있어 보는 재미도 있다. 하지만 외국어 설명이 다소 빈약한 것이 흠. 텍스타일에 관심이 많다면 지터베르크Sitterwerk도 관람해보면 좋다.

주소 Vadianstrasse 2, 9000 St. Gallen　　**위치** 중앙역에서 도보 5분
운영 10:00~17:00 **휴무** 12월 24·31일
요금 성인 CHF 12, 학생 CHF 5, 어린이 및 청소년(만 18세까지) 무료
　　　 ※ 스위스 패스 소지자 무료　　　**전화** +41 (0)71 228 0010
홈피 www.textilmuseum.ch, www.sitterwerk.ch

로즈 서점 Buchhandlung zur Rose

중세시대부터 교육의 메카이며 인구밀도 대비 서점이 가장 많은 도시 장크트 갈렌에서 제일 잘나가는 작은 독립서점. 로컬들의 만남의 장소이기도 한 곳으로 예술 분야와 어린이 도서를 개성 있게 큐레이팅해 놓은 곳이다. 언어를 모르더라도 서점의 분위기와 책 커버를 보는 것만으로도 마음이 풍요로워진다. 옛 와인 저장고였던 지하창고는 개조해 문인들을 초대해 토론하는 장소로 사용하기도 한다. 최근엔 카페와 스낵도 판매한다.

주소 Gallusstrasse 18, 9000 St. Gallen
위치 수도원 나와 인포메이션 센터 바로 앞
운영 화~금 10:00~18:00, 토 10:00~16:00 **휴무** 월·일요일(12월은 월요일 운영)
전화 +41 (0)71 230 0404
홈피 www.buchhandlungzurrose.ch

Writer's Pick

■ 춤 골데넨 셰플리 Zum Goldenen Schäfli

1484년 정육점 길드조합에 의해 만들어진 유서 깊은 빌딩. 1798년 부터 레스토랑으로 운영되어온 곳이라는 것은 설명하지 않아도 들어서는 순간 느낄 것이다. 세월이 켜켜이 느껴지는 아늑한 공간뿐 아니라, 소시지를 포함한 스위스 전통 음식들 하나하나 끝내주는 맛이다. 예산을 넉넉하게 잡아야 한다.

© Zum Goldenen Schäfli

주소 Metzgergasse 5, 9000 St. Gallen
위치 트램 및 버스 Markplatz에서 하차 후 도보 3분
운영 월~토 11:30~14:00/18:00~24:00 **휴무** 일요일
요금 메인 요리 CHF 41~60　　　　**전화** +41 (0)71 223 3737
홈피 www.zumgoldenenschaeflisg.ch

작가 추천 & AI 검증

1. 캐주얼 & 가성비 Casual & Budget

■ 메츠게라이 슈미트 Metzgerei Schmid │ 생갈렌 소시지 │
유명한 정육점이자 브라우스트 맛집인데, 생갈렌 기차역 1번 플랫폼에 그릴 스탠드 형태로 매장을 운영해 스탠딩으로 가볍게 즐길 수 있는 것이 특징.

■ 브라우스트 & 볼 Bratwurst & Bowls │ 생갈렌 소시지 │
겜펠리 정육점이 젊은 입맛에 맞춰 포케집으로 변신해서 아쉽지만, 그래도 예전처럼 맛있는 브라우스트를 판매하니 포케와 함께 도전!

2. 합리적인 로컬 Affordable Local

■ 포이그하우스 Restaurant Zeughaus
수도원 근처에 위치해 동선상 편리하고, 생갈렌 전통 소시지와 스위스 로컬푸드를 가장 정석으로 경험할 수 있는 레스토랑이다.

■ 비어트샤프트 추어 알텐 포스트 Wirtschaft zur alten Post
생갈렌 지역의 전통적인 분위기를 간직한 레스토랑으로, 구시가지에 위치해 접근성이 좋고 가격이 합리적이다.

3. 미식 & 고품격 다이닝 High-end Luxury

■ 아인슈타인 구르메 Restaurant Einstein Gourmet
호텔 아인슈타인 안에 위치한 미슐랭 레스토랑으로 창의적인 유럽 파인 다이닝 요리를 제공한다.

■ 네츠 슈첸가르텐 Netts Schützengarten
분위기, 현대적인 스위스 음식 등으로 정평이 난, 현지인들도 기념일에 가는 럭셔리 맛집이다.

Tip │ 장크트 갈렌의 화이트 소시지

장크트 갈렌에 왔다면 절대 빼놓으면 안 되는 것이 소시지 먹방이다. 장크트 갈렌의 전통 소시지는 흰색으로 스위스 전역에서 가장 맛있는 소시지로 정평이 나 있다. 현지인들의 먹방 팁은 머스터드 없이 빵과 소시지만 먹는 것이다.

✚ 아펜첼 Appenzell

아펜첼은 스위스 반주(半州)의 하나인 아펜첼 이너로덴 Appenzell Innerrhoden 주의 주도로 인구 5,600명 정도가 거주하는 작은 도시이다. 하지만 이 작은 도시의 존재감은 엄청나다. 아직도 이어져오는 직접 민주주의, 옛 건축양식과 전통문화가 잘 보존되어온 덕에 마을 전체가 마치 영화 세트장 같다. 아펜첼은 특히 전 세계적으로 아펜첼 치즈가 유명한데, 다른 지역보다 치즈의 향과 맛이 좀 강한 편이다. 아펜첼 맥주도 유명하다. 1시간이면 한 바퀴를 돌고도 남을 작은 마을이라 길을 잃을 염려는 없지만, 맛 좋은 맥주와 개성 넘치는 전통 기념품 가게에 시간을 뺏길 수 있으니 주의하자. 전통 행사 기간에 아펜첼을 찾게 되면 '할머니가 숨겨 놓은 보물' 같은 느낌이 들 것이다.

아펜첼로 이동하기
- 장크트 갈렌에서 열차로 약 50분 소요
- 취리히 중앙역에서 열차로 약 2시간 소요

아펜첼 중심가

Tip | 아펜첼 타핀 Tafeen

'타핀'이라 알려진 독특한 사인을 아펜첼 중심가에서 볼 수 있다. 호텔, 여관, 레스토랑, 상점 외부에 걸어놓은 일종의 간판이라 볼 수 있는데 다른 지역보다 훨씬 정교해 시각적인 즐거움을 선사한다.

© Appenzellerland Tourismus Al

호프트가세 Hauptgasse

스위스 대도시나 유명 도시들처럼 역사적, 지리적으로 중요한 유적들이 있는 것은 아니지만 화려한 색감으로 채색된 전통 건물을 만날 수 있는 인상적인 중심가이다. 시청, 관광 센터, 뢰벤 약국 등 주요 건물들이 좁다란 길을 사이에 두고 나란히 줄지어 있다. 꽃과 열매 등 자연에서 모티브를 얻은 문양 또는 역사적 순간을 그려 넣은 아펜첼 고유 건물들을 보기 위해 많은 관광객이 이곳을 찾아온다.

위치 아펜첼 역 앞 Poststrasse를 따라 3분 정도 걸어가면 맞닿아 있다.

▶▶ 성 마우리티우스 성당
Katholishe Kirche St. Mauritius

수호성인 마우리티우스에 헌신하기 위해 지어졌다. 성당의 탑과 성가대석은 후기 고딕 양식을 따랐으며 신도석은 매우 고전적이다. 성당 주변에는 아름답게 장식된 공동묘지가 있다.

▶▶ 시청사 Rathaus

강렬한 붉은 색채를 띤 다채로운 색감의 건물로 방문객들의 눈길을 사로잡는다. 시청사 건물은 1928년 아우구스트 슈미트 August Schmid 가 채색했다고 전해진다.

▶▶ 뢰벤 약국
Löwen-Drogerie

건축물의 보석이라 불릴 정도로 건물 외관이 아름답게 채색된 뢰벤 약국은 약용 허브가 그려져 있으며, 둥근 아치 패널이 덧문을 감싸고 있는 것이 인상적이다.

란츠게마인데 광장
Landsgemeindeplatz

'유서 깊은 마을의 광장'이란 뜻으로 바로 이곳에서 아펜첼 이너로덴 주의 주요 사안을 정하는 직접 민주주의 행사, 란츠게마인데가 열린다. 직접 민주주의가 현재까지도 실현되는 주요한 장소로 거수로써 의사를 표시한다. 매년 4월 말 일요일에 행해지며(글라루스 Glalus 주에서도 볼 수 있음) 이 광장 주변으로 레스토랑과 호텔이 둘러싸고 있다.

위치 Hauptgasse와 Marktgasse가 만나는 지점에서 왼쪽 방향, 중앙역에서 도보 5분 거리

아펜첼러 맥주 공장 견학
Brauquöll Visitor Centre

물 좋은 미식의 고장 아펜첼러는 맥주로 유명하다. 1886년부터 5대째 로허 Locher 가족이 맥주 공장을 운영하며, 40여 종의 맥주를 생산해오고 있다. 이곳 투어 센터에서는 맥주 제조 과정을 볼 수 있으며, 다양한 맥주 시음 외, 발사믹 식초와 진저비어도 구매할 수 있다. 아펜첼 인근 센티스에서 몰트 위스키도 생산 중이다.

주소 Brauerei Locher AG Brauquöll Visitor Centre, Brauereiplatz 1, 9050 Appenzell
운영 월 10:00~18:30, 화~금 09:00~18:30, 토 09:00~17:00, 일 10:00~17:00
요금 CHF 14 (테이스팅 및 투어 시간: 목 10:15, 4~10월, 수 17:00 추가 운영), 이 외 Bar에서도 유료 테이스팅 가능
전화 +41 (0)71 788 0140
홈피 www.appenzellerbier.ch

아펜첼 박물관 Museum Appenzell

아펜첼 이너로덴 주의 문화와 역사를 중점으로 알려주는 박물관으로 시청사 바로 옆에 위치한다. 수공예품, 아름다운 자수, 전통복장, 민속신앙, 관습, 토속미술, 가구 페인팅과 관련된 전시물을 관람할 수 있으며, 각종 시청각 자료를 이용하여 어린이들의 이해를 돕는다.

주소 Hauptgasse 4, 9050 Appenzell
위치 인포메이션 센터와 함께 있음
운영 **4~10월** 월~금 10:00~12:00, 13:30~17:00, 토·일 11:00~17:00, **11~3월** 화~일 14:00~17:00 **휴무** 1월 1일, 12월 25일
요금 성인 CHF 9, 학생 CHF 4 ※ 스위스 뮤지엄 패스 유효
전화 +41 (0)71 788 9631
홈피 www.museum.ai.ch

Tip | 아펜첼 지방의 전통복장

스위스는 각 주마다 전통복장 양식이 조금씩 다른데 아펜첼 지역은 자수와 금속장식을 많이 이용하는 것이 특징. 남자 의복은 하얀 셔츠에 빨간 조끼를 입고 짙은 하의를 입는데 어린이들은 노란색 반바지를 즐겨 착용한다. 특이한 점은 한쪽 귀에 작은 국자 모양의 금빛 귀걸이를 한다는 점인데 자세히 들여다보면 뱀 모양이 양각되어 있다.

여자 의복은 하얀색 블라우스에 감색이나 짙은 초록 등의 주름치마를 입고 화려하게 수놓은 앞치마를 한다. 이때 머리를 양쪽으로 땋은 뒤 중심에서 한데 모아 묶는다.

소 품평회 Viehschau

주 차원의 소시장으로 아펜첼 맥주 공장 바로 앞, 맥주 양조장 광장 Brauereiplatz에서 열린다. 광장을 줄로 구획을 나누어 소를 일렬로 서게 한다. 이때 농부들과 방목업자들은 모두 전통복장을 갖춰 입는다. 행사장에 입장할 때 소 머리에 소나무 가지, 종이로 만든 색색의 꽃과 리본으로 장식하고 온갖 도구로 환영의 표시를 한다. 경험 많은 농부들이 소를 심사하여 상을 준다. 이 전통 이벤트를 보기 위해 각 지역에서 사람들이 몰려오며 떠들썩한 잔치가 벌어진다.

주소 Brauereiplatz, 9050 Appenzell
위치 성 마우리티우스 성당에서 도보 3분. 로허Locher 맥주 제조회사 광장
운영 매년 9월 중순~10월 중순
※ 아펜첼 아우서로덴 반주의 Herisau, Trogen 등 여러 마을에서 9월 중순 이후부터 소 품평회가 시작된다. 아펜첼 관광청 홈피 참조

> **Tip | 아펜첼의 희한한 흡연 풍습**
>
> 소 품평회가 있는 10월 초, 아펜첼의 남자아이들은 전통복장을 곱게 차려 입고 마치 자랑이라도 하는 듯 담배를 피운다. 10살 남짓한 아이도 말이다. 아펜첼에서는 소 품평회가 있는 날에 이례적으로 어린 남자아이들에게도 흡연을 허락한다.

아펜첼의 별미

'아펜첼에 가면 살이 쪄서 온다'라는 말이 있을 정도로 이 지역의 식문화는 매우 발달되어 있다. 공기 좋은 아펜첼에서 전식부터 후식까지 음식을 탐닉하다 보면 저절로 살이 찔 것 같다.

▶▶ 아펜첼 치즈 Appenzeller Cheese

약간 단단한 세미−하드 치즈. 허브 소금물을 문질러 숙성시켜 풍부한 향과 맛이 특징이다. 숙성 기간, 지방 함유량, 유기농 우유를 사용했는지에 따라 치즈 종류가 달라진다.

▶▶ 비버 Biber

꿀을 넣은 밀가루 반죽과 아몬드 페이스트로 만든 생강빵. 하트, 동그라미 등 다양한 모양과 크기로 만들어진다. 배고플 때 먹거나 식후에 먹어도 그만.

▶▶ 모스트브뢰클리 Mostbröckli

소의 엄선된 둔부살로 만든다. 양념을 하고 살짝 훈제한 다음 빵과 와인을 곁들여 먹는다.

▶▶ 아펜첼 맥주 Appenzeller Bier

로허Locher 가(家)가 운영하는 브라우에라이 로허 Brauerei Locher에서 만들어지며 벌써 5대째 내려온다. 비법에 따라 여전히 수제로 만들어지는 전통 맥주다. 특히 보름달Vollmond 맥주가 끝내준다.

Writer's Pick

■ 존네 아펜첼 Sonne Appenzell

노력하지 않아도 우연히 여러 번 찾아 갔을 정도로 위치가 여행자의 동선에 위치한다. 그만큼 전형적인 관광객 대상, 아펜첼 요리와 맥주를 제공하는 레스토랑. 많은 사람들이 찾는 덕에 서비스나 가격 등에 대한 여러 의견이 있지만, 날 좋은 날 갈 때마다 야외에서 맥주 한 잔 즐기기 최고였던 곳. 아펜첼 근처에서 하이킹을 하고 돌아와서 칼로리 높은 음식으로 허기진 배를 달래주기 충분하다.

주소	Landsgemeindepl. 1, 9050 Appenzell
위치	란트스게마인데 광장 위치
운영	화~목·일 10:00~19:00, 금~토 10:00~21:00
요금	대략 1인 평균 CHF 30~40
전화	+41 (0)71 787 1122
홈피	www.sonneappenzell.ch

작가 추천 & AI 검증

하이킹 후 맥주 한 잔 하기 좋은 레스토랑

■ 가스 17 Gass 17

아펜첼 중심가 인기 레스토랑이며 펍 스타일이다. 로컬 요리와 함께 다양한 맥주를 즐기기 좋은 것이 특징.

■ 크트플라츠 아펜첼 Marktplatz Appenzell

구시가지 중심에 위치해 전통·모던 메뉴를 세련되게 제공한다. 맥주와 어울리는 스위스식 플래터, 소시지, 뢰스티 등 다양한 조합이 있다.

■ 앙커 Restaurant Anker

아펜첼 주민이 추천하는 스위스 전통음식 레스토랑. 하이킹 후 저녁 맥주·식사 조합이 인기다.

Tip │ 알프슈타인 산군 하이킹 거점 잡기

스위스 동부 알프슈타인 Alpstein 산군에 위치한 에벤알프 Ebenalp, 작서뤼케 Saxer Lücke 가 SNS에서 뜨는 하이킹 명소로 지속적으로 각광을 받고 있다. 이들 산들을 대중교통으로 가기 위해서는 거점이 중요한데, 에벤알프는 아펜첼을 꼭 거쳐야 하기 때문에, 하이킹 거점으로 삼기 좋다. 아펜첼에서 열차나 버스로 바서라우엔 Wasserauen 까지 약 10분, 거기서 에벤알프 케이블카를 탑승하면 정상역에 6분이면 닿는다. 작서뤼케 하이킹을 하려면, 아펜첼보다는 생갈렌이 낫다. 생갈렌에서도 열차로는 빙둘러서 프륌젠 Frümsen 으로 가야한다. 여기서 Staubern cable car 를 탄다.

BASEL 바젤과 주변 지역
Basler
Weihnacht

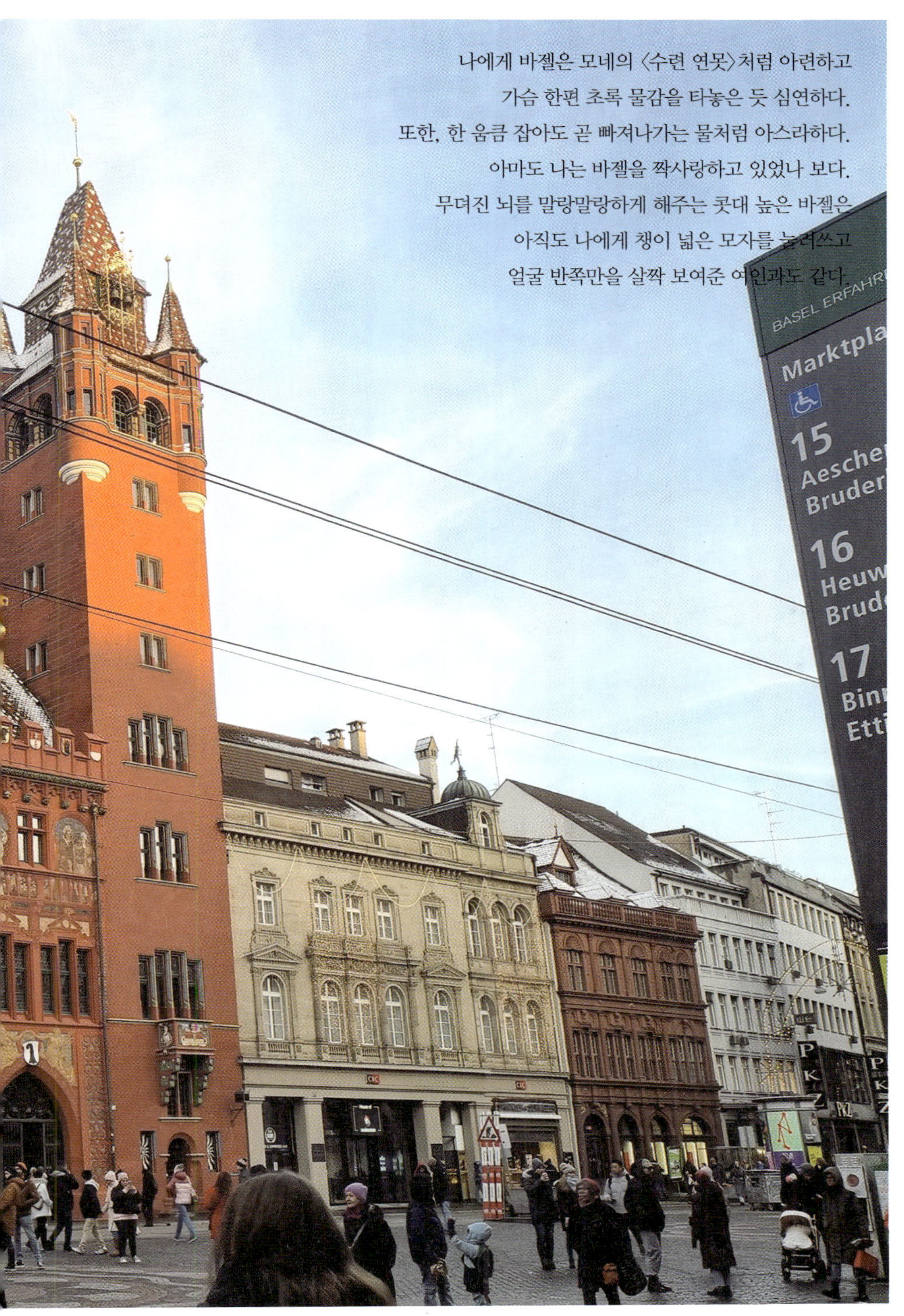

나에게 바젤은 모네의 〈수련 연못〉처럼 아련하고
가슴 한편 초록 물감을 타놓은 듯 심연하다.
또한, 한 움큼 잡아도 곧 빠져나가는 물처럼 아스라하다.
아마도 나는 바젤을 짝사랑하고 있었나 보다.
무뎌진 뇌를 말랑말랑하게 해주는 콧대 높은 바젤은
아직도 나에게 챙이 넓은 모자를 눌러쓰고
얼굴 반쪽만을 살짝 보여준 여인과도 같다.

포켓 사이즈 대도시 **바젤**
BASEL

Jay Advice 미술도감에서만 보았던 유명 화가들의 작품을 박물관에서 마음껏 보고 시원한 맥주를 마시는 것도 좋다. 고흐와 세잔과 같은 인상파 거장의 작품에 푹 빠져 정신이 몽롱해질 즈음 우엘리 비어(Ueli Bier)에서 향기 짙은 호프에 빠져보자. 우엘리 비어 사이트(www.uelibier.ch) 참조.

Janice Advice 바젤은 뚜벅이 여행이 최고. 바젤 관광청에서 홍보하고 있는 5개의 유명인 워킹 투어 코스도 좋지만 대바젤(Grossbasel)에서 시작하여 구시가지 명소를 둘러보고 라인 강가에서 그린 시티를 만끽한 다음 소바젤(Kleinbasel)을 둘러보고 다시 대바젤로 넘어오는 코스를 권하고 싶다.

바젤을 흔히 '두 얼굴의 도시'라 부르는 이유는 명확하다. 헤르조그 & 드 뫼롱, 마리오 보타, 디너 & 디너 등 현대 건축 거장들의 날카로운 미감과 중세부터 이어진 고풍스러운 교회와 다리가 묘한 긴장감 속에 절묘한 조화를 이루기 때문이다.

여기서 끝이 아니다. 바젤은 '박물관의 종합선물세트'라는 별칭에 걸맞게 현대미술부터 종이, 만화, 인형에 이르기까지 방대한 테마의 전시를 선보이며 여행자의 지적 허기를 채워준다. 캔버스와 콘크리트가 주는 황홀한 호사를 만끽했다면, 이제 라인 강변의 식물원과 공원으로 발길을 옮겨 보자. 취리히나 베른에서 반나절이면 닿는 이곳에서 느긋한 산책을 곁들일 때, 비로소 바젤 여행은 완벽한 쉼표를 찍게 된다.

여행정보

- **도시명** 바젤
- **주** 바젤-슈타트
- **인구** 약 182,000명
- **주요 언어** 독일거
- **고도** 260m
- **키워드** 스위스에서 세 번째로 큰 도시, 박물관, 가장 오래된 대학, 경제, 아트, 라인 강, 3개국 접경지, 생명과학의 허트

추천 여행 일정

1 | Only 바젤 바젤 구시가지 도보 여행 + 박물관 및 갤러리 투어

2 | 바젤과 주변 지역 바젤 + 아라우 + 라인펠덴

3 | 유럽 3개국 투어 바젤(스위스) + 콜마르(프랑스) + 프라이부르크(독일)

인포메이션 센터

바젤 관광청 슈타트 카지노 인포메이션 센터

주소 Barfüsserplatz
위치 바젤 시청 근처 인형박물관 길 건너편에 위치
운영 월~금 09:00~18:30, 토 09:00~17:00, 일·공휴일 10:00~15:00
전화 +41 (0)61 268 6868

✚ 바젤 들어가기 & 나오기

바젤은 지리적으로 유럽의 중심이자, 스위스 최단 북서쪽에 위치해 프랑스, 독일과 국경을 맞대고 있다. 스위스 쥬라 산맥, 독일의 흑림, 프랑스의 보주Vosges 산맥 사이 전원적인 분위기를 오롯이 간직한 지역이기도 하다. 위치상 바젤은 교통 허브 지역으로, 도시 중심부 세 곳의 기차역이 유럽 전역으로 최상의 교통편을 제공하고 있다.

1. 항공으로 이동하기

미니 사이즈 국제도시 바젤은 국제공항 유로에어포트Euro Airport가 있다. 30여 국 100여 곳의 취항지 운항하며 특히 여름 휴가철엔 이비자, 발렌시아, 바스티아 등 인가 휴양지까지 한시적으로 운항하기도 한다. 유로에어포트 바젤, 뮐루즈Mulhouse, 프라이부르크Freiburg는 프랑스와 스위스가 공동으로 운영한다.

※ 바젤 중심가에서 15분 거리(7분마다 버스 운행)

홈피 **유로에어포트** www.euroairport.com

★ 유럽 주요 도시 → 유로에어포트 비행시간
- **런던** 1시간 40분
- **암스테르담** 1시간 35분
- **바르셀로나** 1시간 50분
- **뮌헨** 1시간

※ 시즌에 따라 팔마 데 마요르카, 니스, 안탈리아 등의 휴양지로 취항하기도 한다.

2. 차량으로 이동하기

바젤은 유럽의 주요 고속도로에 인접하여 어느 방면에서 진입하더라도 손쉽게 이동할 수 있다. 만약 스위스 고속도로망을 이용하려 한다면 비네트Vignette를 구입해 차량에 부착한 뒤 운전해야만 한다(바젤 관광청에서도 판매). 바젤 내에는 도시 중심가 및 상트 야콥—파크St. Jakob-Park 경기장에 4,000대를 주차할 수 있는 공간이 있으며, 호텔도 주차 시설이 잘 마련되어 있다.

★ 주요 도시 → 바젤 차량 이동시간
- **취리히** 약 1시간 5분
- **제네바** 약 2시간 50분
- **베른** 약 1시간 10분
- **파리** 약 5시간 35분

3. 열차로 이동하기

바젤의 세 기차역에서는 스위스 국내 및 유럽 국가로 향하는 열차가 매일 수시로 운행된다. 프랑스에서 출발하는 열차는 **바젤 SBB 기차역** Basel Bahnhof SBB과 같은 건물인 **바젤 프랑스 철도청 기차역** Basel SNCF에 도착하게 되며, 독일에서 출발하는 열차는 스위스 철도역이나 무역 센터 인근의, 독일 철도 DB가 운영하는 **바젤 바디쉐 반호프** Basel Badischer Bahnhof(Basel Bad Bf)에 도착하게 된다.

★ 주요 기차역

Basel SBB 기차역
주소 Centralbahnstrasse 22, 4051 Basel **홈피** www.sbb.ch

Basel SNCF 기차역
주소 Centralbahnstrasse 6, 4051 Basel
위치 바젤 SBB 역내. 플랫폼 30~35번 이용 **전화** +41 (0)51 229 3155

Basel Badischer Bahnhof 기차역
주소 Schwarzwaldallee 200, 4016 Basel
위치 바젤 SBB 중앙역에서 트램 1, 2, 6번 약 10분 소요, 버스 30번
약 15분 소요, 통근 열차 또는 ICE Berlin Ostbahnhof행 탑승(1개 정거장)
전화 +41 (0)61 690 1215

★ 주요 도시 → 바젤 열차 이동시간

- **제네바** 약 3시간
- **베른** 약 1시간
- **프랑크푸르트** 약 3시간
- **파리** 약 3시간
- **취리히** 약 1시간
- **뮌헨** 약 5시간 30분
- **빈** 약 9시간
- **로마** 약 8시간

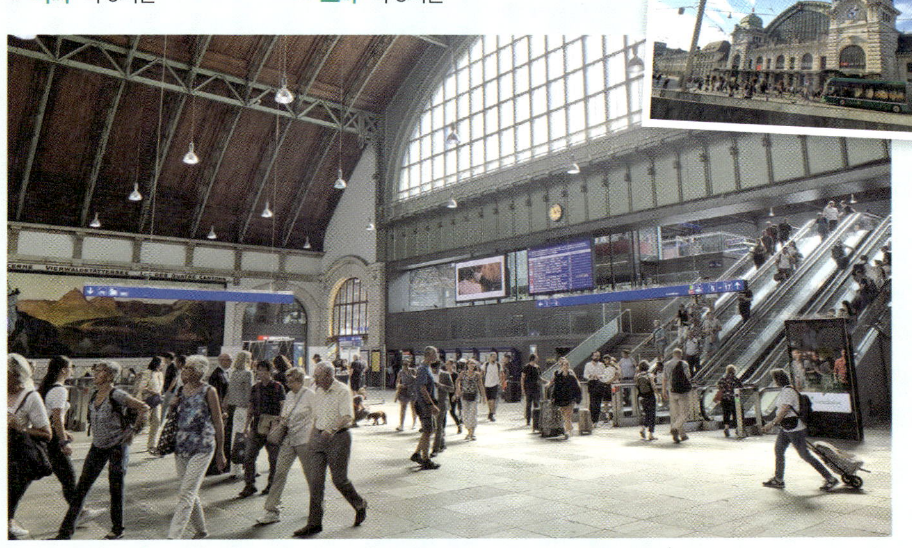

✚ 바젤 시내에서 이동하기

1. 대중교통 이용하기

바젤은 '트램Tram의 도시'라고 불릴 정도로 대중교통 시스템이 촘촘하고 효율적으로 설계되어 있다. 스위스 특유의 정확함은 물론이고, 국경을 넘나드는 독특한 노선까지 갖추고 있어 여행자에게 매우 편리하다. 바젤 시내 대중교통의 핵심 포인트 5가지만 알면 매우 쉽게 여행할 수 있다.

★ 도시의 혈관, 트램Tram과 버스

바젤 시내 교통의 주축은 트램이다. 크게 두 가지 색깔로 구분된다.

녹색 트램BVB

바젤 시내Basel-Stadt를 주로 운행한다. 여행자가 가장 많이 이용하게 될 노선.

노란색 트램BLT

바젤 외곽Basel-Landschaft 지역과 시내를 연결한다.

- **특징** 배차 간격이 매우 짧고(보통 7~10분), 정시성이 뛰어나다. 거의 모든 관광지가 트램 정류장과 도보 5분 거리에 있다.

★ 여행자의 필수품 '바젤 카드BaselCard'

바젤 숙박객에게 주어지는 최고의 혜택. 바젤 시내의 호텔, 호스텔, 에어비앤비 등에서 1박 이상 투숙 시 무료로 제공된다(체크인 시 모바일 또는 실물로 수령).

- **혜택** 투숙 기간 동안 바젤 시내(Zone 10, 11, 13, 15) 내 트램과 버스 무제한 무료 탑승
- **공항 이동** 호텔 예약 확인서(바우처)만 있으면 공항에서 시내로 들어오는 첫 이동(버스 50번)도 무료로 이용 가능

★ 스위스, 프랑스, 독일 국경을 넘는 트램

바젤의 독특한 지리적 특성 덕분에 트램을 타고 옆 나라로 '마실'을 다녀올 수 있다. 여권 지참을 권장하지만, 검사는 거의 없는 편이다.

트램 8번

라인 강을 건너 독일 바일 암 라인Weil am Rhein까지 운행(쇼핑몰 방문객이 많이 이용).

트램 3번

프랑스 생루이Saint-Louis까지 연결된다.

> **Tip | 바젤 카드의 또 다른 혜택**
>
> 50% 할인 혜택 가능
> - 바젤 내 유수의 박물관
> - 바젤 동물원
> - 바젤 투어 버스
> - 바젤 구시가지 가이드투어
> - 바젤 선박회사 정기 유람선 등
> - 라이골드스빌 – 바써팔렌 케이블카

	트라이레기오 미니Ticket TriRegio Mini	트라이레기오
사용자 추천	근거리 관광객	장거리 관광객
데이 티켓 TNW ZONE 10,11,13,14,15	바젤 시내와 바로 인접한 국경 도시 (독일 바일 암 라인, 프랑스 생루이 등)	프랑스 뮐루즈, 독일 프라이부르크
가격	약 CHF 11.2	약 CHF 23.4

만약 바젤 인근 프랑스, 독일 지역을 여행할 계획이라면 트라이레기오 티켓을 구입해도 좋으며 미니 버전과 일반 버전이 있으니 용도에 맞게 구입하면 된다. (자세한 내용: www.tnw.ch)
바젤 카드 소지자가 만약 혼자서 잠깐 국경 지역에 쇼핑만 다녀올 거라면 일반 편도 티켓(차액분)을 끊는 것이 합리적인 선택이다. 트라이레기오 티켓은 SB3 Mobile 앱, 트램 정류장 티켓 머신, 바젤 SBB 역에서 구입할 수 있다.

✚ 바젤 구시가지 워킹 투어 Walking Tours

바젤 시내에는 바젤에 거주했던 유명인의 이름을 딴 5개의 안내판이 있다. 이 안내판을 따라 바젤 구시가지를 거닐다보면 명소에 대해 알아갈 수 있다. 어떤 길이든 구시가지를 제대로 느낄 수 있으니 꼭 루트를 따라 그대로 걸어야 한다는 부담은 갖지 말자. 여행은 우연과 찰나의 만남에서 오는 매력이 있지 않은가. 이 도보 여행과 관련한 자세한 지도는 마르크트 광장 근처나 바젤 중앙역SBB에 있는 관광 안내소Tourist Information에서 구할 수 있으며, 앱 활용iTour Basel을 하여 자세한 설명을 들으며 걸을 수도 있다.

5가지 워킹 투어	이름 및 특징	소요시간	루트	비고
	추천 ■ 에라스무스(Erasmus) ■ 역사적 중심지 탐방	30분	뮌스터 광장 → 마크트 광장	휠체어, 유모차 용이
	■ **파라셀수스** (Paracelsus) ■ 중세적 분위기	1시간	팔크너 거리 → 비르직 강 → 성 레온하르트, 론호프 교회 → 마크트 광장	계단으로 이뤄져 있고, 다소 가파른 구간이 있음
	■ **야콥 부르크하르트** (Jacob Burckhardt) ■ 과거와 현대의 조화	45분	마크트 광장 → 프라이 거리 → 바르퓌저 교회 → 엘리자베텐 교회 → 쿤스트할레의 레스토랑 → 바르퓌저 광장 → 마크트 광장	휠체어, 유모차 가능
	■ **토마스 플라터** (Tomas Platter) ■ 과거 바젤 장인들의 거주지 및 대학가	45분	슈타이더가세 → 슈팔렌베르크 → 페터스그라벤 → 슈팔렌포어슈타트 → 슈팔렌토 → 바젤 대학 → 페터 광장	휠체어, 유모차 가능
	추천 ■ **한스 홀바인** (Hans Holbein) ■ 라인 강의 정취	1시간 30분	구시가지 → 상트 알반–포어슈타트 → 현대 미술관 → 카툰 박물관 → 상트 알반 교회 → 대바젤 → (페리) → 소바젤 → 미틀레레 다리 → 마크트 광장	휠체어, 유모차 가능

* km 표시는 바젤 중앙역 기준

Johanniterbrücke

란트슈텔레
Landestelle

미그로 슈퍼마켓 S
Migros

리들 슈퍼마켓
Lidl Schweiz

바젤 대학병원
Universitätsspital Basel

마노르 백화점
S Manor Basel

Klingelbergstrasse

Claragraben

주차 빌딩
Parkhaus City

레스토랑 크라프트
R

그랜드 호텔 레 트루아 루아 H
Grand Hotel Les Trois Rois

호텔 크라프트 바젤
H Hotel Krafft Basel

바젤 대학교
Universität Basel

Mittlerebrücke

구시가지 소바젤

레스토랑 피셔슈투베
R Restaurant Fischerstube

Petersplatz

글로부스 백화점
S Globus Basel Warenhaus

마크트 광장
Marktplatz

시청사
Rathaus

라인 강
Rhein River

슈팔렌토
Spalentor

클라인바젤 S
Kleinbasel

유대인 박물관
Jüdisches Museum der Schweiz

요한 바너 크리스마스 하우스
Johann Wanner Christmas House

뢰벤초른 R
Löwenzorn

뮌스터 광장
Münsterplatz

바젤 대성당
Basler Münster

Wettsteinbrücke

구시가지 대바젤

바젤 렉컬리 후스
S Basler Läckerli Huus

Schutzenmattstrasse

Eulerstrasse

Steinengraben

역사 박물관
Historiches Museum Basel(HMB)

카툰 박물
Cartoonmuseum Ba

Austrasse

인포메이션 센터 i

장난감 박물관
Spielzeug Welten Museum Basel

팅겔리 분수
Tinguely Brunnen

쿤스트뮤지엄 바젤
Kunstmuseum Bas

N

나마멘
R Namamen

미스터 픽윅 펍
Mr. Pickwick Pub

인포메이션 센터 i

Heuwaage Viadukt

Elisabethenstrasse

공원
De-Wette Park

Birsigviadukt

동물원
Zoo Basel

슈바이처호프
Schweizerhof

H

프랑스 국철 바젤 역
Basel SNCF

쿱 S
Coop Supermarkt

바젤 렉컬리 후스 S
인포메이션 센터 i

호텔 이비스 바젤 반호프 H
Hotel Ibis Basel Bahnhof

하이브 호스텔 H
Hyve Hostel Basel(300m)

바젤 SBB 기차역
Basel SBB Bahnhof

비트라 디자인 뮤지엄
Vitra Design Museum
(10.4km)
바 루즈
Bar Rouge
Messeplatz
바이엘러 재단
Fondation Beyeler
(8.7km)
메세 지구
Muster Messe
바젤 월드
Baselworld
라라 지구
Clara
Basler Badischer
Bahnhof
바젤
N
로젠탈 지구
Rosental
Wettsteinallee
베트슈타인 지구
Wettstein
Grenzacherstrasse
팅겔리 미술관
Museum Tinguely
공원
Solitude
Alemannengasse
Schaffhauserrheinweg
Schwarzwaldbrücke
라인 강
Rhein River
쿱
Coop Supermarkt
가스트호프 춤 골데넨 슈테르넨
Gasthof zum Goldenen Sternen
종이 박물관
Basler Papiermühle
St. Alban-Vorstadt
바젤 유스호스텔
Basel Youth Hostel
Zürcherstrasse
성 알반 탑
St. Alban Tor
St. Alban-Anlage
Lange G.
Kapellenstrasse
Hardstrasse
Hirzbodenweg
St. Alban-Ring
Emanuel Buchel-Strasse
St. Jakobs-Strasse
Sevogelstrasse
Engelgasse
공원
Christoph-Merian-Park
아쿠아바질레아
Aquabasilea
(9.2km)

★★☆

마크트 광장 Marktplatz

시장 광장이란 뜻의 마크트 광장은 다채로운 색감의 시청사로 인해 눈길을 단번에 사로잡을 뿐만 아니라 바젤 시민들의 생생한 생활을 느껴볼 수 있는 공간이다. 일요일을 제외하고 매일 바젤 근방에서 재배한 신선한 농산물과 유제품 및 특산품 등을 판매하고 있어 쇼핑을 하기도 그만. 크리스마스 시즌에는 크리스마스 마켓이 크게 열려 스위스 전역 및 외국에서도 많은 관광객들이 찾는 명소로 탈바꿈한다.

Tip | 알면 보여요~ 대바젤 VS 소바젤

바젤은 크게 시청사, 대성당이 위치한 대바젤Grossbasel과 라인 강 반대편 소바젤Kleinbasel로 나뉜다. 이름처럼 대바젤은 과거 종교, 정치, 경제적 중심지였고, 그와 반대로 소바젤은 하층민이 살았던 지역이었다. 바젤 구시가지를 다니다 보면 건물 상단에 유독 혀를 빼놓고 놀리는 듯한 남자의 조각을 만나게 되는데, 이는 자부심이 넘쳤던 대바젤 사람들이 소바젤을 향해 남겨둔 것이라고.

▶▶ 시청사 Rathaus

독일어로 '라트하우스'라 불리는 빨간색 벽돌로 건축된 시청사는 바젤의 랜드마크인 마크트 광장에 위치하고 있으며 바젤–슈타트 주 정부의 의석이 있는 곳이자 도시 의회의 기능을 담당하고 있다. 16세기에 건축된 의회실들은 둘러볼 만한 가치를 지니며, 독특한 분위기를 자아내는 안뜰, 낭만적인 아케이드와 솟아오른 탑은 그야말로 압권. 건물 뒷부분은 19세기에 개보수되었으나 한스 홀바인에 의해 그려진 프레스코화 일부가 남아 있어 특히 인상적이다.

주소 Marktplatz 9, 4051 Basel
위치 바젤 SBB 기차역에서 8, 11번 트램 탑승, Basel, Marktplatz에서 하차
운영 월~금 08:00~17:00
휴무 토·일요일, 공휴일
전화 +41 (0)61 267 8181
홈피 www.altbasel.ch

★★★ 바젤 대성당 Basler Münster

로마네스크–고딕 양식이 혼재된 아름다운 건물로 1019년에서 1500년 사이에 건축되었다. 로테르담의 에라스무스가 이곳에 영면하고 있으며 갈루스 게이트와 2개의 회랑이 찬란했던 역사의 증인이 되고 있다. 대성당 광장은 현재 만남의 장소와 각종 콘서트 및 이벤트의 장으로 이용되고 있으며 테라스인 팔츠Pfalz에서 바젤의 환상적인 비경과 만날 수 있다.

주소 Münsterplatz 9, 4050 Basel
위치 바젤 SBB 역 앞에서
트램 10, 11번 탑승
Basel Bankverein에서 하차
또는 2번 탑승 Basel,
Kunstmuseum에서 하차 후
도보 4분
운영 **여름 시즌** 월~금 10:00~17:00,
토 10:00~16:00,
일·공휴일 11:30~17:00
겨울 시즌 월~토 11:00~16:00,
일·공휴일 11:30~16:00
휴무 1월 1일, 성 금요일,
12월 24일 및 기타 종교 관련 휴일
전화 +41 (0)61 272 9157
홈피 www.baslermuenster.ch

★★☆ 팅겔리 분수 Tinguely Brunnen

축제 분수(Fasnacht Fountain 또는 Carnival Fountain)라고도 불리는 이 분수는 장 팅겔리가 과거 극장 무대에서 사용되었던 잡다한 물건을 재활용하여 1975~1977년 제작한 것으로 Migros에서 바젤 시에 기증했다. 10개의 작품이 제각각 신나게 야외에서 물줄기를 뿜어댄다. 10개의 작품은 마임 예술가, 배우, 댄서 등 예술 혼을 불태운 직업군으로 이루어져 있는데, 이 중 두 눈에서 물을 뿜는 신화 속의 메두사가 특히 눈길을 끈다.

주소 Klostergasse, 4051 Basel
위치 바젤 SBB 기차역에서 10, 16번 트램 탑승,
Basel, Theate에서 하차 후 도보 1분

★☆☆ 슈팔렌토 Spalentor

바젤 대학의 식물원과 인접한 도시의 관문으로, 15세기에 건축되었다. 과거 프랑스 알자스에서 들여오던 각종 물자가 이곳을 통과했다. 2개의 첨탑이 있는데, 성모 마리아와 예언자 상으로 장식해놓았다.

주소 Spalenvorstadt, 4056 Basel
위치 바젤 SBB 기차역에서 30번 버스 탑승,
Basel, Spalentor에서 하차(3개 정거장)

★★★

바이엘러 재단 Fondation Beyeler

렌조 피아노Renzo Piano가 설계하여 1997년 건립된 박물관 건물에 바이엘러 재단의 소장품이 일반 대중을 위하여 소개되고 있다. 갤러리 경영자이자 능력 있는 딜러였던 바이엘러가 수집한 고흐, 세잔 등 인상파 거장의 작품에서부터 자코메티의 거대 오브제, 아프리카, 오세아니아와 알래스카의 부족민들이 그린 예술작품들까지 총 230여 작품과 만날 수 있다.

주소 Baselstrasse 101, 4125 Riehen/Basel
위치 바젤 SBB 기차역에서 2번 트램 탑승 Baden Bahnhof에서 6번 트램으로 환승, Fondation Beyeler에서 하차
운영 10:00~18:00 (수 20:00까지, 금 21:00까지)
요금 성인 CHF 25, 만 25세 이하 무료 (신분증 제시), 바젤 카드 소지자 반액, 스위스 패스 소지자 무료
전화 +41 (0)61 645 9700
홈피 www.fondationbeyeler.ch

★★☆

비트라 디자인 뮤지엄 Vitra Design Museum

단순한 박물관이 아니라, 세계적인 건축가들의 작품이 모여 있는 거대한 '건축 테마파크'이자 디자인의 성지. 전시만 보는 것이 아니라, '비트라 캠퍼스Vitra Campus' 전체를 즐기는 것이 핵심. 건축의 전시장, 비트라 하우스VitraHaus, 샤우데포트Schaudepot, 비트라 슬라이드 타워까지 꼼꼼하게 투어해보자. 다양한 워크숍과 가이드 투어도 진행되니 관심 있는 주제를 홈페이지를 통해 찾아보자. 바젤과 독일 국경지대에 위치.

주소 Vitra Design Museum, Charles-Eamesstresse 1, 79576 Weil am Rhein
위치 바젤 SBB 역에서 트램 2번 탑승. 'Basel, Badischer Bahnhof' (독일 측 기차역)에서 하차. 역 바로 앞에서 버스 55번으로 환승. Weil am Rhein, Vitra 정류장 하차
운영 매일 10:00~18:00
요금 **통합권** 성인 EUR 23, 학생 EUR 21, 바젤 카드 소지자 50% 할인
전화 +49 (0)7621 702 3200
홈피 www.design-museum.de

© Basel Tourismus

★★☆ 팅겔리 미술관 Museum Tinguely

움직이는 예술을 뜻하는 '키네틱Kinetic' 아트의 거장, 장 팅겔리의 작품을 전시한 곳. 티치노 출신 건축가 마리오 보타가 건물을 디자인했다. 외부에는 팅겔리의 부인인 니키 드 생팔의 작품이 전시되어 있다. "박물관은 조용하고 엄숙해야 한다"는 고정관념에서 벗어난 곳. 아이들뿐만 아니라 어른들도 동심으로 돌아가 즐길 수 있는, 바젤에서 가장 역동적이고 재미있는 박물관이다.

주소 Paul Sacher-Anlage 2, 4002 Basel
위치 트램 8, 11번 Barfüsserplatz 하차, 버스 31, 36, 38번 Tinguely Museum 하차
운영 화~일 11:00~18:00 (목 21:00까지) **휴무** 월요일
요금 성인 CHF 18, 16세 이하 무료 ※ 스위스 뮤지엄 패스 유효
전화 +41 (0)61 681 9320
홈피 www.tinguely.ch

★★☆ 유대인 박물관
Jüdisches Museum der Schweiz

제2차 세계대전 이후 독일어권 국가에서 최초로 설립된 유대인 박물관(1966년). 중세시대부터 현재까지 스위스에 거주해 온 유대인들의 역사, 종교 의식, 그리고 일상생활을 다룬다. 스위스라는 나라 안에서 유대인들이 어떻게 공존해 왔는지를 보여준다.

주소 Vesalgasse 5, 4056 Basel
위치 버스 30/34, 트럼 3탑승 University 역에서 하차
운영 매일 11:00~17:00
요금 성인 CHF 15, ㅂ-젤 카드 소지자 CHF 11.25
전화 +41 61 261 9514
홈피 www.juedisches-museum.ch

★★☆ 장난감 박물관
Spielzeug Welten Museum Basel

6,000점 이상의 인형과 곰 인형, 미니어처 하우스를 보유한 유럽 최대 규모의 장난감 박물관. 정교하게 제작된 미니어처 세트 속에 인형들을 배치해 과거의 생활상을 생생하고 위트 있게 재현한 것이 특징.

주소 Steinenvorstadt 1, 4051 Basel
위치 트램 8, 11번 Barfüsserplatz 하차
운영 화~일 10:00~18:00 **휴무** 월요일, 일부 공휴일 및 이벤트
요금 성인 CHF 7, 16세 이하 무료(어른과 동행 시) ※ 스위스 뮤지엄 패스 유효
전화 +41 (0)61 225 9595
홈피 www.spielzeug-welten-museum-basel.ch

★★★ 종이 박물관 Basler Papiermühle

지인의 소개로 들른 종이 박물관은 이제 바젤에서 가장 아끼는 곳이 되고야 말았다. 박물관 외부 물레방아가 인상적인 이곳은 스위스 종이산업 역사의 산증인이기도 하다. 그에 걸맞게 종이 탄생의 배경과 그 이전의 역사, 다양한 타이포그래피에 대해 감동을 자아낼 만큼 재밌게 설명해준다. 직접 종이를 만들 수 있으며, 원한다면 청첩장, 카드 등을 주문할 수도 있다 (물론 시간이 걸리겠지만).

주소 St. Alban-Tal 37, 4052 Basel
위치 바젤 SBB 기차역에서 2번 트램 탑승, Kunstmuseum에서 하차 후 Sankt Alban-Tal을 향해 도보 10분
운영 화~일 11:00~17:00, 토 13:00~17:00
　　　　휴무 월요일 및 일부 공휴일
요금 성인 CHF 20, 어린이(만 5~16세) CHF 11
　　　　※ 스위스 뮤지엄 패스 유효
전화 +41 (0)61 225 9090
홈피 www.papiermuseum.ch

전통 방식에 따라 종이 제작 실연 :)

★★☆ 역사 박물관
Historisches Museum Basel (HMB) Barfüsserkirche

역사 박물관은 14세기 건축된 과거 교회 건물로 1894년 개관한 이후 라인 강 상류 지방인 바젤의 종교적 보물 및 종교개혁 이전의 성물, 길드제도와 사회 등에 대해 알려준다.

주소 Barfüsserplatz, 4051 Basel
위치 트램 3, 6, 11, 14, 16번 Barfüsserplatz에서 하차
운영 화~일 10:00~17:00 **휴무** 월요일 및 일부 공휴일
요금 **HMB 통합티켓**(티켓 한 장으로 7일 동안 역사 박물관 산하 3개 박물관 모두 관람 가능) 성인 CHF 18, 만 13세 미만 무료, 매달 첫 번째 일요일 무료
　　　　※ 스위스 뮤지엄 패스 유효
전화 +41 (0)61 205 8600　　**홈피** www.hmb.ch

★★☆ 카툰 박물관 Cartoonmuseum Basel

카툰Cartoon을 좋아하는 사람들이라면 꼭 거쳐야 할 곳. 디터 부르크하르트가 설립한 미술관으로 소장하고 있던 캐리커처와 만화 작품을 기반으로 1979년 개관했다. 만화, 파스티슈, 패러디물, 캐리커처 등 20~21세기 작품 1,000여 점을 소장하고 있으며 유쾌한 관람을 할 수 있다. 방문 전 홈페이지에서 개관 여부 꼭 확인!

주소 Sankt Alban-Vorstadt 28, 4052 Basel
위치 바젤 중앙역에서 트램 10번 탑승 Basel Bankvereinp 하차 후 도보 5분
운영 화~일 11:00~17:00 **휴무** 월요일
요금 성인 CHF 10, 만 20세 미만 무료
　　　　※ 스위스 뮤지엄 패스 소지자 무료
전화 +41 (0)61 226 3360　　**홈피** www.cartoonmuseum.ch

라인 강 크루즈 Rhine Cruise

라인 강을 따라 아름다운 도시를 감상할 수 있는 관광 크루즈로 4~10월까지 바젤과 라인펠덴Rhienfelden 사이를 운행한다. 라인펠덴을 가는 길에 비르스펠덴Birsfelden과 아우그스트Augst에 위치한 수력발전소를 통과하는 여행을 즐길 수 있으며, 3개국이 국경을 마주하고 있는 곳까지 물길을 따라 이동한다. 런치 보트, 디너 보트 및 다양한 프로그램이 마련되어 있어 가족과 함께하기에 좋다. 짧은 구간만 이용해도 된다.

주소 바젤 선착장 Schifflände 4051 Basel
위치 바젤 SBB 기차역에서 11번 트램 탑승, Schifflände에서 하차
(Mittlerebrücke 근처에 위치) ※ 스위스 패스 할인 적용
전화 +41 (0)61 639 9500   **홈피** www.bpg.ch

라인 강 나룻배 Rhine Ferryboat

라인 강을 가로지르는 바젤의 5개 다리 사이에서 빌트 마Wild Maa, 레우Leu, 포겔 그리프Vogel Gryff와 우엘리Ueli라고 이름 붙은 페리선(혹은 나룻배)을 발견하게 될 것이다. 이 나룻배는 동력의 도움 없이 자연의 힘으로만 움직이는데 관광객뿐만 아니라 바젤 시민들도 즐겨 이용한다.

위치 레우 탑승
대성당에서 라인 강을 향해
내려오면 선착장과 만날 수 있음.
반대편에서도 승선 가능
운영 여름 시즌 09:00~20:00,
겨울 시즌 11:00~17:00
요금 성인 CHF 2, 어린이 CHF 1
※ 단체 예약도 가능
전화 +41 (0)61 225 9595
홈피 www.faehri.ch

아쿠아바질레아 Aquabasilea

아쿠아바질레아는 바젤 중심가에서 불과 10분 거리에 있는 프라텔른Pratteln에 위치한 곳으로 남녀노소 누구나 물놀이를 즐기기에 좋다. 13,000m² 공간에 8개의 워터 슬라이드, 온천 욕장, 사우나 및 헬스 스파, 하맘 등을 갖춘 종합 워터파크로 가족, 연인들이 즐겨 찾는 곳이다.

주소 Aquabasilea AG, Hardstrasse
57, 4133 Pratteln
위치 트램 14번(Basel/Pratteln),
S-1(Basel/Laufenburg),
S-3(Basel/Olten),
버스 79, 82번 Pratteln에서 하차
운영 일~목 12:00~21:00,
금·토 12:00~22:00
요금 **수영 및 사우나(성인)**
2시간 CHF 37, 4시간 CHF 47
수영(어린이)
2시간 CHF 30, 4시간 CHF 40
※ 주말 요금 추가 있음
전화 +41 (0)61 826 2424
홈피 www.aquabasilea.ch

바젤 파스나흐트
Basel Fasnacht (겨울 축제)

바젤의 대표적인 축제로 사순절 첫날, 재의 수요일이 지난 다음 월요일에 시작해 3일간의 특별한 재미를 예고한다. 오전 4시부터 다채로운 가면과 등불, 화려한 의상을 입은 밴드의 행진이 시작된다. 현지인들은 파스나흐트 기간이 일년 중 가장 좋은 날이라고 하는데, 약 2만 명이 적극적으로 축제에 참가한다. 축제 기간에 먹는 전통음식이 따로 있을 정도다.

운영 2027년 2월 15일~19일
홈피 www.baslerfasnacht.info

임플루스 페스티벌
Impluss Festival (여름 음악 축제)

바젤이야말로 여름을 온전히 즐기기에 알맞은 도시다. 라인 강둑에서 신비로운 여름 밤의 흥을 돋우기 위한 콘서트가 축제 기간 매일 60분씩 열린다. 벌써 20여 년 동안 이어져 왔으며 입장료 없이 관중, 기업들의 후원으로 운영된다고 한다. 라인 강 위, 미틀레레 다리 Mittlere Brücke 근처에서 저녁 8시 30분경 열린다.

운영 2026년 8월 4일~22일
홈피 www.floss.ch

아트 바젤 Art Basel

아트 바젤은 20세기와 21세기의 예술작품을 전시하고 있으며, 의심할 여지 없이 국제 미술시장에서 가장 중요한 글로벌 전시회이다. 세계 주요 갤러리에서 엄선된 300명 이상의 출품 전시자들이 행사 기간에 바젤을 임시 박물관으로 만든다. 전시 기간 동안 예술가, 수집가 및 문화계의 많은 유명 인사들이 바젤에서 만난다. 국내 갤러리 및 컬렉터들도 많이 방문하는 유명 행사다.

운영 퍼블릭 오픈 6월 18일~21일
홈피 www.artbasel.com

바젤 크리스마스 마켓
Basel Christmas Market

바젤 크리스마스 마켓은 스위스에서 가장 전통적인 크리스마스 마켓 중 하나로 크리스마스 한 달 전부터 열리기 시작한다. 뮌스터 광장 Münsterplatz 을 찾는다면 아름답게 장식된 크리스마스트리와 장식품들로 인해 눈이 휘둥그레진다. 크리스마스 마켓에서 꽁꽁 언 몸을 녹여줄 글뤼바인 Glühwein 한잔도 음미해보자.

요한바너 크리스마스 하우스
Johann Wanner Christmas House

크리스마스 마켓이 아름답기로 유명한 바젤의 명소. 온갖 크리스마스 장식물과 기념품이 있는데, 대량생산 마트 제품이 아닌 핸드메이드 장식을 판매한다. 가격은 다소 비싸나 대를 이어가며 크리스마스 시즌에 쓸 수 있을 만큼 질과 디자인이 훌륭하다. 각양각색의 천사 및 스위스를 모티브로 한 오너먼트가 시그니처.

주소 Spalenberg 14, 4051 Basel
운영 월~금 09:30~18:30, 토 10:00~17:00 **휴무** 일요일
전화 +41 (0)61 261 4826
홈피 www.johannwanner.ch

베이커리 길겐
Konditorei-Confiserie Gilgen

1937년 현재 가게 그 자리에서 오픈한 베이커리. 최상의 버터, 밀가루, 우유만을 고집하며 좋은 것들을 위한 작은 장소를 여전히 고집하고 있다. 명절에는 이곳의 케이크나 디저트를 구입하기 위해 상점 밖까지 줄을 서서 기다리는 모습이 현지인에게 낯설지 않다. 창업자 후손들이 여전히 가게를 운영한다.

주소 Spalenberg 6, 4051 Basel
운영 월~금 07:00~18:30, 토 06:30~17:00
전화 +41 (0)61 261 6229
홈피 www.gilgenag.ch

클라인바젤 Kleinbasel

패션에 관심이 있다면 바젤에서 탄생한 브랜드, 클라인바젤에 관심을 가져볼 만하다. 다양한 연령대의 여성이 선호하는 의상과 소품 등을 시즌에 따라 새롭게 선보인다. 아직까지도 가죽 가방은 스위스에서 생산하는 것을 지향하고 있다.

클라인바젤 플래그십 스토어
주소 Schneidergasse 24, 4051 Basel
운영 월 14:30~18:30, 화~금 11:00~18:30, 토 10:00~17:00 **휴무** 일요일
전화 +41 (0)61 322 4482
홈피 www.kleinbasel.net

바젤 렉컬리 후스 Basler Läckerli Huus

중세시대부터 만들기 시작한 바젤 전통의 생강 쿠키. 렉컬리 후스Läckerli Huus에서 만들어지는 바젤 렉컬리야말로 진정한 특산품. 꿀, 헤이즐넛, 아몬드, 오렌지, 레몬 껍질과 최상급 향신료의 절묘한 비율로 생산되는 이 쿠키는 처음에는 딱딱하지만 입안에 오래 물고 천천히 음미하면서 먹어야 제맛이다. 바젤에만 총 3개의 상점이 있다(게버가세Gerbergasse, 그라이펜가세Greifengasse 및 바젤 중앙역에 위치).

바젤 렉컬리 후스 게버가세
주소 Gerbergasse 57, 4001 Basel
운영 월~금 09:00~18:30, 토 09:00~18:00
휴무 일요일, 공휴일 축소 운영
전화 +41 (0)61 260 0060
홈피 www.laeckerli-huus.ch

바젤 렉컬리 후스 중앙역
주소 Passerelle SBB Station, 4053 Basel
운영 월~금 07:30~21:00, 토 08:00~20:00, 일 09:00~20:00, 공휴일 축소 운영
전화 +41 (0)61 363 0333
홈피 www.laeckerli-huus.ch

Writer's Pick

- **란트슈텔레 Landestelle** │ 여름 시즌 한정 │
여름 시즌에만 오픈하는 라인 강에 바로 접해 있는 야외 라운지 겸
바로 '착륙장'이라는 뜻이다. 오후에는 라이브 뮤직도 들을 수 있다.
스낵을 가볍게 먹으면서 음료를 마시기 딱 좋은 곳.

주소 Uferstrasse 35, 4057 Basel
운영 **여름 시즌** 월~토 14:00~, 일 11:00~

작가 추천 & AI 검증

바젤의 미식은 세 나라의 국경이 만나는 지점에 위치한 덕분에 아주 독특하고 풍성하다. '소박하지만 든든한' 것이 특징이며, 특히 바젤의 축제인 '파스나흐트'와 관련된 전통 음식이 많다. 꼭 먹어봐야 할 음식과 그 맛을 제대로 느낄 수 있는 레스토랑을 추천하고 싶다.

바젤에서 꼭 먹어봐야 할 것 Must-Eat

- **바슬러 멜주페 Basler Mehlsuppe**
'밀가루 수프'라는 뜻으로, 볶은 밀가루와 쇠고기 육수, 양파, 적포도주를 넣어 푹 끓인 요리. 구수한 맛이 일품.
- **수리 레버리 Suuri Lääberli**
얇게 썬 송아지 간을 화이트 와인 식초, 허브, 양파로 만든 새콤한 소스에 볶아낸 요리로 스위스식 감자전인 '뢰스티Rösti'와 먹는다.
- **바슬러 래커리 Basler Läckerli**
바젤 렉컬리 후스 상점에서 구입 가능.

1. 캐주얼 & 가성비 Casual & Budget

- **1777 카페 레스토랑 바**
1777 Kaffee Restaurant Bar
구시가지 한복판(슈미덴호프)에 위치한 트렌디한 카페 겸 레스토랑.
- **마노라 레스토랑 Manora Restaurant**
그라이펜갸세Greifengasse에 있는 마노르Manor 백화점 최상층 뷔페 식당.

2. 합리적인 로컬 Affordable Local

바젤 전통 음식을 맛볼 수 있는 곳.

- **뢰벤조른 Restaurant Löwenzorn**
- **춤 브라우넨 무츠 Zum Braunen Mutz**

3. 미식 & 고품격 다이닝 High-end Luxury

- **슈발 블랑 Cheval Blanc by Peter Knogl**
미슐랭 3스타와 고미요Gault Millau 19점.
- **루츠 Roots**
미슐랭 2스타. 채소가 주연이 되고 육류와 생선이 조연이 되는 요리.

바젤은 크게 그로스바젤(구도심)과 클라인바젤(신도심)으로 나뉜다. 고풍스러운 분위기나 바젤을 처음 방문하는 사람이라면 그로스바젤을, 젊고 힙한 분위기를 선호하고 현지인들의 라이프스타일을 즐기고 싶은 사람이라면 클라인바젤 지역을 추천한다. 아트 바젤(6월 중순), 파스나흐트(2/3월), 시계 보석 박람회 기간에는 숙박비가 평소의 3~5배 이상 폭등하기 때문에 그 기간에 방문한다면 인근 소도시 지역으로 알아보는 것이 낫다.

Writer's Pick

| 5성급 |

■ **그랜드 호텔 레 트루아 루아** Grand Hotel Les Trois Rois

바젤의 랜드마크. 나폴레옹, 엘리자베스 2세 여왕, 파블로 피카소가 머물렀던 유럽에서 가장 오래된 시티 호텔 중 하나로 1681년 개장했다. 고품격 다이닝 레스토랑, '슈발 블랑'이 바로 이곳에 있다.

| 4성급 |

■ **가이아 호텔** GAIA Hotel

바젤 SBB 역 인근. 100% 유기농 Bio 조식과 지속 가능한 운영 철학을 가진 곳. 따뜻하고 고풍스러운 인테리어가 매력적.

■ **호텔 매르트호프** Hotel Märthof

그로스바젤에 위치. 바젤 시청이 있는 마르크트 광장 Marktplatz 바로 앞에 위치한 부티크 호텔. 객실이 매우 세련되고 모던하다.

■ **호텔 슈팔렌토어** Hotel Spalentor

바젤에서 가장 아름다운 성문인 슈팔렌토어 Spalentor 바로 옆에 위치. 시내 중심가에서 도보 5~10분 거리라 조용하고 아늑하다.

■ **호텔 크라프트 바젤** Hotel Krafft Basel

클라인바젤에 위치. 소설가 헤르만 헤세가 머물렀던 곳으로 유명하다. 객실 창문 너머로 라인 강과 바젤 대성당이 정면으로 보이는 최고의 뷰가 특징.

| 3성급 |

■ **호텔 로샤** Hotel Rochat

바젤 구시가지 중심, 바젤 대학 맞은편에 위치한 유서 깊은 건물에 있다. 내부는 쾌적하고 모던하다.

■ **슈바이처호프** Schweizerhof

바젤 SBB 역 바로 인근에 있다. 3성이지만 시설과 서비스가 4성급에 준하는 수준이며 약 150년 역사를 자랑한다.

| 호스텔 |

■ **하이브 호스텔** Hyve Hostel Basel

바젤 SBB역 뒤편. 디지털 노마드와 혼행족의 성지.

■ **바젤 유스호스텔** Basel Youth Hostel

세계에서 가장 아름다운 호스텔 중 한 곳으로 라인 강변의 고풍스럽고 조용한 동네, 세인트 알반에 위치해 있다.

문화 도시 바젤의 심장, 쿤스트뮤지엄 바젤

쿤스트뮤지엄 바젤은 단순한 미술관이 아니라고 한다. 1661년, 바젤 시(市)가 법학자 바실리우스 아머바흐의 개인 소장품을 구입하여 시민들에게 공개한 것이 그 시초로, 이는 왕실이나 귀족의 컬렉션이 아닌, '시민을 위해 공개된 세계 최초의 공공 미술 컬렉션'이라는 기념비적인 타이틀을 갖고 있다. 바젤 시민들의 예술에 대한 긍지가 담겨있는 곳으로 1967년의 당시 항공사 경영난으로 피카소의 작품 두 점이 팔릴 위기에 처하자, 바젤 시민들은 거리로 나와 모금 운동을 벌였고, 주민 투표를 통해 세금으로 작품을 구매하기로 결정했다. 이 소식을 들은 피카소는 감동하여 자신의 작품 네 점을 추가로 기증했고, 담당 큐레이터에게도 작품을 선물했다고 한다. 이처럼 쿤스트뮤지엄은 시민들의 사랑과 투쟁으로 지켜진 공간이다.

✚ 시간의 흐름을 걷다: 컬렉션의 범위
중세부터 현대까지 서양 미술사의 거대한 흐름

상부 라인 강의 르네상스

15~16세기 바젤에서 활동했던 한스 홀바인 Hans Holbein 부자의 세계 최대 컬렉션은 미술관의 핵심이다.

19~20세기 거장들

반 고흐, 고갱, 세잔 등 인상파의 걸작부터 피카소, 브라크의 입체파, 그리고 샤갈과 클레에 이르기까지 교과서에 나오는 명작들이 즐비하다.

전후 현대미술

1950년 이후의 미국 추상표현주의, 팝아트, 미니멀리즘 작품들이 신관을 채우며 과거와 현재를 연결해 준다.

돌과 빛의 대화: 구관과 신관 Hauptbau & Neubau

쿤스트뮤지엄 바젤은 크게 도로를 사이에 두고 마주 보고 있는 구관 Hauptbau과 신관 Neubau, 그리고 라인 강변의 현대관 Gegenwart으로 나뉜다. 여행자가 가장 집중해서 보게 될 구관과 신관은 지하로 연결되어 있으며, 두 건물은 서로 다른 매력으로 대조의 미학을 보여준다.

구관: 권위와 전통의 수호자

1936년 건축가 루돌프 크리스트와 폴 보나츠가 설계한 구관은 묵직한 석조 건물로 고전적인 미술관의 전형을 보여주며 예술에 대한 경건함을 갖게 해준다.

전시 특징

- **2층 Obergeschoss**
  19세기와 20세기 초반의 걸작들이 전시됨. 반 고흐의 〈마드모아젤 가셰〉, 모네의 〈수련〉, 그리고 피카소의 초기 입체파 작품들이 주를 이룬다.
- **1층 Erdgeschoss**
  르네상스와 중세 미술을 전시. 특히 한스 홀바인(2세)의 〈무덤 속의 그리스도〉는 이 미술관에서 가장 충격적이고 중요한 작품이다.

신관 : 빛과 그림자의 현대적 해석

2016년 개관한 신관은 바젤 출신의 젊은 건축가 그룹 크리스트 & 간텐바인 Christ & Gantenbein이 설계. 구관의 석조 느낌을 현대적으로 재해석했다.

전시 특징

- **특별 전시의 무대**
  신관은 주로 대규모 기획 전시 Special Exhibition 공간으로 활용된다.
- **전후 현대미술**
  1950년 이후의 작품들, 특히 앤디 워홀, 로이 리히텐슈타인 등 팝아트 거장들과 게르하르트 리히터 등 현대 작가들의 작품이 이곳에 상설 전시된다.

두 건물을 잇는 지하 통로는 쿤스트뮤지엄의 백미라 평가된다. 이동을 위한 공간을 넘어, 거대한 너비와 높이를 가진 이 통로는 구관의 역사에서 신관의 미래로 넘어가는 '시간 터널'과도 같다. 이 공간 자체가 하나의 예술처럼 느껴진다.

스위스 + 프랑스 + 독일 여행

스위스뿐만 아니라 프랑스, 독일도 한 번쯤은 가고 싶다면
스위스에서는 바젤을 기점으로 삼는 것을 추천한다.
독일, 프랑스와 국경을 마주해 대중교통으로 편하게 이동할 수 있다.
프랑스는 콜마르Colmar, 독일은 프라이부르크Freiburg로
3개국 투어가 가능하다.

© OT COLMAR

✚ 콜마르: 프랑스 알자스 주의 낭만적인 마을

와인 생산지인 알자스 지역의 주요 도시인 콜마르에 도착하면 아름다
운 구시가지 곳곳을 산책해봐야 한다. 프랑스의 문인이자 비평가인 조
르주 뒤아멜(1884~1966)도 콜마르를 '세계에서 가장 아름다운 마을'
이라 극찬했을 정도. 가장 알자스다운 마을이라 평가받고 있는 콜마르
는 역사적, 건축학적으로 다양한 유적을 잘 보존하고 있기도 하다. 또
한 발달된 수로를 통해 작은 배를 타고 짧은 낭만을 즐길 수 있어 **작은
베니스**라고 불린다. 크리스마스 시즌에는 특히 아름답다. 작은 관광열
차를 타고 콜마르 구시가지 투어를 할 수도 있다(약 45분 소요).

위치 바젤 SBB에서 기차로 가는 방법이 가장 편리.
직통으로는 약 45분 소요되며 직통이 아닌 경우 1시간 30분 이상 소요된다.
기차는 바젤 SBB 역 내의 'SNCF (프랑스 철도청)'
플랫폼(30~35번 플랫폼)에서 출발.

ⓘ 인포메이션 센터

주소 Place Unterlinden, 68000 COLMAR
운영 월~토 09:00~17:00
일 10:00~13:00
(비수기에는 일요일 휴무)
전화 +33 (0)38 920 6892
홈피 www. tourisme-colmar.com

© OT COLMAR

❶ 콜마르 성 마르탱 교회
Collégiale St. Martin

시내 중심가, 시청과 인접한 고딕 양식의 교회로 1235년 공사를 시작해 14세기 중반에 완공되었다. 콜마르에서 가장 거대한 중세 교회로, 아치형 창과 첨탑으로 둘러싸인 웅장한 외곽이 특징. 교회 주변에는 16세기부터 내려오는 전통 가옥과 바르톨디 박물관Musée Bartholdi이 있다.

주소 Place de la Cathedrale, 68000 Colmar
운영 월~토 08:30~18:00, 일 10:00~18:00
     휴무 일요일 미사 시간
전화 +33 (0)38 920 6892

❷ 콜마르 도미니크회 성당
Église des Dominicains de Colmar

1283년에 지어진 고딕 양식의 교회. 스테인드글라스가 아름답기로 유명하며, 도미니크회 특유의 엄격한 절제된 건축미가 돋보인다. 특히 제단화인 〈장미 덤불 속의 성보〉가 눈길을 사로잡는다.

주소 Place des Dominicains, 68000 Colmar
운영 화·목·일 10:00~13:00/15:00~18:00,
     금·토 10:00~18:00, 수 15:00~18:00
요금 성인 EUR 2, 학생(12~18세) EUR 1, 12세 미만 어린이 무료
전화 +33 (0)38 920 6892

❸ 바르톨디 박물관 Musée Bartholdi

콜마르 구시가지 출신이자 뉴욕의 상징인 〈자유의 여신상〉의 작가, 아우구스트 바르톨디. 그의 생가를 개조한 박물관으로 총 3층에 걸쳐 전시가 이루어진다. 작가가 사용했던 가구와 유품, 유대인의 아름다운 수집품도 볼 수 있다.

주소 30 Rue des Marchands, 68000 Colmar
운영 화~일 10:00~12:00/14:00~18:00
     휴무 매주 월요일, 1월 전체, 자체 휴관일
요금 성인 EUR 5, 18세 이하 무료
전화 +33 (0)38 941 9060
홈피 www.musee-bartholdi.fr

❹ 운터린덴 박물관 Musée Unterlinden

프랑스 전체에서도 손꼽히는 최고의 미술관 중 하나이다. '작은 루브르'라고 불릴 정도로 방대한 컬렉션과 독특한 건축미를 자랑한다. 마티아스 그뤼네발트가 그린 〈이젠하임 제단화〉는 고통스러워하는 예수의 모습을 가장 사실적이고 충격적으로 묘사한 걸작으로 평가받고 있다.

주소 1 Rue d'Unterlinden, 68000 Colmar
운영 월·수~일 09:00~18:00
     휴무 매주 화요일, 일부 공휴일
요금 성인 EUR 14, 청소년 EUR 9,
     12세 미만 어린이 무료
전화 +33 (0)38 920 1550
홈피 www.musee-unterlinden.com

✚ 프라이부르크: 독일의 친환경 도시

독일 바덴–뷔르템베르크Baden-Württemberg 주에 자리한 도시로 프라이부르크 임 브라이스가우Freiburg im Breisgau라고도 하며 친환경, 그린 시티로 정평이 나 있다. 13세기 고딕 양식으로 건립된 대성당이 이 도시의 랜드마크. 1457년 개교한 프라이부르크 대학이 있는 전통적인 교육 도시 중 한 곳이기도 하다. 매년 많은 사람이 태양열 에너지 이용과 환경 보전에 관해 배우고자 이곳을 찾아온다.

위치
❶ 바젤에서 ICE 직행 탑승, 약 40분 후 프라이부르크 중앙역 도착
❷ 콜마르에서 직행 없음. 바젤 경유 약 2시간
❸ 브라이자흐Breisach에서 경유, 차량으로 약 50분

ⓘ | 인포메이션 센터

주소 Rathauspl. 2-4, 79098 Freiburg im Breisgau
운영 월~금 08:00~17:30,
　　　토 09:30~14:30,
　　　일 10:00~12:00
전화 +49 (0)761 3881 880
홈피 visit.freiburg.de/

프라이부르크 크리스마스 마켓

한 달 내내 성탄절 기분을 느낄 수 있는 프라이부르크 크리스마스 마켓. 이 마켓은 크리스마스를 한 달 앞둔 11월 말부터 시청 광장Rathausplatz, 카르토펠 시장Kartoffelmarkt, 프란치스카너 거리Franziskanerstrasse, 투름 거리Turmstrasse와 운터린덴 광장Unterlindenplatz 등을 아름다운 불빛으로 치장하고 크리스마스에 필요한 장식품, 공예품, 먹거리 등을 판매하는 장이 들어선다. 마켓의 하이라이트는 역시 사람들과의 어울림 그리고 흥청거림일 것이다. 글루바인 한 잔 사 들고 자연스럽게 분위기를 즐겨보자.

운영 11월 말~12월 25일
　　　(매년 약간의 변동 있음)
　　　월~토 10:00~21:30, 일 11:30~20:30

❶ 프라이부르크 대성당 Freiburger Münster

로마네스크 양식으로 건축을 시작해 1513년 고딕 양식으로 완공되었다. 특히 116m 높이의 서쪽 탑은 예술 역사학자 야코프 부르크하르트가 "지구상에서 가장 아름다운 탑"이라고 극찬했을 정도로 정교한 석조 격자 구조를 자랑한다. 제2차 세계대전 속에서도 원형을 거의 유지하며 살아남았다. 13세기에 제작된 스테인드글라스와 750년에 넘은 호산나 종은 지금도 여전히 웅장한 소리를 들려주고 있다.

주소 Münsterplatz, 79098 Freiburg im Breisgau, Germany

위치 프라이부르크 기차역에서 3, 5번 트램 탑승, Bertoldsbrunnen (2개 정거장) 하차 후 도보 3분

운영 **방문 시간**
월~토 10:00~17:00, 일·공휴일 13:00~17:00
※미사 시간에는 방문 불가
타워 월~토 11:00~16:00

요금 **대성당** 무료
대성당 탑 등반 성인 EUR 5, 청소년·어린이 EUR 3
제단 주변 구역 및 예배당 성인 EUR 2, 14세 미만 무료

홈피 www.freiburgermuenster.info

❷ 프라이부르크 베흘레 Freiburg Bächle

프라이부르크 베흘레는 오래된 역사를 지닌 구시가지를 이루는 요소로 '작은 수로Small Canal'를 뜻한다. 본래 이 수로는 산업용수를 제공하고, 다 쓴 용수는 버리는 하수구의 역할을 하던 것이었다. 그러나 오늘날에는 더운 날, 더위를 잊게 해주는 시민들의 놀이터로 탈바꿈했다. "프라이부르크를 다시 찾고 싶으면 수로에 발을 한번 담그라"라는 말이 전해질 정도로 이 수로는 정서적으로 시민들과 깊이 닿아 있다.

바젤 **주변 지역**

유라 Jura 지역의 두 Doubs 강변에 위치한 **생 우르잔** St. Ursanne은 시간이 멈춘 듯한 중세의 보석이라 불리며 12세기에 세워진 수도원과 고풍스러운 석조 다리가 평화로운 풍경을 자아내는 곳이다. 치유와 역사의 도시라 불리는 **라인펠덴** Rheinfelden은 스위스에서 가장 오래된 체링겐 Zähringer 가문의 도시 중 하나로 유서 깊은 온천욕과 중세 성벽의 정취를 동시에 느낄 수 있는 곳이다. 바젤에서 30분에서 1시간 정도면 닿을 수 있는 곳으로 도시의 활기에서 벗어나 여유로운 산책과 역사를 경험하기에 완벽한 당일치기 여행지이다.

✚ 생 우르잔 St. Ursanne

쥬라 주에 위치한 생 우르잔의 돌다리를 건너는 순간 타임머신을 타고 중세시대로 들어가는 듯한 느낌을 받게 될 것이다. 이런 운치와 묘미 때문에 스위스의 작은 도시들이 최근 더욱 각광을 받는 게 아닐까 싶다. 생 우르잔은 날씨 좋은 날 반나절 정도 돌아다니며 인스타그램에 올릴 사진을 담기 좋은 마을이다. 마을의 갤러리와 사진전시관도 생각보다 수준이 높아 한번 둘러봐도 좋다.

생 우르잔으로 이동하기

- 뇌샤텔에서 들레몽Delémont을 거쳐 열차로 약 1시간 15분
- 바젤에서 열차로 약 1시간 5분
- 베른에서 빌/비 엔느를 거쳐 열차로 약 1시간 30분

★ 인포메이션 센터
주소 Rue du Quartier 18, 2882 Saint-Ursanne
위치 두Doubs 강가의 관광 포인트인 옛 중세시대 아치 돌다리를 건너기 전 위치
운영 월~금 09:00~12:00, 14:00~18:00
토·일 및 공휴일 10:00~12:30, 13:30~17:30
휴무 1~3월, 11월
전화 +41 (0)32 432 4190
홈피 www.juratourisme.ch

© Jura & Trois-Lacs Jura & Drei-Seen-Land

★★★
GPS 47.364795, 7.153476

📷 생 우르잔 대성당 St. Ursanne Collégiale

12세기에 지어진 상 우르잔 대성당은 로마네스크 양식의 고딕 성당으로 마을의 중심이 되는 곳이다. 돌다리를 건너면 바로 보인다. 내부에는 14세기에 지어진 성당 베네딕트 수도원도 위치해 있는데, 특히 예쁜 정원은 꼭 둘러보아야 할 포인트. 생 우르잔 대성당 앞 5월의 분수Fontaine du Mai도 놓치지 말자.

주소 Rue du 23-Juin, 2882 St. Ursanne
위치 돌다리 지나 위치
전화 +41 (0)32 461 3722

✚ 라인펠덴 Rheinfelden

라인펠덴은 유럽사에 지대한 영향을 미친 체링엔^{Zahringen} 가문이 1130년에 세운 도시이다. 이 가문이 세운 도시 중 가장 오래된 곳이며, 이 역사적인 마을의 중심가에는 과거 부유한 시민이 주로 거주했던 스위스의 전형적인 저잣거리, 마크트가세^{Marktgasse}가 있다. 라인펠덴은 19세기부터 웰니스 중심의 휴양 도시로 유명했는데, 이 중심에는 에덴 호텔의 소금욕 온천과 솔레 우노가 있다.
또한 라인펠덴은 라인 강을 사이에 두고 독일과 마주하고 있는 지역이기도 하다. 여권을 소지하고, 돌다리를 건너면 바로 독일로 넘어갈 수 있다. 바젤과도 가까워 라인 강을 따라 유람선을 타고, 두 곳을 함께 여행해도 괜찮다.

라인펠덴으로 이동하기
바젤에서 라인 강으로 이어지는 라인펠덴은 독일과 매우 인접해 있는 지역. 유람선으로 이동할 시 열차보다 시간이 몇 배로 들지만, 날씨가 좋고 시간이 허락한다면 시도해볼 만하다.

1. 열차로 이동하기
- 바젤에서 약 20분
- 취리히에서 약 1시간

2. 유람선으로 이동하기
바젤에서 라인펠덴까지 유람선으로 편도 약 2시간 20분

🏛 ★★★ 아우구스타 라우리카 Augusta Raurica

라인펠덴과 바젤 인근에 위치한 박물관으로 라인 강에서 가까운 이곳은 스위스 북서부 지역에서 가장 큰 야외 고고학 박물관이다. 이곳의 고대 극장 및 고대 로마인들의 거주지 등과 같이 잘 보존된 유적지는 고대 로마시대의 건축 전문 기술을 증명해준다.

© Roemerstadt Augusta Raurica

구시가지 Altstadt

★★☆

체링엔 가문이 세운 도시 중 스위스에서 가장 오래된 구시가지를 직접 도보로 체험해볼 수 있다. 바로크 양식의 건물 외관, 정원, 현관 및 웅장한 홀과 함께 인상적인 마을회관을 경험해보자. 구시가지에서 독일 흑림, 라인 강 등 멋진 전망을 즐길 수도 있다. 옛날 저잣거리, 마크트가세 Marttgasse는 대도시와 달리 유유자적하여 시장을 구경하거나 쇼핑하기 좋다. 특히 라인펠덴은 맥주에 진심이니 펍에 꼭 들러보자.

© Rheinfelden Tourismus

솔레 우노 Sole Uno

오랜 옛날부터 소금 창고가 있었던 라인펠덴의 역사를 살린 리조트. 야외 어드벤처 풀은 약 3% 염도의 특별한 물로 준비되어 몸을 이완하기에 좋다. 연간 약 50만 명이 스파, 마사지, 수영, 사우나로 일상의 피로를 풀기 위해 찾아온다.

주소 Roberstenstrasse 31, 4310 Rheinfelden
위치 라인펠덴 중앙역에서 시내버스 86번 Parkresort에서 하차, 15분 소요(3개 정거장). 파크리조트 라인펠덴 내에 위치
운영 08:00~22:00
요금 **성인** 2시간 CHF 33, 3시간 CHF 38, 데이티켓 CHF 52
어린이(4~13세) CHF 20
전화 +41 (0)61 836 6763　　**홈피** www.parkresort.ch

펠트슐뢰스헨 맥주 공장 견학
Feldschlösschen Brewery

영국의 고성 같은 외관을 자랑하는 스위스 대표 맥주사. 홈페이지 예약 후 맥주 시음이 포함된 캐슬 투어를 즐길 수 있다. 시간이 부족하다면 예약 없이 비지터 센터의 25개 탭에서 다양한 맥주를 시음하며 간략한 투어를 체험해보자.

주소 Feldschlösschenstrasse 32, 4310 Rheinfelden
위치 라인펠덴 중앙역에서 도보로 11분(850m)
운영 **가이드 투어** 화·수 14:00, 목 17:00, 토 11:00, 일 11:00/14:00 (예약 필수)
방문 체험 월·화·목·일·공휴일 10:00~17:00, 금·토 10:00~19:00
요금 가이드 투어 CHF 25, 방문 체험 CHF 15
　　　 ※ 시음은 만 16세 이상 가능
전화 +41 (0)58 123 4567　　**홈피** www.brauwelt.ch

`more & more` **맥주의 성지 라인펠덴 추천 펍 Pub**

❶ 스토크스 코너 Stork's Corner
라인펠덴 올드타운 중심부에 위치한 현대적인 펍이다. 여름철 야외 테라스에서는 이름의 유래가 된 황새 둥지 타워를 볼 수 있다.

❷ 비스트로 잘멘 Bistro Salmen
과거 '잘멘브로이 Salmenbräu'라는 또 다른 유명 양조장이 있던 역사적인 건물에 위치. 화려하게 장식된 건물 외관이 인상적이며, 가볍게 맥주 한 잔 즐기기 좋다.

루체른과 주변 지역 LUZERN

나에게 루체른은 생각만 해도 마음이 편해지고 정겨운 도시이다.
스위스의 중앙에 위치하고 융프라우 다음으로 한국인들이 많이 찾는
유명 관광지 중 한 곳이기에 출장 중 자주 거치게 되었던 덕도 있었겠다.
평온해 보이는 루체른 호수와 '친구의 정'이라는 꽃말을 가진
재라늄이 흐드러지게 늘어뜨려진 나무다리 카펠교를 바라보게 된다면,
어떤 여행자라도 나와 같은 감정이 들게 될 것이다.
여행자들에게 루체른의 문턱은 낮지만, 한 번 발을 깊숙이 디디게 된다면
아기자기하고 로맨틱하기까지 한 루체른의 매력에 곧 취하게 될 것이다.
이는 분명 에펠탑이 있는 콧대 높은 파리 같은 여행지에서 느끼는
감성과는 차원이 다른, 그런 느낌이다.

03 전통과 현대가 조화로운 **루체른**
LUZERN

스위스의 심장이라 불리는 루체른만큼 이 나라의 원형을 고스란히 품은 곳이 또 있을까? 거울처럼 맑은 루체른 호수가 도시를 포근히 감싸 안고, 그 너머로 알프스의 영봉들이 수묵화처럼 펼쳐지는 곳. 시간의 결이 느껴지는 중세의 골목과 현대의 세련미가 조화롭게 교차하는 이곳은 발길이 닿는 곳마다 '가장 스위스다운' 풍경을 선물한다. 로이스 강을 사이에 두고 발달한 도시는 봄이면 카펠교의 난간을 따라 흐드러진 꽃잎들로 물들고, 네 개의 다리는 강 양쪽의 시간을 잇듯 다정하게 놓여있다. 한겨울 빛 축제 Lilu Light Festival 를 시작으로 일 년 내내 끊이지 않는 클래식과 재즈 음악회, 7월이면 다양한 음악을 야외에서 선보이는 루체른 라이브 행사로 지루할 틈 없이 축제 분위기를 만끽할 수 있다. 잠시 도심을 벗어나 호수 위 유람선에 몸을 실어 보자. 루체른이 들려주는 알프스와 호수의 이중주에 빠져드는 동안 장엄한 자연의 서사가 펼쳐지며, 우리의 여행은 비로소 완결될 것이다.

👍 추천 여행 일정

1 | Only 루체른 루체른 시내 관광(카펠교 및 구시가지 + 빈사의 사자상 + 루체른 호수 유람선 타기)

2 | 루체른 주변 산 루체른 시내 + 리기 산(유람선 타고 비츠나우 또는 베기스로 이동 또는 필라투스, 티틀리스, 슈탄저호른 중 택1)

3 | 루체른과 주변 지역 루체른 시내 관광 + 슈비츠(슈토스) 또는 루체른 호수 유람선 선상 런치 크루즈 즐기기)

ℹ️ 인포메이션 센터

주소 Zentralstrasse 5, Ch 6002 Luzern
위치 루체른 기차역 플랫폼 3번 근처
운영 월~금 08:30~17:00, 토·공휴일 09:00~16:00 (전화 업무 13:00까지), 일 09:00~13:00
※ 시즌에 따라 변경될 수 있음
전화 +41 (0)41 227 1717
홈피 www.luzern.com

여행정보
■ 도시명 루체른
■ 인구 약 83,000명
■ 주요 언어 독일어
■ 고도 436m
■ 키워드 루체른 주의 주도,
로이스 강, 루체른 호수, 카펠교,
리기 산, 슈토스, 필라투스 산,
티틀리스 산, 빌헬름 텔
■ 교통의 요지

Jay Advice
여름에 방문한다면 수영복을 챙겨 루체른 호수 제바트(Seebad)로 가보자. 현지인들 틈에서 수영을 즐기고 노천 바에서 맥주 한 잔을 들이켜는 게 진짜 스위스식 휴식이다.

Janice Advice
루체른의 장점이자 최대 단점은 행사가 끊이지 않는다는 것. 따라서 숙소 가격이 상당히 비싼 편이다. 루체른 시내에서 벗어나 버스나 기차로 5~10분 내 거리에 있는 크리엔스나 시내 외곽으로 눈을 돌리면 가격이 저렴해진다.

✚ 루체른 들어가기 & 나오기

루체른은 스위스의 정중앙에 위치한 유럽 및 스위스 내 주요 교통의 요지이다. 스위스 혹은 주변국을 포함한 스위스 여행을 계획하는 여행자라면 열차를 갈아타거나 중간거점으로 반드시 들르게 되는데 그렇지 않더라도 일부러라도 들러야 하는 매력적인 도시이다. 특히 한국 사람들이 가장 많이 찾는 융프라우 지역의 인터라켄으로 이동할 때나, 스위스 취리히 공항으로 인-아웃 할 때 잠시라도 들러 반나절 정도는 꼭 머무는 지역이다.

1. 차량으로 이동하기

루체른은 스위스 중심부에 위치해, 교통이 루체른을 기점으로 발달한 경우가 많아 자동차로도 이동하기에 용이한 편이다. 다만 시내에서는 주차 문제가 심각하니 현명한 전략이 필요하다.

- **접근성** 스위스 주요 도시에서 1~3시간 내외(바젤·루가노 A2, 취리히 A14·A4 이용).
- **주차 전략** 시내 주차 공간이 부족하므로 호텔 주차장이나 중앙역 지하 주차장을 미리 확인하자(호텔 주차료: 무료~CHF 20).
- **실시간 정보** 시내 전광판의 실시간 주차 여유 공간 표시를 활용하면 편리하다.
- **주이동 팁** 시내에선 차를 세워두고 도보나 대중교통을 이용하는 것이 훨씬 경제적이고 효율적이다.

2. 항공으로 이동하기

스위스 주요 국제공항인 취리히 공항과 제네바 공항을 이용해 루체른으로 들어갈 수 있다. 각 공항에서 루체른 시내까지의 소요시간은 열차로 각각 1시간, 3시간 정도다. 따라서 취리히 공항을 이용하는 게 훨씬 효율적이다.

3. 열차로 이동하기

유럽 주요 도시에서 루체른으로의 이동은 크게 어렵지 않다. 열차를 이용하여 환승 1~2회 정도면 루체른에 도착할 수 있는데 프랑스 파리나 독일 프랑크푸르트에서는 바젤이나 베른을, 독일 뮌헨이나 오스트리아 빈에서는 취리히를, 이탈리아 주요 도시에서는 키아소를 거쳐 루체른으로 들어갈 수 있다. 스위스 철도 맵을 보면 유명 테마 열차가 루체른으로 통하는 것을 알 수 있다. **루체른~인터라켄 익스프레스(골든패스로 이어짐), 고타드 파노라마 익스프레스(티치노 지역) 등 주요 노선이 루체른과 연계된다. 이태리 밀라노에서도 루가노에서 1회 환승하면 약 3.5~4시간 이내에 루체른까지 이동 가능하다.**

★ 주요 도시
→ 루체른 열차 이동시간(최단)
- **취리히** 약 50분
- **베른** 약 1시간 30분
  (직행 1시간)
- **인터라켄 동역** 약 2시간
- **쿠어** 약 2시간 10분
- **몽트뢰** 약 2시간 40분
- **루가노** 약 2시간

✚ 루체른 시내 & 루체른 호수 지역에서 이동하기

루체른 구시가지(루체른 중앙역~빈사의 사자상)는 충분히 도보로 이동 가능하다. 만약, 스위스 패스 비소지자라면 루체른 호수 지역에서 1박 이상일 경우 무료로 제공되는 루체른 방문자 카드 Lucerne Visitor Card 를 이용해보자. 도착하는 날부터 익일까지 기차, 버스(유람선 제외) 노선을 무료로 탈 수 있다. 적용 범위는 ZONE 10까지. 자세한 내용은 아래 홈페이지 참고.

홈피 www.luzern.com/en/services/visitor-card-lucerne

카펠교와 리기 산

카펠교와 필라투스

* km 표시는 루체른 기차역 기준

* 루체른 유람선 선착장 정보
 −루체른 기차역 앞 1, 2번 선착장
 −카카엘 앞 3, 4, 5, 6번 선착장
 −슈바이처호프 호텔 앞 7번 선착장

Bramberg Bergstrasse
Bergstrasse
Brambergstrasse
Diebold-Schilling-Strasse
Museggstrasse
Museggstrasse

무제크 성벽
Museggmauer

구시가지

Schwanenpla

부커러
Bucherer

마노르 백화점
Manor Luzern
마노라 레스토랑 루체른

호텔 데 잘프
Hotel Des Alpes

피제리아 바이세스 크로이츠
Ristorante Pizzeria Weisses Kreuz

Hirschenplatz

라트하우스
브루어라이
Rathaus Brauerei

Seebrücke

슈프로이어교
Spreuerbrücke

체인지메이커
Changemaker

카펠교
Kapellbrücke

역사 박물관
Historisches Museum

레스토랑 밀페유
Mill'Feuille

호텔 데 발랑스
Hotel des Balances
레스토랑 발랑스

바서투름
Wasserturm

로이스 강
Reuss River

Bahnhofstrasse

Theaterplatz

로맨틱 호텔 빌덴만
Romantik Hotel Wilden Mann

예수회 교회
Jesuitenkirche

아메롱 루체른 호텔 플로라
Ameron Luzern Hotel Flora

Franziskanerplatz

라운지 & 바 스위트

호텔 모노폴
Hotel Monopol

Hirschengraben
Hirschmattstrasse

로젠가르트 컬렉션 미술관
Sammlung Rosengart

Pilatusstrasse

공원
Vögeligärtli

펜트하우스 바

코리아 타운
Korea Town
(350m)

호텔 아스토리아
Hotel Astoria Luzern

루체른
Dreilindenstrasse
N
빙하 공원 ▶
etschergarten
(1.2km)
▶ 빈사의 사자싱
Lwendenkmal
(1.1km)
부르바키 파노라마
Bourbaki Panorama
쿱
Coop Supermarkt
호텔 이비스 스타일스
Hotel ibis Styles Luzern City
아르데코 호텔 몬타나
Art Deco Hotel Montana
(1.4km)
루이스 바
호프 교회
Hofkirche
Haldenstrasse
스위스 교통 박물관 ▶
Verkehrshaus der Schweiz
(2.6km)
그로 슈퍼마켓
gros
슈바이처호프 루체른
Hotel Schweizerhof Luzern
막스 쇼콜라티에
Max Chocolatier
eizerhofquai
7번 선착장
루체른 호수
Lake Luzern
1번 선착장
3번 선착장
Bahnhofplatz
루체른 현대 미술관 Kunstmuseum Luzern
카카엘 KKL(Kultur und Kongresszentrum)
루체른 기차역
인포메이션 센터
루체른 대학교
University of Lucerne
공원
Inseli Park
리하르트 바그너 박물관
Richard Wagner Museum
(2.1km)

★★★
카펠교 Kapellbrücke

14세기에 만들어진 카펠교는 지붕이 있는 목조다리로 본래의 용도는 방어벽이었다. 현재는 루체른의 상징으로 많은 사람에게 사랑받는 다리이다. 특히 꽃들이 만개했을 무렵이 가장 아름답다. 다리를 걷다 보면 머리 위로 스위스 역사 및 건국신화와 관련한 100여 점의 17세기 판화작품을 감상할 수 있다. 일부는 그림이 비어 있는데, 이는 1993년 화재로 인한 것으로 대부분은 복원되었으나 비어 있는 곳은 대체할 내용에 대해 스위스 사람들이 이견을 좁히지 못해 그대로 남아 버렸다는 설이 있다.

위치 루체른 기차역에서 내려 북쪽으로 다리를 건너면 바로 왼편에 위치

★★★
바서투름 Wasserturm

루체른에서 가장 많이 사진에 찍히는 피사체로 많은 이들이 다리에 부속된 탑으로 생각하지만, 사실 카펠교보다 약 30여 년 먼저 세워진 선배 격 건축물로 말 그대로 수탑이다. 34.5m, 둘레 약 38m에 달하는 팔각형 석조 타워로 매우 견고하게 설계되어 역사적으로는 등대, 시금고(보물 보관소), 기록 보관소, 그리고 무시무시한 감옥과 고문실로도 사용되었다.

위치 카펠교 바로 옆에 위치

슈프로이어교 Spreuerbrücke ★★☆

남쪽 구시가지의 역사 박물관과 북쪽의 자연사 박물관을 연결해주는 다리이다. 카펠교에 비해 작고 화려한 맛이 적어 덜 알려져 있으나 이 역시 15세기에 지어져 유서가 깊다. 이곳에 원본 그대로 잘 보존된 〈죽음의 춤〉 판화는 과거 역병이 어떻게 사람들에게 유행했는지를 보여주고 있다. 중세시대에는 사람들이 곡식의 껍질 등을 버릴 수 있었던 유일한 다리였다고도 전해진다.

위치 루체른 기차역 쪽에서는 역사 박물관 앞에, 구시가지 쪽에서는 Mühlenplatz 앞에 위치

예수회 교회 Jesuitenkirche ★★☆

17세기에 건축이 시작된 스위스에서 최초로 바로크 양식으로 건설된 대규모 성당으로 반종교개혁의 상징으로 카톨릭의 위엄을 과시하기 위해 화려하게 설계되었다고 한다. 대칭을 이루는 양파 모양 돔Onion Domes과 외관의 차분한 석조 느낌과 달리, 내부는 눈부시게 하얀 벽면과 분홍빛 대리석, 금빛 장식으로 가득하다. 특히 천장에 그려진 화려한 프레스코화는 방문객들에게 마치 천국에 온 듯한 황홀함을 선사한다. 스위스의 수호성인, 성 니클라우스 폰 플뤼에St. Niklaus von Flüe의 실제 의복Habit 일부가 보관되어 있다고 한다.

주소 Bahnhofstrasse 11A, 6003 Luzern
위치 루체른 역에서 나와 호수를 정면으로 바라보고 왼쪽 (카펠교 방향)으로 도보 약 5분

★★★ 무제크 성벽 Museggmauer

루체른 시내와 호수, 알프스의 산을 한눈에 감상하고 싶다면 반드시 무제크 성벽으로 향할 것. 성벽의 중심이 되는 총 9개의 탑 중에서 현재 4개의 탑(쉬르머탑 Schirmerturm, 멘리탑 Männliturm, 치트탑 Zytturm, 바르트 Wacht) 내부만 오를 수 있다. 그중 치트탑에는 가장 오래된 시계가 있는데 일반 시계보다 항상 1분 더 빨리 울리는 것이 재미있는 특징이다. 무제크 성벽은 언덕길이니 무거운 짐을 가지고 이동하는 것은 삼가자.

주소 Schädrütist. 37, 6006 Luzern

운영 매일 08:00~19:00, 겨울 시즌(11월 초~3월 말)
※ 탑 내부 관람 불가
(주변 산책로 탐방만 가능)

전화 +41 (0)41 227 1717

홈피 www.museggmauer.ch

★★☆ 호프 교회 Hofkirche

8세기경 베네딕토회 수도원이 있던 자리에 세워진 유서 깊은 곳으로, 7세기 화재로 대부분 소실되었으나, 다행히 독특한 두 개의 뾰족한 고딕 양식 첨탑은 살아남았다. 이후 재건되면서 건물 본체는 화려한 독일 르네상스 양식으로 지어져, 고딕과 르네상스가 절묘하게 결합된 외관을 자랑한다. 제단 왼편의 성모 마리아의 죽음에 관한 조각상과 파이프오르간이 특히 인상적이며 교회를 감싸고 있는 회랑은 과거 귀족들의 묘소로 사용되었고 사색하기 좋은 장소이다.

주소 Sankt-Leodegar-St. 6, 6006 Luzern

운영 매일 07:00~19:00

위치 루체른 기차역에서 7, 14, 73번 버스 탑승 후 Wey에서 하차
(도보로는 9분 소요)

전화 +41 (0)41 410 5241

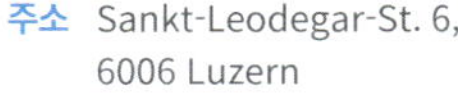

★★★
빈사의 사자상 Lwendenkmal

"세계에서 가장 슬프고도 감동적인 바위 조각"이라고 마크 트웨인이 칭송한 사자상. 1792년 드랑스 혁명 당시 파리 튈르리 궁전에서 프랑스 국왕 루이 16세와 그 일가를 지키다 전사한 760여 명의 스위스 용병들의 용맹함과 충성심을 기리기 위해 자연 암벽 위에 10m 길이로 만들어졌다. 힘없이 늘어진 사자상을 바라보고 있으면 저절로 숙연해지고 눈물이 핑 돈다.

주소 Denkmalst. 4, 6006 Luzern
위치 1, 19, 22, 23번 버스를 타고 Löwenplatz에 도착해 도보로 2분 거리. 구시가지에서 루체른 호수를 우측에 두고 무제크 성벽을 따라 거닐다 보면 도착

★★★
빙하 공원 Gletschergarten

빈사의 사자상 바로 옆에 위치한 빙하 공원은 약 2만 년 전 빙하로 덮여 있던 루체른의 모습을 생생하게 보여주는 전시장이자 공원이다. 거대한 얼음 소용돌이가 · 만들어낸 빙하 포트홀Pot-holes과 화석 등을 통해 알프스가 과거에는 바다였다는 놀라운 사실을 확인할 수 있다. 거울 미로Alhambra와 샌드스톤 파빌리온과 전망대와 박물관이 함께 있어 아이와 함께 방문하기 좋다.

주소 Denkmalst. 4, 6006 Luzern
위치 빈사의 사자상 바로 옆에 위치
운영 여름 시즌(4~10월) 월~일 10:00~18:00, 겨울 시즌(11~3월) 월~일 10:00~17:00
요금 성인 CHF 24, 학생 CHF 18, 어린이(6~16세) CHF 12
※ 스위스 패스 소지자 무료
전화 +41 (0)41 410 4340
홈피 www.gletschergarten.ch

Tip | 이렇게 이동해요

뢰벤 광장에서 빈사의 사자상으로 가는 길에 부르바키 파노라마가 있다. 이것과 빈사의 사자상 바로 위의 빙하 공원을 함께 보면 동선상 효율적. 빈사의 사자상을 본 후 무제크 성벽으로 오르는 길은 쉽게 만날 수 있다(반대로 무제크 성벽을 내려와 호수 반대편으로 걸으면 빈사의 사자상 도착).

© gletschergarten

카카엘 KKL(Kultur und Kongresszentrum)

★★☆

루체른 문화 컨벤션 센터. 루체른 현대 건축의 자부심으로 프랑스의 스타 건축가 장 누벨 Jean Nouvel이 설계했고 '물 위의 건축물'로 불린다. 건물 내부로 호숫물이 자연스럽게 흘러 들어오도록 설계되어 자연과 인공의 경계가 무너지는 듯한 경이로운 풍경을 선사한다. KKL 내부의 화이트 콘서트홀은 세계에서 음향이 가장 완벽한 공연장으로 매년 여름 전 세계의 거장들이 모이는 루체른 페스티벌 Lucerne Festival의 메인 무대이기도 하다. 다양한 이벤트와 회의를 열 수 있는 회의장, 다목적 공간 등을 통해 KKL 내부의 아름다움을 즐길 수 있다.

주소 KKL Luzern Management AG, Europaplatz 1, 6005 Luzern
위치 루체른 기차역 나와 바로 우측
전화 +41 (0)41 226 7070
홈피 www.kkl-luzern.ch

배를 모티브로 만든 카카엘 내부 홀 천장 장식

루체른 현대 미술관 Kunstmuseum Luzern

★★☆

KKL 가장 상층인 4층에 자리한 현대 미술관으로 전시장 내부에서 창밖을 바라보면 루체른 호수와 구시가지가 마치 하나의 거대한 액자 속 그림처럼 펼쳐진다. 특히 스위스 현대 미술가들의 작품을 비중 있게 다루며, 실험적이고 창의적인 기획 전시가 끊이지 않는다. 특히 비가 오는 날 루체른 역 근처에서 시간을 보내야 한다면 단연코 좋은 선택이 될 수 있다. 1층의 세련된 카페테리아에서 호수를 바라보며 즐기는 커피는 루체른 여행의 감도를 높여준다.

주소 Europaplatz 1, 6002 Luzern
운영 화~일 11:00~18:00,
수 11:00~20:00
휴무 일요일, 일부 종교 기념일
요금 성인 CHF 15,
학생(26세 미만) CHF 10,
어린이(16세 미만) 무료
※ 스위스 패스 소지자 무료
전화 +41 (0)41 226 7800
홈피 www.kunstmuseumluzern.ch

로젠가르트 컬렉션 미술관 Sammlung Rosengart

미술 거래상이었던 지그프리드 로젠가르트 Siegfried Rosengart 와 그의 딸 안젤라 Angela 여사가 2대에 걸쳐 수집한 작품들이 수준 높게 전시되어 있다. 스위스가 사랑한 파울 클레 작품 125점과 부녀와 인연이 깊었던 파블로 피카소의 작품 100여 점을 소장하고 있다. 특히 피카소가 그린 젊은 시절 안젤라 여사의 그림이 인상적. 이 외에도 세잔, 샤갈, 마티스, 르누아르 등 유명 작가들의 작품을 함께 감상할 수 있다. 건물은 옛 베를린 은행으로 1924년 안젤라 여사가 로젠가르트 컬렉션을 열기 위해 매입한 것이다.

주소 Pilatusst. 10, 6003 Luzern

위치 루체른 기차역에서 Pilatusstrasse를 따라 도보로 3분 소요

운영 4~10월 10:00~18:00, 11~3월 11:00~17:00

요금 성인 CHF 20, 학생(26세 미만) CHF 12 ※ 스위스 패스 소지자 무료

전화 +41 (0)41 220 1660

홈피 www.rosengart.ch

루체른은 상상외로 박물관과 미술관 천국이다. 이들만 제대로 투어해도 이틀은 꼬박 걸릴 것이다. 로젠가르트 컬렉션과 같은 수준급의 박물관부터 스위스인들에게 가장 많이 사랑받는다고 알려진 교통박물관 등은 꼭 방문해볼 가치가 있다.

스위스 교통 박물관 Verkehrshaus der Schweiz

스위스 교통 박물관은 1959년 개관 이래 가족 단위로 여행하는 스위스인들 사이에서 가장 인기 있는 박물관 중 한 곳이다. 40,000m²의 부지에 철도, 자동차, 비행기, 헬리콥터 등 탈 수 있는 모든 교통수단이 3,000대 이상 전시되어 있다. 약 200m²의 크기로 스위스 국토를 에어뷰로 형상화해 놓은 스위스 아레-관부터 3D 아이맥스 영화관, 커뮤니케이션 박물관, 스위스 현대 예술가인 한스 에르니 박물관 및 초콜릿 어드벤처 등도 놓칠 수 없는 볼거리이다.

주소 Lidost. 5, 6006 Luzern

위치 루체른 기차역에서 버스 6, 8, 24번을 탑승 후 Verkehrshaus역에서 하차

운영 여름 시즌 10:00~18:00, 겨울 시즌 10:00~17:00

요금 성인 CHF 37, 학생 CHF 27, 16세 미만 CHF 15, 6세 미만 무료 (미디어 월드, 한스 에르니 박물관 포함) ※ 스위스 패스 소지자 할인

전화 +41 (0)41 370 4444

홈피 www.verkehrshaus.ch

🏛 ★☆☆
역사 박물관 Historisches Museum

슈프로이어교에서 기차역으로 향하는 끝자락에 자연사 박물관과 나란히 자리하고 있는 역사 박물관은 옛 무기창고로 지어졌던 건물에 1986년 개관했다. 옛 시대의 유물부터 루체른과 다른 지역 사이에서 일어났던 전투와 루체른의 전통을 알 수 있는 전시품, 그림, 소품이 다채롭게 구성되어 있다. 3,000여 점의 전시품에는 각각 영어와 독일어로 된 바코드 오디오 가이드가 있어 깊이 있는 관람이 가능하다.

주소 Pfistergasse 24, Postfach 7437, 6000 Luzern 7
위치 루체른 기차역에서 다리를 건너지 않고 강둑을 따라 이동, 도보로 7분
운영 화~일 10:00~17:00 **휴무** 월요일, 12월 24·25일
요금 성인 CHF 10, 노인 및 학생·그룹 CHF 8 ※ 스위스 패스 소지자 무료
전화 + 41 (0)41 228 5424
홈피 www.historischesmuseum.lu.ch

🏛 ★★☆
리하르트 바그너 박물관 Richard Wagner Museum

독일의 대표적인 작곡가이자 지휘자, 연출가로 활동한 바그너가 둘째 부인과 1866년부터 1872년까지 살던 곳이다. 클래식 마니아라면 한 번쯤 들러보면 좋을 곳으로 바그너의 삶과 작품을 재조명하고 있다. 5개의 공간에 귀중한 원본 컬렉션을 비롯하여 그가 사용했던 작은 오르간, 가구, 입었던 옷, 역사적인 사진과 그림 등도 감상할 수 있다.

주소 Richard Wagner Weg 27, 6005 Luzern
위치 루체른 기차역에서 버스 6, 7, 8번을 탑승 후 Wartegg에서 하차 (약 10분 소요), 루체른 호반을 따라 남쪽으로 걸어서 약 20분

운영 화~일 11:00~17:00 **휴무** 월요일, 12월~3월 말
요금 성인 CHF 12, 학생 및 시니어 CHF 5, 12세 이하 무료 ※ 스위스 패스 소지자 무료
전화 +41 (0)41 360 2370
홈피 www.richard-wagner-museum.ch

Tip | 지그프리트 목가 Siegfried Idyll

'지그프리트 목가'는 바그너가 이곳에 살면서 만든 곡으로, 사랑하는 부인의 33번째 생일을 기념해 만들었다. 생일날 아침 잠든 아내에게 오케스트라 연주로 들려주며 첫선을 보였다. 지그프리트는 아들의 이름이기도 하다.

루체른은 중세풍의 낭만적인 풍경 덕분에 연중 다채로운 축제가 끊이지 않는 '축제의 도시'이다. 축제 기간에 굳이 맞추어 방문할 필요까지는 없지만, 방문 기간에 축제가 열린다면 적극적으로 즐겨봐도 좋다. 특히 루체른 페스티벌 기간에는 호텔 예약이 매우 어려우니 인근 지역에서 투숙하는 것이 현명하다. 전통적인 민속 행사부터 세계적인 클래식 음악제까지, 작가 추천 TOP 4 축제를 소개해본다.

❶ 루체른 빛 축제, 릴루 LILU Light Festival Lucerne

비교적 신생 축제로 겨울의 루체른을 마법처럼 바꾸어 놓는 정말 매력적인 행사이다. 20여 곳의 야외 설치물 관람은 무료이며 예수회 교회 실내축제만 유료.

기간　매년 1월 중순부터 11일간
장소　구시가지 곳곳
홈피　lichtfestivalluzern.ch

❷ 루체른 카니발 축제 Luzerner-Fasnacht

기괴하고 화려한 마스크를 쓴 사람들이 구시가지를 가득 메우고, 구겐무직Guggenmusik이라 불리는 특유의 웅장한 브라스 밴드 행진이 압권인 루체른 대표 전통 행사.

기간　매년 2월(사순절 전)
홈피　luzerner-fasnacht.ch

❸ 루체른 페스티벌 Lucerne Festival

1938년 이래 열린 행사로, 클래식 애호가들에게는 루체른은 '성지'와도 같은 세계 최고의 클래식 음악 축제. 행사 기간 동안 약 100여 개의 콘서트와 연관 이벤트가 열린다. 여름 페스티벌 이전 이후인 봄과 가을에도 다양한 연주회가 장 누벨이 설계산 KKL에서 열린다.

기간　매년 8월 중순~9월 중순
홈피　lucernefestival.ch

❹ 루체른 크리스마스 마켓
Luzern Christmas Market

루체른 중앙역과 구시가지 곳곳에서 열린다. 성탄절과 관련된 오브제, 공예품 등이 아름답게 장식된 부스에서 판매되고 겨울의 추위를 이겨낼 따뜻한 와인과 음료, 글뤼바인과 소시지, 치즈, 감자 요리를 맛볼 수 있다.

기간　매년 11월 말~크리스마스 직전

루체른 구시가지Altstadt의 매력은 히르셴플라츠Hirschenplatz와 연결된 골목을 따라 걸으며 만나게 되는 화려한 프레스코화이다. 각기 다른 고유의 색감과 문양으로 화려하게 채색된 건물들을 바라보면, 마치 숨은 그림 찾기를 하듯 즐겁다.

루체른에는 왜 벽화가 많을까? 중세시대, 글을 읽지 못하는 시민들에게 성경의 내용, 가문의 영광스러운 역사, 혹은 도덕적인 교훈을 전달하기 위해 시작되었다. 그 이후, 16~19세기 사이 루체른의 부유한 상인들과 귀족 가문들이 부와 권력을 과시하기 위한 용도로 활용되었는데, 특히 바인마르크트Weinmarkt 광장 주변의 건물들에서 이런 경향이 두드러진다.

루체른은 상업과 수공업이 발달한 도시로, 각 직업군별 협동조합인 길드Guild의 영향력이 막강했다. 길드 소유의 건물인 준프트하우스Zunfthaus 외벽에는 해당 길드를 상징하는 문장이나 작업 과정을 묘사한 벽화를 그려 넣어, 그들의 결속력과 전문성을 강조했다.

루체른 구시가지 대표 프레스코화 건물

❶ 호텔 데 발랑스
Hotel des Balances

화려한 붉은색과 금색 조화의 건물은 과거 시청사로 쓰였던 곳. 정의를 상징하는 저울과 여신, 그리고 법을 집행하는 인물들이 그려져 있다.

주소　Weinmarkt, 6004 Luzern

❷ 조프 하우스
Zunfthaus zu Pfistern

시청사 바로 인근에 위치. 16세기 제빵사 협동조합의 회관 건물로 성경 속 장면과 길드원들의 가계도, 당시 복식 등을 세밀하게 관찰할 수 있다.

주소 Kornmarkt 4, 6004 Luzern

❸ 도르나허하우스
Dornacherhaus Lucerne

1499년 스위스 연방군이 신성로마제국 군대를 격파하고 독립을 확고히 했던 '도르나흐 전투'에서 유래했다. 거인의 모습은 이 전투에서 보여준 스위스인들의 강인함과 용맹함을 상징한다.

주소 Hirschenplatz, Luzern

❹ 레스토랑 프리치
Restaurant Fritschi

루체른의 가장 큰 축제인 '파스나흐트(Fasnacht, 카니발)'와 그 중심 인물인 프리치 가족을 상징한다. 15세기부터 이 지역에서 활동했던 프리치 길드와 연관이 있으며 이들은 루체른의 전통을 지키는 수호자 역할을 해왔다고 한다.

주소 Sternenpl. 5, 6004 Luzern

Tip | 루체른 구시가지의 배려

구시가지 곳곳에 앉아서 쉬어 갈 수 있도록 의자가 놓여 있다. 눈치보지 말고 앉아서 쉬다가 갈 수 있다. 루체른 구시가지는 다른 도시에 비해 화장실 인심이 나은 편이다. 사용할 수 있는 화장실 체크는 다음 링크로 확인 가능 (https://map.stadtluzern.ch/wc-app/)

루체른 여행 계획을 하는 사람들이 많이 물어보는 것이 있다면 루체른 음식과 레스토랑에 대한 정보이다. 어떤 분들은 맛있는 커피를 맛볼 수 있는 곳을 궁금해하기도 한다. 루체른에서 체류하면서 맛있게 먹었던 레스토랑을 저자와 AI가 함께 추천해 보고자 한다. 비싼 프랑이 아깝지 않은 장소였으면 한다.

작가 추천 & AI 검증

1. 캐주얼 & 가성비 Casual & Budget

- **바쵸 델라 맘마** BACiO della Mamma

  루체른 역 근처에서 구시가지로 들어가는 길목에 위치한 이탈리안 레스토랑. '엄마의 입맞춤'이라는 이름처럼 정성 가득한 이탈리아 가정식을 선보인다.

- **버거마이스터** Burgermeister

  루체른 중앙역 지하 1층에 위치한 가장 대표적인 버거 전문점. 수제 버거 스타일로, 신선한 재료와 육즙 가득한 패티가 특징이다. 스위스 브랜드 음료만 제공한다.

- **트위니 스테이션** TWINY STATION

  현지 학생이나 직장인들이 간단하면서도 든든하게 한 끼를 해결하기 위해 찾는 곳. 따뜻한 샌드위치류는 가성비가 매우 뛰어나다.

- **로스테리아** L'Osteriar `Writer's pick`

  굉장히 대중적인 이탈리안 레스토랑. 매콤 짭조롬한 피라 살시치아 프레스카와 펜네 종류 파스타가 맛있다.

2. 합리적인 로컬 Affordable Local

- **밀푀유** Mill'Feuille `Writer's pick`

  현대적으로 재해석된 현지 음식을 캐주얼하게 즐기기 좋은 곳. 특히 아침 메뉴와 런치 메뉴가 합리적이며 맛도 뛰어나다는 평을 받고 있다.

> **Tip** | **루체른의 한식당**
>
> **서울역**
> Seoul Station Restaurant
> 현지인들이 더 좋아하는 한식당. 젊은 감각으로 표현한 한식 대표 메뉴를 선보인다. 테이크아웃도 가능.
> 홈피 seoulstation.ch
>
> **코리아 타운** Korea Town
> 루체른에서 가장 오래된 아시아 레스토랑 중 한 곳. 점심엔 아시아 런치뷔페를 선보인다. 테이크아웃도 가능.
> 홈피 koreatown.ch

- **레스토랑 뷘드너란트** Restaurant Bündnerland
스위스 동부 지역의 풍미를 느낄 수 있는 아늑한 식당. 전형적인 스위스 스타일 인테리어가 매우 인상적인 곳.
- **올드 스위스 하우스** Old Swiss House
1858년에 지어진 유서 깊은 건물에서 정통 스위스 요리를 제공한다. 특히 테이블 옆에서 직접 조리해 주는 '비너 슈니첼'이 유명하다.

3. 미식 & 고품격 다이닝 High-end Luxury

- **레스토랑 갈레리** Restaurant Galerie
슈바이처호프 호텔 레스토랑으로 화려한 샹들리에와 격조 높은 서비스가 돋보이며, 수많은 음악가와 예술가들의 사랑을 받아온 공간.
- **레스토랑 뤼미에르** Restaurant Lumières
루체른 시내가 한눈에 내려다보이는 언덕 위의 성, 샤토 귀치 Château Gütsch에 있는 레스토랑. 스위스 전통 요리와 지중해식 미식을 결합한 창의적인 메뉴를 선보인다.
- **콜로나드** Colonnade
만다린 오리엔탈 팰리스 Mandarin Oriental Palace 호텔 레스토랑으로 미슐랭 1스타. 현대적인 프랑스 요리를 선보인다.

4. 카페 Best Coffee Shops

입맛에 맞는 커피를 마시는 것만으로 피곤함이 풀리고 하루의 만족도가 극상승하는 날이 있다. 낯선 여행지에서 특히 카페인이 필요하다.

- **카페크란츠** Kaffeekranz im Orell Füssli
루체른 시내에 3곳이 있는데, 저자의 최애 장소는 루체른 중앙역 지하 1층 서점에 있는 지점이다. 서점 안에서 커피를 마시면 괜히 지적 감성에 젖어 든다.
- **카페 타쿠바 노이슈타트**
Café Tacuba Neustadt
스페셜티 커피를 마실 수 있는 곳. 아침식사도 함께 할 수 있다.
- **알프레드** Alfred
현대적인 카페. 로스팅이 잘 된 커피빈으로 바디감이 훌륭하다는 평가를 받는다.
- **오 메르베이유 드 프레드**
Aux Merveilleux de Fred
바로크 스타일의 구시가지 카페에서 맛있는 디저트와 커피, 티를 즐길 수 있는 곳.
- **투 핸즈** Two Hands Coffee House
호주 스타일의 커피와 심플하지만 건강한 식사 메뉴를 만날 수 있는 곳.

스위스에서 쇼핑하기 좋은 곳이 있다면 바로 루체른이다. 루체른은 구시가지를 중심으로 백화점, 쇼핑센터, 핸드메이드 제품, 부티크, 이름만 대면 모두가 아는 브랜드를 판매하는 상점이 몰려 있어 관광과 쇼핑을 한 번에 끝낼 수 있다는 것이 큰 장점이다. 만약 비가 오는 날이라면 실내에서 쇼핑을 해야겠지만, 바인마크트 Weinmarkt, 뮐렌플라츠 Mühlenplatz, 콘마크트 Kornmarkt, 히르쉔플라츠 Hirschenplatz, 카펠플라츠 Kapellplatz 등에서 즐길 수 있는 구시가지 쇼핑은 놓치지 말자.

Writer's Pick

■ 체인지 메이커 Change Maker

유기농, 핸드메이드, 공정무력, 재활용, 에너지 절약, 스위스 메이드를 기조로 사회의 책임 있는 긍정적 변화를 이끌어내는 브랜드. 생활용품, 스타일용품, 커피, 초콜릿까지 살 만한 것들이 다양하다. 가방 종류가 특히 만족스러우며 스위스 독어권 지역 내 10개 매장이 있다. 특히 실용적인 백 팩 종류가 구매욕을 자극한다.

주소 Kramgasse 9, 6004 Luzern
운영 월~금 09:30~18:30, 토 09:30~17:00 **휴무** 일요일
홈피 www.changemaker.ch

럭셔리 시계, 주얼리

■ 부커러 Bucherer

1888년 루체른에서 시작된 역사적인 곳으로, 럭셔리 쇼핑객들에게는 필수 코스다.

주소 Schwanenpl. 5, 6004 Luzern
홈피 www.bucherer.com

■ 타임발레 TimeVallée

귀블린 Gübelin 에서 운영하는 멀티 브랜드 부티크. 현대적이고 세련된 분위기에서 쇼핑이 가능하다.

주소 Schweizerhofquai 1, 6004 Luzern
홈피 www.timevallee.com

달콤한 디저트 & 베이커리

■ 하이니 HEINI

1957년 루체른에서 오픈한 베이커리, 초콜릿, 디저트, 카페 브랜드이다. 루체른 시내 4곳에서 영업 중이다.

홈피 www.heini.ch

■ 막스 쇼콜라티에 Max Chocolatier

2009년 루체른에서 탄생한 브랜드. 수준 높은 초콜릿 제품을 구매할 수 있다.

홈피 www.maxchocolatier.com

■ 바흐만 Bachmann

루체른 사람들이 가장 많이 애용하는 베이커리 카페. 기차역과 시내 곳곳에 상점이 많다. 루체른 랜드마크를 모티브로 한 디저트 선물 세트를 구입하기 좋다.

홈피 www.confiserie.ch

루체른 역 역세권 VS 구시가지 낭만파

루체른 호텔은 호수 뷰Lake View 여부에 따라 가격 차이가 상당하다. 예산이 충분하다면 만다린 팰리스 오리엔탈, 호텔 슈바이처호프 루체른Hotel Schweizerhof, 호텔 데 잘페Hotel Des Alpes를 선택할 수 있겠지만 대부분 루체른 기차역 주변 4성 호텔 위주로 알아보는 것이 현명하다. 특히 여름철에는 에어컨 유무를 반드시 확인하자.

	역세권	낭만파
장점	캐리어 이동 최소화, 사통팔달 교통	중세 건물의 정취, 밤 산책의 낭만
주의	기차 소음 발생 가능성(리뷰 체크 필수)	돌바닥 이동의 불편함(버스 이용 권장)

루체른 비지터 카드 적극 활용하기

루체른 내 호텔, 호스텔, 에어비앤비에 숙박하면 루체른 시내ZONE 10 내의 버스와 열차를 무료로 이용할 수 있는 루체른 비지터 카드Visitor Card를 무료로 발급받을 수 있다. 호텔 체크인 전이라도 예약 확인서가 있으면 미리 디지털 카드를 요청받아 사용할 수 있다.

루체른 대안 숙박 지역

만약, 루체른 행사 기간과 겹쳐 호텔 가격이 평소보다 비싸졌다면 루체른 인근의 현대적이고 세련된 도시, 추크Zug 나 평화르운 마을의 여유를 주는 자르넨 Sarnen, 또는 교통의 요지 올튼Olten으로 알아봐도 된다.

Writer's Pick

| 4성급 |

- **컨티넨탈 파크 호텔** Hotel Continental Park Luzern
  루체른 기차역에서 도보 3분 거리로 현대적이고 공원 바로 인근에 있어 쾌적하다. 스위스 남부 티치노 음식을 선보이는 레스토랑도 있다.
- **호텔 데 발랑스** Hotel Des Balances
  구시가지에 위치. 건물은 유서 깊은 프레스코화로 장식되어 있지만 내부는 매우 현대적이다. 허니무너가 묵기에도 손색이 없다.

| 5성급 |

- **호텔 슈바이처호프 루체른** Hotel Schweizerhof
  단연코 루체른 대표 호텔이다. 루체른 호수 전경을 즐길 수 있고 교통도 편리하다. 최고 수준의 다이닝 서비스를 제공한다.

스위스 찐호수! 루체른 호수 즐기기

루체른 호수, 맑은 물과 피오르드 풍경

스위스에서 가장 아름답기로 유명한 루체른 호수Lake Lucerne와 우리 호수Lake Uri를 통칭해 피어발트슈테터 호수Vierwald- stättersee라고 한다. 이 호수를 중심으로 루체른, 슈비츠Schwyz, 우리Uri, 운터발덴Unterwalden 등 4개의 주가 함께 맞닿아 있다. 스위스 연방이 탄생한 뤼틀리Rütli 초원도 루체른 호수에 위치하고 있을 만큼 스위스 연방 건국 역사적으로 매우 의미 있는 곳이다.

물 위에서 만나는 진짜 스위스

루체른 호수의 푸른 물결 위에 몸을 싣는 순간, 스위스의 시간은 조금 더 천천히 흐르기 시작한다. 현지인들의 여유로운 일상 속에 어우러져 와인이나 향긋한 차 한 잔을 곁들이는 이 '느린 항해'는, 당신이 꿈꾸던 찐여행의 완성이자 오래도록 잊히지 않을 눈부신 순간이 되어준다.

유람선 투어는 선택이 아닌 필수

호수 주변 마을과 루체른 호수와 접해 있는 산악 여행지인 리기Rigi, 필라투스Pilatus, 뷔르겐슈톡Bürgenstock은 유람선과 연계해서 여행하는 것이 가장 아름다운 동선을 만들 수 있는 방법이다.

> **Tip | 유람선은 1등석? 2등석?**
>
> 기차처럼 유람선 또한 1등석, 2등석으로 나뉘어져 있다. 1등석은 상층 데크까지 자유롭게 갈 수 있지만, 2등석은 제한이 있다. 스위스 패스 2등석 소지자라도 추가 요금으로 업그레이드 가능하다.

루체른 호수와 주요 지역

루체른 유람선 이용 가이드

루체른 기차역 앞, 루체른 반호프케 Luzern Bahnhofquai 주변의 선착장은 여행 목적지에 따라 선착장 번호가 다르니 맞는 선착장에서 유람선을 탑승해야 한다.

- 1번 선착장(정규 노선): 리기 산 Weggis, Vitznau 및 플뤼엘렌 Flüelen 방면 주요 선착장 행
- 2번 선착장(필라투스 노선): 필라투스 골든 라운드트립의 시작점인 알프나흐슈타트 Alpnachstad 행

인기 높은 유람선 루트

루체른 선착장 1번에서 출발. 마음에 꼭 드는 마을을 발견하면 유람선에서 내려 풍경을 즐기다가 다음 배를 타고 다른 마을로 가거나 루체른으로 돌아오면 된다.

루체른 → **베기스** → **비츠나우** → **베켄리드** Beckenried → **게르사우** Gersau → **브룬넨** Brunnen → **뤼틀리** Rütli → **바우엔** Bauen → **플뤼엘렌** Flüelen

※ 타임테이블 체크: www.sbb.ch 또는 www.lake-lucerne.ch

※ 루체른–플뤼엘렌 편도: 약 2시간 40분 소요

※ 정기유람선 스위스 패스 소지자 무료

1시간 왕복 유람선

파노라마 요트 사파이어 & 숏 카타마란 크루즈

구시가지 관광 후 1시간 정도 여유가 있다면 시내에서 출발하는 초현대식 유람선을 추천한다. 짧은 시간 안에 루체른 호수의 환상적인 경관을 즐길 수 있어 다음 일정에도 무리가 없다.

❶ 파노라마 요트 사파이어 Panorama Yacht Saphir
- 출발/도착 루체른 7번 선착장(슈바이처호프 호텔 건너편)
- 매년 4월 중순~10월 중순(시즌에 따라 매일 최소 4회 최대 7회 운행)
- 성인 CHF 32, 어린이(만 6~15세) CHF 12 ※ 스위스 패스 소지자 할인가 적용 시 성인 CHF 13, 만 15세까지 어린이 무료

※ 2026년에는 선박리뉴얼로 인해 다른 모터선으로 운행됨

❷ 숏 카타마란 크루즈 Short Catamaran Cruise
- 출발/도착 루체른 3번 선착장(KKL 인근)
- 매일 매시 7분에 출발(09:07~19:07), 금·토 22:07까지 운행
- 성인 CHF 30, 어린이(만 6~15세) CHF 12 ※ 스위스 패스 소지자 무료

런치 크루즈, 혀끝에서 감도는 루체른 호수의 감동

루체른 호수 유람선 타임테이블에서 포크·나이프 아이콘은 식사 가능, 와인 잔 아이콘은 음료만 제공을 뜻한다. 정기 유람선 이용 시 시간에 맞춰 식사를 즐겨볼 수 있다.

※ 정기 유람선의 경우 스위스 패스 소지자 무료 탑승(주문한 식사 가격만 지불)
※ 단품 및 코스 요리 모두 주문 가능
※ 작가 추천 런치 크루즈: 생각 이상으로 런치 크루즈 가능 루트, 시간이 다양하니, 타임테이블을 꼭 체크하자.

봄~가을 **루체른**(출발: 12:00) → **퀴스나흐트** Küssnacht → **루체른**(도착: 13:47)

겨울 **루체른**(출발: 12:00) → **비츠나우** Vitznau → **루체른**(도착: 13:47)

※ 시즌별로 타임테이블 상이, 자세한 내용은 www.lakelucerne.ch에서 체크

선셋 크루즈 Sunset Cruise

정기 유람선 외에 선셋, 화이타, 캔들라이트 크루즈 등 저녁 시간을 알차게 보낼 수 있는 상품이 많다. 노을과 함께 저녁 시간을 좀 더 로맨틱하게 보낼 수 있는 선셋 크루즈는 스위스 패스 소지자의 경우 추가 요금 없이 승선 가능하다.

운영 매년 5월 중순~9월 중순 매일 운행

루체른 근교 산으로의 여행

루체른의 아름다움은 네 곳의 명산과 함께 더욱 빛을 발휘한다. 용의 전설이 담긴 필라투스, 천사의 마을 엥겔베르크에 자리 잡고 있는 만년설산 티틀리스, 그리고 목가적인 스위스 풍경을 그대로 보여주는 산들의 여왕 리기, 그리고 릿지 하이킹의 성지 슈토스에 이르기까지 각기 다른 개성이 넘치는 산악 여행지이다. 특히 스위스 패스 소지자라면 리기, 슈토스, 그리고 슈탄저호른까지 무료로 여행 가능하니 이보다 착한 여행지는 없을 것이다.

1. 필라투스 산 Pilatus (2,132m)

루체른 도심에서 KKL 너머로 보이는 웅장한 바위산이 바로 필라투스이다. 산의 이름인 '필라투스'는 그리스도를 처형한 로마 총독, 폰티우스 필라투스Pontius Pilatus(본디오 빌라도)에서 유래되었다고 한다. 그가 사망한 이후 시체를 받아줄 곳이 없어 결국 용의 산, 악마의 산이라 불린 험한 바위산인 이곳에 버려졌다는 전설이 전해진다. 또 다른 전설로는 이곳에 치유력을 가진 플루에Flue라는 용이 살았다고 하여, 지금까지도 용의 산이라 불린다.

필라투스 여행하는 법

골든 라운드 트립 Golden Round Trip

'골드'가 붙은 이름값을 하듯, 5~10월 중순에 방문하는 여행자들에게만 허락된다. 필라투스 여행의 정석을 보여주는 방법이다.

상행 루체른 → [유람선] → 알프나흐슈타트Alpnachstad → [푸니쿨라] → 필라투스 쿨름Pilatus Kulm

하행 필라투스 쿨름 → [케이블카] → 프레크뮌텍Fräkmüntegg → [곤돌라] → 크리엔저엑Krienseregg, 크리엔스Kriens → [버스] → 루체른

루체른 호수 유람선, 루체른에서 출발시간(2번 선착장)

유람선 여름 시즌 기준 09:38, 10:38, 12:38, 13:38, 14:38, 16:38 (알프나흐슈타트까지 1시간~1시간 30분 소요)

※ 역방향도 가능. 겨울 시즌에는 푸니쿨라 비운행, 케이블카와 곤돌라로 여행 가능

© Pilatus-bahnen AG

크리엔스 역

주소 Pilatus-Bahnen AG. Schlossweg 1, 6010 Kriens/Luzern

운영 여름 시즌(5~11월)과 겨울 시즌(12월~4월) 운영 방법 상이 (알프나흐슈타트–필라투스 쿨름까지 푸니쿨라는 여름에만 운행/겨울에는 크리엔스–필라투스 쿨름까지 곤돌라, 케이블카만 운행)

요금 **여름 시즌** 왕복 구간(출발/도착역 상관없음) CHF 84
겨울 시즌 Kriens-Pilatus Kulm-Kriens만 가능 CHF 60
※ 스위스 패스 소지자 및 어린이 50% 할인

전화 +41 (0)41 329 1111

홈피 www.pilatus.ch

Tip | 필라투스 정상에서 숙박해보기

필라투스 쿨름에는 4성인 Hotel Pilatus–Kulm과 3성인 Hotel Bellevue가 있다. 해발 2,132m 높이에서 1박하는 색다른 경험도 괜찮을 듯. 예약은 필라투스 홈피에서 가능하다.

Activity ❶ 다양한 액티비티

아이들과 동반하거나 액티비티를 좋아하는 여행자라면 프레크뮌텍이 성지가 될 것이다. 바로 이곳에서 다양한 액티비티를 즐길 수 있다. 자일파크, 트리 텐트, 로프파크 외에도 트리톱 패스, 토보건이 있고 겨울에는 썰매도 탈 수 있다. 아이들이 어리다면 이곳의 놀이터를 이용하면 된다. 특히 나무와 나무 사이에 매달아놓은 트리 텐트에서 1박 하는 경험은 진정 압권!

★ 트리 텐트
운영 6~9월
요금 1박 성인 CHF 140,
만 12~15세 CHF 105,
만 8~11세 CHF 95,
8세 이하 CHF 65
※ 포함: 열차티켓
(크리엔스-프레크뮌텍-
크리엔스 왕복), 로프파크,
그릴뷔페(저녁 식사), 조식

Activity ❷ 하이킹 추천 루트

필라투스 정상에는 필라투스 쿨룸을 왕복하는 용의 길Dragon Path과 필라투스 산의 가장 높은 지점인 톰리스호른Tomlishorn까지 다녀오는 꽃길Flower path이 유명하다. 특히 꽃길은 왕복 1시간 남짓으로 운이 좋다면 산양 종류인 슈타인복을 볼 수도 있다.

2. 슈토스 Stoos (1,300m)

슈토스는 사실 산 이름이 아닌, 슈비츠^{Schwyz} 근처의 산악마을 이름이다. 최대 경사도가 110도에 달하는 구간을 운행하는 세계에서 가장 가파른 푸니쿨라로 유명해졌다. 여름에는 특히 슈토스에서 체어리프트를 타고 갈 수 있는 프론알프슈톡^{Fronalpstock}과 클링엔슈톡^{Klingenstock}까지 오른 다음 산등성이를 걷는 릿지 하이킹을 꼭 권하고 싶다. 체어리프트는 날씨 영향을 많이 받으니 출발 전에 꼭 홈페이지를 통해 운영 여부를 확인해보자.

홈피 www.stoos.ch

루체른에서 슈토스 가는 2가지 방법

❶ 루체른에서 기차를 타고 슈비츠까지 이동, 이곳에서 버스로 환승하여 슈토스 푸나쿨라를 탈 수 있는 슈비츠, 슈토스반^{Schwyz, Stoosbahn}까지 이동한 후 푸니쿨라로 슈토스 이동

❷ 루체른에서 브룬넨^{Brunnen}까지 기차로 이동, 이곳에서 버스로 환승, 모르샤흐^{Morshach} 도착. 모르샤흐에서 케이블카로 슈토스 이동

- 점검기간: 슈비츠~슈토스 푸니쿨라 매년 2회(2026.03.23~04.23/2026.10.26~12.04)
  ※ 푸니쿨라 점검기간에는 모르샤흐 케이블카 탑승. 케이블카, 체어리프트도 점검기간 별도로 있음
- 요금: **슈비츠/모르샤흐~슈토스 왕복** 성인 CHF 23.20, 아동 CHF 11.60
  ※ 스위스 패스 소지자 무료
  슈비츠/모르샤흐~프론알프슈톡/클링엔슈톡 왕복
  성인 CHF 56, 이동 CHF 20 ※ 스위스 패스 소지자 CHF 33

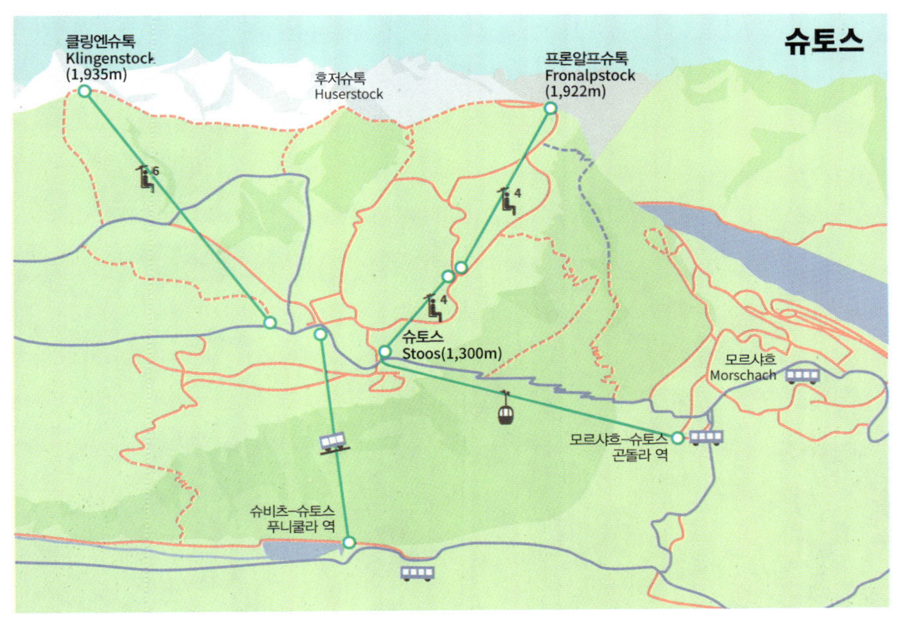

3. 리기 산 Rigi (1,798m)

산과 여행자의 마음이 하늘에 닿아있는 곳, 리기

푸른 초원에서 소와 당나귀가 한가로이 노니는 리기는 우리가 꿈꾸던 스위스의 모습이 현실이 되는 곳이다. '산들의 여왕'이라 불리는 이곳은 빅토리아 여왕과 마크 트웨인, 엘리자베트(시시) 등 명사들이 사랑한 유서 깊은 곳으로, 1871년 유럽 최초의 산악열차가 개통된 역사를 간직하고 있다. 루체른, 주크, 라우에르츠 세 호수에 둘러싸인 절경과 겨울철 신비로운 운무는 방문객의 감성을 깊게 자극한다.

리기 쿨름

비츠나우 역

주소 Banhofstrasse 7,
6354 Vitznau

운영 산악열차 구간 매일 운행

산악열차

❶ 비츠나우-[리기 칼트바드]
-리기쿨름

❷ 아트-골다우~리기 쿨름

케이블카

❶ 베기스–리기 칼트바드
2026.3.9~4.2 &
2026.11.16~20, 11.23~11.27
※ 케이블카 구간은 점검기간
중 비운행, 점검일에는 산악열
차로 이동

요금 **리기 산 데이티켓**
성인 CHF 78, 만 15세까지
(부모와 동반 시) 무료
※ 스위스 패스 소지자 무료

전화 +41 (0)41 399 8787

홈피 www.rigi.ch

**Tip │ 리기 쿨름에서
인생샷 건지기**

리기 쿨름 정상 벤치는 인생샷 맛집이다. 혼자 또는 커플들이 줄을 서서 순서를 기다린다.

리기 클래식 왕복 여행 Classic Rigi Round Trip

여행자들이 가장 많이 선호하는 리기 산 여행 방법은 열차와 케이블카, 유람선 조합이다. 스위스 리비에라 지역으로 손꼽히는 베기스는 봄부터 가을까지 방문객이 끊이지 않는다. 리기 산을 여행하는 가장 대표적인 왕복여행을 소개해본다. 시간대는 여행자의 사정에 따라 다양하게 조정 가능하다.

상행

09:12 루체른 1번 선착장에서 유람선 탑승

10.09 비츠나우 Vitznau 도착

10:18 비츠나우어서 산악열차 탑승하여 리기 쿨름으로 출발

10:50 리기 쿨름 Rigi Kulm 도착
정상 관광 및 리기 슈타펠까지 내리막길 하이킹(약 20분)

12:00 레스토랑 록세븐 Lok 7에서 점심 식사(※록세븐 대신 리기 클룸에서도 식사 가능)

하행

13:08 리기 슈타펠에서 산악열차로 출발

13:15 리기 칼트바드 도착하여 마을 둘러보기(※리기 칼트바드에서 미네랄바스&스파를 즐긴 후 케이블카 탑승해도 됨)

13:40 케이블카 탑승하여 베기스로 이동

13:50 베기스 도착 후 보트 선착장까지 언덕길 내려가기(약 15분)

14:05/15:05 루체른 호수 유람선 탑승

14:47/15:47 루체른 도착

취리히나 티치노에서 출발하여 리기 산 여행 시

취리히나 티치노에서 리기 산 여행을 시작해야 한다면 아트 골다우 Arth-Goldau에서 시작해보자.

리기 산의 다양한 산악열차와 시간 여행

리기 산 여행의 장점 중 하나는 다양한 산악철도부터 케이블카까지 다양한 이동수단 체험이 가능하다는 것이다. 비츠나우–리기 쿨름 왕복 구간은 2022년부터 에너지 선순환 신형 모델인 하이브리드 산악열차가, 아트 골다우–리기 쿨름 왕복 구간은 19세기 말 또는 20세기 초반에 제작된 빈티지 노스탤지어 객차가 운행된다.

케이블카를 타고 싶다면 리기 칼트바드–베기스 구간을 이용하면 된다. 21세기 최신형 산악열차와 빈티지 캐리지, 그리고 케이블카까지 스위스 산악철도의 변천사를 리기에서 만나볼 수 있다.

❶ 비츠나우–[리기 칼트바드]–리기 쿨름

2022년 5월부터 운행 중인 모던 열차

리기 산의 명물, 빨간 열차

❷ 아트 골다우–리기 쿨름

리기 산의 명물, 파란 열차

노스탤지어 캐리지

❸ 베기스–리기 칼트바드

50인승 케이블카

❹ 크레벨–리기 샤이덱

10인승 케이블카

> **Tip** | **베기스 케이블카 구간은 하행 시 이용**
>
> 베기스 케이블카 역에서 베기스 선착장까지는 내리막길로 편하게 걸어갈 수 있지만 반대 방향일 경우는 오르막길로 다소 힘들다.

▶▶ 하이킹 추천 루트 (5월 말~10월)

리기 산의 대부분 하이킹 패스는 초보자가 걷기에도 무리가 없을 만큼 안전하고 편안한 길로 이루어져 있다는 것이 장점. 심지어 유모차를 끌고 걸을 수도 있는 등 구간이 다양하다. 여름에는 약 120km, 겨울에는 35km의 하이킹 코스가 있으며, 리기 철도역에서 지도를 요청하여 하이킹 루트를 정하면 된다. 표지판도 잘 되어 있다.

클래식 트레일: 2번 루트

리기 쿨름 → 리기 슈타펠 → 켄츨리Känzli **→ 리기 칼트바드**

리기 산 정상에서 시작해서 적당히 가파른 구간인 리기 슈타펠까지, 그리고 멋진 경관을 볼 수 있는 켄츨리를 경유하여 웰니스 스파를 즐길 수 있는 리기 칼트바드까지 기분 좋은 1시간 30분의 하이킹을 보장한다. 켄츨리 부근에는 바비큐를 할 수 있는 공간이 마련되어 있다.

소요시간 1시간 30분~2시간
난이도 쉬움(운동화 신고 가능)

파노라마 트레일: 5번 루트

리기 칼트바드 → 리기 샤이덱 Rigi Scheidegg

걷기 매우 쉽고 오르막이 거의 없는 편평한 트레일을 걷다 보면 전후방으로 펼쳐지는 알프스 지대의 경관을 즐길 수 있다. 하이킹 초입에 위치한 샬레 쉴드Chalet Schild나 종료지점인 리기 샤이덱 레스토랑에서 진정한 로컬 음식도 맛볼 수 있다. 리기 샤이덱에서 크레벨Kräbel까지 케이블카, 크레벨에서 아트 골다우 역까지 산악열차로 이동 가능.

소요시간 2시간 30분
난이도 쉬움(운동화 신고 가능)

전체적으로 차분한 그레이스톤과 조명, 개성 넘치는 단단한 구조가 미스터리한 감성을 주는 곳으로 스위스 유명 건축가, 마리오 보타가 설계했다. 공간은 모두에게 개방되는 미네랄바드 존과 16세 이상 이용 가능한 스파 존으로 나뉘며, 근처 교회당에서 샘솟는 몸에 좋은 미네랄이 함유된 냉천을 데워 사용한다. 13세기 이전부터 병을 고치기 위해 리기 산 냉천을 찾았다는 기록이 있을 정도로 유명하다. 하이킹 후 몸을 담그면 최고의 여행이 될 것이다.

주소 리기 칼트바드 역에 위치
운영 11:00~19:00 (이른 아침에는 리기 칼트바드 호텔 숙박객에게만 오픈)
요금 성인 CHF 41, 아동(만 7~15세) CHF 21
※ 수영복, 타월, 개인 위생용품 지참 필수 (대여 가능)
전화 +41 (0)41 397 0406
홈피 www.aquaspa.ch/en/mineralbad-rigi/

Food 리기 산을 맛보다 - 입안 가득 스위스를 담는 시간

현지인들이 즐겨 찾는 리기 산은 산자락 곳곳에 다채로운 산악 레스토랑이 가득하다. 하이킹 도중 발길이 닿는 대로, 예산과 입맛에 맞는 메뉴를 골라 스위스풍 여유를 즐겨보자.

리기 쿨름 Rigi Kulm (리기 산 정상)

❶ **리기 쿨름 호텔 레스토랑 & 카페테리아** : 호텔 부속 시설로 격식있는 레스토랑과 준비되어 있는 음식 중 골라 담을 수 있는 카페테리아가 있다.

❷ **알프 케제렌홀츠** Alp Chäserenholz : 리기 쿨름에서 도보 20분 거리, 전통농가, 알프 케제렌홀츠는 직접 생산한 신선한 치즈 플래터와 와인을 즐길 수 있는 곳이다. 이후 리기 슈타펠까지 30분간 가벼운 하이킹을 즐긴 뒤 산악열차로 하산하는 코스를 추천한다.

　리기 쿨름 → [하이킹 20분] 알프 케제렌홀츠 → [하이킹 30분] → 리기 슈타펠 → 기차로 비츠나우 or 아트-골다우로 하산

리기 슈타펠 Rigi Stafel

❶ **리기 반회플리** Rigi Bahnhöfli : 푸짐한 로컬 단품 식사. 빠르게 식사 가능하다.

❷ **록세븐 레스토랑** LOK 7 Restaurant : TV와 소셜 미디어에 소개된 맛집으로, 막걸리와 스위스 감자전, 뢰스티 세트 메뉴인 안주 & 반주 Anju & Banju를 먹을 수 있다. 모던하고 안락한 분위기, 놀이방이 있어 아이들을 데리고 가기에도 적합한 곳. 테라스에서는 햇빛을 만끽하며 식사할 수 있다. 싹싹한 서버들이 인상적인 곳으로 한국어 메뉴를 갖추고 있다.

록 세븐 레스토랑

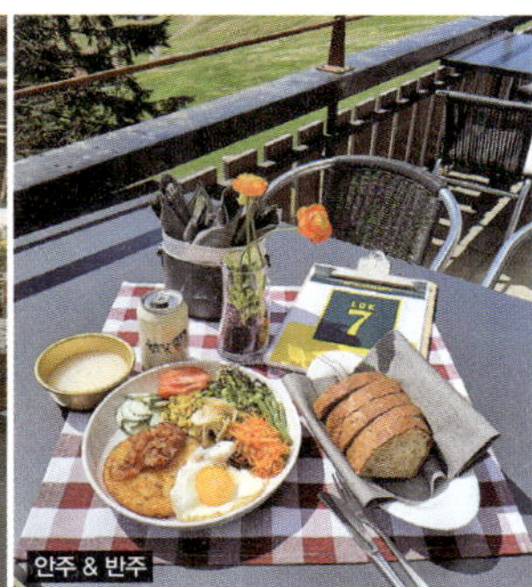
안주 & 반주

리기 슈타펠회에 Rigi Staffelhöhe

레지나 몬티움 Regina Montium : 허브가든으로 둘러싸인 크래우터호텔 에델바이스 Kräuter Hotel Edelweiss에서 운영하는 미슐랭 1스타 레스토랑. 400여 종류의 허브를 직접 재배하고 이 허브를 이용해 오가닉 요리를 만들며 거의 모든 재료를 리기 산과 주변 지역에서 조달한다. 미슐랭에서 선정된 메뉴는 저녁에만 제공되지만, 이곳에서 운영하는 비스트로에서 수준 높은 점심 식사를 맛볼 수 있다. 여왕의 산에서 여왕의 만찬을 즐겨보자.

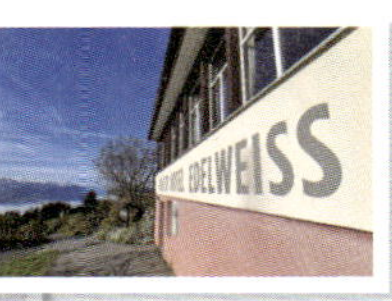

> **Tip | 리기 맥주**
>
> 식사를 즐기면서 가볍게 리기 맥주를 곁들이는 것도 좋겠다. 리기 맥주는 리기 산에서만 맛볼 수 있는 맥주로 깨끗한 물과 양질의 홉으로 한정된 양만 생산해 극히 제한적인 곳에서만 판매된다.

Stay 리기 산에 머물다 – 스위스를 꿈으로 이끄는 시간

리기 칼트바드 스위스 퀄리티 호텔 Rigi Kaltbad Swiss Quality Hotel

리기 산의 대표적인 호텔. 객실에서 알프스 산악 풍경을 질릴 때까지 즐길 수 있으며, 저녁에는 산과 내가 오롯이 하나가 되는 느낌을 받는 곳이다. 리기 칼트바드 미네랄바드를 편리하게 이용할 수 있다. 평일에 이용하는 것이 더 한가롭고 한국인 허니무너들도 애정하는 곳이다.

주소 Zentrum 4, 6356 Rigi Kaltbad(리기 칼트바드 역)
전화 +41 (0)41 399 8181
홈피 www.hotelrigikaltbad.ch

스위스 지방에서 가장 높은 산(3,239m)이자 유일한 만년설산. '천사의 마을' 엥겔베르크Engelberg에 도착하여 그 웅장한 여행을 시작할 수 있다. 겨울에는 설상스포츠의 천국으로 변모하며 패러글라이딩, 하이킹 등 다양한 스포츠의 메카이기도 하다. 2026년 6월, 티틀리스 정상에는 헤르조크 & 드뫼롱이 설계한 타워Tower가 오픈하여 고품격 레스토랑, 바, 전시장으로 운영된다.

주소 Titlis Bergbahnen Gerschnistrasse 12 6390 Engelberg

운영 **티틀리스 익스프레스** Titlis Xpress (엥겔베르크– 트륍제 곤돌라) 2026.5.4~5.8 & 2026.10.26~10.31 비운행 * 해당 기간동안 Line 2로 대체 운행
티틀리스 로테어 Titlis Rotair (트륍제–티틀리스 정상 케이블카) 2026.8.10~12.10 비운행 * 해당 기간 동안 신규 티틀리스 케이블카로 대체 운행

요금 **엥겔베르크–티틀리스 왕복** 성인 CHF 102, 어린이 (만 6~15세) 및 스위스 패스 소지자 50% 할인 적용

전화 +41 (0)41 639 5050

홈피 www.titlis.ch

© Lucerne Tourism

티틀리스로 향하는 특급열차, 루체른–엥겔베르크 익스프레스 Luzern-Engelberg Express

스위스 중부의 아름다운 호수와 웅장한 알프스 산맥을 잇는 환상적인 파노라마 노선. 루체른에서 커피 한 잔을 들고 기차에 오르면, 커피가 식기 전에 티틀리스 여행의 시작점, 엥겔베르크에 도착한다. 커다란 통창이 설치된 파노라마 열차로 운영되며, 좌석 예약은 필수가 아니다. ※ 스위스 패스 소지자 무료

운행구간 루체른 ↔ 엥겔베르크
소요시간 편도 약 43분(매시간 운행)

▶▶ 티틀리스 출발역으로 이동하기

엥겔베르크 기차역 바로 앞에서 티틀리스 익스프레스Xpress 곤돌라가 출발하는 곤돌라역 Titlis Talstation까지 셔틀버스를 타거나, 셔틀버스 시간이 애매하게 남았다면, 곤돌라역까지 마을과 반대 방향으로 걸어가면 된다. 딱 기분 좋게 걸을 수 있는 10분 거리.

티틀리스 출발역 Titlis Talstation → [티틀리스 익스프레스 Titlis Xpress 곤돌라 탑승] → **트륍제 호수** Trübsee **경유**(트륍제를 먼저 여행하고 싶다면 이곳에서 하차) → **환승역, 슈탄트** Stand **도착** → [티틀리스 회전케이블카, 로테어Rotair로 환승] → **티틀리스 정상 도착**

티틀리스 익스프레스

엥겔베르크Engelberg—티틀리스를 품은 마을

1120년 창건된 버네딕트 수도원을 중심으로 발전한 마을. 놀랍게도 스위스에서 가장 큰 파이프 오르간을 보유하고 있다. 수도원 내부의 치즈 공장에서는 전통 치즈 제조 과정을 볼 수도 있고 구입도 가능하다. 엥겔베르크는 다양한 액티비티를 즐기기에 좋은 베이스타운으로 장기 숙박 숙소나 콘도미니엄 스타일의 현대식 숙소가 잘 마련되어 있다.

티틀리스의 액티비티 & 즐길거리

스위스 산 중에서 사계절 내내 아드레날린이 넘치는 액티비티를 선물 상자처럼 모아놓은 곳이 있다면 바로 티틀리스이다. 스키가 처음이라면 티틀리스에서 강습을 추천하고 싶다. 티틀리스뿐 아니라 햇살 가득한 언덕으로 불리는 브룬니Brunni는 가족 단위 여행객과 하이킹커들에게 인기가 많고 특히 여름에는 맨발 걷기 체험Tickle Path이 유명하다.

▶▶ 티틀리스 정상

Activity ❶ 티틀리스 클리프 워크
Titlis Cliff Walk

해발고도 3,041m. 지면에서 500m 높이이다. 유럽에서 가장 높은 곳에 위치한 현수교로, 짜릿한 스릴을 느낄 수 있다. 악천후를 제외하고 상시 무료로 운영된다.

Activity ❷ 아이스 플라이어 Ice Flyer

발밑에 펼쳐진 장엄한 빙하와 크레바스를 볼 수 있다. 아이스 플라이어를 타면 여름에도 눈썰매를 즐길 수 있는 '빙하 공원'으로 이동 가능하다.

▶▶ 트륍제 호수 Trübsee

해발 1,800m에 위치한 트륍제Trübsee 호수는 '정적인 휴식'과 '동적인 액티비티'가 공존하는 완벽한 중간 기착지로 티틀리스 정상보다 더 오래 머물고 싶은 곳이다. 셀프서비스 레스토랑도 있으니 가볍게 식사하기도 좋다.

6~10월 날씨에 따라 운행되며, 시간당 CHF 10 정도의 기부금이 선택사항. 호수 주변에서 바비큐를 즐기러 오는 가족들 또는 연인들에게 인기만점.

알파인 별장에서 호수까지 500m를 타고 내려오는 짚라인(1회/CHF16)과 백점프 Bag Jump(무료)를 즐길 수 있다. ※ 여름 시즌에만 운영

스노엑스파크 SnowXpark

겨울 시즌에만 오픈하는 시설. 세계 최초의 전기 스노바이크인, 문바이크를 타고 준비된 코스를 시원하게 달릴 수 있다. 이스노모빌, 봅슬라 등 다른 탈거리도 탑승 가능. 3종류 모두 탑승 가능(각 10분씩). CHF 79.

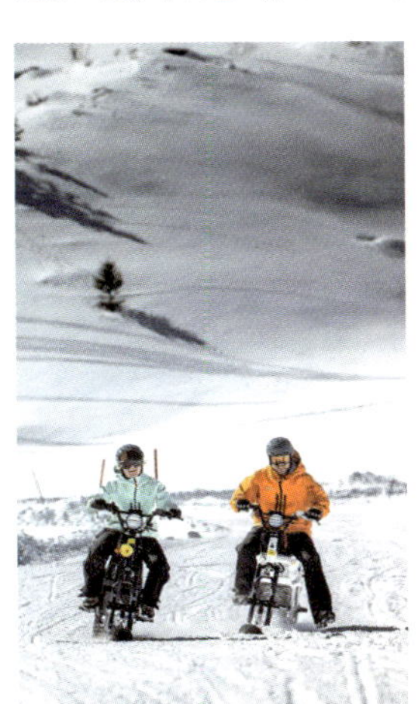

트륍제 호수 알프스 꽃 루트 Trübsee alpine flower route

고도가 높을수록 여름이 매우 짧고 식물이 꽃을 피울 시간이 거의 없다고 한다. 게르슈니알프와 트륍제 호수에 새로 조성된 알프스 야생화 루트에서 하이킹을 하며 다양한 꽃과 식생에 대해 알아갈 수 있다. 꽃을 좋아하는 한국인들에게 딱 적합하다.

시작 지점 Trübsee mountain station
종료 지점 부티크 객실 CHF 562~(2인, 조식 포함)
거리 2.4Km **소요시간** 40분 **홈피** www.engelberg.ch

리기 쿨룸. 정상데크

루체른 **주변 지역**

루체른 주변 스위스 중부 지역은 역사상 의미 있는 마을이 제법 있다. 스위스 연방의 기원인 '뤼틀리 맹약' 서약서를 보관하고 있는 **슈비츠**Schwyz, 스위스 건국 신화 빌헬름 텔의 주 무대인 **알트도르프**Altdorf, 스위스에서 가장 부유한 주인 **추크**Zug, 유네스코 세계자연유산으로 지정된 **엔틀레부흐**Entlebuch, 하이킹이나 세계 최초 카브리오 케이블카를 경험할 수 있는 **슈탄스**Stans가 그것이다. 루체른을 여행한다면 주변 지역을 함께 둘러보는 것도 추천한다.

✚ 슈비츠 Schwyz

스위스라는 국가 명칭과 국기의 기원이 된 곳

스위스 연방의 뿌리이자 정신적 지주인 슈비츠는 스위스의 독어 이름인 슈바이츠Schweiz와 국기의 기원이 된 매우 상징적인 곳이다. 슈비츠는 칸톤이자 도시 이름이기도 하다. 이곳의 랜드마크인 당나귀 귀를 닮은 그로서 미텐Grosser Mythen 산(해발 1,989m)은 슈비츠의 상징이기도 하다. 슈비츠는 만능툴로 유명한 스위스 아미나이프, 빅토리녹스 브랜드가 1884년에 탄생한 곳으로 스위스 나이프밸리Knif Valley라고 불리기도 한다. 주도인 슈비츠 시는 고풍스러운 바로크 양식을 지닌 우아한 곳으로 스위스의 자부심이 깃든 작고 아름다운 도시로 방문할 만한 가치가 있다.

슈비츠 시로 이동하기

1. 열차로 이동하기
루체른에서 기차로 40분 소요

2. 슈비츠 기차역에서 슈비츠 중심가로 이동하기
Schwyz Post 행 로컬버스로 약 5분 거리

★ **인포메이션 센터**

주소 Zeughausst. 10, 6430 Schwyz
위치 슈비츠 중앙 광장 (Hauptplatz) 인근, 연방 기록 보관소 박물관 인접
운영 화~일 10:00~17:00
휴무 월요일
전화 +41 (0)41 825 0040
홈피 erlebnisregion-mythen.ch

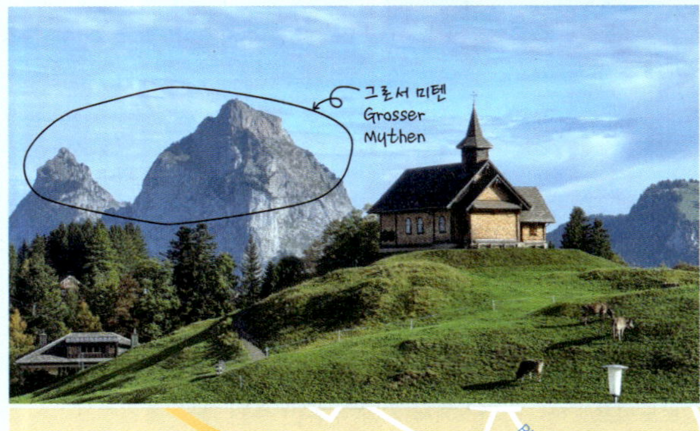

Tip | 빅토리녹스 브랜드 스토어
Victorinox Brand Store

개인 취향에 따라 아미나이프, 러기지, 시계를 직접 만들어 볼 수도 있고 구입할 수도 있는 곳이다. 슈비츠 인근 브룬넨에 위치.

주소 Bahnhofstrasse 36440 Brunnen
전화 +41 (0)41 825 60 20
홈피 www.victorinox.com

★★☆ **GPS** 47.021682, 8.655849

이탈 레딩 저택 Ital Reding Haus

1609년, 슈비츠의 유력한 군인이자 정치가였던 이탈 레딩이 세운 전형적인 '장원 영주의 저택'으로, 당시 용병 사업으로 막대한 부를 쌓았던 가문의 위세를 보여준다. 주거용 건물과 별채, 정원으로 구성되어 있으며, 판넬과 목조 양식 인테리어가 멋진 내부가 인상적이다. 특히 17세기 당시의 가구와 벽화들이 잘 보존되어 있고, 별채인 베들레헴 하우스 Bethlehen House 는 1287년 지어진 것으로 역사적인 가치가 있다.

주소 Rickenbachstrasse 24, 6430 Schwyz
운영 **5~10월** 화~금 14:00~17:00,
　　　토·일 10:00~16:00 **휴무** 월요일, 11~4월
요금 성인 CHF 10, 만 15세까지 무료
전화 +41 (0)41 811 4505　　**홈피** www.irh.ch

★☆☆ **GPS** 47.021427, 8.651546

스위스 역사 박물관
Forum der Schweizer Geschichte

스위스 국립 박물관 그룹에 속한 3대 박물관 중 하나로, 이곳은 스위스 연방의 탄생과 중세인의 삶을 전문적으로 다룬다. 1291년 세 주(슈비츠, 우리, 운터발덴)가 동맹을 맺고 스위스 연방을 형성하게 된 과정을 시각적이고 인터랙티브하게 보여주며 당시 사람들이 어떻게 먹고, 입고, 싸우고, 교역했는지를 생생하게 재현하여 '중세 스위스로의 시간 여행'이 가능한 곳이다.

주소 Hofmatt, Zeughausstrasse 5, 6430 Schwyz
운영 화~일 10:00~17:00 **휴무** 월요일
요금 성인 CHF 13, 6세 미만 무료
　　　※ 스위스 패스 소지자 상설전시 무료
전화 +41 (0)41 819 6011　**홈피** www.forumschwyz.ch

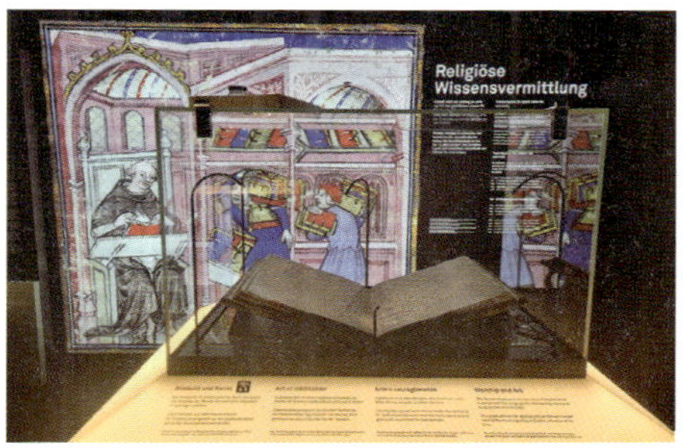

★★★ **GPS** 47.022043, 8.648244

연방 고문서 박물관 Bundesbriefmuseum

스위스라는 국가의 '출생 증명서'를 보관하고 있는, 스위스인들에게는 성지와도 같은 곳. 슈비츠, 우리, 운터발덴 세 지역이 외부 세력(합스부르크 가문 등)에 대항해 서로 도울 것을 1291년 맹세한 문서인 연방 헌장 Bundesbrief 이 이곳에 보관되어 있다. 이후 연방이 확장되면서 체결된 다양한 중세 동맹 문서들을 전시하고 있어 스위스의 성장을 한눈에 볼 수 있다. 또한, 스위스의 영웅 '빌헬름 텔 William Tell' 전설과 실제 역사가 어떻게 섞여 스위스인의 정신을 만들었는지 설명하는 섹션이 흥미를 불러일으킨다. 스위스 역사를 담은 거대한 벽화들이 그려져 있는 건물도 매우 인상적이다.

주소 Bahnnofst. 20,6430 schwyz
위치 아라우 기차역에서 도보 5분 거리
운영 화~일 10:00~17:00 **휴무** 월요일
요금 성인 CHF 5, 만 16세까지 무료 ※ 스위스 패스 소지자 무료
전화 +41 (0)62 819 2064
홈피 www.bundesbrief.ch

✚ 알트도르프 Altdorf

빌헬름 텔의 전설이 살아 숨 쉬는 곳

우리Uri 주의 주도인 알트도르프는 루체른 호수 남단 로이스 계곡에 위치하며, 스위스 건국 신화의 핵심적인 배경이 되는 도시이다. 알트도르프의 시청 앞 광장은 빌헬름 텔이 아들의 머리 위에 사과를 올려놓고 화살을 쏘았던 장소로 유명하다. 빌헬름 텔 동상과 우리Uri 극장 등이 주요 볼거리. 주변 마을인 뷔르글렌, 샤트도르프Schattdorf, 플뤼엘렌Flüelen 등과 함께 주변 산으로 하이킹을 떠나기 좋은 곳이다.

알트도르프로 이동하기

1. 열차로 이동하기
루체른에서 약 1시간 소요

2. 기차역에서 알트도르프 시내로 이동하기
기차역에서 중심가까지는 약 1Km. 버스 또는 도보 가능

📷 ★★★
빌헬름 텔 기념비 Telldenkmal

밖으로 보이는 빌헬름 텔의 위엄에 한 번, 탑에 오르며 빌헬름 텔과 이곳의 역사를 흥미롭게 전하는 내부에 또 한 번 감동받는다. 스위스 전역의 30명의 아티스트 중 스위스 솔로투른의 아티스트 리차드 키슬링Richard Kissling에 의해 1895년 8월 세워진 빌헬름 텔 기념비는 CHF 142,000이 투자된 스위스 건국 역사의 값진 자산이다.

주소 Rathausplatz, 6460 Altdorf
위치 알트도르프 기차역에서
      반호프 거리를 따라 1km 정도
      걸으면 시청 광장에 위치
운영 09:00~19:00
홈피 www.telldenkmal.ch

✚ 아인지델른 Einsiedeln

유럽에서 가장 중요한 성모 마리아 순례지

슈비츠 주에 속해있는 아인지델른은 인구 1만 4,000여 명의 작은 마을이지만 934년에 세워진 베네딕토회 수도원으로 전 세계적으로 유명하다. 수도자들이 모여 살다가 마을을 이룬 곳으로 아인지델른 수도원 내 '검은 성모 마리아 상'이 알려지며 스위스 최대의 성지 순례지가 되었다. 'Einsideler'는 독일어로 '수행자'를 뜻하는데 이 도시의 중심이 되는 수도원의 이름과도 의미가 깊다. 산티아고 데 콤포스텔라로 향하는 순례길인 '야곱의 길Via Jacobi'의 주요 거점이기도 하다.

아인지델른으로 이동하기

- 루체른에서 열차로 약 1시간
- 취리히에서 열차로 약 1시간

★ 인포메이션 센터

주소 Hauptst. 85, 8840 Einsiedeln
위치 아인지델른 수도원 맞은편
운영 월~토 10:00~16:00, 일 10:00~13:00
전화 +41 (0)55 418 4488
홈피 www.einsiedeln -tourismus.ch

★★★

GPS 47.126858, 8.752650

아인지델른 수도원 Kloster Einsiedeln

베네딕토회 수도원으로, 현재의 건물은 18세기에 바로크 양식으로 재건되었다. 수도원 내 '자비의 경당 Gnadenkapelle'에 모셔져 있는 '검은 성모 마리아'는 수 세기 동안 수많은 순례자의 기도와 촛불 연기에 그을려 검게 변했다고 한다. 성당 내부의 화려한 천장 벽화와 정교한 조각은 유럽에서도 손꼽히는 미적 가치를 지닌다. 성당 앞의 거대한 광장 중앙의 '마리아 분수'는 치유의 힘이 있다고 전해져 순례자들이 간절한 믿음을 가지고 물을 마신다. 수도원 내부에는 수천 권의 중세 필사본과 희귀 서적을 보유한 도서관이 있으며, 세계에서 가장 중요한 수도원 도서관 중 한 곳이다.

주소 Kloster Einsiedeln, 8840 Einsiedeln, Schwyz
위치 아인지델른 기차역에서 Haupst.를 따라 도보로 10분 소요
전화 +41 (0)55 418 6111   홈피 kloster-einsiedeln.ch

---

more & more   **야곱의 길** Via Jacobi

스위스도 순례길이 있다는 것을 아는 사람들은 많지 않다. 비아 자코비는 유럽 야콥스버그Jakobsweg의 일환으로 보덴제Bodensee호수에서 제네바까지 이어진다. 교회, 수도원, 예배당이 줄지어 있는 이곳은 다양한 문화 경관 속에서 역사적인 길을 따라 멋진 하이킹 경험을 제공하며, '산티아고 순례길'의 미니 버전으로 아인지델른에서 슈비츠까지 걷는 루트를 추천해본다.

거리 19km
소요시간 5시간 30분
난이도 중간(산악트레일 포함)
홈피 schweizmobil.ch/en/hik-ing-in-switzerland/route-4/stage-5

© Lucerne Tourism

✚ 추크 Zug

현대적인 경제 중심지로 변모한 글로벌 도시

스위스 중부의 보석 같은 도시 추크는 스위스에서 가장 작지만 가장 부유한 칸톤 추크의 주도이다. 호수와 산이 어우러진 빼어난 자연경관은 물론, '**크립토 밸리**Crypto Valley'라 불리는 현대적인 경제 중심지로서의 면모까지 갖추고 있어 매우 흥미로운 곳이다. 추크는 낮은 법인세율로 인해 세계 글로벌 기업들과 암호화폐 관련 스타트업들이 모여드는 금융과 IT의 허브로 세계 최초로 비트코인을 공공 서비스 결제 수단으로 도입한 도시이기도 하여, "가장 오래된 중세 마을에서 가장 현대적인 화폐가 통용되는 곳"이라는 독특한 서사를 가진다. 호반 도시의 여유, 달콤한 체리 케이크, 도심 곳곳의 작은 분수는 추크를 꼭 들려봐야 하는 이유가 된다.

추크로 이동하기

1. 열차로 이동하기
루체른에서 직행 탑승 시 약 25분 소요

2. 기차역에서 추크 시내로 이동하기
구시가지가 시작되는 Postplatz까지 도보 10분

★ 인포메이션 센터

주소 Bahnhofplatz, 6300 Zug
위치 추크 기차역
운영 월~금
     09:00~12:30/13:30~17:00
전화 +41 (0)41 511 7500

★★★

GPS 47.166162, 8.515594

◉ 콜린 분수 & 콜린 광장 Kolinbrunnen & Kolinplatz

콜린 광장은 구시가지의 메인 역할을 하는 시민의 광장이다. 이곳에 서 있는 콜린 분수는 1540년에 세워져 여러 번의 리뉴얼을 거쳤다. 옥슨 호텔City-Hotel Ochsen 옆에 위치해 '옥슨 분수'라고 불리기도 한다. 광장 내에는 시계탑이 있고, 구시가지 탐방 시 시작점으로 삼으면 좋다.

위치 Postplatz에서 Neugasse를 따라 걷다 보면 나옴

그레스 슈엘 분수 Greth Schell Brunnen

분수대 위 동상의 주인공은 술 취해 길거리에서 잠든 남편을 바구니에 담아 집으로 업어 온 실존 혹은 전설 속 여성 '그레스 슈엘'이다. 바구니Kraxe 안에서 곯아떨어진 남편의 모습이 담긴 이 익살스러운 조각상은 당시 여성의 억척스러우면서도 지혜로운 면모를 생생하게 보여준다.

주소 Unter Altstadt 30, 6300 Zug
위치 시계탑에서 호수 쪽으로 내려가는 길목

시계탑 Zytturm

52m 높이의 시계탑은 처음에 구시가지 진입구로 지어졌으나, 수 세기를 거치며 죄수의 감옥이나 봉화대 등의 목적으로 활용되기도 했다. 그에 따라 전보다 높이가 더 높아졌고, 형태도 조금씩 변모했다. 1574년에 이르러 시계가 제작되면서 현재의 시계탑 역할을 하게 되었다. 메인 시계의 아랫부분은 주, 월, 윤년 등을 나타내는 천문학 시계다.

주소 Kolinplatz, 6300 Zug
위치 Postplatz에서 Neugasse를 따라 걷다 보면 정면에 보임

추크 현대 미술관 Kunsthaus Zug

오스트리아 현대 예술의 가장 포괄적인 컬렉션을 소장하고 있는 곳. 헤르베르트 뵈클Herbert Boeckl, 리하르트 게르스틀Richard Gerstl, 구스타프 클림트Gustav Klimt, 에곤 실레Egon Schiele의 작품이 전시되어 있다.

주소 Dorfst. 27, 6301 Zug
운영 화~금 12:00~18:00, 토·일 10:00~17:00 **휴무** 월요일
(부활절 및 크리스마스 시즌, 신년 및 공휴일 휴무)
요금 성인 CHF 15, 학생(16~25세) CHF 12
※ 스위스 패스 소지자 무료
전화 +41 (0)41 725 3344 **홈피** www.kunsthauszug.ch

콘피세리 슈펙 Confiserie Speck

1895년부터 가업을 이어온 추크의 체리 케이크 명가로, 키르슈(체리주)가 듬뿍 적셔진 풍부한 맛이 일품인 곳. 원조로 알려진 '트라이흘러' 제과점보다 저자의 입맛을 사로잡은 슈펙Speck의 대중적이면서도 깊은 풍미를 직접 경험해보자.

주소 Alpenst. 12, 6304 Zug
운영 월~금 06:30~19:00, 토 07:00~17:00, 일 08:00~12:00
전화 +41 (0)41 711 3888 **홈피** www.speck.ch

✚ 슈탄스 Stans

스위스 중부 니드발덴Nidwalden 주의 주도로 슈탄서호른 자락에 위치한 마을이다. 젬파흐Sampach 전투에서 합스부르크 군대를 격파한 스위스의 영웅, 아놀드 폰 빙 켈리드의 기념상과 스위스 교육자이자 사상가인 페스탈로치가 운영한 고아원 역할을 했던 성 클라라 수녀원이 특징인 곳이다.

슈탄스로 이동하기
- 루체른에서 열차로 약 20분

★★★
🅾 슈탄서호른 Stanserhorn

GPS 46.929813, 8.340275

'과거와 미래가 공존하는 산'이라는 독특한 매력을 가진 곳. 19세기 말의 클래식한 목조 푸니쿨라와 21세기의 혁신적인 오픈탑 케이블카를 동시에 경험할 수 있다. 슈탄서호른의 가장 큰 상징은 2012년에 도입된 카브리오 케이블카. 2층 버스처럼 위층이 완전히 개방된 형태이다. 정상에는 매일 파란색 유니폼을 입은 '레인저'들이 가이드 역할을 해준다. 스위스 전통 마카로니 요리인 '애플러마그로넨Alplermagronen'가 특히 유명한 산이다.

주소 Stansstaderst. 19, 6370 Stans
위치 슈탄스 중앙역에서 도보 3분 거리
운영 매년 4월 중순~11월 말
      2026.4.11~11.22
요금 슈탄스-슈탄서호른
      성인 왕복 CHF 82,
      만 6~15세 왕복 CHF 20.5
      ※ 스위스 패스 소지자 무료
전화 +41 (0)41 618 8040
홈피 www.stanserhorn.ch

스위스의 길 Weg der Schweiz

'스위스의 길The Swiss Path'은 1291년 스위스 연방 건국의 기원이 된 뤼틀리 서약 700주년을 기념하기 위해 뤼틀리부터 브룬넨까지 지정한 하이킹 루트. 스테이지 1~4까지 나누어져 있으며 이 책에서는 스테이지 1구간을 소개한다.

■ **스테이지 1: 젤리스베르크Seelisberg, 뤼틀리Rütli – 바우엔Bauen**
루체른 시내 – [유람선] – 트라이브Treib – [푸니쿨라] – 젤리스베르크 – [스위스 패스 하이킹] – 바우엔 – [유람선] – 루체른 시내

루체른 호수에서 시작된 자유의 서사 그리고 멋진 하이킹

하늘처럼 파란 루체른 호수를 유람선으로 가로질러 트라이브에서 푸니쿨라를 타고 젤리스베르크까지 올라가면, 바로 그곳에서 여정이 시작된다. 뤼틀리 길Rütli Weg을 따라 가다 보면 마치 북유럽 피오르드 주변을 하이킹하는 듯한 착각이 들만큼 멋진 전경이 발끝에 닿는다. 발트휘테Walthütte를 지나 조금 더 걷다 보면, 스위스 국회의사당 본회 의장에 걸린 그림의 배경이 되는 그로서 미텐과 피어발트슈테터 호수가 함께 보이는 마리엔회에Marienhöhe 뷰포인트를 지나게 된다. 여정의 마지막 포인트가 되는 바우엔Bauen까지는 하트 모양으로 보이는 가담한 호수, 젤리Seeli와, 알프 바이드Alp Weid까지 운행하는 조그마한 케이블카가 반겨준다. 바우엔은 야자수가 우거진 호숫가의 멋진 마을로 유람선 시간이 남아 있다면 이 마을에서 시간을 보내는 것도 좋다.

자세한 정보 wiegederschweiz.ch

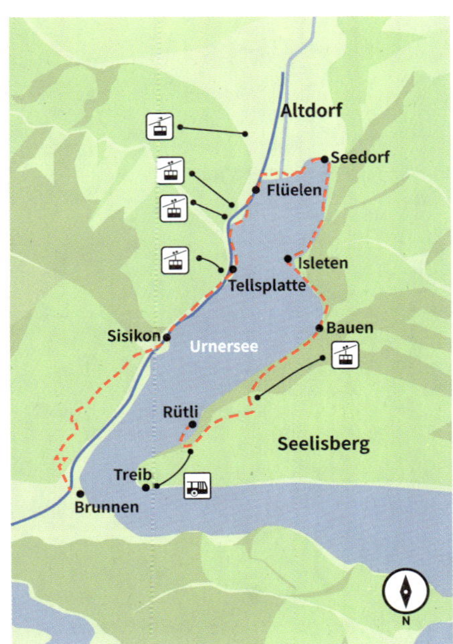

어린 나이 밖으로 나가 잠시 공부할 기회가 있었다.
우연히 한 반이 된 페터(Peter)라는 남학생!
수업 첫 시간 그는 자신을 소개할 때 스위스 베른에서 왔노라고
전한 뒤 끝에 베른은 스위스 수도라는 말을 잊지 않았다.
나는 '풋~' 하고 웃지 않을 수 없었다. '취리히가 아니었구나.
스위스 수도가.' 나의 무지에 실소가 나왔을 때
다른 친구들도 모두 끄덕끄덕, 나만 모르는 것이 아니었다.
다들 '스위스의 수도가 베른이었어?' 하는 눈치였다.
그 후 시간이 한참 흘러 베른을 찾았을 때 그 반가움이란!
'오래되어 예스러운 풍치나 모습이 그윽함'이라는 뜻의
고색창연(古色蒼然)이란 말을 이곳에서 비로소 느낄 수 있었다.
현대적인 베른 중앙역에서 구시가지로
발걸음을 옮길수록 드러나는 베른의 자태는 참 곱디곱다.

BERN 베른과 주변 지역

04 BERN

고색창연한 스위스의 수도 베른

스위스의 수도는 베른이다. 스위스에서 가장 긴 강인 아레^{Aare} 강이 구시가지를 감싸고 흐르는 까닭에 구시가지 전체가 하나의 거대한 요새 같아 보이는 곳이다.

베른의 역사를 살며시 들춰보자면 12세기로 거슬러 올라가야 한다. 1191년 베르톨트 체링엔^{Bertold Zähringen} 공이 사냥에서 가장 처음 잡은 동물의 이름으로 도시의 이름을 짓겠다 선언하고 사냥을 나갔는데, 바로 이 사냥에서 곰^{Bären}을 잡았다고 한다. 오늘날의 수도 베른의 이름은 여기서 따온 것이라는 전설이 전해져 내려오고 있다.

이후 베른은 1353년에 스위스 연방에 가입했으며, 1848년에 이르러 스위스의 수도가 되었다. 베른의 구시가지는 1983년 유네스코 세계문화유산으로 지정되었을 만큼 고풍스러운 중세 분위기를 그대로 간직해오고 있다. 이와 동시에 베른은 스위스 정치, 행정의 중심지이자 교통의 허브 역할을 하고 있다. 또한 베르너 오버란트 알프스 산악 지역과 가까운 덕에 관광객들이 꼭 머무르고 싶어하는 여행지가 되었다.

👍 추천 여행 일정

1 | 베른 반나절 구시가지 도보 여행 + 구르텐 또는 로젠가르텐에서 점심 또는 저녁 먹기

2 | 베른 한나절 구시가지 도보 여행 + 박물관 및 갤러리 + 구르텐 또는 장미 공원

3 | 베른과 주변 지역 한나절 베른 구시가지 도보 여행 + 그뤼에르, 프리부르, 무어텐 중 택1

ℹ️ 인포메이션 센터

중앙역 인포메이션 센터

주소 Bahnhofplatz 10a, 3011 Bern
운영 월~금 09:00~18:00,
주말 및 공휴일 09:00~17:00
전화 +41 (0)31 328 1212

여행정보
■ 도시명 베른
■ 주 베른
– 스위스에서 두 번째로 큰 주
– 융프라우요흐, 쉴트호른, 슈톡호른 등 유명 산악 여행지가 속해 있음
■ 인구 약 14만 4,000명(베른 시), 약 105만 명(베른 주)
■ 주요 언어 독일어   ■ 고도 542m
■ 키워드 스위스 수도, 유네스코 세계문화유산, 곰, 아인슈타인, 물의 도시, 아레 강, 체링엔

Janice Advice 베른은 유독 곰과 관련된 쇼핑 아이템들이 많으니 이런 아이템들을 모아 보는 것도 좋겠다.

Jay Advice 걷고 또 걷자. 베른은 트램, 버스 등 대중교통 노선이 잘 갖추어져 있지만 진면목을 알려면 발품을 파는 것이 좋다. 쉬벨렌메텔리에서 영국 정원을 거쳐 곰 공원까지 걸으면서 아레 강이 두 팔로 껴안고 있는 베른을 바라보자.

✚ 베른 들어가기 & 나오기

1. 항공으로 이동하기

베른 공항에서는 유럽 내 약 12개 지역(시즌마다 다름)으로 취항한다. 거의 여름 휴가지로 유명한 팔마, 엘바섬, 코스섬 등이다. 베른 공항에서 유럽 내 주요 도시로 운항하는 비행기는 없으니 취리히 공항(직행열차 1시간 10분)이나 제네바 공항(약 2시간)으로 도착해 베른까지는 육로로 이동하는 것이 좋다.

2. 차량으로 이동하기

스위스 남부와 이탈리아까지 뢰취베르크 Lötschberg, 심플론 Simplon, 그랑 생 베르나르 Grand St. Bernard 터널을 통해 스위스 어떤 지역에서라도 편리하게 이동할 수 있다. 주차는 베른 중앙역, 카지노, 시청 등의 공용 주차장에서 가능하다.

★ 주차 정보

요금　소형 차량 Bahnhof Parking(중앙역) 기준 1시간 약 CHF 4.4,
　　　　Casino Parking(구시가) 기준 1시간 약 CHF 4
　　　　※ 시내 외곽에 주차할 경우 더 저렴
홈피　베른 주요 주차장 정보 www.parking-bern.ch

3. 열차로 이동하기

스위스 철도청 본사가 베른에 있을 만큼 교통의 요지이다. 취리히, 루체른 등 스위스 주요 도시 및 관광지까지 편리하게 이동 가능한 열차 노선이 잘 갖추어져 있다.

★ 주요 도시 → 베른 열차 이동시간

- 파리　약 4시간 30분
- 바젤　약 1시간
- 인터라켄 동역　약 57분
- 제네바　약 1시간 56분
- 취리히 중앙역　약 55분
- 루체른　약 1시간
- 비스프　약 55분
- 루가노　약 2시간 56분

✚ 베른 시내에서 이동하기

1. 버스·트램으로 이동하기

베른 시는 훌륭한 대중교통 시스템을 갖추고 있다. 베른에서 최소 1박 이상을 할 경우 베른 티켓Bern Ticket을 받게 되는데, 이 티켓을 이용하여 구시가지를 포함한 Zone 100/101을 운행하는 대중교통을 무료로 이용할 수 있다. 베른 전경을 한눈에 내려다볼 수 있는 구르텐Gurten 푸니쿨라와 베른의 저지대에서 베른 중심지까지 운행하는 푸니쿨라인 마르칠리반Marzilibahn, 베른 대성당 리프트도 베른 티켓에 포함되어 있으니, 베른 여행을 계획한다면 베른에서 가급적 1박을 하는 것도 좋겠다. 주요 버스, 트램은 베른 중앙역 앞 터미널에서 대부분 출발하며, 베른은 도보로 구시가지 여행이 가능할 만큼 아담한 도시이므로 혹시 잘못 탔더라도 크게 당황하지 말자.

구르텐 푸니쿨라

마르칠리반

2. 택시로 이동하기

베른 역에서 대기하고 있는 택시를 이용하거나 전화로 요청해 움직이는 것이 편리하다. 베른 역에서 베른 공항까지 택시 이용 금액은 약 CHF 55, 베른 엑스포까지는 약 CHF 30이니 참고하자(이용 시간대에 따라 금액 상이).

★ 노바 택시 Nova Taxi
전화 +41 (0)31 331 3313   홈피 www.novataxi.ch

3. 이바이크E-Bike로 이동하기

자전거 공유 시스템인 퍼블리바이크Publi-Bike는 베른뿐만 아니라 로잔-모르쥬, 프리부르, 취리히, 루가노, 라-코테, 시옹 등 8개 도시에서 운영되고 있다. 스마트폰에 퍼블리바이크 앱을 설치하면 자전거를 대여할 수 있는 스테이션의 위치, 렌트 가능 대수 확인, 지불까지 편리하게 이루어진다. 구글 맵스와도 연동되며, 앱으로 자전거 위치를 찾을 수 있다.

홈피 www.publibike.ch

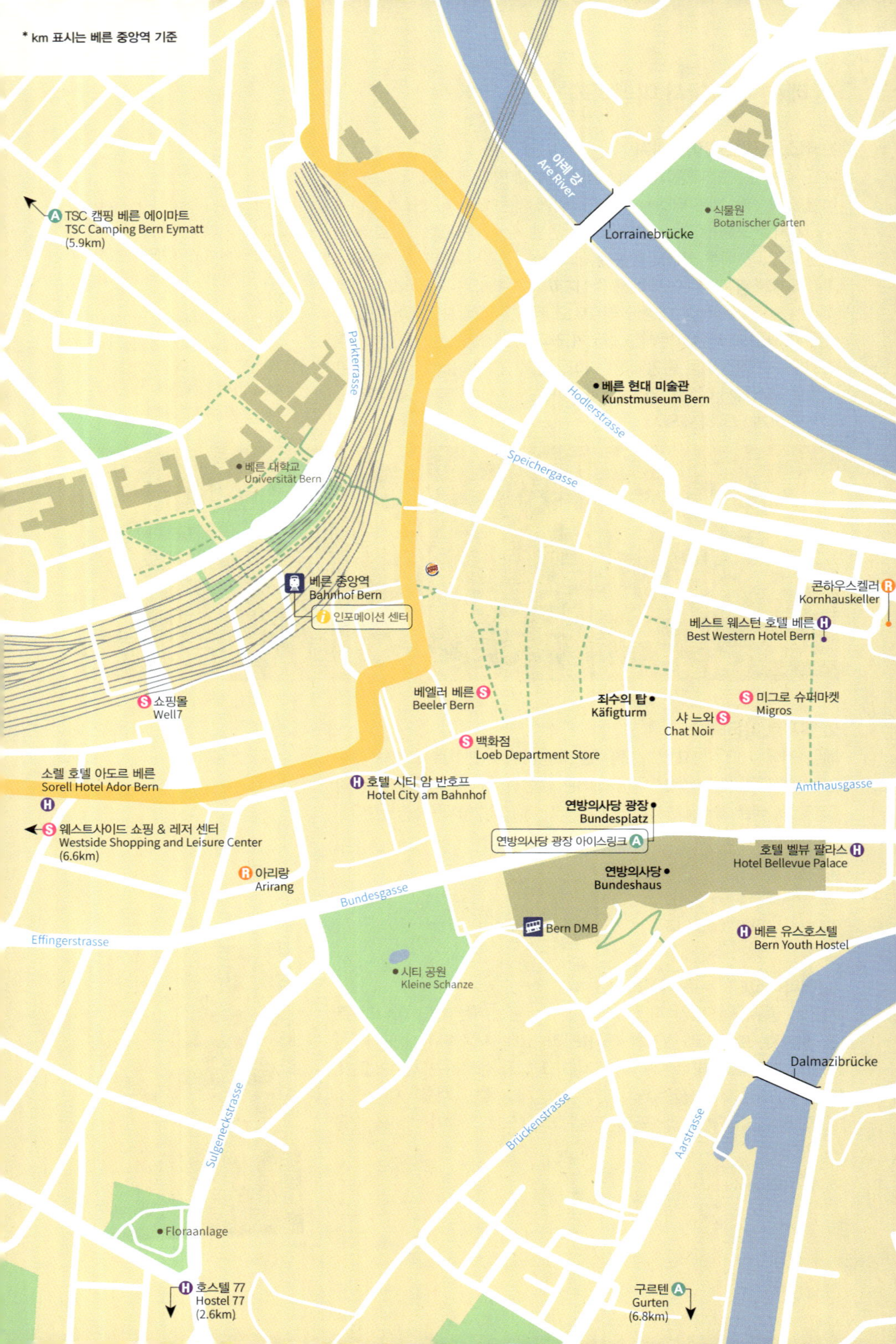
* km 표시는 베른 중앙역 기준
TSC 캠핑 베른 에이마트
TSC Camping Bern Eymatt
(5.9km)
아레 강
Are River
Lorrainebrücke
식물원
Botanischer Garten
베른 현대 미술관
Kunstmuseum Bern
Hodlerstrasse
Parkterrasse
Speichergasse
베른 대학교
Universität Bern
콘하우스켈러
Kornhauskeller
베른 중앙역
Bahnhof Bern
인포메이션 센터
베스트 웨스턴 호텔 베른
Best Western Hotel Bern
쇼핑몰
Well7
베엘러 베른
Beeler Bern
죄수의 탑
Käfigturm
미그로 슈퍼마켓
Migros
샤 느와
Chat Noir
백화점
Loeb Department Store
소렐 호텔 아도르 베른
Sorell Hotel Ador Bern
호텔 시티 암 반호프
Hotel City am Bahnhof
Amthausgasse
연방의사당 광장
Bundesplatz
웨스트사이드 쇼핑 & 레저 센터
Westside Shopping and Leisure Center
(6.6km)
연방의사당 광장 아이스링크
호텔 벨뷰 팔라스
Hotel Bellevue Palace
아리랑
Arirang
연방의사당
Bundeshaus
Bundesgasse
Bern DMB
베른 유스호스텔
Bern Youth Hostel
Effingerstrasse
시티 공원
Kleine Schanze
Dalmazibrücke
Sulgeneckstrasse
Brückenstrasse
Aarstrasse
Floraanlage
호스텔 77
Hostel 77
(2.6km)
구르텐
Gurten
(6.8km)

베른
N
Viktoriastrasse
Schänzlistrasse
로젠가르텐
Rosengarten
Aargauerstalden
Altenbergstrasse
Kornhausbrücke
아레 강
Are River
Brunngasshalde
베른 시청사
Bern Rathaus
니데크 교회
Nydeggkirche
파울 클레 미술관
Zentrum Paul Klee
(3.8km)
Nydeggbrücke
호텔 촐하우스
Zollhaus One Suite Hotel
구시가지
트글로게
tglogge
아인슈타인 하우스
Einste n Haus
곰 공원
Bären Park
인포메이션 센터
베른 중앙도서관
Zentralbibliothek Bern
베른 대성당
Berner Münster
Grosser Muristalden
Kirchenfeldbrücke
쉬벨렌메텔리
Schwellenmätteli
테라스 리스토랑 & 레스토랑 까사
아레 강
Are River
Marienstrasse
베른 역사 박물관 & 아인슈타인 박물관
Bernisches Historisches Museum
& Einstein Museum
Thunstrasse
캠핑 아히홀츠
Camping Eichholz
(4.7km)

✚ 베른 둘러보기

수도라는 명성 그 이상의 가치를 지닌 베른은 하루 종일 둘러보아도 늘 새로운 얼굴을 보여준다. 여름이면 더위를 시원하게 씻어주는 아레 강의 매력이 더해져 여행자의 발길을 붙잡는다. 현지인들이 "24시간이 모자란 도시"라 강조할 만큼 즐길 거리가 가득한 이곳, 베른만큼은 꼭 방문해보자.

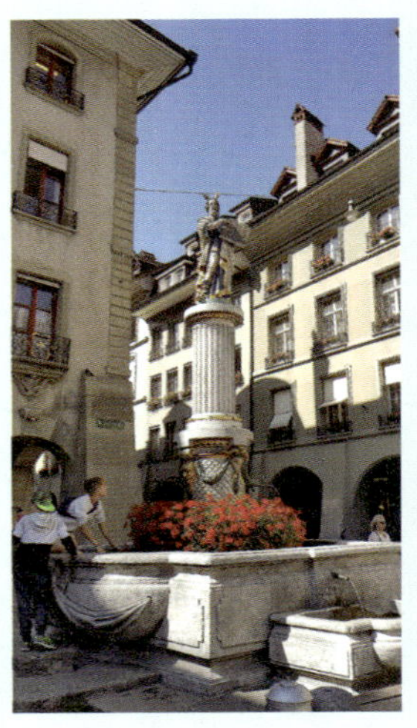

추천 여행 일정

구시가지 반나절 일정

베른 중앙역 → 죄수의 탑 → 연방의사당 → [푸니쿨라 or 계단] → 달마치 다리Dalmazibrücke → 베른 역사 박물관 & 아인슈타인 박물관 → 쉬벨렌메텔리 → 영국 정원길 → 곰 공원 → 아인슈타인 하우스 → 치트글로게 → 베른 대성당 → [트램] → 로젠가르텐에서 점심 또는 구르텐으로 이동하여 점심

※ 여유가 있다면 파울 클레 미술관, 현대 미술관까지 관람하자.

★★☆

죄수의 탑 Käfigturm

베른의 두 번째 도시 관문인 죄수의 탑은 원래 이름 그대로 죄수를 가둬두는 탑의 용도로 1634년 건설되었으나 1999년 이래 연방의회 정치 포럼이 열리는 소통의 장소로 탈바꿈했다. 정치적 이슈와 관련된 전시회 및 이벤트가 정기적으로 열린다.

주소 Marktgasse 67, 3011 Bern
위치 베른 역에서 도보 5분
운영 월 14:00~18:00, 화~금 10:00~18:00,
　　 토 10:00~16:00 **휴무** 일요일
요금 무료
전화 +41 (0)31 310 2060
홈피 www.polit-forum-bern.ch

Tip | 물, 왜 사서 마셔요?

베른의 분수는 알프스 지대의 빙하와 만년설이 녹아내린 물을 이용하고 있다. 그만큼 깨끗한 물이기 때문에 베른에서는 빈 물병에 물을 받아 마시는 사람들을 종종 마주칠 수 있다. 그러니 베른에서는 빈 물병만 있다면 특별히 생수를 구입할 필요가 없다.

★★★ 연방의사당 & 광장 Bundeshaus & Bundesplatz

1848년 스위스 수도가 베른으로 공표되고 난 후 1852년부터 연방의사당 건축이 시작되었다. 서와 동 양쪽으로 넓게 대칭을 이루고 있으며, 1884년 증축을 거듭하여 1902년 완공되었다. 의사당 건물은 스위스 연방의회와 주의회의사당으로 구성되어 있으며 스위스 전역에서 온 38명의 예술가가 의사당 건물 장식을 책임졌다고 한다. 중앙 돔의 홀과 양쪽 회의실은 스위스 역사를 상징적으로 보여준다. 광장은 개방된 공간으로 각종 이벤트, 만남의 장소 등으로 폭넓게 이용되고 있다.

주소 Bundesplatz 3, 3005 Bern
위치 버스 10, 19번 탑승, Bundesplatz 하차
운영 **연방의사당 가이드 투어**(독일어, 프랑스어, 이탈리아어, 영어 가능) 화~금 11:30, 15:00 토 11:30, 13:30, 14:00, 15:00 **휴무** 각종 공휴일엔 가이드 투어 없음. 자세한 사항은 사이트 참조
요금 가이드 투어는 무료(예약 필수)
전화 +41 (0)58 322 9022
메일 parlamentsbesuche@parl.admin.ch
홈피 www.parlament.ch

광장에서 열린 가을 행사

★★★ 쉬벨렌메텔리 Schwellenmätteli

중앙역 인포메이션 센터에서 추천하는 장소로 여름철 베른에서 시간 보내기 좋은 곳이다. 강력한 인상을 남길 만큼 시원하게 쏟아지는 물줄기와 도시 하단부를 감싸고 흐르는 아름다운 아레 강의 생생한 물소리를 그대로 들을 수 있다. 레스토랑도 있어 식사나 음료를 즐길 수도 있고, 아레 강의 생태에 대한 안내판을 보며 간단한 학습도 할 수 있다.

주소 Dalmaziquai 11, 3005 Bern
위치 중앙역에서 트램 6, 7, 8번 또는 버스 19번 Helvetiaplatz 하차. 또는 연방의사당 바로 옆, Marzili에서 아레 강변 쪽으로 운행하는 푸니쿨라 Drahtseilbahn Marzili–Stadt Bern를 타거나 연방의사당에서 도보 10분 거리

잉글리쉬 녹지 정원 Parkanlage Englische Anlagen

★★☆

정원이라고 하지만 쉬벨렌메텔리에서 곰 공원까지 아래 강의 산 사면을 따라 이어진 시원한 산책로이다. 베른 시민들이 점심시간 짬을 내어 조깅을 하거나 벤치에 앉아 흐르는 강물을 보며 여유를 찾는 곳이다. 여름철 녹음을 즐기기 좋다.

주소 Englishe Anlagen 3005 Bern

곰 공원 Bären Park

★★★

뵈르크와 핀, 그리고 두 곰의 딸인 우르시나까지 한 가족을 만나볼 수 있는 공원이다. 구시가지 끝자락 아래 강변이 한눈에 내려다보이는 아름다운 곳에 자리한다. 더운 날에는 공원 근처 아래 강에서 발을 적실 수도 있고, 근처 알테스 트람데포트Altes Tramdepot에서 시원한 수제 맥주를 즐길 수도 있다.

주소 Grosser Muristalden 6, 3006 Bern
위치 중앙역에서 12번 버스 탑승, Bären Park에서 하차 (약 6분 거리)
운영 연중무휴 08:00~17:00
요금 무료
전화 +41 (0)31 357 1525
홈피 www.tierpark-bern.ch/ baerenpark

니데크 교회 Nydeggkirche

★☆☆

베른 구시가지 동쪽 가장자리에 위치한 개신교 교회. 1341~1346년 사이 건축되었으며 베른 시의 창건자인 체링엔 가문의 베르톨트 5세가 곰을 사냥한 동상이 세워져 있다. 니데크브뤼케Nydeggbrücke에 교회 입구가 연결되어 있다.

주소 Nydegghof 2, 3011 Bern
위치 곰 공원에서 니데크 다리와 니데크가세를 향해 도보 5분
요금 무료
전화 +41 (0)31 352 0443 (09:00~12:00)
홈피 www.nydegg.ch

★☆☆ 아인슈타인 하우스 Einstein Haus

시계탑, 치트글로게를 약 200m 눈앞에 두고 자칫 지나쳐 갈 수도 있는 이곳은 1903~1905년 아인슈타인이 그의 아내, 밀레바와 아들 한스와 함께 살던 곳이다. 아인슈타인 박물관은 별도로 있으니 헷갈리지 말자. 소박했던 그의 삶을 사진과 생활하던 가구 등의 물품으로 엿볼 수 있다. 1층은 아인슈타인 카페!

주소 Kramgasse 49, 3011 Bern
위치 버스 19, 12, 10번, 트램 7, 8번 Zytglogge 하차 후 도보 2분
운영 2026.2.4~12.18/ 2027.2.1~12.17
요금 성인 CHF 8, 학생 CHF 6, 어린이 CHF 5
전화 +41 (0)31 312 0091
홈피 www.einstein-bern.ch

★★★ 치트글로게 Zytglogge

베른의 상징이 되고 있는 시계탑, 치트글로게는 1530년 완성된 움직이는 형상물과 화려하게 장식된 천문시계로 마크트가세Marktgasse가 끝나는 교차로에 있다. 매시 4분 전이면 시계에 장치된 인형이 종을 울리기 위해 움직이기 시작하고 이어서 곰이 나타난다. 마지막에 시간의 신 크로노스가 모래시계를 뒤집어 놓으면 인형이 망치로 종을 두드린다. 이 광경을 보기 위해 매시 10분 전부터 사람들이 몰려든다.

주소 Zeitglockenturm(Zytglogge), Bim Zytglogge 3, 3011 Bern
위치 버스 10, 12, 19번, 트램 7, 8번 Zytglogge 하차
요금 무료(내부 관광은 가이드 투어로만 가능, 예약 필수)
가이드 투어
성인 CHF 20 (매일 14:15)

★★★ 베른 대성당 Berner Münster

스위스 최대 기독교 건축물로 1421년 짓기 시작해 각기 다른 건축가들에 의해 1893년 완공되었다. 교회 첨탑까지 걸어서 올라갈 수 있으며 약 310개의 계단을 오르면 베른 전경을 한눈에 볼 수 있다. 현재 첨탑까지는 그룹 또는 퍼블릭 투어로만 진행된다.

주소 Münsterplatz 1, 3011 Bern
위치 12번 버스 Rathaus에서 하차 후 도보 2분
운영 매일(계절, 주중, 주말마다 다름)
전화 +41 (0)31 312 0462　　**홈피** www.bernermuenster.ch

★★★ 로젠가르텐 Rosengarten

'장미 정원'이라는 뜻의 로젠가르텐은 베른 구시가지가 한눈에 들어와 인
생샷을 찍기도 좋은 곳이다. 220여 종의 장미와 200여 종의 아이리스가
봄부터 가을까지 앞을 다투어 만개한다. 이곳에 위치한 레스토랑은 모든
사람이 즐겨 찾으며, 아인슈타인 모형이 있는 벤치가 눈길을 끈다. 곰 공
원에서 오르막길을 따라 약 5~6분이면 도착한다.

주소 Alter Aargauerstalden 31b,
3006 Bern
위치 버스 10번
(Ostermundigen 방면)
Rosengarten 하차,
버스 12번(Paul Klee Museum)
Bärengraben 하차
운영 **공원** 연중무휴 개방
레스토랑 월~금 09:00~23:30
전화 +41 (0)31 331 3206
홈피 www.rosengarten.be

★★☆ 파울 클레 미술관 Zentrum Paul Klee

스위스 화가 파울 클레의 작품 4,000여 점이 전시되어 있는 공간으로 베
른 외곽 전원지대에 위치한다. 전시 빌딩은 마치 세 개의 물결이 일렁이
고 있는 모습으로 렌조 피아노가 설계했다. 단순한 전시공간을 넘어 아이
들이 직접 작품 활동을 펼치는 프로그램도 마련되어 있으며, 어린이 박물
관도 운영한다.

주소 Monument im Fruchtland 3, 3000 Bern
위치 버스 12번 Zentrum Paul Klee에서 하차
운영 화~일 10:00~17:00 **휴무** 월요일(일부 공휴일엔 월요일도 운영)
요금 성인 CHF 20, 학생 CHF 10, 어린이 CHF 7 ※ 스위스 뮤지엄 패스 유효
전화 + 41 (0)31 359 0101 **홈피** www.zpk.org

Tip | 파울 클레 Paul Klee

파울 클레(1879~1940)는 스위스
의 화가, 판화가로서 색채의 전조
(轉調)나 큐비즘적 공간 구성, 쉬
르레알리슴의 오토마티즘적 수법
을 구사하여, 시기마다 화풍을 달
리했다. 말기에는 단순한 형상·
기호·암호에 의한 작화에 이르
렀으며, 작품은 그때마다 다른 심
정을 반영했다.

파울 클레가 그린 자화상

 ❶ 유네스코 세계문화유산 **베른**

스위스의 수도, 베른은 유네스코에서 지정한 세계문화유산! 알프스의 웅장하고 황홀한 는 덮인 전경과 아레 강이 감싸고 있는 구시가지는 그 자체로 놀랍다. 사암으로 건축된 아름다운 대성당과 비를 맞지 않고 걸어 다닐 수 있는 6km 길이의 아케이드는 중세 유럽 건축물의 보석이라고도 불린다.

❷ 분수의 도시, 베른

베른에는 총 100개가 넘는 분수가 있다. 이 중 11개는 제작 당시의 모습을 그대로 간직하고 있다. 분수의 대부분은 중세시대부터 제작되어 내려오는 것으로 다채로운 색감의 기둥에 정교한 조각상이 그 위에 올라가 있는 모습이다. 정의의 여신, 모세 등 신화나 성경 속에 등장하는 인물들을 주로 묘사하여 제작되었으며, 회색빛 주변 건물들과 절묘한 조화를 이루고 있다.

★★★

베른 현대 미술관 Kunstmuseum Bern

3,000여 점의 회화와 4만 8,000여 점의 드로잉, 인쇄물, 사진, 비디오와 영화가 소장된 곳으로 스위스에서 가장 오래된 미술관이기도 하다. 피카소, 클레, 호들러 등 세계 유명 화가의 작품과 19~20세기 인상주의, 큐비즘 등 다양한 예술사조와 지난 8세기를 아우르는 작품들의 터전이다.

주소 Hodlerstrasse 8, 3011 Bern
위치 중앙역에서 도보 약 2~3분
운영 화 10:00~21:00,
수~일 10:00~17:00
휴무 월요일 및 일부 공휴일
요금 **전관 가능 입장권** 성인 CHF 24,
학생 CHF 12
**베른 미술관 + 파울클레 미술관
콤보 입장권** 성인 CHF 32,
학생 CHF 18
※ 스위스 뮤지엄 패스 유효
전화 +41 (0)31 328 0944
홈피 www.kunstmuseumbern.ch

★★☆

베른 역사 박물관 & 아인슈타인 박물관
Bernisches Historisches Museum & Einstein Museum

베른 지역의 역사와 민족 등에 관해 알려주는 박물관이다. 석기시대부터 현재까지 유럽 전역의 다양한 문화를 보여준다. 위대한 과학자 알베르트 아인슈타인의 업적과 생애를 담은 아인슈타인 박물관이 바로 전 세계 역사의 한 페이지를 장식하듯 이곳에 함께한다.

주소 Helvetiaplatz 5, 3005 Bern
위치 중앙역에서 트램 6, 7, 8번
또는 버스 19번 탑승
Helvetiaplatz에서 하차 후
도보 5분
운영 화~일 10:00~17:00
휴무 월요일 및 치벨레메리트
축제 기간 및 성탄절
요금 **역사 박물관 상설전시**
성인 CHF 16, 6~16세 CHF 8
아인슈타인 박물관 포함 시
성인 CHF 18, 6~16세 CHF 9
※ 스위스 뮤지엄 패스 유효
전화 +41 (0)31 350 7711
홈피 www.bhm.ch

아레 강 체험하기

무더운 여름철 베른을 방문한다면 아레 강에 발을 꼭 담가보았으면 한다. 곰 공원 가장 낮은 계단이 야말로 최적의 장소. 만약 더 과감한 체험을 하고 싶다면 툰Thun에서부터 베른까지 아레 강을 따라 래프팅을 즐겨보기 바란다. 아레 강은 곳에 따라 유속이 매우 빨라 지역에 익숙하지 않은 여행객들이 혼자 하기엔 위험하니 전문업체를 통해 전문 가이드가 진행하는 투어를 이용하는 것이 안전하다.

요금 아레 강 보트 타기(반일 코스) CHF 110~
홈피 아웃도어 인터라켄 www.outdoor.ch

구르텐 Gurten

서울에 남산이 있다면, 베른에서는 구르텐이 그 역할을 한다. 구르텐은 베른 구릉지를 이용해 1999년 생긴 공원으로 이곳의 구르텐 호텔에서는 세미나와 각종 회의가 열린다. 베른 구시가지가 한눈에 들어오는 레스토랑에서는 외식을 하기에도 그만. 날씨가 좋다면 알프스 전경도 손에 닿을 듯 보인다. 공원에는 아이들이 좋아할 만한 미니 열차와 터보건, 놀이터가 있으며, 시민들은 가벼운 하이킹이나 산악자전거를 즐기러 이곳을 찾는다. 바베른Wabern에서 구르텐까지 푸니쿨라를 타면 5분이면 도착한다.

주소 Gurten-Park im Grünen, 3084 Wabern
위치 트램 9번 탑승 Wabern에서 하차 후 푸니쿨라 역까지 도보 7분
운영 연중무휴
매일 07:00 매 15분마다 운행, 마지막 하강 열차는 23:45
(일·공휴일 20:15)
요금 **바베른-구르텐 왕복**
성인 CHF 12,
어린이(6~15세) CHF 6
※ 스위스 패스 및 베른 데이 티켓 유효(동행하는 만 16세 이하 무료)
전화 +41 (0)31 970 3333
홈피 www.gurtenpark.ch

Tip | 구르텐 페스티벌

한여름 4일 동안 구르텐에서 뮤직 페스티벌이 열린다. 환상적인 파노라마 경관을 무대로 라이브 공연과 디제잉이 펼쳐진다. 팝, 록, 펑크, 일렉트로, 소울 등 장르를 망라하여 전 세계에서 온 밴드들이 귀와 눈을 즐겁게 만든다.
운영 매년 7월 중순 4일간
홈피 www.gurtenfestival.ch

캠핑 Camping

스위스 수도, 베른에서 캠핑을 즐겨보는 것은 어떨까? 봄부터 가을까지 이곳을 찾는 여행객들에겐 베른의 캠핑장은 희소식이 아닐 수 없다. 구르텐과 가까운 바베른에 위치한 **아히홀츠**Eichholz 캠핑 사이트와 웨스트 사이드 쇼핑센터와 가까운 **TSC 캠핑 베른 에이마트**Eymatt를 추천해본다. 두 곳 모두 아레 강과 인접하고 있어 현지인들과 더불어 자연을 느껴볼 수 있다.

Camping Eichholz
주소 Standweg 49, 3084 Wabern
운영 4월 말~9월 말
홈피 www.campingeichholz.ch

TSC Camping Bern Eymatt
주소 Wohlenstrasse 62c, 3032 Hinterkappelen
운영 3월 말~11월 말
홈피 www.tcs.ch

베른 카니발 Fasnacht Bern

베른 카니발은 스위스에서 세 번째로 큰 규모의 이벤트로 자리매김했다. 목요일, 죄수의 탑의 곰이 드럼 소리에 기나긴 겨울잠을 깨고 자유의 몸이 된다는 설정하에 시작되는 행사는 다채로운 의상과 음악에 절로 흥이 난다. 페스티벌 참가자들은 마스크를 쓰고 떼를 지어 구시가지 곳곳을 몰려다닌다. 구겐무직-클리크 Guggenmusik-Cliques라 불리는 카니발 음악대가 베른의 긴 아케이드를 시끌벅적한 음악으로 가득 채운다.

운영 매년 재의 수요일 다음 날인 목요일에 시작하여 토요일까지 3일간(2027.2.11~2.13)
홈피 www.fasnacht.be

© Bern Tourism

박물관의 밤 Museums Night Bern

매년 박물관의 밤 행사 때가 되면 차갑게 느껴지던 건물들이 화려한 조명으로 치장한다. 이 기간에 베른을 찾는 방문객이라면 마치 한 편의 잘 짜인 이색적인 쇼를 보는 듯할 것이다. 평소 박물관을 선호하지 않는 사람이라도 이때만큼은 함께 즐길 수 있다. 티켓은 중앙역 인포메이션 센터에서 CHF 25에 구입 가능하다. 이날은 늦은 시간까지 대중교통을 운행한다.

운영 매년 3월 중순
홈피 www.museumsnacht-bern.ch

© Nelly Rodriguee

© Nelly Rodriguee

연방의사당 광장 아이스링크
Bundesplatz Ice-rink

여름 여행은 이것저것 할 것도 많지만 겨울 도시 여행은 자칫 삭막할 수도 있다. 하지만 베른에서라면 걱정 없다! 연방의사당 광장이 겨울이면 아이스링크로 변신하기 때문. 발이 꽁꽁 얼었다면 아이스링크 레스토랑에서 따뜻한 차와 간식을 먹도록 하자.

운영 매년 12월 중순~2월 중순(기후에 따라 변동)

양파 축제 Zibelemärit

좀 우습게 들릴지도 모르겠지만, 베른의 양파 시장. 치벨레메리트는 베른 주변의 농부들이 끈을 꼬아 엮은 50여 톤의 양파를 도자기, 채소, 전통 제품 등과 함께 판매한다. 새벽 5시, 동도 트지 않을 무렵부터 사람들은 이곳을 찾는다. 먹을거리, 살 거리가 함께 어우러지는 즐거운 행사.

운영 매년 11월 넷째 주 월요일

베엘러 베른 Beeler Bern

'스위스=초콜릿'이라는 다소 식상한 공식이지만 주변 지인들에게는 스위스 초콜릿, 달콤하고 이국적인 디저트는 언제나 먹히는(?) 선물이 아닐 수 없다. 좀 더 신경을 써야 하는 선물이라면 포장까지 세심하게 마친 베엘러 베른의 초콜릿이 제격이다. 베른을 상징하는 곰, 치트글로게 등을 정교하게 표현한 초콜릿과 신선한 페이스트리가 유명하다.

주소 본점 Spitalgasse 36, 3011 Bern
위치 구시가지, 중앙역에서 도보 3분
운영 월·수·금 07:30~18:30,
목 07:30~19:30, 토 07:30~17:00,
일 08:30~18:00
전화 +41 (0)31 311 2808
홈피 www.confiserie-beeler.ch

Tip | 베른의 쇼핑

(지극히 개인적이지만) 사실 취리히보다 쇼핑하기 더 좋은 곳이 베른이 아닐까 싶다. 6km에 이르는 아케이드, 라우벤Lauben을 걷다 보면 백화점, 슈퍼, 식품점, 인테리어 소품 가게, 레스토랑, 카페까지 쇼핑의 경계를 허무는 경험을 하게 된다. 특히 비 오는 날이면 우산 없이도 쇼핑할 수 있어 편리하고, 우연히 발견한 작은 숍에서 여행의 소소한 기쁨도 누릴 수 있다.

웨스트사이드 쇼핑 & 레저 센터 Westside Shopping and Leisure Center

© Westside

베른 구시가지에서 살짝 벗어나 신시가지에 위치한 쇼핑, 숙박(홀리데이 인), 레저(스파 베른 아쿠아, 영화관) 시설이 함께 있는 현대적인 복합몰로 이곳 호텔에서 머물면서 낮에는 구시가지를 관광하고 저녁엔 가볍게 식사를 하거나 레저를 즐겨보는 것도 좋겠다.

주소 Riedbachstrasse 100, 3027 Bern
위치 신시가지, 베른 역에서 열차 S-Bahn(No. S5, S51, S52)으로 약 6분 거리
운영 쇼핑센터 월~목 09:00~20:00, 금 09:00~21:00, 토 08:00~17:00
휴무 일요일(레스토랑 및 영화관, 스파 시설은 일요일에도 영업)
전화 +41 (0)31 556 9111
홈피 www.westside.ch

샤 느와 Chat Noir

아무 의미 없는 기념품 대신 오랫동안 곁에 두고 여행지에서의 추억을 떠올리게 해줄 만한 포스터, 엽서, 생활용품, 아이디어 상품을 사보는 것은 어떨까? 아이들을 위한 기념품 가게인 르 프티 샤 느와(Theaterplatz 4)도 함께 운영 중이다. 참고로 샤 느와는 프랑스어로 검은 고양이라는 뜻이다.

주소 Marktgasse 53, 3011 Bern
운영 월 10:00~18:30, 화~수·금 09:00~18:30, 목 09:00~19:00, 토 09:00~17:00 **휴무** 일요일
전화 +41 (0)31 311 8185
홈피 www.chat-noir.ch

Tip | 베른의 별미, 베르너 하젤누스 레브쿠헨
Berner Haselnuss Lebkuchen

바젤의 렉컬리 후스 Leckerli Huus와 풍미는 비슷하지만 헤이즐넛과 꿀 등을 이용해 훨씬 더 부드럽다. 설탕으로 베른의 상징인 곰을 만들어 장식한다. 베른 시내 곳곳에 있는 제과점에서 구입할 수 있다.

---

more & more 베른 쇼핑 더 즐기기

❶ 구시가지 내 상점

운영 월 09:00~18:30, 화·수 09:00~18:30, 목 09:00~20:00, 금 09:00~18:30, 토 09:00~17:00
휴무 일요일(중앙역 내 상점 제외)
※ 베른 중앙역에는 약 80여 개의 상점이 연중무휴로 운영

❷ 생산자 직거래 시장

베른 구시가지 곳곳에서 열리는 생산자 직거래 시장. '바렌마크트 Warenmarkt'에서 이 지역 자영업자들의 조언을 들으며 그들이 생산한 독창적이고 질 좋은 상품을 구입할 수 있다. 여행자들에겐 색다른 문화와 향토 요리를 즐기는 이색적인 장소다.

주소 베른 구시가지 곳곳(Waisenhausplatz, Bärenplatz, Bundesplatz, Schauplatzgasse, Gurtengasse, Bundesgasse, Münstergasse)
운영 1~11월 화 08:00~18:00, 토 08:00~17:00 4~10월 목 09:00~18:00

Writer's Pick

■ 콘하우스켈러 Kornhauskeller

과거 지상 3층은 곡식 저장고로, 지하는 와인을 담은 통을 보관했으나 1998년 카페, 바, 레스토랑으로 변모했다. 이곳은 건축학적으로도 의미가 있는데 12개의 기둥은 베르네제Bernese 지방 여성들의 전통복장을, 아치 사이의 공간들은 르네상스 시대 독일 남성 전통복장을 입은 31명의 음악가들이 표현되어 있다. 이곳에서의 식사는 베른 고유의 문화를 함께 맛볼 수 있는 귀중한 시간이 된다.

주소 Kornhausplatz 18, 3011 Bern
위치 버스 10, 12, 19번, 트램 7, 8번 Zytglogge에서 하차 후 도보 1분
운영 레스토랑 월~토 11:30~14:30, 17:30~23:30
바 월~목 17:00~23:30, 금·토 16:00~02:00
휴무 일요일
전화 +41 (0)31 327 7272
홈피 www.kornhauskeller.ch

작가 추천 & AI 검증

1. 캐주얼 & 가성비 Casual & Budget

■ 티비츠 Tibits
베른역 근처에 있는 실속형 채식 뷔페.

■ 알테스 트람데포 Altes Tramdepot
곰 공원 근처, 맥주와 먹을 수 있는 간단한 메뉴도 있다.

2. 합리적인 로컬 Affordable Local

■ 레스토랑 로젠가르텐 Restaurant Rosengarten
장미 공원에 위치. 아름다운 전망이 특징이며 파스타가 맛있다.

■ 레스토랑 뮐리라드 Restaurant Mühlirad
정성 가득한 가정식 느낌, 한적한 곳에 위치.

3. 미식 & 고품격 다이닝 High-end Luxury

■ 슈벨렌메텔리, 레스토랑 테라스
Schwellenmätteli - Restaurant Terrace
아레 강 바로 위에 떠 있는 듯한 환상적인 위치를 자랑한다.

■ 카지노 베른, 레스토랑 뷰 Casino Bern, Restaurant VUE
베른 연방 의사당 바로 근처에 위치한 이곳은 격식 있는 정찬을 위한 완벽한 장소이다.

Tip | 베른의 한식당

베른 시내에는 한식당이 있어 선택이 폭이 넓다. 베른 기차역 인근의 아리랑 식당 Restaurant Arirang과 비교적 최근에 문을 연 남산 식당을 추천한다. 'Tagesteller' 혹은 'Mittagsmenü'라는 이름으로 매일 바뀌는 가성비 좋은 오늘의 점심 메뉴를 선택해보자.

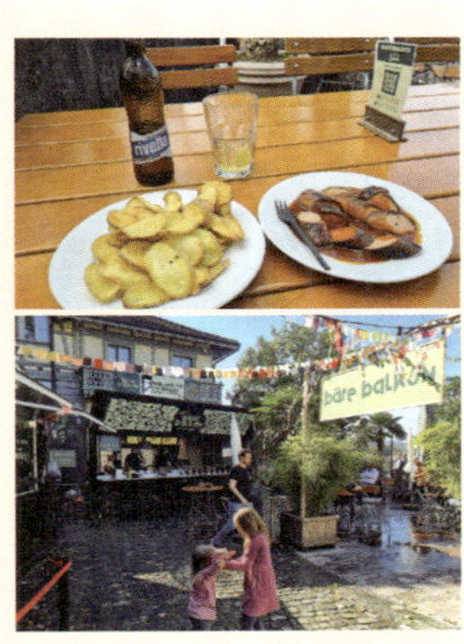

스위스의 수도인 베른Bern은 도시 전체가 유네스코 세계문화유산으로 지정되어 있어, 숙소를 정할 때 다른 도시와는 조금 다른 전략이 필요하다. 호텔 선택 시 고려하면 좋은 주의 사항과 꿀팁을 참고하자.

1. 구시가지Old Town 호텔 선택 시 주의할 점

■ 소음
구시가지 중심가는 돌바닥 위로 트램이 지나다니고, 밤늦게까지 운영하는 바Bar가 많아 소음에 예민하다면 안쪽 골목이나 고층 객실을 요청하는 것이 좋다.

■ 에어컨 유무
여름(7~8월)에 방문한다면 호텔 상세 정보에서 에어컨 설치 여부를 반드시 체크하자.

2. 숙소 위치 선정 팁

■ 가장 편리한 곳
베른 중앙역Bern HB 근처이다. 인터라켄, 취리히, 루체른 등 다른 도시로 이동하기 매우 편리하며, 역 내부에 대형 마트(Migros, Coop)가 늦게까지 운영한다.

■ 전망이 좋은 곳
아레 강Aare River 건너편이나 로젠가르텐(장미 공원) 인근 숙소를 잡으면 구시가지 전체의 붉은 지붕 전망을 감상하기 좋다.

■ 베른 시내 행사 기간이라면
만약, 투숙을 원하는 기간 동안 베른 호텔 가격이 너무 높다면 베른 인근 프리부르Fribourg나 올텐Olten 또는 툰Thun으로 알아보자. 약간 더 저렴하게 예약할 수 있다.

■ 경제적이고 편리한 곳
호스텔을 추천하고 싶다. 호스텔 77 또는 베른 유스호스텔이 그만이다.

© Bellevue-palace

© Bellevue-palace

Writer's Pick

| 4성급 |

■ 베스트 웨스턴 플러스 호텔 베른 Best Western Plus Hotel Bern
구시가지 중심가에 위치. 세심한 서비스와 특색 있는 인테리어가 특징이다.

| 3성급 |

■ 소렐 호텔 아도르 베른 Sorell Hotel Ador Bern
베른 중앙역에서 도보 3분, 구시가지에서 5분 거리에 있다. 현대적인 체인호텔.

| 이색 호텔 |

■ 호텔 촐하우스 Zollhaus One Suite Hotel
니더브뤼케 다리 위에 놓은 팝업 호텔로 세금을 징수하던 곳을 호텔로 개조했다.

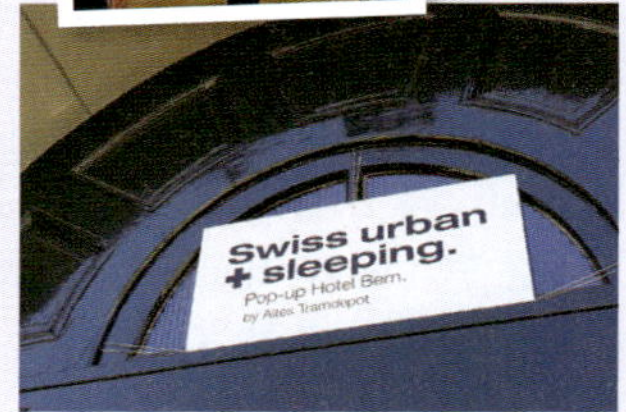

Tip | 작가가 숨겨놓은 이중언어 매력여행지, 무르텐Murten / 모라Morat

베른을 건립한 체링엔Zähringen 가문의 발자취가 남아 있어 '작은 베른'이라 불릴 만큼 닮은 점이 많은 도시. 베른의 축소판 같은 고풍스러운 아케이드와 중세풍의 골목 정취를 그대로 느낄 수 있다. 무르텐 호수 기슭에 위치하여, 유람선을 통해 뇌샤텔 호수, 빌/비엔느 호수까지 이어지는 이른바 '3개 호수 지역'의 주요 거점이기도 하다. 도시를 감싸고 있는 중세 성벽 위를 직접 걸어볼 수 있다는 것도 무르텐만의 매력으로 성벽 위에서 바라보는 붉은 지붕의 구시가지와 푸른 호수의 대비는 베른의 로젠가르텐과는 또 다른 감동을 선사한다.

※ 베른에서 직행열차로 35~40분 소요

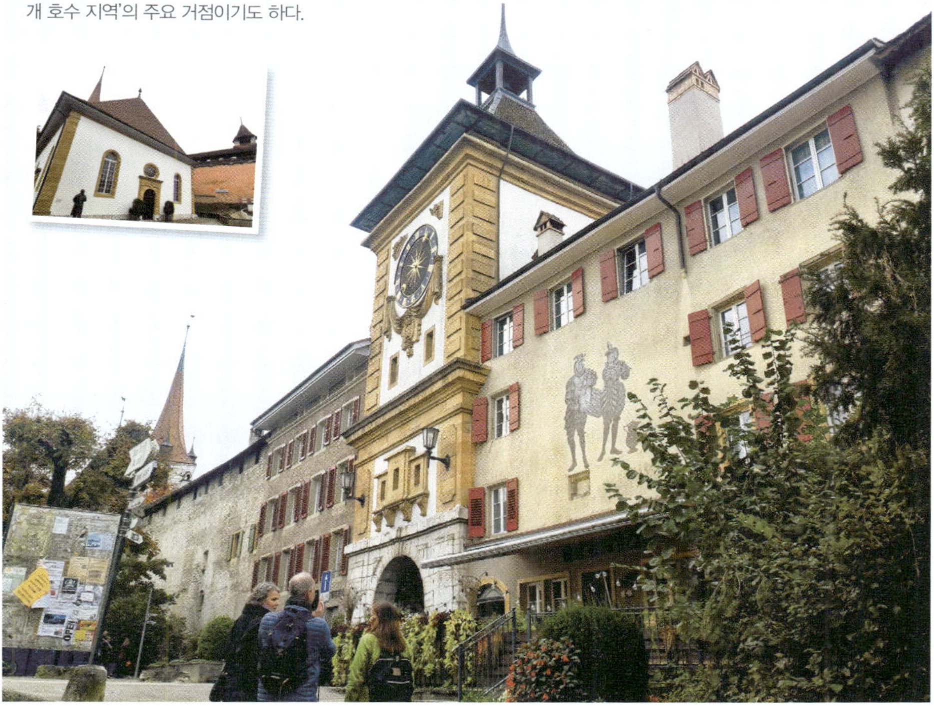

more & more 베른의 지하 갤러리

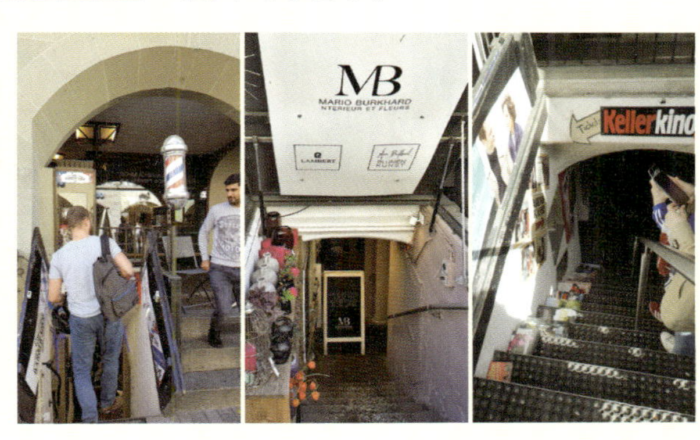

베른의 아케이드 라우벤Lauben과 더불어 매우 인상적인 것이 바로 지하 갤러리들이다. 라우벤 옆에 마치 부속품처럼 군데군데 설치되어 있는 지하 갤러리들은 과거 저장고로 사용되던 곳으로 현재는 극장, 아트 갤러리, 카페, 심지어 이발소로도 이용되고 있다. 구시가지를 걷다가 지하 갤러리를 발견한다면 꼭 들러보자.

베른 **주변 지역**

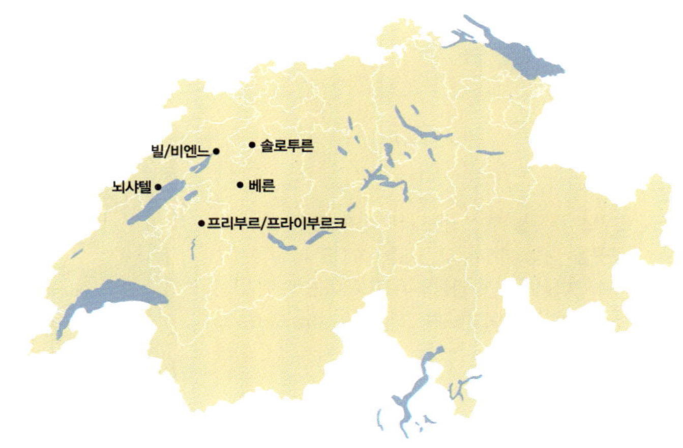

수도 베른을 기점으로 북서쪽 지역은 스위스의 중세적 뿌리와 현대적 정교함이 만나는 길이다. 베른과 꼭 닮은 중세 요새 도시인 프리부르/프라이부르크Fribourg/ Freiburg에서는 고즈넉한 배경으로 스냅사진을 찍어보자. 솔로투른Solothurn은 베른의 투박한 사암 사이로 화려한 꽃을 피운 듯, 우아한 바로크의 미소를 건네준다. 두 언어가 다정히 섞이는 빌/비엔느Biel/Bienne에선 세계의 시간을 움직이는 정밀함이 호수의 윤슬과 만나 차분히 흐른다. 여정의 끝자락, 뇌샤텔Neuchâtel의 노란 석조 건물들은 에메랄드빛 물결 위로 베른과는 다른 이국적인 설렘을 채워 넣는다.

✚ 프리부르/프라이부르크 Fribourg/Freiburg

프리부르 주의 주도로 스위스 가톨릭의 중심지이다. 시민의 대부분은 프랑스어를 사용한다. 체링엔 가문의 베르톨트 4세에 의해 1157년에 세워진 도시로 독일어로 Frei(자유), Burg(요새)를 뜻한다.

도시에서 가장 오래된 곳들은 사린Sarine(또는 자네Saane) 강 삼면이 둘러싸인 절벽 초입에 있다. 도시는 하나의 거대한 요새와도 같아 강변에서 올려다보는 도시와 사린 강을 가로질러 건축된 여섯 개의 다리는 그야말로 중세 도시의 전형을 보는 듯하다. 프리부르 관광청에서 중세 시대 프리부르 방어시설들을 둘러보는 가이드 투어도 마련해두고 있다. 특히 베른과는 열차로 채 30분이 걸리지 않으므로, 베른에서 숙소를 구하는 게 여의치 않을 경우 프리부르에서 머무는 것도 좋은 방법!

★ 인포메이션 센터

주소 Place Jean Tinguely 1,
      Case postale 1120,
      1701 Fribourg
운영 월~금 09:00~18:00,
      토(5~9월) 09:00~16:00,
      토(10~4월) 09:00~13:00,
      일(5~9월) 10:00~15:00
      휴무 일요일(5~9월 제외),
      법정 공휴일
전화 +41 (0)26 350 1111
홈피 www.fribourgtourisme.
      ch

프리부르/프라이부르크로 이동하기

- 베른에서 열차로 약 30분
- 제네바에서 열차로 약 1시간 25분
- 그뤼에르에서 열차로 약 1시간(1회 환승)
- 취리히에서 열차로 약 1시간 25분

프리부르에서 알아두면 좋은 정보

1. 프리부르 시티 카드

프리부르 여행객 중 스위스 트래블 패스 비소지자라면 프리부르 시티 카드를 구입해 도시 곳곳을 여행해보자. 대중교통(ZONE 10에 한함), 푸니쿨라, 미니 열차, 주요 박물관 및 수영장을 무료로 이용할 수 있는 혜택이 있다. 1일권, 2일권으로 나뉘며, 동계는 하계보다 이용할 수 있는 시설이 적은 만큼 가격이 더 저렴하다. 온라인 구매 가능하며 어플로 다운로드 할 수 있다.

요금 **여름 시즌(4~10월) 1일권** 성인 CHF 20, 어린이(6~16세) CHF 10
      2일권 성인 CHF 35, 어린이(6~16세) CHF 12

2. 4번 버스 타고 프리부르 둘러보기

도시의 지형을 파악하고 투어를 진행하는 것이 순서. 프리부르 기차역 내의 버스 정류장에서 출발하는 4번 버스를 타고 종착역 Auge Sous-Pont까지 타고 가다 보면 주요 스폿을 지나게 된다.

3. 미니 열차

고지대와 저지대로 나뉘어 처음 이 도시를 찾는 사람들에겐 다소 헷갈릴 수 있으니, 미니 열차를 타고 주요 스폿을 1시간 동안 둘러보는 것도 좋다. 열차의 출발 및 도착은 프리부르 관광안내소에서 이루어진다.

주소 **프리부르 관광안내소** Place Jean Tinguely 1
운영 4월 금~일 11:00, 13:00, 14:00
      5~9월(성수기) 화~일 11:00, 13:00, 14:00 **휴무** 월요일
요금 **데이 패스** 성인 CHF 15, 어린이(만 6~15세) CHF 10 ※ 시티 카드 소지자 무료

Tip │ 수도원 스테이

가톨릭의 주요 도시, 프리부르에서는 수도원 스테이가 가능하다. 영혼의 안식을 얻고자 하는 사람들에게 추천하고 싶다. 코르델리에 수도원Couvent des Cordeliers, 마그로쥬 수도원Abbaye de la Maigrauge 등에서 가능.

도시 남부 저지대, 도시에서 가장 오래된 구시가지인, Basse-Ville와 도시 중심부인 고지대까지 운행하는 푸니쿨라는 이 도시의 진정한 아이콘. 이곳 푸니쿨라는 스위스 국가유산 목록에도 올라가 있을 정도다. 도시 폐수를 이용해 1899년부터 운행되고 있다.

운영   **9~5월** 월~금 07:00~19:00, 일·공휴일 09:30~19:00
     6~8월 월~금 07:00~20:00, 일·공휴일 09:30~19:00
운행   6분 간격, 약 2분 소요
요금   성인 CHF 3, 어린이 CHF 2
     ※ 스위스 패스 소지자 CHF 2.2, 시티카드 소지자 무료
홈피   www.tpf.ch

★★★

GPS 46.806132, 7.163209

성 니콜라스 성당 Cathédrale St. Nicolas

1283년 건축을 시작해 1490년에 완공된 고딕 양식의 성당이다. 성당의 첨탑은 74m 높이로 도시 곳곳에서 눈에 띄어 가히 프리부르의 랜드마크라 할 수 있다. 총 365개의 계단으로 이루어진 첨탑을 천천히 올라가 보면 이 도시의 전망이 한눈에 들어온다. 성당 주입구의 〈최후의 심판〉을 묘사한 조각과 아르누보 양식의 스테인드글라스, 13개의 종으로 유명하다. 성당 오르간은 프란츠 리츠마저 칭찬을 아끼지 않았던 이 지역 오르간 제작자, 알로아 모제Alcys Mooser가 10년 동안 심혈을 기울여 제작한 것이다. 매해 12월 첫 주에는 니콜라스 성인의 축제가 3일 동안 열린다.

주소   Rue des Chanoines 3, 1700 Fribourg
위치   프리부르 역에서 2, 6번 버스 탑승. Bourg 역에서 하차. 도보 2분 거리
운영   월~토 10:00~18:00, 일·공휴일 12:00~17:00
     첨탑 3~11월까지 개방
요금   **성당** 무료
     종탑 등정 성인 CHF 5, 어린이(6~15세) CHF 2
전화   +41 (0)26 347 1040
홈피   www.stnicolas.ch

프리부르 구시가지

프리부르는 중세시대 중요한 요충지였기 때문에 도시 저지대와 사린 강이 만나 경계를 이루는 곳에 방어시설을 구축해 놓았다고 한다. 2km에 달하는 성벽, 14개의 탑, 돌다리 등이 매우 이색적이다. 4번 버스를 타면 주요 유적을 창밖으로 볼 수 있으며, St-Jean Eglise 정류장에서 내려 중심지까지 천천히 걸으면 오래된 분수들도 만날 수 있다.

© Fribourg Tourisme

GPS 46.807132, 7.161392

장 팅겔리 & 니키 드 생팔 미술관 Espace Jean Tinguely & Niki de Saint Phalle

과거에 전차 차고로 이용되던 프리부르 예술가 박물관 근처 건물을 개조하여 들어선 미술관이다. 20세기 위대한 예술가 장 팅겔리와 그의 부인이자 또 한 명의 훌륭한 예술가인 니키 드 생팔의 작품을 전시해놓은 곳이다. 장 팅겔리는 움직이는 예술작품에 천재적인 소질을 타고난 작가. 그의 작품들은 보고, 듣고, 만지고 때때로 냄새까지 맡도록 고안된 것이 특징이다. 니키 드 생팔의 작품에서 놓치지 말아야 할 것은 〈나나 Nanas〉다.

주소 Rue de Morat 2, 1700 Fribourg
위치 Fribourg, St. Pierre에서 버스 2번 탑승
　　　 또는 프리부르 기차역에서 버스 123번 탑승,
　　　 Fribourg, Tilleul에서 하차(1개 정거장) 후 도보 2분
운영 수·금~일 11:00~18:00, 목 11:00~20:00
　　　 휴무 월·화요일, 일부 공휴일
요금 성인 CHF 7, 학생 CHF 5
　　　 ※ 프리부르 시티 카드 소지자 1회 무료입장
전화 +41 (0)26 305 5140
홈피 www.fr.ch/mahf

✚ 뇌샤텔 Neuchâtel

뇌샤텔은 때론 금빛, 때론 에메랄드빛이 난다. 쥬라 산맥에서 가져온 금색 돌이 도시의 건물과 중세풍의 구 시가지를 만들어내고, 스위스에서 가장 큰 뇌샤텔 호수의 푸른색은 금색 빛깔과 어우러져 에메랄드빛을 낸 다. 빛깔부터 우아한 뇌샤텔은 젊음의 싱그러움도 있다. 대학이 있는 뇌샤텔은 주요 볼거리와 함께 젊은이 들을 위한 오래된 책방이나 상점들도 많아 구경하는 재미도 있다.

또, 쥬라 산맥과 근처 호숫가로 자전거 여행을 떠나기에도 좋고, 초콜릿 브랜드 수샤드Suchard의 탄생지인 옆 마을 세리에르Serriéres와 시계 산업의 메카 라쇼드퐁La Chaux de-Fonds 등 주변 도시를 탐방해볼 수도 있다.

뇌샤텔로 이동하기

- 취리히 공항에서 열차로 약 2시간 15분
- 제네바 공항에서 열차로 약 1시간 15분
- 베른에서 약 50분
- 바젤에서 약 1시간 30분

※ 뇌샤텔 호수-빌/비엔느 호수-무에텐/모라 3개의 호수가 연결되어 있어 유람선으로 각 도시 이동 가능

★ 인포메이션 센터

주소 Pl. du Port 2, 2001 Neuchâtel
운영 월~금 09:00~12:00/13:30~17:30, 토 09:00~12:00 **휴무** 일요일
전화 +41 (0)32 889 6890　　**홈피** www.neuchateltourism.ch

 ★★★ 뇌샤텔 교회와 성 Collégiale & Château de Neuchâtel

멀리서 바라보면 뇌샤텔 성이 교회를 둘러싸고 있는 듯하다. 뇌샤텔 교회는 후기 로마네스크와 고딕 양식 이 혼재된 12세기 건물로 금빛 외관과 초록색 지붕의 조화가 아름답다. 칼뱅과 함께 종교개혁의 선구자 역 할을 했던 기욤 파렐의 동상이 교회 앞에 세워져 있 다. 뇌샤텔 성은 주청사로 현재 사용되고 있으나 4~9 월에 투어가 가능하다. 함께 위치해 있으니 교회 위주 로 방문하면 된다.

주소 **교회** La Collégiale, Rue de la Collégiale 3, 2000 Neuchâtel
위치 중앙역에서 Av. de la Gare을 따라 도보로 15분 소요, écluse역 (경사가 있으니 대중교통 권장)
운영 4~5월 토~일, 6~9월 화~일 14:00~17:00 (매 정각 입구에서 가이드 만남, 45분 소요)
요금 **교회** 무료 **성** 가이드 투어 CHF 5
전화 **교회** +41 (0)32 725 6820 **성** +41 (0)32 889 4003
홈피 **교회** www.collegiale.ch

© Neuchâtel Tourism

Tip | 감옥탑

근처 감옥탑은 1000년도 더 된, 뇌샤텔 에서 가장 오래된 건축물. 화재로 특정 시간에 가이드 투어로 내부만 방문할 수 있다(4~5월 토~일, 6~9월 화~ 일 17:00~18:00).

 ★★★ 뇌샤텔 미술 & 역사 박물관
Musée d'art et d'histoire

뇌샤텔 지역의 중세시대부터의 역사와 지역 문화. 그리 고 이 지역을 중심으로 활동했던 과거 예술가부터 현대 의 작품까지 다채로운 전시가 펼쳐진다. 아티스트이자 뮤지션, 작가, 시계 제작자였던 자크 드로 Jacquet Droz가 1700년대에 제작한 자동인형 3점 등 각종 유명 컬렉션 이 전시되어 있다.

주소 Esplanade Léopold Robert1, 2000 Neuchâtel
위치 뇌샤텔 호수 선착장 바로 옆 (중앙역에서 푸니쿨라를 타고 내려와 도보 5분)
운영 화~일 11:00~18:00 **휴무** 월요일, 일부 공휴일
요금 성인 CHF 12, 학생 및 각종 할인대상자 CHF 4 ※ 어린이(16세 이하), 스위스 패스 소지자, 수요일 무료
전화 +41 (0)32 717 7920   **홈피** www.mahn.ch

 ★★☆ 라테니움 Laténium
GPS 47.007298, 6.970981

라텐 유적지에서 발굴된 물품을 중심으로 빙하기부터 중세에 이르기까지 약 5만 년에 걸친 유적 약 3,000 점을 전시한다. 라테니움은 호반과 잘 어우러져 산책 하기 좋은 공원과 뇌샤텔 호반의 고상식 가옥을 지어 생활하던 켈트의 집단 부락을 재현하고 있다.

주소 2068 Hauterive
위치 버스 1번 Musée d'archeologie에서 하차, 뇌샤텔 Laténium역 선착장에서 보트 탑승 10분 (4월~10월 중순 운행)
운영 화~일 10:00~17:00 **휴무** 월요일
요금 성인 CHF 12, 학생 CHF 4 ※ 16세 미만, 스위스 패스 소지자, 매월 첫 번째 일요일 무료
전화 +41 (0)32 889 6917
홈피 www.latenium.ch

© Latenium

© Latenium

라 메종 뒤 프로마주 La Maison du Fromage

프랑스어 문화권답게 뇌샤텔에서는 로컬 치즈 숍들이 자주 눈에 띈다. 그중 시장 광장 쪽에 위치한 라 메종 뒤 프로마주는 로컬 치즈를 중심으로 판매하고 있다. 90년 이상 대를 이어 치즈를 판매하는 곳으로 그만큼 퀄리티가 높다는 평을 얻고 있으며, 주말에는 로컬들이 줄을 서서 들어갈 정도로 인기가 높다.

주소 Rue du Trésor 2bis, 2000 Neuchâtel
위치 시장 광장 북쪽
운영 화~금 08:00~12:15/14:00~18:30,
　　　토 07:00~18:30 **휴무** 월·일요일
전화 +41 (0)32 725 2636　**홈피** sterchi-fromages.ch

쇼콜라티에 발더 Chocolaterie Walder

발더는 1919년부터 초콜릿을 만들어 왔다. 매장은 작지만 매장 내 300여 개의 수제 초콜릿을 판매하며 자부심이 높은 곳이다. 지역 사람들에게 늘 사랑받는 곳으로 'Pavé du Château' 초콜릿이 가장 인기가 많다. 쇼콜라티에 우디 수사드 Chocolaterie Wodey Surchard와 콘피서리 슈미드 Confiserie Schmid와 함께 뇌샤텔 3대 유명 초콜릿 숍으로 꼽힌다.

주소 Angle Rue Seyon-Hôpital, 2000 Neuchâtel
위치 Rue de l'Hôpital과 Rue du Château 교차점에 위치
운영 월 13:30~18:30, 화~금 08:00~18:30,
　　　토 08:00~17:00 **휴무** 일요일
전화 +41 (0)32 725 2049
홈피 www.walder-ccnfiserie.ch

Tip | 뇌샤텔 거리 시장

구시가지 시장 광장에서 4월부터 10월까지 매주 화, 목, 토요일 아침마다 뇌샤텔 호반에서 나온 생선과 신선한 과일, 채소, 치즈, 공예품 등을 판매한다.

✚ 빌/비엔느 Biel/Bienne

이중언어의 불편함을 '개성'과 '효율'로 승화시킨 도시

빌/비엔느는 이름에서 보이듯 독일어와 프랑스어를 공용으로 사용하는 도시로, 지리적으로도 스위스의 독일어권과 프랑스어권 사이에 위치한다. 이곳에는 세계적인 시계 브랜드 오메가와 스와치 그룹의 본사가 있는 것으로 잘 알려져 있다. 기차역에서 나오자마자 만나게 되는 도시의 첫인상은 다소 상업적이지만, 구시가지는 중세의 분위기를 그대로 간직한 듯해 매력이 넘친다. 푸니쿨라를 타고 오를 수 있는 마그링엔/마콜랑 Magglingen/Macolin 은 전 세계 스포츠 선수들이 찾는 곳으로 스포츠 전문 호텔을 비롯한 인프라가 충분히 갖춰져 있다. 생 피에르 섬도 한번 가볼 만하다.

빌/비엔느로 이동하기

- 뇌샤텔에서 열차로 약 15분
- 바젤에서 직통 열차로 약 1시간 5분
- 베른에서 열차로 약 25~35분
- 루체른에서 올텐을 거쳐 열차로 약 1시간 20~40분

★ 인포메이션 센터
주소 Bahnhofplatz 12, 2501 Biel/Bienne
위치 빌/비엔느 기차역 바로 앞 위치
운영 월~금 08:30~18:00, 토 09:00~12:15/13:00~16:00
휴무 일요일
전화 +41 (0)32 329 8484
홈피 www.biel-seeland.ch

> **Tip | 생 피에르 섬**
>
> 빌/비엔느 호수에 떠 있는 아름다운 섬으로 소박한 포도밭들이 아름답게 펼쳐진다. 18세기 장 자크 루소 Jean-Jacques Rousseau 가 머물렀던 섬으로 유명하며 자연 보호 구역인 만큼 생태가 잘 보존되어 있어 스위스 및 유럽의 많은 여행자들이 찾는다. 자동차는 들어갈 수 없는 곳으로 BSG 보트나 개인 보트 택시인 나베트 Navette(**전화** 예약 +41 (0)79 760 8260)를 이용하거나 에어라흐 Erlach 부터 도보와 자전거를 이용해 들어갈 수 있다.

📷 구시가지 Altstadt

★★★

베른이나 프리부르의 구시가지 모습과 닮아 있다. 15세기에 세워진 교회, 기사의 분수를 비롯하여 구시가지 곳곳의 분수들과 여유가 느껴지는 카페, 레스토랑, 중세 분위기를 느낄 수 있는 오래된 건물들이 인상적이다. 매주 화, 목, 토요일 아침에는 뷔르그 광장 Burgplatz 에서 야채 시장이 열린다.

위치 중앙역에서 신시가지를 따라 1km 정도 걸으면 구시가지 왼편으로 들어갈 수 있다.
홈피 www.altstadt-biel.ch

 ★★☆　　　　　　　　　　GPS 47.138672, 7.239623

빠스꿰아흐트 센터
Kunsthaus Pasquart

출입구부터 일단 반갑다. 'Push' 대신 '미시오'라는 한글이 있는데, 예전 한극 관련 전시회 이후부터 부착되었다고 한다. 빌/비엔느에 최초로 지어진 19세기 병원 3개 동으로 이루어진 건물 등을 조합한 건축물로 건축상을 수상한 바 있다. 현대미술 전시관, 필름 센터, 포토 포럼, 아트 센터 등 총 6관으로 나뉘어 있다.

주소 Seevorstradt 71-73 Faubourg du Lac, 2502 Biel/Bienne
위치 중앙역 광장에서 버스 11번을 타고 약 7분(도보 약 15분)
운영 수~금 12:00~18:00, 토·일 11:00~18:00
　　　 휴무 월·화요일
요금 성인 CHF 11, 학생 CHF 9 ※ 스위스 패스 소지자, 16세 이하, 매주 목요일 18:00부터 무료
전화 +41 (0)32 322 5586　　**홈피** www.pasquart.ch

 ★☆☆　　　　　　　　　　GPS 47.14408, 7.26085

시간의 도시 박물관
Cité du Temps

스와치 & 오메가 캠퍼스가 2019년 세계 최대 목조 건물로 완공되었다. 프리츠커상을 받은 일본 건축가 시게루 반이 설계했는데, 총 3개의 건축물로 스와치 사무 공간, 오메가 시계를 생산하는 오메가 팩토리 외에 오메가 박물관과 스와치 플래닛으로 구성된 '시간의 도시 박물관'이다. 여행자들은 '시간의 도시 박물관'을 관람할 수 있다. 건축물의 의미 그 자체부터 스와치와 오메가 브랜드의 모든 것을 알아가며 시간 가는 줄 모르고 즐기게 될 것이다.

주소 Nicolas G. Hayek Strasse 2, 2502 Biel/Bienne
위치 빌/비엔느 기차역에서 버스 2, 3, 4, 72번을 타고 Omega역에서 하차
운영 화~일 10:00~17:00 **휴무** 월요일
요금 무료
전화 +41 (0)32 343 8900
홈피 www.citedutemps.com

© Cité du Temps

 라 뇌브빌 포도밭 하이킹 La Neuveville Vine Path

뇌샤텔 주도 포도밭 생산이 꽤 되며, 와인 퀄리티도 좋다. 빌/비엔느에서 시작해 빌/비엔느 호숫길을 따라 라 뇌브빌까지 이어지는 포도밭 사잇길을 걷는 하이킹 코스는 가을에 특히 아름답다. 가는 중간 트반Twann에서는 와인 테이스팅 센터VINITERRA(월 휴무, 화~금 17:00부터, 토~일 14:00부터 오픈), 리게르츠Ligerz 와인 박물관도 중간에 들러보자. 총 15km이며 4시간 정도 소요되는데, 갈 수 있는 만큼만 갔다가 돌아와도 좋다.

©Tourismus Biel Seeland | Stefan Weber

✚ 솔로투른 Solothurn

11의 마법과 가톨릭 세력의 전략적 요충지

바로크 도시 솔로투른은 연방 가입 순서부터 주요 건축물 개수까지 숫자 11과 특별한 인연을 맺고 있다. 주변의 종교개혁 물결 속에서도 가톨릭 신앙을 꿋꿋이 지켜왔지만, 아이러니하게도 과거 금기시되었던 '악마의 술' 압생트 바가 이곳의 명물로 사랑받고 있다. 베른이나 빌/비엔느에서 반나절이면 이 도시만의 독특한 매력을 만끽하기 충분하다.

솔로투른으로 이동하기

- 뇌샤텔에서 열차로 약 50~55분
- 베른에서 올텐 혹은 빌/비엔느를 거쳐 열차로 약 45~50분
- 취리히에서 열차로 약 50~55분

주소 Haupgasse 69, 4500 Solothurn
운영 월~금 09:00~17:30,
토 09:00~15:00 **휴무** 일요일
전화 +41 (0)32 626 4646
홈피 www.solothurn-city.ch

Tip | 솔로투른 자전거 여행과 숙박

스위스 중서부 지역을 자전거로 여행한다면 솔로투른을 거쳐보자. 쥬라 산맥의 솔로투른은 자전거 하이커들을 위한 아름다운 코스를 선사한다.
하룻밤 머문다면 솔로투른 유스호스텔에 머무르자. 강가에 위치한 현대적인 느낌의 호스텔이다.

자전거 여행 정보
홈피 www.schweizmobil.ch
유스호스텔
홈피 www.youthhostel.ch/solothurn

 ★★★

성 우르수스 대성당 St. Ursus Cathedral

GPS 47.208257, 7.539080

스위스에서 가장 중요한 네오클래식 및 바로크 양식 건축물로 손꼽히며, 숫자 '11'의 신비가 집약된 결정체이다. 이 성당은 설계를 맡은 건축가 가에타노 마테오 피조니Gaetano Matteo Pisoni가 철저하게 숫자 11에 맞춰 건축했다. 성 우르수스 유해가 이곳에 안치되어 있어 가톨릭 신자들에게는 매우 신성한 장소이다.

주소 Propsteigasse 10, 4500 Solothurn
위치 중앙역에서 나와 좌측으로 난 Hauptbahnhofstrasse를 따라 걷다가 작은 다리를 건너 Kronengasse를 따라 걷고 Hauptgasse 삼거리 직전 우측(도보로 7분 소요)
운영 08:00~18:30
요금 무료(성당 타워 등반 가능, 별도 요금 있음)
전화 +41 (0)32 626 4646
홈피 www.solothurn-city.ch

시계탑 Zeitglockenturm

★★☆

도시의 최고령 건축물. 12 대신 11 까지만 표기된 독특한 시계판이 특징. 이는 11번째 칸톤 가입과 성 우르수스 성당의 11가 제단 등 도시의 상징인 숫자 '11'에 경의를 표하는 의미를 담고 있다.

주소 Hauptgasse 46, 4500 Solothurn
위치 구시가지 Markplatz에 위치

솔로투른 현대 미술관 Kunstmuseum Solothurn

★★☆

19~20세기 스위스 예술을 중심으로 한 파인 아트 컬렉션이 주를 이룬다. 스위스 화가, 페르디난트 호들러Ferdinand Hodler의 윌리엄 텔을 소재로 한 작품과 독일 태생의 화가, 한스 홀바인Hans Holbein 2세의 1522년 작품 〈솔로투른의 성모The Madonna of Solothurn〉가 특히 유명하다.

주소 Werkhofstrasse 30, 4500 Solothurn
위치 중앙역에서 우측 큰 다리인 Rötistrasse를 따라 걷다가 나오는 Werkhofstrasse 좌측에 위치
운영 화~금 11:00~17:00, 토·일 10:00~17:00 **휴무** 월요일
요금 입장료 대신 기부금
전화 +41 (0)32 626 9380
홈피 www.kunstmuseum-so.ch

디 그뤼네 페 Die Grüne Fee

'초록 요정Die Grüne Fee'으로 풀이되는 이곳은 스위스가 압생트 금지령을 해제(2005년)한 후, 스위스 전역에서 최초로 합법적인 운영 허가를 받은 압생트 전용 바이다. 바텐더들은 압생트의 역사와 제조 과정에 대해 매우 해박하며, 전통적인 '루슈Louche' 방식(찬물을 한 방울씩 떨어뜨려 술을 뿌옇게 만드는 방식)을 제대로 경험할 수 있는 곳이다.

주소 Kronengasse 11, 4502 Solothurn
위치 중앙역에서 다리를 건너 마을 초입에 바로 위치
운영 목~금 17:00~24:00, 토 11:00~24:00 **휴무** 일~수요일
전화 +41 (0)32 534 5990
홈피 www.diegruenefee.ch

Tip | 압생트

압생트는 18세기 뇌샤텔 주 발 드 트하베흐Val-de-Travers의 산골 마을에서 탄생한 술이다. 이후 예술가, 귀족에 큰 영향을 미쳐 가톨릭에서 엄격히 금했고, 20세기 초부터 한때 유럽에서 금지되었다. 현재는 '환각술'이라는 오명을 벗고 판매되고 있다.

이 산이 나를 오라 하네.
산을 오르는 것이 아니라, 산이 나를 불러 간다 했던가?
배낭 하나 둘러메고 등산화를 신었을 뿐인데
벌써 자연과 나는 하나가 된다.
한 걸음 한 걸음 걸을 때마다 마음의 무거운 짐을
하나씩 하나씩 그에게 털어낸다. 그리고 다시
겸허하게 이 세상을 살아가겠노라 다짐해본다.
산은, 자연은 내게 가르치려 하지 않는다.
내가 그에게서 얻어갈 뿐! 산은 언제나 무덤덤하고
속정 깊은 아버지와 같이 나의 등을 토닥여준다.

BERNER OBERLAND
베르너 오버란트-융프라우 지역

독특한 자연의 매력이 있는 베르너 오버란트-융프라우 지역
BERNER OBERLAND

Janice Advice 인터라켄, 그린델발트에서만 숙박했다면 라우터브룬넨의 민박, 벵엔의 호스텔, 뮈렌이나 브리엔츠 호수에 인접해 있는 이젤트발트에서도 숙박을 권하고 싶다.

Jay Advice 융프라우요흐만 관광하기에는 너무 부족하다. 쉴트호른+알멘트후벨과 베른 주의 숨겨진 보석과 같은 마을, 렝크 임 지멘탈과 칸더슈텍을 적극 추천한다.

멘리헨 전망대

베른 주의 남쪽 끝, 주에서 가장 높은 지방을 베르너 오버란트Berner Oberland라 한다. 이곳은 스위스 여행을 계획하는 사람들이라면 저절로 떠올릴 만큼 유명한 지역이지만 산악 여행지인 융프라우요흐, 쉴트호른, 피르스트와 그리 특색 없는 마을인 인터라켄 오스트, 아이거로 유명해진 그린델발트, 뮈렌, 벵엔 정도만 알고 있는 것이 안타깝다. 다양한 액티비티와 하이킹을 즐기기에도 그만인 베르너 오버란트 지역은 만년설이 내려앉은 3,000m급 봉우리들, 이슬 내려앉은 초원에서 풀을 뜯는 소 떼, 여름이면 우르르 천둥소리를 내며 떨어지는 폭포수를 만끽하기 위해 발걸음을 저절로 옮기는 곳이기도 하다. 융프라우 지역의 하이라이트, 융프라우요흐Jungfraujoch와 주변을 에워싸고 있는 작은 마을들과 호수로 떠나보자. 꼬박 3~4일도 부족할 것이다.

여행정보

- **교통거점** 인터라켄 동역
- **주** 베른
- **주요 언어** 독일어
- **키워드** 융프라우요흐, 산악열차, 아이거, 묀히, 툰과 브리엔츠 호수, 하이킹, 액티비티, 호숫가 작은 마을들
- **주요 산악 여행지** 융프라우요흐, 피르스트, 쉴트호른, 하더쿨름, 쉬니게 플라테
- **주요 마을** 인터라켄, 그린델발트, 라우터브룬넨, 벵엔, 뮈렌, 툰, 브리엔츠
- **새로운 여행지** 렝크 임 지멘탈, 슈톡호른, 칸더슈텍(외슈넨 호수)

⏱ 추천 여행 일정

1일 일정　안타깝게도 1일만 융프라우 지역에서 체류할 예정이라면, 융프라우 VIP 1일권 패스를 구매하여 패스에 포함된 혜택들을 알뜰하게 사용해보자.

- **오전** : 그린델발트 터미널 출발 → [아이거 익스프레스 곤돌라] → 아이거글레처 → [산악열차] → 융프라우요흐 → [산악열차] → 클라이네 샤이덱에서 점심 식사
- **오후** : 클라이네 샤이덱 → [하이킹 1시간 30분] → 멘리헨 → [케이블카] → 벵엔
- **저녁** : 인터라켄에서 하더쿨름에 올라 저녁 식사

2일 일정　다소 빡빡했던 1일 일정을 좀 더 여유 있게 나누어 즐겨보는 것이 좋다. 융프라우 VIP 2일권 패스를 이용하여 브리엔츠 호숫가의 드라마 촬영지 이젤트발트Iseltwald 또는 기스바흐Giesbach, 생각을 뛰어넘을 정도로 멋있는 도시, 툰Thun에서 저녁 시간을 보내는 것을 추천하고 싶다.

- 1일 일정 + 피르스트 등정 및 바흐알프제Bachalpsee 주변 하이킹과 액티비티 체험

※ 피르스트에서 가능한 액티비티: 플라이어, 글라이더, 마운틴 카트, 트로티 바이크 등

3일 일정　아델보덴Adelboden은 현대적 개발 대신 아기자기한 목조 샬레들이 보존된 마을로, 아늑하고 평화로운 분위기를 선사한다. 덜 알려져 있지만 가볼 만한 산악 여행지도 마을 주변에 있다. '더 캄브리안' 호텔의 인피니티 풀에서 인생샷을 건지기 위해 커플들이 많이 찾아오는 곳이기도 하다.

- 1, 2일 일정 + 아델보덴으로 이동하여 휴식 또는 주변 산악 여행지 하이킹
- **엥스틀리겐 폭포**Engstligenfalls: 스위스에서 두 번째로 높은 폭포. 약 600m 높이에서 떨어지는 물줄기가 압도적인 장관을 이루며 산책로를 따라 걸으며 볼 수도 있고 케이블카를 타고 올라가며 절경을 감상할 수 있다.
- **첸텐알프**Tschentenalp: 아델보덴의 대표 산으로 거대한 그네로 유명하다.

바흐알프제, 피르스트

✚ 인터라켄으로 이동하기

융프라우 지역은 베르너 오버란트 지역 중 가장 널리 알려진 융프라우 (4,158m)를 포함한 주변 산악 지역 및 007 산으로 유명한 쉴트호른 등 매우 다채로운 산악 여행지와 호수들이 조화를 이룬 곳이다. 이 지역을 여행하기 위한 거점을 인터라켄으로 베른, 루체른 등 주요 도시에서 편 안하게 이동할 수 있는 교통 편의 지역이다.

1. 스위스 내에서 열차로 이동하기

인터라켄은 동쪽의 인터라켄 동역Interlaken Ost과 서쪽의 인터라켄 서 역Interlaken West으로 나뉜다. 2023년부터 취리히 공항(취리히 중앙역 Zurich HB 경유)에서 인터라켄까지 직행열차가 07:45~18:45 동안 약 2 시간 간격으로 운행되어 편리하다. 만약 기다리는 시간이 지루하다면, 경유편을 이용해도 된다.

취리히 공항 출발 시간 07:45/10:45/12:45/14:45/16:45/18:45(인터라켄 오 스트까지 2시간 소요) **열차 타임테이블 체크** www.sbb.ch

- **취리히 중앙역 → 인터라켄 동역** (베른 1회 경유) 약 1시간 55분

※ 루체른을 경유하는 편도 있음(10분 정도 더 걸림)
※ 인터라켄 서역 정차함

- **루체른 → 인터라켄 동역** (직행) Luzern–Interlaken Express 탑승, 약 1시간 50분

※ 예약은 따로 필요하지 않으며, 점심시간을 이용하여 이동할 예정이라면 열차 내에 식당칸에서 간단한 식사를 즐길 수도 있다.
※ 인터라켄 서역은 정차하지 않음

- **베른 → 인터라켄 동역** (직행) 약 50분
- **제네바 → 인터라켄 동역** (베른 1회 경유) 약 2시간 55분

2. 파리에서 열차로 이동하기

- **파리 동역**Paris-Est **→ 인터라켄 동역** (Strasbourg Ville과 Basel 2회 또는 Basel에서 1회 경유) 약 5시간 35분
- **파리 리옹역**Paris-Gare de Lyon **→ 인터라켄 동역** (Basel 1회 경유) 약 5시간 35분

※ 파리 리옹역–바젤: TGV 이용

3. 인터라켄 + 주변 지역 포스트버스 이용하기

- **인터라켄 동역과 서역** 걷기에 살짝 애매한 거리. 동역과 서역 바로 앞에 버스 정류장에서 구간을 운행하는 포스트버스를 이용할 수 있다(103번, 102번, 104번).
- **103번 버스** 브리엔츠 호수 주변 작은 마을(뵈니겐, 이젤트발트 등)로 운행
- **21번 버스** 툰 호수 주변 작은 마을로 운행
- 자세한 시간표는 열차와 마찬가지로 www.sbb.ch에서 검색 가능

★ 융프라우 지역 내 포스트버스 운행구간 안내도(스위스 패스 적용 구간)

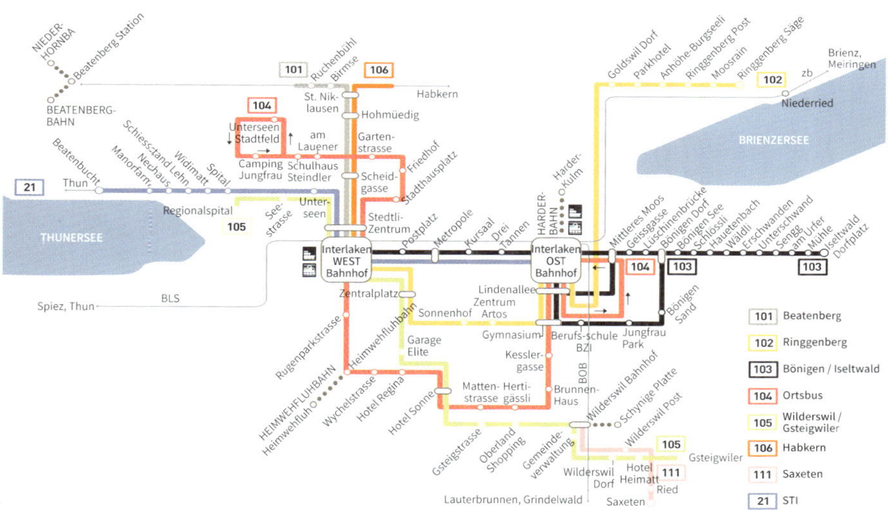

인터라켄 및 주변 마을(Matten, Unterseen, Wilderswil, Saxeten, Gsteigwiler, Bönigen, Iseltwald 등), 합케른Hapkern, 베아텐베르크Beatenberg에서 1박 이상 숙박하는 방문객들에게는 대중교통 수단을 무료로 이용할 수 있도록 게스트 카드(방문객 카드)를 발급해준다. 각종 액티비티, 입장료 등 할인 혜택도 있다.

융프라우 지역

아이거
Eiger
(3,970m)
묀히
Mönch
(4,107m)
슈렉호른
Schreckhorn
(4,078m)
베터호른
Wetterhorn
(3,701m)
융프라우요흐
Jungraujoch(3,454m
Eismeer
(3,160m)
그로세 샤이덱
Grosse Scheidegg
(1,961m)
아이거글러
Eigergletsch
(2,320
클라이녜 샤이덱
Kleine Scheidegg(2,061m)
핑슈텍
Pfingstegg(1,387m)
피르스트
First(2,168m)
브란덱
Brandegg
알피글렌
Alpiglen
(1,616m)
멘리헨
Männlichen
(2,230m)
보어트
Bort
그린델발트
Grindelwald
(1,034m)
그룬트
Grund(944m)
홀렌슈타인
Holenstein
Bachalpsee
그린델발트 터미널
Grindelwald Terminal
Schwendi
(920m)
파울호른
Faulhorn
(2,681m)
Bussalp
쉬니게 플라테
Schynige Platte(1,967m)
기스바흐
Giessbach
이젤트발트
Iseltwald
뵈니겐
Bönigen
브리엔츠
Brienz(566m)
브리엔츠 호수
Brienzersee
인터라켄 오스트
Interlaken OST(567m)
Golds
Oberried
브리엔저
로트호른
Brienzer Rothorn(2,252m)
Niederried
Ringgenberg

산악 여행지
주요 마을
아이거 익스프레스 Eiger Express
※ 그린델발트 터미널-아이거글레처까지
곤돌라 운행, 약 20분 소요
※ 열차 이동보다 약 50분 절약
융프라우
Jungfrau
(4,158m)
브라이트호른
Breithorn
(3,782m)
칭엘호른
Tschingelhorn
(3,557m)
그슈팔텐호른
Gspaltenhorn
(3,436m)
쉴트호른
Schilthorn
(2,970m)
비르크
Birg(2,677m)
벵엔알프
Wengernalp(1,873m)
Gimmelwald
(1,367m)
알멘트후벨
Allmendhubel
(1,907m)
Allmend
슈테헬베르크
Stechelberg
(922m)
뮈렌
Mürren(1,638m)
벵엔
Wengen
(1,275m)
빈터엑
Winteregg
Wengwald
라우터브룬넨
Lauterbrunnen(797m)
Grütschalp
Sulwald
(1,520m)
Isenfluh
(1,024m)
Saxeten
(1,102m)
Zweilütschinen
(653m)
Aeschi
Gsteigwiler
Leissigen
Krattigen
빌더스빌
Wilderswil
(584m)
Heimwehfluh
(662m)
Faulensee
슈피츠
Spiez
툰 호수
Thunersee
인터라켄 베스트
Interlaken WEST
(564m)
Beatenberg
(1,200m)
Beatenbucht
하더쿨름
HarderKulm(1,322m)
니더호른
Niederhorn

✚ 인터라켄 Interlaken (융프라우요흐 철도의 시작, 종착지점)

인터라켄 자체만으로는 특별한 관광지는 아니다. 융프라우요흐 산악열차나 하더쿨름을 여행하기 위한 일종의 베이스타운으로 다른 스위스 산악 마을에 비해 아름답거나 특색 있지는 않다. 다만, 이 지역 교통의 요지이며 레스토랑, 쇼핑, 면세쇼핑, 카지노 등 편의시설이 잘 되어 있어 이곳에서 투숙하기를 원하는 단체, 개별 여행객이 많은 편이다. 따라서 여름, 겨울 성수기에는 호텔 예약을 서둘러야 하며, 가격도 높은 편이다. 그러나 호텔 시설은 기대에 못 미치는 경우가 많다.

융프라우 지역 간단 개요

이 지역 주요 마을에서 갈 수 있는 산악 여행지를 헷갈리지 않도록 아래와 같이 정리해보았다. 지명과 산 이름이 생소하겠지만, 되뇌다 보면 어느새 머릿속에 남을 것이다.

마을 이름	특징과 이동 가능 산악 여행지
인터라켄 Interlaken	융프라우요흐 철도 출발 or 종착지점
	하더쿨름
그린델발트 Grindelwald	융프라우요흐 철도 출발 or 종착지점
	클라이네 샤이덱, 피르스트, 핑슈텍, 멘리헨
	아이거 익스프레스 출발 or 종착지점(그린델발트 터미널)
라우터브룬넨 Lauterbrunnen	뮈렌, 쉴트호른
벵엔 Wengen(카프리 리조트)	멘리헨, 클라이네 샤이덱
뮈렌 Mürren(카프리 리조트)	알멘트후벨, 쉴트호른
빌더스빌 Wilderswil	쉬니게 플라테

★ 인포메이션 센터

인터라켄 관광청

주소 Marktgasse 1,
3800 Interlaken

위치 인터라켄 서역에서 도보 약 4분

운영 **5~6월** 월~금 08:00~12:00/
13:30~18:00, 토 10:00~16:00
휴무 일요일
7·8월 월~금 08:00~18:00,
토·일 10:00~16:00
※ 시즌마다 변동 있음,
홈페이지 참조

전화 +41 (0)33 826 5300

홈피 www.interlaken.ch

★ 인터라켄 오스트 기차역(동역)

주소 Interlaken Bahnhof,
3800 Interlaken

운영 **티켓 카운터** 06:00~18:40
수하물 07:00~17:40
코인 로커 매일
(대형 사이즈 보관 가능 CHF 10)
※ 코인 로커가 모두 사용 시
기차역에 맡길 수 있음(짐 1개
당 CHF 12)

전화 +41 (0)33 828 7380

인터라켄

N

하너굴쿰

아레 강 Aare
Interlaken Harderbahn

유스호스텔 인터라켄
Youth Hostel Interlaken

인터라켄 오스트 역(동역)
Interlaken Ost

아레 강 Aare

린드너 그랜드 호텔 보리바주
Lindner Grand Hotel Beau Rivage

아슬라니 코너
Asllanis Corner

밤부
Bamboo

쿱
Coop

Obere Goldey

아레 강 Aare

드룰리 이시이
Truly Asia

스위스 마운틴 마켓
Swiss Mountain Market

Strandbadstrasse

아레
Restaurant AARE

카지노 쿠어살
Casino Kursaal

호텔 인터라켄
Hotel Interlaken

Schlossstrasse

Freiestrasse

Schwalmerenweg

Allmendstrasse

Brandweg

Beatenbergstrasse

Postgasse

데 잘프
Des Alpes

슐로스 공원
Schloss Park

Klosterstrasse

Freihofstrasse

시테 베키아
Città Vecchia

빅토리아 융프라우 그랜드 호텔 & 스파
Victoria Jungfrau Grand Hotel & Spa

키르히호퍼
Kirchhofer

Höheweg

회에마테
Höhematte

Spielmatte

부티크 호텔 벨뷰 인터라켄
Boutique Hotel Bellevue Interlaken

일 부온구스타이오
Il Buongustaio

호텔 메트로폴
Hotel Metropole

한식당 트로야
Troja

Scheidgasse

더 헤이 호텔
The Hey Hotel

쿱
Coop

호텔 아르토스 인터라켄
Hotel Artos Interlaken

Alpenstrasse

Lärchenweg

호텔 보시트
Hotel Beausite

쿱
Coop

미나리 한식당
Minari

메리트휘슬리
Märithüsli Shop Interlaken

백패커스 빌라 조넨호프
Backpackers Villa Sonnenhof

메종 부르크도르프
Maison Burgdorf

Oelestrasse

Obere Bönigstrasse

Helvetiastrasse

아레 강 Aare

Rosenstrasse

Jungfraustrasse

Klostergässli

Lärchenweg

Birkenweg

치코 민박
Ssico

스텔라 호텔 인터라켄
Stella Hotel Interlaken

호텔 더비 인터라켄
Hotel Derby Interlaken

Bühlweg

인터라켄 베스트 역(서역)
Interlaken West

Florastrasse

General Guisanstrasse

Waldeggstrasse

Waldeggstrasse

Rütistrasse

미그로 슈퍼마켓
Migros

아웃도어 인터라켄
Outdoor Interlaken

미그로 레스토랑
Migros Restaurant

리들 슈퍼마켓
Lidl

*km 표시는 인터라켄 베스트 역 기준

카지노 쿠어살 & 회에마테 Casino Kursaal & Höhematte

1859년 개관한 카지노 쿠어살은 현재 회의장, 카지노, 콘서트홀, 스위스 전통 레스토랑으로 운영된다. 푸른 잔디에 대조적으로 원색의 꽃을 가꾸어놓아 사진을 찍기에도 그만. 그 앞에 있는 마을의 중앙 광장, 회에마테에서 보는 융프라우는 그야말로 압도적이다.

주소 Strandbadstrasse 44, 3800 Interlaken
위치 인터라켄 동역에서 도보 11분 또는 동역 앞 103번 버스 Kursaal에서 하차(2개 정거장)
운영 레스토랑, 카지노 각각 다르니 사이트 참조
전화 +41 (0)33 827 6100
홈피 www.congress-interlaken.ch

아웃도어 Outdoor

잠재워 왔던 모험심을 인터라켄에서 깨워보자. 캐녀닝(CHF 139~), 리버 래프팅(CHF 116~), 자일 파크(CHF 32~), 패러글라이딩(CHF 190~), 스카이다이빙(CHF 420~), 번지점프(CHF 219~) 등 무궁무진한 익스트림 스포츠를 즐길 수 있다. 안전과 관련된 만큼 업체 선정이 중요한데 이곳에서 가장 유명한 업체가 바로 '아웃도어'이다. 온라인 예약이 가능하며 날씨에 따라 취소될 수 있기 때문에 변수를 고려해서 진행해야 한다. 액티비티별 모임 장소가 상이할 수 있어 체크 필수.

Outdoor Interlaken Base
주소 Industriestr. 17, OUTDOOR - Interlaken Base Wilderswil, Bern 3812
위치 버스 108번 탑승하여 Wilderswil, Eichelti 하차 또는 기차로 Wilderswil로 이동
운영 08:00~18:00 (시즌에 따라 다름)
전화 +41 (0)33 224 0704
홈피 www.outdoor.ch

 겨울 이색 액티비티

겨울이라고 해서 설원 위의 액티비티만 있는 것은 아니다. 툰 또는 브리엔츠 호수에서 색다른 스위스 겨울 낭만 여행을 해보자.

❶ 초콜릿 퐁뒤 플로팅
Chocolate fondue float

브리엔츠 호수 뵈니겐Bönigen에서 시작해 따뜻한 담요를 덮고 보트 안에서 마쉬멜로우, 과일을 초콜릿에 찍어먹는 이색체험이다. '아웃도어'를 통해 예약 가능.

❷ 브리엔츠 핫 텁 보트
Hot Tub on Lake Brienz

수영복을 입고 섭씨 38도의 따뜻한 물이 담긴 요조 모양의 보트에 몸을 담구고 브린엔츠 호수 위에서 여유자적 할 수 있다(1.5시간, 3인용 대여 시 CHF 255).

홈피 www.pirate-bay.ch

인터라켄에서 쇼핑하기

융프라우 지역에서 가장 많은 아시아 국가 단체 관광객들과 개별 여행객들이 많이 몰리는 타운인 까닭에 스위스 시계, 주얼리, 럭셔리 브랜드, 기념품 가게가 인터라켄 동역과 서역 사이 특히 메트로 폴 호텔 주변으로 많다. 특히 서역 주변에는 스위스 브랜드 마트인 대형 미그로Migros가 동역 바로 앞에는 큰 규모의 쿱Coop이 있어 마트에서 구매할 수 있는 용품을 구매하기 용이하며, 인터라켄 곳곳에 작은 규모의 쿱도 곳곳에 있어 편리하다.

■ 슈퍼마켓

❶ 미그로Migros

주소 Rugenparkstrasse 1, 3800 Interlaken
위치 인터라켄 서역 앞
운영 월~토 08:00~20:00(토 ~18:00)
휴무 일요일

❷ 쿱Coop

주소 Untere Bönigstrasse 10, 3800 Interlaken
위치 인터라켄 동역 앞
운영 08:00~18:30(주말에는 변동)
※ 이곳 외에도 두 곳이 더 있다.

■ 스위스 브랜드 시계 및 명품

❶ 키르히 호퍼
Kirchhofer(카지노 갤러리점)

인터라켄에서 가장 유명한 브랜드 숍으로 명품 시계, 주얼리, 화장품, 가죽 제품 등을 구매할 수 있다.

주소 Höeweg 73, 3800 Interlaken
운영 여름 시즌 08:20~22:00, 겨울 시즌 09:30~19:30
홈피 www.kirchhofer.com

■ 스위스 토산품 및 기념품

❶ 스위스 마운틴 마켓
Swiss Mountain Market

베르너 오버란트 지역에서 생산되는 지역 특산물, 목각, 뷰티용품, 수제품 등을 구매할 수 있는 곳.

주소 Höeweg 133, 3800 Interlaken
운영 월~금 10:00~12:00/ 13:30~18:30, 토 10:00~16:00
휴무 일요일
홈피 www.mountain-market.ch

❷ 메리트휘슬리
Märithüsli Shop Interlaken

에델바이스와 알프스 허브 등 자연에서 영감을 얻은 스위스 전통 문양을 모티브로 생산된 텍스타일로 만든 의류제품을 판매. 스위스 분위기를 물씬 풍기는 데일리 의류로, 선물하기에 좋다.

주소 Jungfraustrasse 38, 3800 Interlaken
운영 월~금 09:30~12:00/ 13:15~18:00, 토 09:00~17:00
휴무 일요일
홈피 www.maerithuesli.ch

인터라켄의 레스토랑

대도시가 아님에도 불구하고 세계 각국에서 온 다양한 여행객의 기호를 만족시킬 만한 음식과 레스토랑이 많다. 한국, 중국, 아시아 퓨전, 이탈리아, 멕시코, 미국, 터키, 할랄, 스위스 전통 음식까지 꽤 다채로운 선택을 할 수 있다. 간단히 먹고 싶다면 쿱이나 미그로에서 판매되는 조리 식품도 꽤 훌륭하니 테이크아웃하여 숙소에서 즐기거나 풍경 좋은 야외에서 피크닉하는 것도 괜찮다.

작가 추천 & AI 검증

1. 캐주얼 & 가성비 Casual & Budget

- **아슬라니 코너 Asllanis Corner**
  인터라켄 동역Ost 근처에 위치한 할랄 인증 수제버거 맛집.
- **미그로 & 쿱 레스토랑 Migros & Coop Restaurant**
  가장 확실하게 예산을 아끼면서도 질 좋은 식사를 하고 싶다면 대형 마트인 미그로(Interlaken West 역 근처)나 쿱(Interlaken Ost 역 근처) 내의 레스토랑을 이용하는 것을 강력 추천.

2. 합리적인 로컬 Affordable Local

- **레스토랑 슈타트하우스 Restaurant Stadthaus**
  인터라켄 서역 근처 '운터젠Unterseen' 광장에 위치한 역사적인 레스토랑. 현대적이고 깔끔한 음식을 제공한다.
- **레스토랑 타네르네 Restaurant Taverne**
  호텔 인터라켄에서 운영한다. 세련된 분위기에서 현대적으로 해석된 스위스 요리가 특징.

3. 미식 & 고품격 다이닝 High-end Luxury

- **더 베란다 The Verandah**
  Hotel Beausite에 위치한 레스토랑으로, 탁 트인 통유리창을 통해 인터라켄의 파노라마 뷰를 감상하며 식사할 수 있다.
- **라디우스 슈테판 베어 Radius by Stefan Beer**
  인터라켄 최고의 미식 명소로 손꼽히는 곳으로, 전설적인 Victoria–Jungfrau Grand Hotel 내에 위치. 코스 요리로 운영한다.

산이 주는 웅장함과 호수가 주는 평온함을 동시에 누릴 수 있는 타운

인터라켄에서 투숙할 경우 최대의 장점은 최고의 교통 허브라는 것이다. 동역Ost과 호수 유람선 및 스위스 주요 도시로 연결되는 서역West을 모두 갖추고 있어 짐을 옮길 필요 없이 한곳에 머물며, 주변 산악 마을까지 가볍게 다녀올 수 있다.

풍부한 인프라와 편의시설도 한 몫을 한다. 인터라켄은 늦은 시간까지 운영하는 대형 마트(Coop, Migros)와 한식당을 포함한 다양한 레스토랑, 기념품 숍이 밀집해 있어 여행자의 생활이 압도적으로 편리하다.

액티비티의 천국 패러글라이딩, 스카이다이빙, 번지점프 등 스위스에서 즐길 수 있는 거의 모든 액티비티의 출발점이 인터라켄이므로 보다 알차게 스위스를 즐길 수 있다.

1. 숙소 선택 시 주의할 점

스위스의 산악 마을 여름도 더 이상 시원하지만은 않다. 따라서, 6월 말부터 8월까지 스위스 여행을 할 계획이라면 에어컨 유무나 선풍기 제공 여부를 꼭 확인하자.

2. 대안 지역

인터라켄 숙소가 예산 초과라면 비교적 저렴한 주변 지역으로 숙소를 생각해 보는 것이 현명하다.

- **빌더스빌 Wilderswil**

  인터라켄 동역에서 기차로 딱 4분 거리. 스위스 전통 마을 분위기로 호젓한 정취를 느낄 수 있다.

- **슈피츠 Spiez**

  기차로 약 15~20분 거리. 툰 호숫가의 아름다운 성과 포도밭이 있는 로맨틱한 마을이다.

- **브리엔츠 Brienz**

  기차로 약 20분 거리. 에메랄드빛 브리엔츠 호수를 끼고 있고 비교적 저렴하다.

- **마이링겐 Meiringen**

  기차로 약 35분 거리. 셜록 홈즈 전설과 라이헨바흐 폭포가 있는 매력적인 마을이다.

3. 이색 숙소

- **칼튼-유럽 빈티지 성인 전용 호텔**

  Carlton-Europe Vintage Adults Hotel

  아이들 없는 조용한 분위기에서 클래식한 유럽의 멋을 느끼고 싶은 커플이나 나홀로 여행객에게 추천.

- **부티크 비앤비 메종 베르크도르프**

  Boutique B&B Maison Bergdorf

  호텔보다는 고급스러운 예술가의 저택에 초대받은 듯한 느낌을 주는 부티크 B&B.

✚ 융프라우 철도 교통 시스템

1. 융프라우 철도회사 Jungfrau Railways

유럽에서 가장 높은 곳에 위치한 기차역, 클라이네 샤이덱~융프라우요흐까지 운행하는 이 지역 대표 철도회사. 1896~1912년 사이 건축되어 현재 7개 노선이 한 체제로 운영된다. 융프라우 VIP 패스 구입 시 모든 노선 탑승이 가능하며, 스위스 트래블 패스(이하 스위스 패스) 소지 시 일부 사철 구간은 무료 탑승 또는 50% 할인된 가격을 지불해야 이용 가능하다(단, 융프라우요흐 25% 할인).

2. 융프라우 VIP 패스 (=융프라우 지역 만능 패스)

융프라우 지역을 가장 알차게 여행할 수 있는 **동신항운 '융프라우 VIP 패스'**를 소개한다. 스위스 여행의 만능 패스 '스위스 패스'와 같이 융프라우 지역의 만능 패스로 융프라우 철도회사의 열차, 곤돌라뿐 아니라 이 지역 기차, 유람선, 버스를 자유롭게 탈 수 있고 각종 액티비티와 여행 관련 할인 혜택이 있다.

※ 스위스 패스 소지자는 동신항운 할인쿠폰이 없어도 현지에서 정상가의 25% 할인을 받을 수는 있으나 VIP 패스 혜택은 동일하게 누릴 수 없다.
※ 기타 혜택: 융프라우요흐에서 컵라면 무료, 패스 사용 가능 지역 액티비티 40~50% 할인. 계절마다 다양한 혜택이 있다.
※ 동신항운 홈피 참조: www.jungfrau.co.kr

> **Tip │ 융프라우 철도**
>
> **완공일** 1912년 8월 1일
> **총길이** 9.3km
> **고도차** 1,393m
> **건설기간** 1896~1912년
> **최고역** 고도 3,454m
> **소재지** 융프라우 지역, 베른 주
> **홈피** www.jungfrau.ch

❶ 융프라우 VIP 패스 혜택 구간

단 1회 왕복 탑승 가능	아이거글렛쳐–융프라우요흐	
무제한 탑승 가능	**융프라우 산악철도 구간**	
	그린델발트 터미널–아이거글레처	
	그린델발트–클라이네 샤이텍	
	벵엔–클라이네 샤이텍	
	그린델발트–피르스트	
	빌더스빌–쉬니케 플라테	
	인터라켄–하더 쿨룸	
	라우터부룬넨–그러취알프–뮈렌	
	벵엔–멘리헨–그린델발트 터미널	
	기차	
	인터라켄 오스트–그린델발트(터미널)/라우터브룬넨(벵엔)	
	인터라켄 오스트–인터라켄 웨스트–스피츠–툰	
	인터라켄 오스트–브리엔츠–마이링겐	
	마이링겐 → 루체른 편도 50% 할인(중간 역 할인 없음)	
	유람선	
	인터라켄 오스트 → 브리엔츠 유람선	
	인터라켄 웨스트 → 툰 유람선	
	지역 버스	
	인터라켄 Zone 750, 103번 (이젤트발트 행)	
	툰 지역 버스 Zone 740, 730, 720, 701, 700	
	그린델발트 지역 버스 121, 122, 123번	

❷ **2026년 여름 융프라우 VIP 패스 가격(2026.4.3~2026.11.29)**
※ 겨울 시즌도 VIP 패스 구입 가능

(단위: CHF)

패스 기간(연속 사용)	성인(만 26세부터)	스위스 패스(중복 할인)	유스(만 16~25세)	어린이(만 6~15세)
1일	195	185	175	요금 CHF 30 ※ 단일 요금, 성인과 동일 혜택 ※ 0~5세 무료
2일	220	210	195	
3일	245	225	210	
4일	270	245	225	
5일	295	270	240	
6일	320	285	255	

3. 융프라우 산악열차 이용

그린델발트 터미널(Grindelwald Terminal) 기준

그린델발트 터미널에서 아이거글레처까지 최신식 곤돌라인 아이거 익스프레스Eiger Express가 운행된다. 터미널까지는 열차나 차량으로 이동 가능하며, 이곳엔 1,032대까지 주차 가능한 주차장과 간편식 레스토랑, 바, 쇼핑 공간이 있다.

아이거글레처까지 이동하는 곤돌라는 44대(한 대당 26명 좌석)가 있으며, 1시간에 2,200명 정도까지 이용 가능하다. 터미널에서부터 약 20분이 걸린다. 이곳에서 열차로 다시 환승하여 융프라우요흐까지 바로 갈 수 있다.

❶ 티켓 구매하기

- 역에 도착하여 대기 번호를 뽑고 창구 번호 안내 확인 후 해당 창구로 이동
- 동신항운 할인쿠폰과 해당 패스(스위스 패스 소지자)를 제시하고 결제
- 어린이 티켓 구매 시 부모 한 명의 여권과 어린이 여권 함께 제시

※ 동신항운 할인쿠폰은 대한민국 여권 소지자에게만 유효. 1인 1매 소지 필수
※ 무거운 짐은 터미널 내, 코인 로커 보관 가능(가격 별도)

❷ 아이거 익스프레스 탑승

인터라켄 오스트(Interlaken Ost) 기준

그린델발트 터미널과 이용 방법은 동일하다. 티켓 발권을 완료하고 지정된 플랫폼으로 이동하는 것이 중요!

- 라우터브룬넨 방향 2A 플랫폼 / 그린델발트 터미널 방향 2B 플랫폼

Tip | 융프라우철도 성수기 예약 필수

- **2026년 성수기:** 2026.5.1~10.31
- ※ 매년 성수기 기준이 달라질 수 있음
- ※ 비수기 좌석 예약은 필수 아님

Tip | 왕복 예약 정보 & 금액

- 동신항운 여름 시즌 VIP 패스 소지자: 왕복 좌석 예약 무료
- 융프라우요흐 구간권 소지자: CHF 10 (1회 왕복) 지불
- **예약:** 홈페이지 www.jungfrau.ch 또는 발권역에서 가능
- 결제 후 QR 코드가 담긴 바우처를 이메일로 받아 사용하거나 발권역에서 받은 예약증 필수 지참
- ※ 예약 후 변경, 환불, 취소 불가. 탑승 일시가 확정되는 현지에서 좌석 예약 추천
- ※ 단, 붐비는 시간대에는 예약이 불가할 수 있으니 날씨를 체크하고 1~2일 전에 하는 것이 좋음

유럽의 지붕, 융프라우요흐

'스위스 여행=융프라우요흐'가 공식이던 시절이 있었다. 스위스를 처음 가거나, 단체 패키지로 여행을 간다면 별다른 선택지가 없었을 정도로 융프라우요흐는 스위스 알프스의 모든 것이었다. 그러나 유럽 여행이 일생에 한 번이던 과거와는 달리 지금은 스위스 한 나라를 몇 번씩 여행하는 사람도 있다. 덕분에 융프라우요흐만 올라갔다 내려오는 단순한 경험이 아닌 주변 산악 여행지, 마을, 액티비티로 관심이 점차 넓어지고 있다. 사실 융프라우요흐는 스위스 현지인보다 외국인 여행객(특히 겨울이 없는 나라에서 온 여행객!)에게 더욱 인기가 높은 곳이기도 하다.

Tip | 동신항운 할인쿠폰

융프라우 철도 한국 총판인 동신항운이나 스위스 패스 판매 업체 또는 동신항운 파트너사에서 받을 수 있다. 동신항운 홈페이지를 통해 신청할 경우 이메일로 받을 수 있다. 한국에서 직접 티켓을 구매하는 방법이 아닌 할인쿠폰을 소지하고 스위스 현지에서 할인을 받아 구매하는 방식이다.

홈피 www.jungfrau.co.kr

✚ 융프라우요흐 등정 기본 루트

추천 1 **클래식 루트 1:** 소요시간 최소 5시간 50분

루트: 인터라켄 오스트 → 융프라우요흐 → 그린델발트

상행 인터라켄 오스트 → 라우터브룬넨(환승) → 클라이네 샤이덱(환승) → 융프라우요흐(정상 관광 및 식사)
하행 융프라우요흐 → 클라이네 샤이덱(환승) → 그린델발트

※ 그린델발트에서 시작하여 인터라켄 오스트에서 끝나는 일정도 좋다.
※ 점심 식사를 해야 한다면 융프라우요흐도 좋지만, 환승 주요 지역인 클라이네 샤이덱이나, 바로 전 역인 아이거글레처에서 하는 것도 좋다. 아이거글레처에서 식사했다면 소화를 위해 클라이네 샤이덱까지 1시간~1시간 30분 정도 하이킹을 해보자.

추천 2 **다이내믹 루트:** 소요시간 최소 6시간

루트: 그린델발트 터미널 → 융프라우요흐 → 클라이네 샤이덱
→ 멘리헨 → 그린델발트 터미널

상행 그린델발트 터미널 → [곤돌라] → 아이거글레처 → [산악열차] → 융프라우요흐(관광)
하행 융프라우요흐 → [산악열차] → 아이거글레처 → 약 1시간 하이킹 → 클라이네샤이덱(점심식사 및 휴식) → 약 1시간 30분 하이킹 → 멘리헨(관광) → [곤돌라] → 그린델발트 터미널

※ 숙소 위치에 따라 출/도착 역을 조정하여 융프라우요흐 여행을 조정할 수도 있다.
※ **열차 시간표 확인:** 동신항운 홈피 또는 스위스철도청 www.rail.ch

추천 3 **아이거 익스프레스 루트:** 소요시간 최소 3시간 30분

루트: **그린델발트 터미널 → 아이거 글레처 → 융프라우요흐 → 아이거 글레처 → 그린델발트 터미널**

상행 그린델발트 터미널 → 아이거글레처(환승) → 융프라우요흐(정상 관광)
하행 융프라우요흐 → 아이거글레처(환승 및 식사) → 그린델발트 터미널

※ 시간이 빠듯한 여행자에게 적합한 방법으로 열차로만 여행하는 방법보다 최대 2시간 정도 시간 절약이 가능하다. 그린델발트 터미널에서 그린델발트로 도보 또는 버스로 이동하여 시간을 보내거나, VIP 패스로 그린델발트에서 출발 가능한 피르스트로 가볼 수도 있다.

※ 그린델발트 터미널 도착 후 멘리헨Männlichen까지 곤돌라로 이동 가능(19분 소요). 시간이 넉넉하다면 멘리헨에서 멋진 경관을 감상한 후 벵엔까지 반대 방향으로 곤돌라를 타고 이동할 수 있다.

그린델발트 터미널 → [곤돌라] → 멘리헨 → [곤돌라] → 벵엔 → [열차] → 라우터브룬넨 → [열차] → 인터라켄 오스트

✚ 융프라우요흐 여행 시 주의 사항

① 넉넉한 시간 확보 최소 4시간 30분, 하이킹 시 6시간 이상 확보하자(루트에 따라 상이).

② 적절한 복장 정상은 여름에도 춥고, 겨울에는 평지보다 온도가 낮다. 여름에도 방풍 점퍼, 긴팔 셔츠, 긴 바지가 필요하다. 겨울에는 방한복, 스웨터, 도자, 장갑이 필수. 사계절 내내 미끄럽지 않은 편안한 신발, 선글라스, 선크림도 챙기자.

개별(좌석 예약자)

③ 높은 곳 적응하기 3,454m까지 오르므로 등정 전 과음을 삼가고 물을 자주 마신다. 천천히 걸으며 뛰는 행동은 절대 금물. 만약 몸에 이상이 생긴다면 주변 직원에게 도움을 구하거나, 비상시 Help 버튼을 누르자. 평소 심장질환이나 건강상 염려되는 부분이 있다면 한국 출발 전 의사와 상담을 받도록 하자.

개별(좌석 비예약자)

④ 열차 탑승 시 그린델발트 터미널 또는 융프라우 철도 관련 역에 도착하면 개별/단체 또는 좌석 예약 여부에 따라 색깔이 다른 사인보드로 안내되어 있다. 해당하는 것을 선택하여 탑승하면 된다. 성수기에는 좌석 예약이 필수로 사전에 꼭 예약하여 여행에 차질이 없도록 하자.

※ 온라인 예약 www.jungfrau.ch (예약비 별도: CHF 10 개별)

개별(좌석 예약 단체)

⑤ 검표 받기 모든 열차마다 승무원이 표 검사를 하며, 아이거 익스프레스를 탑승할 경우 개찰구를 지나야 하기 때문에 여행을 마칠 때까지 꼭 티켓을 소지해야 한다.

✚ 융프라우요흐 정상 투어

3,454m 융프라우요흐 정상까지 산악열차를 타고 오르는 것은 대단한 일이다. 특히 로마시대부터 웅장하고 아름다운 산으로 유명한 융프라우 정상에 오르면 갖가지 볼거리와 할거리가 다양해 더 큰 즐거움을 준다. 융프라우 철도의 추천 관광 루트에 따라 시간을 보낸다면 놓치는 것 없이 알찬 여행이 될 것이다.

융프라우 추천 관광 루트

❶ 역-매표소 안내 → ❷ 로커 → ❸ 융프라우 파노라마Jungfrau Panorama → ❹ 스핑스 전망대Sphinx →
❺ 알레취 빙하Aletschgletscher-스노 펀 → ❻ 묀히요흐 산장Mönchjochhütte(필수 코스 아님) →
❼ 알파인 센세이션Alpine Sensation → ❽ 얼음 궁전Eispalast → ❾ 플라토 전망대Plateau →
❿ 베르그하우스Berghaus(본관)

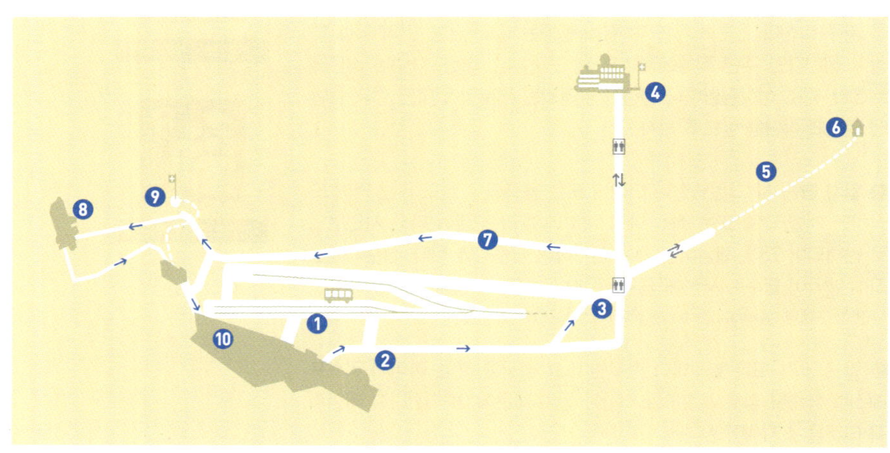

날씨가 좋지 않은 날 하필 융프라우요흐 일정이 잡혔더라도 많이 실망하지는 말자. 날씨에 상관없이 주변 전경을 영상으로 볼 수 있도록 한 **융프라우 파노라마**와 독특한 이미지와 빛, 음악으로 화려한 연출미를 보여주는 **알파인 센세이션**이 있기 때문이다. 편안하게 무빙워크로 이동하면서 이를 감상할 수 있다.

왼쪽부터
융프라우 파노라마, 알파인 센세이션

스핑스 전망대(3,571m)는 알프스 최장의 알레취 빙하(22km)와 독일의 흑림지대까지 조망할 수 있는 곳으로 극심한 기후 조건하에 3년여의 난공사 끝에 완공되었다. 여행객들은 최고속 승강기를 이용해 올라갈 수 있으며, 이곳은 천문기상대의 역할을 하고 있다.

왼쪽부터
스핑스 전망대, 전망대 까마귀
융프라우에서 맺은 사랑의 약속

얼음 궁전은 알레취 빙하 아래 1,000m² 면적으로 만들어진 얼음 터널로 이동하는 빙하 내 시설을 유지하기 위해 특수장치를 이용하고 있다. 얼음 궁전 방문객으로부터 발생하는 온기는 융프라우 레스토랑 난방에 사용된다고 한다. **플라토 전망대**에서 만년설과 빙하를 체험할 수 있다.

왼쪽부터
얼음 궁전, 플라토 전망대에서 바라본 전경
스위스 국기를 배경으로 찰칵

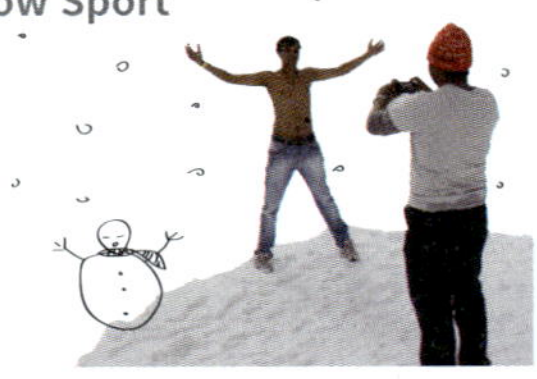

다행히 고소에 적응을 잘했고, 날씨가 좋다면 알레취 빙하, 유럽의 정상에서 각종 스노 스포츠를 즐겨보자. 융프라우 할인쿠폰이나 VIP 패스가 있다면 눈썰매, 스키 & 스노보드, 티롤리안 모두를 이용할 수 있는 1일 이용권 Day Pass를 할인받을 수 있다(통합 1일 이용권 5월 초~10월 중순까지 가능. 성인 1인 CHF 45, 어린이 CHF 25).

눈썰매 Sledge Park

무빙워크를 이용해 언덕까지 힘들이지 않고 이동할 수 있어 보다 편하고 재밌게 눈썰매를 타고 파우더 같은 눈 위를 미끄러져 내려올 수 있다. 남녀노소 모두 즐길 수 있다.

운영 매년 5월 초~10월 중순(2026.5.2~2026.10.11)
요금 **눈썰매 1일권** 성인 CHF 20, 어린이 CHF 15
　　　※ VIP 패스 소지자 40% 할인

집라인(티롤리안) Zipline

안전한 자일에 매달려서 빙하 위를 약 200m 정도 새가 된 듯 날아가 보는 액티비티로 공중을 가르며 내려가는 시원함이 끝내준다. 단점이라면 순식간에 끝난다는 것이다.

운영 매년 5월 초~10월 중순(2026.5.2~2026.10.11)
요금 **1일권** 성인 CHF 20, 어린이 CHF 15
　　　※ VIP 패스 소지자 40% 할인

© Jungfrau Railways

© Jungfrau Railways

---

more & more **뫼히요흐 산장**Mönchsjoch Hut**까지 하이킹**

세계에서 가장 높은 기차역인 융프라우요흐까지 왔다면 스위스에서 가장 높은 곳에 있는 뫼히요흐 산장(3,657m)까지 하이킹을 해본다면 어떨까? 고소증세가 별로 없다면 도전해볼 만하다. 유네스코 세계자연유산으로 선정된 알레취 빙하를 직접 가로질러 걷는 것은 꽤 괜찮은 경험이 될 것이다(융프라우요흐에서 편도 약 1시간). 산장에서 가볍게 식사나 음료를 즐길 수도 있으며, 투숙도 할 수 있다. 대부분 산장에서 발레 주까지 빙하 하이킹을 즐기려는 사람들이 투숙한다. 숙박 시 사전 온라인 예약 필수.

주소 3818 Grindelwald
운영 3월 말~10월 중순
요금 요일 및 시즌마다
　　　다르므로 홈피 참조
전화 +41 (0)33 971 3472
홈피 www.moenchsjoch.ch

Tip | 아이스미어 역 Eismeer Station

융프라우요흐 정상 바로 한 정거장 전에 5분 정도 이곳에서 정차한다. 해발 3,160m, 마치 마지막 빙하기 시대를 재현한 듯한 놀라운 풍경을 감상할 수 있다.
※ 화장실 시설 있음

 융프라우요흐의 기념품 숍 Jungfraujoch Souvenir Shop

융프라우요흐 내에서 쇼핑할 수 있는 곳은 세 곳이나 된다. 세계에서 가장 높은 곳(3,571m)에 위치한 스위스 시계 브랜드점 키르히호퍼 Kirchhofer와 이곳 외에도 융프라우 철도가 심혈을 기울여 만든 자체 브랜드 Top of Europe Shop은 유형별로 멋진 스위스 오리지널 제품과 자체 브랜드 제품으로 다양하게 구성되어 있다.

키르히호퍼 융프라우요흐 스핑스점

주소 Sphinx Terrace,
3801 Jungfraujoch

운영 4~10월 08:45~17:15,
11~3월 08:45~16:15

전화 +41 (0)33 828 7975

 융프라우요흐의 레스토랑 Jungfraujoch Restaurant

융프라우 정상어는 총 다섯 곳의 레스토랑이 있으며 우스갯소리로 높은 곳에서 낮은 곳으로 내려갈수록 음식값이 저렴해진다는 말을 한다. 가장 고급스러운 레스토랑인 크리스털 Crystal이 가장 높은 곳에, 카페테리아가 열차 출발/도착 메인 홀에 있기 때문이다. 이곳 카페테리아에서 동신항운 컵라면 교환권 이용이 가능하다.

크리스털 레스토랑 Restaurant Crystal

스위스 전통 음식뿐만 아니라 다양한 국적을 가진 방문객의 기호를 맞춰줄 수 있을 만한 훌륭한 단품 메뉴를 선보인다. 110석 규모로 2층에 위치한다. 가격대는 CHF 29~42, 매일 영업.

알레취 셀프서비스 레스토랑
Aletsch Self-Service Restaurant

빠르고 비교적 저렴하게 식사를 하고픈 여행객을 위해 마련된 300석 규모의 셀프서비스 레스토랑. 1층에 위치하며, 단품메뉴 CHF 20~30, 매일 영업.

✚ 클라이네 샤이덱 Kleine Scheidegg

클라이네 샤이덱은 아이거, 묀히, 융프라우 등 세 개의 웅장한 봉우리 바로 아래 해발 2,061m에 위치한다. 이 곳을 찾는 여행객들은 꽤 가까운 곳에서 아이거 북벽의 장관을 볼 수 있다. 산악열차를 이용하여 융프라우요 흐로 오르기까지 마지막 환승역이며 이곳에는 19세기에 건축된 유구한 역사를 지닌 호텔이 있고, 역에는 꽤 맛깔난 음식으로 유명한 레스토랑이 있어 아이거 북벽의 장관을 오랫동안 즐기기에 더할 나위 없이 좋다. 다 양한 하이킹의 기점이기도 하다.

클라이네 샤이덱으로 이동하기

- 인터라켄 오스트 → 라우터브룬넨(20분 소요/BOB 열차) → 클라이네 샤이덱(45분 소요/WAB 열차)
- 그린델발트 → 클라이네 샤이덱(약 35분 소요/WAB 열차)

※ 차량으로 이동 불가하여, 차량 소지자는 라우터브룬넨이나 그린델발트 에서 주차한 후 열차로 환승하여 이동해야 한다.

★ 클라이네 샤이덱 역
운영 연중무휴 06:30~19:00 (여름 시즌)
티켓카운터 06:30~19:00
수하물 07:00~17:30
전화 +41 (0)33 828 7611
※ 유동인구가 많아 화장실은 규모가 크고 편리함
※ 열차 30분 간격 운행

1966년 미국 출신 산악인, 존 엘비스 할린 2세 John Elvis Harlin II(1935~1966)는 악명 높은 아이거 북벽을 오르다 그 만 사망하고 만다. 스위스 레장 Leysin에서 자라던 그의 아들 존 할린 3세는 그 사건 후 미국으로 이주하여 산악 저널 리스트로 성장하고 아버지가 이루지 못한 아이거 북벽 등정을 하기 위해 다시 스위스로 돌아오게 된다. 클라이 네 샤이덱에 베이스캠프를 둔 채 두 명의 스위스 부부 산악 가이드와 함께 힘든 등정을 시도, 마침내 꿈을 이 룬다. 등정 과정과 함께 빙하 특급열차 등 스위스 곳곳 아름다운 경관을 보여주는 아이맥스 영화로, 스위스 여 행 전 꼭 감상해보자. 스위스 여행이 주는 감동이 몇 배 는 더 커진다. 할린 2세의 기념석이 키르힐리 주변 팔보 덴 호수에 놓여 있다.

아이거노어반트
Restaurant Eigernordwand

클라이네 샤이덱 기차역 초입, 멘리헨 방향 길에 자리
한 레스토랑으로 아이거 북벽을 한눈에 바라보며 식
사할 수 있는 곳이다. 날씨가 좋다면 가급적 테라스나
창가에 앉는 것을 추천한다. 갖가지 현지식을 맛볼 수
있다.

주소 Eigernordwand, 3823 Kleine Scheidegg
운영 매일 08:30~17:30
전화 +41 (0)33 855 3322
홈피 www.huettenzauber.ch

산악 레스토랑 클라이네 샤이덱
Bergrestaurant Kleine Scheidegg

클라이네 샤이덱 역에 자리한 레스토랑으로 야외석에
서 아이거, 묀히, 융프라우를 바라보며 식사를 할 수
있다는 장점이 있다. 전통적인 스위스 음식, 이탈리아
식, 간단한 샌드위치 및 음료, 디저트까지 취향과 예산
에 따라 다양하게 맛볼 수 있다. 융프라우요흐를 오르
기 전 또는 하산하는 중간에 점심을 먹어야 하거나 멘
리헨이나 벵엔까지 하이킹을 하기 전, 간단하게 요기
할 때 들르기 좋은 곳이다. 로지도 있어 투숙 가능.

주소 3823 Kleine Scheidegg (클라이네 샤이덱 역에 위치)
운영 월~금 08:00~12:00/13:00~17:30, 토 08:00~12:00/
　　　13:00~17:00, 일·공휴일 09:00~12:00/13:00~16:00
전화 +41 (0)33 828 7828
홈피 www.bergrestaurant-kleine-scheidegg.ch

4성급
호텔 벨뷰 데 잘프 Hotel Bellevue des Alpes

2011년에 역사적인 스위스 호텔Swiss Historic Hotel로 선정된 19세기 대표적
인 벨 에포크 양식의 고풍스러운 호텔. 1800년대 후반 영국 귀족들이 스
위스 알프스 여행을 많이 한 까닭에 호텔의 인테리어 스타일이 매우 고급
스러운 것이 특징이다. 총 100여 개의 침대가 있으며, 저녁에는 4코스 디
너를 제공한다.

주소 Kleine Scheidegg, 3801
　　　(클라이네 샤이덱 역에서
　　　도보 2분 거리)
운영 6월 중순~9월 중순까지
　　　(매년 변동)
요금 더블 CHF 545~695 (2인 기준),
　　　싱글 CHF 395~415 (1인 기준)
　　　※ 조식, 4코스 디너 포함
전화 +41 (0)33 855 1212
홈피 www.scheidegg-hotels.ch

클라이네 샤이덱 기점이 되는 하이킹 루트

루트 1 융프라우 아이거 워크 Jungfrau Eiger Walk

Eigergletscher(2,320m) → Kleine Scheidegg(2,061m)

등산 경험이 별로 없는 초보자들도 무리 없이 경험 가능. 코스를 따라 곳곳에 볼거리와 체험, 아이거 북벽 등정 히스토리 및 수많은 산악인들의 이야기가 있어 흥미롭다. 알파인 역사는 1924년 아이거 산등성이에 지어진 미텔레기 산장Mittelegghütte에서 알아볼 수 있으며, 팔보덴 호수 주변에 놓인 큰 돌에는 아이거 등반 중에 목숨을 잃은 수많은 등반가의 이름이 새겨져 있어 자못 경건해진다. 키르힐리Kirchili에서는 수치료의 일환인 크나이프Kneipp를 경험할 수 있다.

난이도 하
계절 5월 초~10월 초
소요시간 1시간~1시간 50분
준비물 편안한 운동화, 경등산화
※ 사전에 날씨 체크 필수

Food 아이거글레처 Eigergletscher

아이거글레처는 이름에서 알 수 있듯 1900년대 초반까지는 바로 이곳까지 빙하가 있었으나, 지구 온난화 현상 때문에 빙하를 가깝게 볼 수는 없게 되었다. 아이거글레처 산장에서는 맛있는 식사도 가능하다. 그린델발트 터미널 역에서 30분 만에 아이거글레처까지 이동 가능하여 하이킹 시작지점, 휴식 장소로 많은 여행객들이 이용하게 되었다.

아이거글레처 레스토랑에서 꼭 맛봐야 할 케이크와 커피. 케이크는 애플케이크 추천!

아이거 트레일 Eiger Trail

Eigergletscher(2,320m) → Kleine Scheidegg(2,061m) → Alpiglen(1,615m)

높은 고도가 아님에도 불구하고 많은 산악인을 죽음으로 데려간 악명 높은 아이거 북벽 산자락을 따라 내려가는 하이킹 코스. 아이거 북벽 그늘을 따라 내려갈 때는 여름에도 시원하다. 종착지인 알피글렌에는 산장도 있으니 열차 시간을 확인하고 잠시 쉬었다가 열차로 그룬트 Grund 역으로 이동하면 된다.

난이도 중
계절 5월 초~10월 초
소요시간 3시간
준비물 경등산화, 물, 간식

루트 3 **클라이네 샤이덱-벵엔 트레일** Kleine Scheidegg-Wengen Trail

Kleine Scheidegg(2,061m) → Wengernalp(1,873m) → Wengen(1,274m)

아이들을 데리고도 문제없는 하산 하이킹. 세 봉우리를 등지고 라우터브룬넨 계곡을 향해 하이킹을 하다가 벵엔 근처 산악 농가의 소박한 매력을 발견하며 벵엔까지 이동하는 유쾌한 하이킹 루트다.

난이도 중　　**계절** 5월 초~10월 초　　**소요시간** 2시간
준비물 경등산화, 물, 간식 ※ 사전에 날씨 체크 필수

> **Tip** | **하이킹 사인** Hiking Sign
>
> 하이킹 사인에는 방향과 목적지 이름과 함께 사인이 위치한 곳에서부터 소요되는 시간을 알기 쉽게 적어 놓았다. 하이킹 지도와 함께 사인을 참고로 하여 목적지를 향해 걷는다면 길을 잃지 않고 걸어갈 수 있다.
>
> **하이킹 트레일** Hiking Trail
> 모든 연령대가 함께할 수 있는 비교적 쉬운 트레일. 하지만, 갑작스러운 기후 변화에 대응할 수 있는 옷가지, 간단한 먹을거리, 음료수는 필수.
>
> **산악 트레일** Mountain Trail
> 화이트-레드-화이트 순서대로 되어 있는 산악 트레일 사인. 이 트레일을 걷기 위해서는 미끄러움을 방지하는 밑창이 있는 등산화와 날씨에 적합한 등산복 등을 갖추어야 한다. 장비만 갖추고 있다면 그리 어렵지 않은 코스.
>
> 
> **암벽 트레일** Rock Trail
> 암벽타기 경험이 있는 등반인만 체험 가능. 암벽 장비를 잘 갖추어야 하고 초보자라면 산악 가이드와 반드시 동반해야 한다.

➕ 그린델발트 Grindelwald

그린델발트(1,034m)는 아이거 북벽이 그대로 바라다보이는 왠지 아름
답다고 하기엔 살짝 미안할 정도로 산악 풍경을 그림같이 에두르고 있
는 마을이다. 융프라우요흐로 올라가는 시작점일 뿐만 아니라, 봄부터
가을까지 산기슭 목초지에 야생화가 만발하여 하이킹을 즐기는 여행
객들로 붐비고 겨울철엔 겨울 스포츠 마니아들이 즐겨 찾는 곳이다. 또
한, 그린델발트 거리에는 산악인들의 지갑을 열게 만드는 아웃도어 상
점들이 즐비하여 쇼핑을 하기에도 좋다.

※ 융프라우 지역 숙박의 성지
　주요 산악 여행지 기점 피르스트, 핑슈텍, 융프라우요흐

그린델발트로 이동하기
- 인터라켄 오스트 역에서 열차로 약 35분 소요(30분 간격으로 운행)
- 그린델발트 또는 그린델발트 그룬트까지 차량으로 이동 가능하며
　공용주차장도 있다.

★ **그린델발트 인포메이션 센터**

주소　Dorfstrasse 110,
　　　3818 Grindelwald
위치　그린델발트 역에서
　　　중심가 쪽으로 도보 3분
운영　월~금 08:00~18:00,
　　　토·일 09:00~18:00
전화　+41 (0)33 854 1212
홈피　www.grindelwald.ch

★ **그린델발트 역**

운영　티켓 카운터 06:10~19:30
　　　수하물 06:10~19:00
전화　+41 (0)33 828 7540

피르스트 First

피르스트에 처음 갔을 때 영혼 한 조각이라도 남겨두고 싶다는 생각이 들었을 정도로 기억 깊숙이 자리 잡은 곳이다. 자욱한 안개가 마을을 덮고 있는 어중간한 날씨라면 해발 2,000m 이상 고지대로 올라가는 것이 현명하다. 그린델발트에서 피르스트까지 6인승 곤돌라를 타고(25분 소요) 보어트Bort 1,570m를 지나 피르스트 2,166m에 올라가면 4,000m 이상의 일곱 봉우리와 빙하, 바위의 장관이 숨 막힐 듯 다가온다. 현재 이곳은 단체 여행객들이 많이 찾는 여행지가 되어 예전만큼 호젓한 분위기는 없어진 것이 아쉽지만, 스카이 워크를 걸으며 감상하는 주변 경관은 엄지 척이다. 여행 시간 최소 3시간 소요.

피르스트 곤돌라(Firstbahn)

주소 Dorfstrasse 187, 3818 Grindelwald

위치 그린델발트 역에서 마을을 향해 도보 2분, 피르스트 곤돌라 역에서 곤돌라 탑승
※ 차량으로 왔다면 그린델발트 역 바로 앞 공용주차장에 주차 가능

운영 2025.11.29~2026.12.12
※ 보수기간(비운행) : 2026.10.26~11.27

요금 융프라우 VIP 패스 유효
※ 스위스 패스 소지자 50% 할인
※ 동신항운 할인쿠폰 소지자 CHF 54(왕복, 성인)
※ 동신항운 VIP 패스 소지자에 한해 여름 시즌 액티비티 30% 할인, 겨울 시즌 2종 액티비티 무료

전화 +41 (0)33 828 7711　　**홈피** www.jungfrau.ch

※ 그린델발트(곤돌라) → 보어트Bort → 슈렉펠트Schreckfeld → 피르스트(환승하지 않아도 된다)

▶▶ 하이킹 Hiking

First(2,166m) ↔ Bachalpsee(2,265m)

피르스트에서 완만하게 굽이돌아 호수, 바흐알프제로 향하는 길은 마치 신선이 되어 구름 위를 걷는 듯한 기분이 든다. 저 아래 하얀 구름과 안개가 세상을 다스릴 때 이곳을 걷는 하이커들은 밝은 햇살 아래 모든  걸 잊고 자연에 몰입하게 된다. 운동화를 신고도 할 수 있을 만큼 쉬운 하이킹. 호수 반대편으로 돌아가 알프스의 영험한 산들이 호수면에 투영되는 장면은 정말 압권이다. 왕복 3km, 2시간~2시간 20분 소요된다.

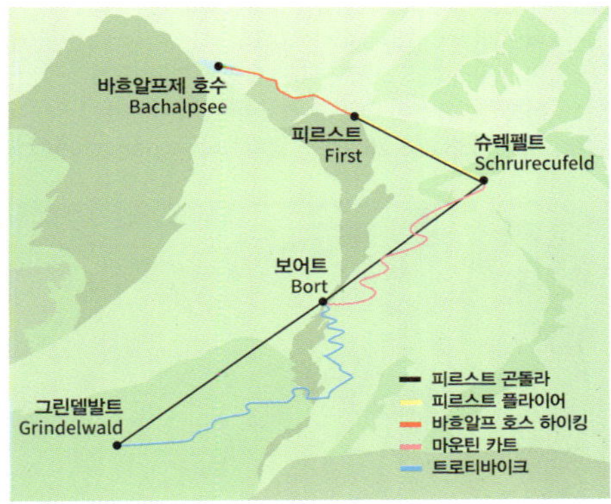

▶▶ 피르스트 플라이어 First Flyer

First(2,168m) → Schreckfeld(1,965m)

길이 약 800m, 높이 50m에 매달려 시속 84km 속도로 내달려보자. 다만 아쉬운 점이 있다면 어른들만 할 수 있다는 것. 최소 몸무게 35kg 이상 최고 125kg까지로 1분 정도 소요된다. 성수기 대기시간 최소 1시간 소요.

운영 연중
※ 운휴기간(매년 10월 말~11월 말)에는 곤돌라, 액티비티 비운행
요금 성인 CHF 35
※ 동신항운 VIP 패스 소지자 여름 시즌 30% 할인, 겨울 시즌 무료

▶▶ 피르스트 클리프 워크 First Cliff Walk

피르스트 정상 역에서 암벽 바로 옆에 다리를 고정시킨 절벽 길로 아이거 북벽을 감상할 수 있다. 이 트레일은 모든 연령대가 함께 즐길 수 있고, 관광객이 적은 이른 시간에 간다면 인생 샷을 건질 수도 있다.

운영 연중
※ 휴장기간(매년 10월 말~11월 말)
요금 무료

▶▶ 트로티바이크 Trottibike

Bort(1,600m) → Grindelwald(1,034m)

피르스트에서 슈렉펠트를 지나 보어트 역에서 내려 트로티바이크를 대여해 그린델발트까지 달려보자. 경사로를 달리는 짜릿함을 느낄 수 있다. 안전 장비를 꼭 하고 브레이크 조절만 잘 한다면 문제없다.

운영 매년 5~10월
요금 성인 CHF 25
※ 동신항운 VIP 패스 소지자 여름 시즌 30% 할인

그린델발트–산악 여행지 **GPS** 46.623295, 8.046911
핑슈텍 Pfingstegg

핑슈텍(1,391m)까지는 그린델발트에서 케이블카를 타고 이동하면 된다. 이곳은 '못난이'라는 의미를 지닌 슈렉호른Schreckhorn(4,078m)이 바로 머리 위에 있는 곳으로 하이킹과 바람같이 레일을 가르는 터보건으로 유명하다.

주소 Rybigässli 25, 3818 Grindelwald
위치 그린델발트 역에서 교회 방면으로 도보 15분 또는 역에서 122번 버스 탑승하여 Pfingsteggbahn에서 하차
운영 2026.4.25~10.25
요금 **케이블카(편도/왕복)** 성인 CHF 20/32,
어린이(만 6~15세) CHF 10/16
※ 스위스 패스 소지자 50% 할인(성인에 한함)
터보건 1회 성인 CHF 8 **플라이라인** CHF 14
전화 +41 (0)33 853 2626   **홈피** www.pfingstegg.ch

 ## 도르프 거리 Doftstrasse

그린델발트 중심가인 도르프 거리에는 각종 아웃도어 용품과 기념품 상점이 즐비하다. 인터라켄에는 시계 브랜드, 각종 기념품 가게가 많은 반면 이곳은 아웃도어 아이템이 대세. 간절기에는 할인도 많이 한다. 겨울철이면 관련 장비를 구입하거나 대여하는 사람들로 붐빈다.

융프라우 지대에서 친환경 공법으로 생산되는 치즈. 생산된 지 일주일이 지나지 않은 신선한 우유와 지역 전문가들의 숙련된 경험과 장인 정신, 지역 주민들 사이에서 전해오는 특별한 레시피를 통해 생산하는 까닭에 다른 지역과 차별되는 맛을 자랑한다. 도르프 거리 마을 장터 또는 그린델발트 상점 등에서 쇼핑이 가능하다.

© Eigermilch

그린델발트의 레스토랑

작가 추천 & AI 검증

1. 캐주얼 & 가성비 Casual & Budget

■ **피자리아 다 살비** Ristorante Pizzeria Da Salvi
그린델발트 기차역 근처에 위치한 이탈리아 레스토랑.

■ **카페 3692** Café 3692
마을에서 살짝 떨어진 곳에 위치. 가성비 좋은 샌드위치, 샐러드, 로컬 음식을 판매한다.

2. 합리적인 로컬 Affordable Local

■ **레스토랑 베렌** Restaurant Bären
전통적인 스위스 요리를 맛볼 수 있는 곳.

■ **스탈바이츨리 호이보데** Stallbeizli Heubode
중심가에서 조금 떨어진 언덕에 위치해, 동화 속에 나올 법한 목가적인 분위기가 특징.

3. 미식 & 고품격 다이닝 High-end Luxury

■ **1910 고메** 1910 Gourmet by Hausers
호텔 벨베데레 Hotel Belvedere 내부에 있다. 그린델발트를 대표하는 최고급 레스토랑이다.

■ **레스토랑 피셔블릭** Restaurant Fiescherblick
노르딕과 알프스 감성이 섞인 세련된 인테리어가 특징으로 일본과 북유럽에서 영감을 받은 음식을 선보인다.

그린델발트의 숙소

그린델발트 터미널이 생기면서 이 지역 가장 핫플레이스가 되어 가격이 많이 상승했다. 공식적인 5성급 호텔은 없지만 수준 높은 4성급 호텔이 대부분이다. 호스텔도 있으니 예산에 맞게 예약하되 예산 범위를 초과한다면 주변 지역(빌더스빌, 마이링겐) 등으로 범위를 넓혀도 좋다.

| 4성급 |

■ **로만틱 호텔 슈바이처호프**
Romantik Hotel Schweizerhof Grindelwald
그린델발트에서 가장 고풍스럽고 럭셔리한 서비스를 제공하는 곳 중 하나.

■ **썬스타 호텔** Sunstar Hotel Grindelwald
압도적인 아이거 북벽 전망과 훌륭한 스파 시설로 유명하다.

■ **부티크 호텔 글래이셔** Boutique Hotel Glacier
객실 수가 적어 매우 프라이빗하며, 정교한 서비스와 미식으로 유명한 호텔.

| 호스텔 |

■ **다운타운 롯지** Downtown Lodge
유스호스텔과 비슷한 개념의 가성비 숙소.

■ **그린델발트 유스호스텔**
Grindelwald Youth Hostel
전망이 가장 아름답기로 유명하다.

✚ 빌더스빌 Wilderswil

툰과 브리엔츠 호수 사이 뵈델리^{Bödeli} 남쪽에 위치한 뢰취넨 계곡 입구 작은 마을로 알프스 산악 지방의 전형적인 목조주택들과 전통 있는 맛집이 자리하고 있어 알프스 고유의 향취를 느껴볼 수 있는 곳이다. 번화한 곳이 싫다면 교통이 제법 편한 이곳에서 묵는 것도 좋다. 바로 이곳에서 비밀의 화원이라 불리는 '쉬니게 플라테'로 향하는 열차가 출발한다.

※ 빌더스빌의 주요 포인트 ① 쉬니게 플라테 출발지 ② 인터라켄에 비해 저렴한 숙박 요금

빌더스빌로 이동하기
인터라켄 오스트에서 열차로 불과 4분 거리. 차량으로도 이동 가능하다.

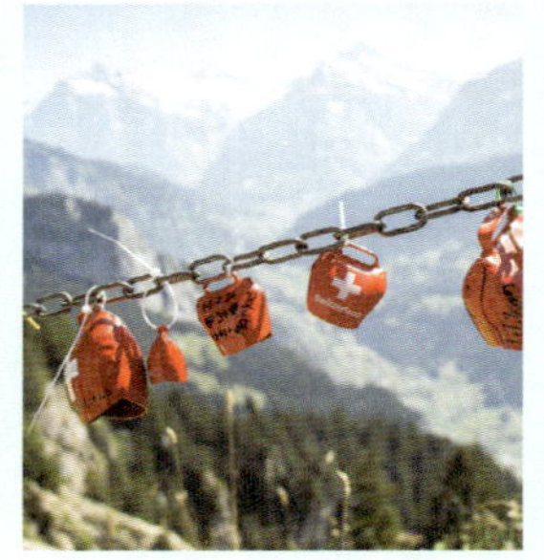

빌더스빌–산악 여행지

GPS 46.652438, 7.911282

쉬니게 플라테 Schynige Platte

빌더스빌에서 열차를 타고 갈 수 있는 산악 여행지. 해발고도 1,967m로 아이거, 묀히, 융프라우 세 자매 봉을 향해 정중앙에 위치하여 파노라마 전경이 매우 인상적이다. 보태닉 알파인 가든에서는 600종이 넘는 야생화를 볼 수 있어 특히 실버 계층에게 인기 높은 곳이다. 1899년에 건축된 쉬니게 플라테 산악 호텔에서 투숙을 하거나 식사를 즐길 수도 있다. 여행 시간은 3~5시간 소요.

운영　2026.6.13~10.25
요금　성인 왕복 CHF 75.6
　　　※ 동신항운 VIP 패스 소지자 무료, 할인쿠폰 소지자 CHF 54
　　　※ 스위스 패스 소지자 정상가 50% 할인
홈피　www.jungfrau.ch
　　　알파인 가든
　　　www.alpengarten.ch

▶▶ 하이킹 Hiking

Schynige Platte(1,967m) → Faulhorn(2,681m) → First(2,168m)
편평한 길과 약간의 경사로가 적절하게 섞여 있어 지루할 틈이 없다. 파울호른 정상에서 내려다보는 환상적인 경치를 감상할 수 있다.

난이도 중　　계절 5~10월
소요시간 6시간　준비물 경등산화, 물, 간식

✚ 벵엔 Wengen

해발 1,275m 높이의 벵엔은 공용 차량과 전기차 외엔 개인 차량이 진입할 수 없는 청정 마을이다. 융프라우요흐로 여행하기 편하고 천혜의 자연환경 덕에 인터라켄보다 가성비와 퀄리티 좋은 호텔들이 많아 여행객들에게 인기 높은 지역이다. 마을 주변으로 산악 농가들이 있어 치즈를 저렴한 가격에 구입할 수 있으며, 여행객들에게 필요한 액티비티 인프라가 잘 갖추어져 있어 편리하다.

※ 벵엔의 주요 포인트 ① 친환경 마을 ② 멘리헨 케이블카

벵엔으로 이동하기

벵엔은 열차로 라우터브룬넨에서 클라이네 샤이덱으로 향하는 도중 정차하는 곳이며, 차량으로 이동할 경우에는 라우터브룬넨 공용주차장에 주차한 후 열차로 이동하면 된다.

★ 인포메이션 센터

주소 3823 Wengen
위치 마을 중심에 위치
운영 09:00~18:00
전화 +41 (0)33 856 8585
홈피 www.wengen.ch

★ 벵엔 기차역

운영 05:30~19:40
　　융프라우요흐 행 첫차 07:24,
　　막차 13:54 (여름 시즌 14:54)
전화 +41 (0)33 828 7050

벵엔-산악 여행지　　　　　　　　　　　　GPS 46.613175, 7.940979

🔺 멘리헨 Männlichen

해발 2,343m 높이의 산악 여행지로 벵엔이나 그린델발트 터미널에서 케이블카 또는 곤돌라를 이용해 이동 가능하다. 멘리헨은 하이킹하기에 최적의 여행지로 멘리헨에서 클라이네 샤이덱까지 일명 '파노라마 하이킹' 구간은 어린아이들과도 함께 체험할 수 있어 좋다. 융프라우요흐 여행 시 벵엔에서 멘리헨 케이블카에 탑승한 후 하이킹을 즐기다 클라이네 샤이덱에서 열차로 환승하여 정상으로 이동해도 좋다. 멘리헨 정상에는 레스토랑과 산악 호텔이 있어 편리하다.

★ 그린델발트-벵엔 구간

운영 매년 5월 말~10월 말
요금 성인 CHF 68
　　※ 동신항운 VIP 패스 소지자 무료
　　※ 스위스 패스 소지자 50% 할인
홈피 www.maennlichen.ch

▶▶ 하이킹 Hiking

Männlichen(2,343km) → Kleine Scheidegg(2,061m)

난이도 하　　　　　계절 5~10월
소요시간 1시간 50분　　준비물 운동화 또는 경등산화, 물, 간식

✚ 라우터브룬넨 *Lauterbrunnen*

라우터브룬넨(해발 797m)은 빙하에 깎인 300~500m 높이의 암벽에 둘러싸인 마을로 여름이면 72개의 폭포를 볼 수 있다고 한다. 괴테가 영감을 받았다고 전해진 슈타웁바흐 폭포Staubbachfälle는 높이부터도 약 297m로 라우터브룬넨의 비주얼을 담당한다. 이곳에서 클라이네 샤이덱으로 올라가는 열차에 탑승할 때는 꼭 오른쪽에 앉도록 하자. 멋있는 폭포 전경을 사진으로 담기 편리하다. 라우터브룬넨은 융프라우요흐에 올라가는 도로 중 차량이 운행할 수 있는 마지막 마을로 규모가 큰 주차장이 마련되어 있어 이곳에서 주차를 한 후 열차로 환승하여 벵엔으로 가거나, 융프라우요흐로 이동하면 된다.

※ 라우터브룬넨의 주요 포인트 ① 슈타웁바흐 폭포, 트륌멜바흐 폭포 ② 쉴트호른, 뮈렌 여행의 시작지점 ③ 융프라우요흐 여행을 위한 환승지, 차량 주차지역 ④ 호스텔, 액티비티의 성지

라우터브룬넨으로 이동하기
인터라켄 오스트에서 열차로 20분 소요된다.

★ **라우터브룬넨 관광청**
주소 Stutzli 460, 3822 Lauterbrunnen
위치 역에서 나와 길 건너편 우측
운영 수~일 08:30~12:00/ 13:15~17:00
휴무 월·화요일 (시즌마다 다를 수 있음)
전화 +41 (0)33 856 8568
홈피 www.lauterbrunnen.swiss

© Jungfrau Region Tourismus AG

 ★★☆ 트뤼멜바흐 폭포 Trümmelbachfälle

주변 알프스 빙하가 녹은 물이 지표면을 뚫고 바위를 계속 뚫고 들어가 생성된 구혈 폭포이다. 거의 수직으로 초당 20,000L의 물을 쏟아내는데 본격적으로 빙하가 녹는 늦은 봄부터 초가을까지 수량이 풍부하여 볼만 하다. 폭포까지는 다소 언덕길과 계단을 통해 올라가야 하는데, 리프트도 있으니 너무 걱정은 하지 않아도 된다. 트뤼멜바흐에서 라우터브룬넨까 지 버스도 운행되나 쉴트호른을 관광하고 내려온 사람들이 슈테헬베르크 에서 버스를 타는 까닭에 버스가 정차하지 않고 그냥 지나가 버리기도 한 다. 그때는 라우터브룬넨까지 하이킹을 해도 좋다. 다소 미끄러울 수 있으 니 미끄럽지 않은 신발 필수.

주소 3824 Stechelberg, Lauterbrunnen
위치 라우터브룬넨에서 Stechelberg행 141번 버스 탑승. Trümmelbachfälle에서 하차 (5개 정거장, 7분 소요)
운영 4월 초~11월 초 09:00~17:00 (7·8월 08:30~18:00)
요금 성인 CHF 15, 어린이(만 6~15세) CHF 6
홈피 www.truemmelbachfaelle.ch

---

more & more ## 라우터브룬넨이 기점이 되는 하이킹 루트

계곡에서 걷는 건 또 다른 즐거움이다. 슈타웁바흐 폭포 소리와 함께 유쾌하게 걸어보자.

❶ 라우터브룬넨–뮈렌 하이킹

Lauterbrunnen(797m) → Mürren(1,638m)

새 둥지같이 낭떠러지 절벽 한쪽에 귀엽고 아담하 게 자리 잡은 마을, 뮈렌까지 걷는 업힐 코스로, 약 간의 경사도가 있으나 라우터브룬넨 계곡을 잘 감 상할 수 있는 루트다.

난이도 중　　　**계절** 5월 초~10월 초
소요시간 2시간 50분　　**준비물** 경등산화, 물, 간식

❷ 라우터브룬넨–벵엔 하이킹

Lauterbrunnen(797m) → Wengen(1,275m)

편도 2.8km. 클래식 하이킹 루트로 짙푸른 녹음을 지나는 경사가 많은 오르막길이다. 클라이네 샤이 덱으로 향하는 열차를 하이킹 도중 만나볼 수 있다.

난이도 중　　　**계절** 5월 초~10월 초
소요시간 1시간 50분　　**준비물** 경등산화, 물, 간식

❸ 라우터브룬넨–트뤼멜바흐 폭포 하이킹

Lauterbrunnen(797m) → Trümmelbachfälle(297m)

슈타웁바흐 폭포와 인근 농가 사이를 가로질러 전 원과 계곡, 물소리가 합창하는 유쾌한 산책길로 산 책을 하다 농가에서 치즈나 버터도 구입할 수 있다. 쉴트호른, 트뤼멜바흐를 여행하고 라우터브룬넨까 지 걸어와도 된다.

난이도 하　　　**계절** 연중 가능
소요시간 1시간　　**준비물** 운동화, 물

라우터브룬넨에서 케이블카와 열차를 다시 갈아타고 해발고도 1,638m에 있는 산악 마을, 뮈렌으로 가보자. 사실 뮈렌은 작은 산악 마을에 불과하나 라우터브룬넨 계곡 그 자체의 아름다움을 보려면 이곳으로 여행을 해봐야 한다. 뮈렌까지 이동하는 방법은 크게 두 가지가 있는데, 그 하나가 바로 융프라우 철도 노선 중 하나인 라우터브룬넨-뮈렌 케이블카, 철도를 이용하는 방법이다.

라우터브룬넨Lauterbrunnen → [케이블카 8분] → **그뤼치알프**Grütschalp → [열차] → **빈터엑**Winteregg → [열차 또는 하이킹] → **뮈렌**Mürren

라우터브룬넨에서 그뤼치알프까지 100인승 케이블카에 탑승하여 이동한 후 열차로 환승해 빈터엑을 경유하여 뮈렌까지 이동하게 되는데, 빈터엑에서 하차해 뮈렌까지 하이킹을 하는 사람들도 많다 (약 1시간 20분 소요). 빈터엑에는 산장이 있어 좋은 경관을 누리며 식사나 음료를 즐길 수도 있다. 참고로 라우터브룬넨에서 뮈렌까지 가는 방법은 두 가지이므로 라우터브룬넨 – 뮈렌 산악열차 구간이 보수 기간에 들어간다고 해서 걱정하지 말자. 쉴트호른 구간 케이블카를 타고 뮈렌까지 이동하는 방법도 있다. 그 방법에 대해서는 뮈렌(p.279)을 참고하도록 하자.

라우터브룬넨-그뤼치알프-뮈렌 BLM 구간

주소　3822 Lauternrunnen
위치　라우터브룬넨 기차역과 기차로 연계되어 있음
운영　보수기간 외 운영
　　　※ 2026년에는 케이블카 교체 작업이 예정되어 있어 휴업일이 길다.
　　　※ 보수기간: 2026.4.13~7.10/2026.10.26~11.6
요금　성인 CHF 23.6
　　　※ 동신항운 할인쿠폰 소지자: 성인 CHF 22
　　　※ VIP 패스 소지자, 스위스 패스 소지자 무료

✚ 뮈렌 Mürren

일반 차량 진입이 불가능한 청정 무공해 마을로 클라이네 샤이덱에서 벵엔알프를 거쳐 벵엔으로 하이킹을 하다 저 멀리 보이는 뮈렌이 마치 새 둥지같이 아슬아슬해 보이기도 한다. 마을에 도착하면 생각보다 매우 아늑해 이틀 정도 아무 생각 없이 머물다 가고 싶은 생각이 든다. 저녁에는 매우 로맨틱하여 계곡 아래 라우터브룬넨 불빛이 그저 아름답기만 하다. 허니무너에게 강추하고 싶은 숙박지이다.

※ 뮈렌의 주요 포인트 ① 무공해 청정 마을 ② 허니무너 추천 숙박지

뮈렌으로 이동하기

- 라우터브룬넨 기차역 앞 버스정류장에서 슈테헬베르크^{Stechelberg} 행 141번 버스 탑승하여 쉴트호른 케이블카 역이 있는 슈테헬베르크로 이동한다(약 20분 소요). 이후 쉴트호른 신형 케이블카에 탑승하여 환승 필요 없이 바로 뮈렌으로 이동할 수 있다. 구형 케이블카는 김멜발트^{Gimmelwald}에서 1회 환승 필요하다.

※ 스위스 패스 소지자 무료

- 위의 이동 방법 외의 라우터브룬넨–뮈렌 산악열차를 이용할 수도 있다. 자세한 내용은 p.278 참고.

★ 인포메이션 센터

주소	3825 Mürren
위치	알핀 스포츠 센터 내
운영	08:30~12:00, 13:00~17:15 (시즌에 따라 변동 있음)
전화	+41 (0)33 856 8686

뮈렌–산악 여행지

GPS 46.563870, 7.889033

알멘트후벨 Allmendhubel

뮈렌을 내려다보고 있는 해발고도 1,907m의 알멘트후벨은 뮈렌에서 푸니쿨라를 타고 쉽게 이동 가능하다. 아담하고 어여쁜 마을, 뮈렌에 딱 걸맞도록 그림과 같은 곳이다. 특히 어린아이들과 동반한 가족, 주말을 여유롭게 즐기고자 하는 사람들에게 제격이다. 알멘트후벨 파노라마 레스토랑의 선 테라스에서 스위스 음식을 즐길 수 있으며, 어린이 놀이터인 플라워 파크는 아이들에게 인기가 좋다. 또한 150여 종의 각기 다른 야생화를 보며 걸을 수 있는 '플라워 트레일'이 있어 가볍게 산책하기도 좋다.

주소	Valley Station Funicular 3825 Mürren
운영	보수기간 제외 매일 운영 ※ 점검기간(비운행): 2026년 4월 초~5월 중순 및 2026년 10월 말~12월 중순 예정
요금	**Stechelberg ↔ Allmendhubel** 성인 CHF 39.6, 어린이(만 6~15세) CHF 19.8 **Mürren ↔ Allmendhubel** 성인 CHF 16, 어린이(만 6~15세) CHF 8 ※ 스위스 패스 소지자 50% 할인 ※ 패밀리 카드 지참 시 어린이 무료

© Schilthornbahn AG

알프스 풍경, 스릴, 편안한 휴식의 완벽한 조화, 쉴트호른

어르신들에게조차 추억이 되었을, 007 제임스 본드 시리즈 영화 〈여왕 폐하 대작전On Her Majesty's Secret Service〉(1969)의 주 무대가 되었던 곳으로, 대자연의 파노라마와 영화 속 스릴을 동시에 즐길 수 있는 매력적인 여행지이다. 융프라우요흐가 '눈과 얼음'을 직접 밟아보는 경험에 가깝다면, 쉴트호른은 '파노라마 뷰'와 '액티비티'에 더 특화되어 있다. 비교적 융프라우요흐보다 덜 붐비는 편이라 여유롭게 풍경을 즐기기도 좋다. 쉴트호른은 크게 세 가지 만족을 주는 곳이다. 첫째 주변 경관View, 둘째 스릴Thrill, 셋째 편안한 휴식Chill이다. 주변 경관은 쉴트호른 정상에서, 스릴은 쉴트호른 바로 전 역인 비르크Birg에서, 편안한 휴식은 알멘트후벨에서다. 오감을 동원해 쉴트호른을 즐겨보자.

✚ 쉴트호른으로 이동하기

"SCHILTHORNBAHN 20XX"라 불리는 대규모 프로젝트를 통해 케이블카 시스템을 완전히 새롭게 교체하고 2026년 봄 완공을 목표로 하고 있다. 현재 방문해도 신형 케이블카 전 구간을 탑승할 수 있다.

❶ 뮈렌 → 쉴트호른

뮈렌Mürren 케이블카 역(케이블카 탑승) → 비르크Birg(경유) → 쉴트호른Schilthorn(약 30분 소요)

※ 뮈렌까지 이동하는 방법은 p.279 참고

❷ 슈테헬베르크 → 쉴트호른

슈테헬베르크Stechelberg(최신형 케이블카 탑승) → 뮈렌(환승) → 비르크(환승) → 쉴트호른(약 26분 소요)

※ 구형 케이블카는 김멜발트Gimmelwald 경유하여 뮈렌으로 이동하였으나 신형 케이블카는 슈테헬베르크에서 뮈렌으로 바로 이동한다. 김멜발트로 가고자 한다면 구형 케이블카를 이용하면 된다.

★ 쉴트호른 케이블카

운영 연중무휴 운영

※ 신형 케이블카로 교체되어 점검기간에 관계없이 운행 가능하다. 단, 라우터브룬넨에서 시작하여 뮈렌을 경유하여 뮈렌 → 비르크 → 쉴트호른 구간만 쉴트호른 케이블카를 이용해 여행할 계획이라면 라우터브룬넨-뮈렌 산악철도 Lauterbrunnen BLM를 이용해야 하며, 2026년에는 리뉴얼 기간이 겹쳐 운행 여부를 확인하고 여행 계획을 세워야 한다.

요금 **슈테헬베르크 ↔ 쉴트호른**
성인 왕복 CHF 115,
아동 CHF 57.5
※ 스위스 패스 소지자 CHF 45.7
뮈렌 ↔ 쉴트호른
성인 왕복 CHF 91.4,
아동 CHF 45.7
※ 스위스 패스 소지자 CHF 45.7

전화 +41 (0)33 826 0007
홈피 www.schilthorn.ch

> **Tip | 세계에서 가장 가파른 케이블카**
>
> 슈테헬베르크-뮈렌 구간을 오간다. 최대 경사도 160%(약 58도)에 달해 '세계에서 가장 가파른 케이블카'라는 타이틀을 얻었다. 절벽을 수직으로 오르는 듯한 짜릿함을 느낄 수 있다.

✚ 쉴트호른 정상, 피츠 글로리아 Piz Gloria

Sightseeing 스카이라인 뷰 Skyline View

쉴트호른 전망대에서는 알프스의 3대 봉우리인 아이거, 뮌히, 융프라우를 정면에서 가장 잘 볼 수 있다. 날씨가 맑은 날에는 프랑스의 몽블랑^{Mont Blanc}과 독일의 흑림^{Black Forest}까지 조망 가능하다고 한다. 특히 플랫폼에서는 인생샷을 건지기 좋다.

Activity 명예의 거리 Walk of Fame

비록 현재는 쉴트호른이 '007' 영화 제목을 공식 타이틀로 내걸지는 않지만, 야외 전망대에는 여전히 영화 출연진과 제작진의 손도장과 서명이 담긴 패널이 설치되어 있어 그 명맥을 잇고 있다.

Activity 스파이 월드 & 스파이 시네마
Spy World & Spy Cinema

과거 '본드 월드^{Bond World 007}'라고 불리던 전시장 명칭이 현재는 '스파이 월드'로 변경되었다. 스릴 넘치는 헬리콥터 장면을 시뮬레이션해볼 수 있으며 영화 소품과 대본들도 갖춰져 있다. 영화관에서는 영화의 주요 장면과 알프스 경관을 파노라마로 감상할 수 있다.

Food 360도 회전 레스토랑 피츠 글로리아
360° Restaurant Piz Gloria

해발 2,970m 정상에서 45분마다 360도를 회전하며, 앉은 자리에서 알프스의 전경을 빠짐없이 감상할 수 있는 세계 최초의 회전 레스토랑. 오후 2시까지 하는 '쉴트호른 브런치'는 샐러드 뷔페와 샴페인을 즐길 수 있으며, 피츠 글로리아 버거가 유명하다. 회전/비회전 공간으로 나뉘므로 4인 이상일 경우 온라인 사전 예약을 통해 이용하면 편리.

운영 연중무휴
요금 **쉴트호른 브런치 성인** CHF 38, 아동 CHF 23
피츠글로리아 버거(프렌치프라이 포함) CHF 28
전화 +41 (0)33 856 2156

✚ 비르크 역

쉴트호른 정상에 도착하기 바로 전 역인 비르크^{Birg}는 해발 2,677m로 웅장한 알프스 전경에 본격적으로 몰입하기 전, 스릴 넘치는 체험을 할 수 있는 곳이다. 이곳에 내려 다양한 체험을 해보도록 하자.

Activity 스릴 워크 & 스카이라인 워크
Thrill Walk & Skyline Walk

스카이라인 워크는 비르크 역 테라스를 연장하여 강철과 유리로 건설된 플랫폼으로 뮈렌보다 약 1,000m 높은 곳에서 전경을 감상할 수 있도록 해준다. 스릴 워크는 피르스트와 비슷한데 아찔한 절벽에 200m 길이의 튼튼한 철재로 길을 만들어 절벽 주위를 돌며 경치를 감상할 수 있다. 굉장히 짜릿한 경험이 될 것이다!

Food 비스트로 비르크 Bistro Birg

개인적으로는 피츠 글로리아보다 오히려 이곳에서 식사를 즐기라고 권하고 싶다. 훨씬 더 개방적인 분위기이며 야외에도 자리가 있어 날씨가 좋은 날에는 맑은 공기를 그대로 느끼며 식사를 즐길 수 있기 때문이다.

> **Writer's Say** 쉴트호른 산악 지역에서 좀 더 오래 머물고 싶다면 투숙이 가능한 곳이 두 곳 있다. 바로 뮈렌이다. 뮈렌은 규모가 작지만 개별 여행자들의 다양한 기호에 맞는 숙소가 마련되어 있다.

뮈렌의 숙소

| 3성급 |
■ 호텔 알펜루 Hotel Alpenruh
전통 샬레 스타일의 아늑한 분위기로 뮈렌 케이블카 역 바로 전면에 위치해 있다.

| 4성급 |
■ 호텔 아이거 Hotel Eiger
뮈렌을 대표하는 4성급 호텔로, 융프라우 3대 봉우리가 정면으로 보이는 압도적인 전망을 자랑한다. 뮈렌 철도역 인근에 위치한다.

| 3성급 |
■ 호텔 알피나 Hotel Alpina
전체적으로 소박하지만 깔끔한 객실을 갖추고 있으며 산을 전망할 수 있다.

Activity 비아 페라타 Via Ferrata

알프스 절벽을 가로지르며 짜릿한 스릴과 웅장한 풍경을 동시에 즐길 수 있는 최고의 액티비티로 일반적인 등반과 달리, 철제 발판과 케이블에 의지해 이동하므로 전문 암벽 등반 기술 없이도 즐길 수 있다는 점이 매력이다. 고소 공포증이 있으면 불가하고 담력 필수.

구간 뮈렌 비아 페라타 Via Ferrata Mürren-Gimmelwald
   ※ 출발: 뮈렌 / 도착: 김멜발트
소요시간 3시간
요금 대여비 CHF 50
   (헬멧, 하네스, 비아 페라타 전용 로프 세트)
   ※ 장비 대여소: 인터스포츠 뮈렌
   ※ 가이드 투어도 가능 CHF 179
홈피 가이드 투어 예약 www.swissactivities.com

  인터라켄의 산악 여행지, 하더쿨름

인터라켄의 산이라 불리는 하더쿨름Harderkulm (1,322m)은 아이거, 묀히, 융프라우뿐만 아니라 툰과 브리엔츠 호수까지 전경을 바라볼 수 있는 전망대와 레스토랑이 있는 곳. 봄부터 가을 녘까지는 하더쿨름 둘레를 1시간 30분에서 2시간 정도 하이킹하는 것도 좋다. 몇 해 전 새롭게 설치된 플랫폼에 서서 경치를 감상하는 것도 잊을 수 없는 감동을 주지만, 고소 공포증이 있는 사람들에게는 살짝 무서울 수 있다. 푸니쿨라를 타고 인터라켄 – 하더쿨름까지 편도 이동에는 약 10분 소요된다.

하더쿨름 푸니쿨라 출발역(Interlaken Harderbahn)

위치 인터라켄 동역에서 도보 약 6분. 회에베그Höheweg를 따라 걷다 Lindner Grand Hotel Beau Rivage 못 미쳐 보리바주 다리Beaurivagebrücke를 건너면 출발역이 바로 보인다.

운영 2026.4.3~11.29 휴무 겨울 시즌

요금 **인터라켄 동역-하더쿨름** 왕복 CHF 44
※ 할인쿠폰 소지자 CHF 28
※ 스위스 패스 소지자 50% 할인
※ 동신 VIP 패스 소지자 무료

전화 +41 (0)33 828 7311

홈피 www.jungfrau.ch

하더 런치 티켓 Harder Lunch Ticket

하더쿨름 정상에 있는 하더쿨름 베르그 레스토랑 점심 식사 및 푸니쿨라 왕복 요금이 포함되어 있는 점심 티켓(성인 CHF 49, 스위스 패스 소지자 CHF 39)을 이용하면 산악 여행과 식사를 함께 합리적인 가격으로 이용할 수 있다는 장점이 있다. 홈페이지에서 여약 가능(www.jungfrau.ch).

하더쿨름 루프Loop 트레일 하이킹

- **출발/도착지점** 하더쿨름 역/하더쿨름 전망대
- **루트** 하더 릿지를 따라 반니발트Wanniwald를 지나 반니히누벨Wannichnubel까지 찍고 돌아오는 코스
- **소요시간** 총 1시간 50분
- **고도차** 157m
- **난이도** 하
- **준비물** 등산화, 물, 간식 필요

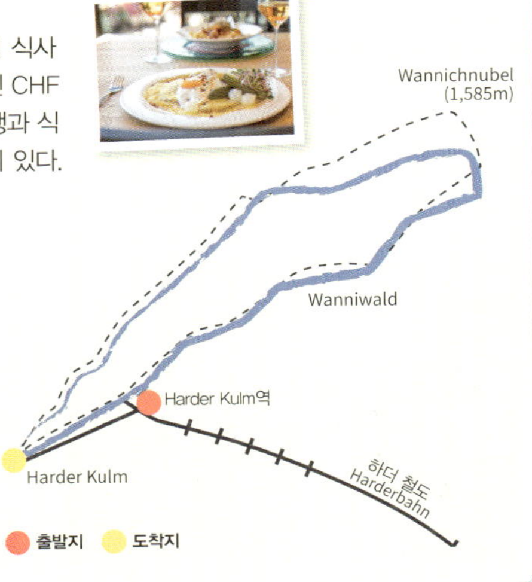

브리엔츠 호수 지역 Brienzersee

브리엔츠 호수는 알프스 북쪽, 툰 호수와 함께 인터라켄을 사이에 두고 있는 호수로 길이만도 무려 14km에 달한다. 호수 자체에 영양분이 없어 물고기가 별로 자라지 않는 까닭에 어업은 발달하지 않았지만 호수 주변으로 일찍이 마을이 발달하여 아름다운 관광지가 되었다. 가장 유명한 마을로 브리엔츠, 이젤트발트가 있으며, 폭포와 역사적인 호텔로 유명한 기스바흐가 있다. 최대한 유람선을 이용해서 여행해보자.

※ 브리엔츠 호수 유람선 정보 www.bls.ch (툰 호수 유람선도 같은 회사에서 운영)

✚ 브리엔츠 Brienz

브리엔츠 호숫가에 자리한 로맨틱한 마을로 유럽에서 가장 아름다운 거리로 불렸다. 아름다운 거리인 브룬가세Brunngasse가 특히 유명하다. 이 거리 대부분의 가옥은 정성 들여 조각한 나무로 꾸며져 있을 만큼, 목각이 전통을 이어오고 있다. 목각과 바이올린 제작을 배울 수 있는 학교도 있다. 자세한 정보는 홈페이지 참고(www.brienz-tourismus.ch).

브리엔츠로 이동하기
- 인터라켄 오스트 열차로 20분 소요
- 유람선 1시간 13분 소요

※ 유람선 운영 4월 초~10월 말

★★☆

GPS 46.735168, 8.023291

기스바흐 폭포와 그랜드 호텔 기스바흐 Giessbachfälle & Grand Hotel Giessbach

브리엔츠 마을 반대편 남쪽 호숫가에 자리한 폭포로 일곱 계단을 거쳐 떨어진다. 유람선을 타고 간다면 브리엔츠 바로 한 정거장 전 선착장인 기스바스 호수Giessbachsee에서 내려 푸니쿨라를 타고 올라가면 된다. 브리엔츠에서는 버스로도 이동 가능하다. 기스바흐 폭포가 전면에 보이는 곳에 바로 유서 깊은 그랜드 호텔 기스바흐가 있다.

주소 Giessbach, 3855 Brienz
홈피 www.giessbach.ch

★★★

🏛 발렌베르그 야외 박물관 Ballenberg Swiss Open-Air Museum

스위스의 민속촌으로 알프스 지역의 전통 생활 양식과 전통 가옥, 옛날 직업(농사, 숯 제작, 자수 등) 등을 체험할 수 있는 곳이다. 동물 농장도 있어 어린이들이 특히 좋아한다.

주소 Museumsstrasse 100,
3858 Hofstetten bei Brienz
운영 매년 4월 중순~10월 말
요금 성인 CHF 32, 어린이 CHF 16
※ 스위스 패스 소지자 무료
홈피 www.ballenberg.ch

⛰ 브리엔츠 로트호른 Brienz Rothorn

증기기관차가 끄는 빨간색 열차를 타고 브리엔츠에서 해발 2,350m 로트흐른까지 올라갈 수 있다. 중부 스위스의 아름다운 전망과 더불어 다양한 하이킹을 할 수 있고 정상에는 산악 호텔, 로트호른–쿨름이 있다.

주소 Hauptstrasse 149, 3855 Brienz
운영 매년 6월 초~10월 말(2026.6.6~10.25)
※ 5월 초에서 6월 초까지는 중간역까지만 운행
요금 **브리엔츠-로트호른 왕복** 성인 CHF 98,
어린이(만 6~15세) CHF 10
※ 스위스 패스 소지자 50% 할인
홈피 www.brienz-rothorn-bahn.ch

➕ 이젤트발트 Iseltwald

작지만 중세시대부터 내려오는 고성이 있을 만큼 오랜 전통이 있는 마을이다. 유명 드라마 촬영지이자 카약, 패들 등 호수에서 즐길 수 있는 액티비티로 유명한 여름 관광지이기도 하다. 호숫가 주변으로 호텔, 호스텔, 레스토랑 시설이 잘 갖추어져 있어 유람선으로 이동하는 관광객들이 꽤 많다. 캐주얼한 숙박도 괜찮다면 이젤트발트의 레이크 롯지 Lake Lodge를 권하고 싶다. 이 지역의 자세한 정보는 www.iseltwald.ch를 참고하자. 유명 관광지가 된 이후 촬영지(선착장) 입장료(CHF 5)가 부과되고 있다.

이젤트발트로 이동하기

- 인터라켄 오스트에서 버스 103번 탑승 20분 소요
- 유람선은 약 38분 소요

툰 호수 지역 Thunersee

알프스 지역의 호수로 브리엔츠 호수와 인터라켄을 사이에 두고 있다. 호수 길이 17.5km로 브리엔츠 호수 보다는 살짝 큰 편이다. 툰 호수 대표 타운으로는 툰Thun과 슈피츠Spiez, 오버호펜 고성으로 유명한 오버호 펜Oberhofen이 있으며, 유명 관광지로는 성 베아투스 동굴이 있다. 특히 툰과 슈피츠는 교통의 요지여서 한 번쯤은 지나치게 되니 지나치지만 말고 잠시 시간을 내어 둘러보자. 툰 호수 유람선은 인터라켄 서역과 연 계되어 있다. 툰 호수 유람선은 겨울에 운행하지 않는 브리엔츠 호수 유람선과 달리 사계절 운행한다. 편수 가 줄어들기는 하지만, 겨울 시즌에도 정기편이 운행되니 참고하자.

※ 툰 호수 유람선 정보 www.bls.ch

✚ 툰 Thun

툰은 각종 산업의 중심지이자 스위스 주요 군사 지역인 까닭에 현지인 들의 거주·비율이 높은 편이다. 툰은 중세시대 도시 베른을 건설했던 체링엔 가문의 영향을 받은 까닭에 타운 곳곳 베른과 비슷한 요소가 많아 구시가지는 베른과 무척 닮아 있으며, 루체른과도 살짝 닮아 정겹 다. 툰 호수에서 흘러나온 아레 강이 남쪽 베른으로 흘러 여름에는 툰 에서 보트를 타고 베른까지 물놀이를 하는 경우도 있다. 툰 고성과 구 시가지는 살짝 서늘한 바람 부는 노을 진 저녁에 가는 것이 진짜 매력 넘친다.

★ 툰 & 툰 호수 관광청
Thun-Lake Thun Tourism

주소 Seestrasse 2, 3600 Thun
운영 월~금 09:00~17:30,
　　 토 09:00~14:00
　　 휴무 일요일, 공휴일
　　 (1~3월 초 비수기에는
　　 토요일에도 추가 휴무)
전화 +41 (0)33 225 9000
홈피 www.thunersee.ch

툰으로 이동하기
- 인터라켄 베스트에서 열차로 약 27분 소요
- 유람선은 약 2시간 10분 소요

✚ 오버호펜 Oberhofen

오버호펜은 오버호펜 고성으로 유명한 곳이다. 오버호펜 고성은 무려 13세기부터 내려오는 성으로 현재는 박물관과 레스토랑으로 일반인에게 개방되어 있다. 이 고성은 일명 살아 있는 박물관으로 불리며 기사들의 갑옷, 터키 스타일의 흡연실, 그리고 주방에 이르기까지 16~19세기의 베르너 오버란트 지역 거주민들의 문화를 생생하게 보여준다. 15세기 후반 벽화가 남아 있는 고성의 작은 예배당에서는 여전히 결혼식이 열린다. 공원에서 산책을 하거나 레스토랑에서 툰 호수를 바라보며 즐기는 한때는 정말 값질 것이다.

오버호펜으로 이동하기
- 인터라켄 베스트에서 버스 21번 탑승 약 45분 소요
- 유람선은 약 1시간 45분 소요

오버호펜 고성 Schloss Oberhofen
주소 Stiftung Schloss Oberhofen 3653 Oberhofen
운영 레스토랑 수~열 11:00~23:00
　　박물관 5월 초~10월 말 화~일 11:00~17:00
　　공원 4월 초~12월 중순 09:00~20:00 (시즌마다 변동 있음)
요금 박물관 입장료 성인 CHF 15, 어린이(만 6~16세) CHF 6
　　※ 스위스 패스 소지자 무료
전화 +41 (0)33 243 1235　　**홈피** www.schlossoberhofen.ch

✚ 슈피츠 Speiz

스위스 현지인들이 데이트를 한다면 꼭 들를 것 같은 로맨틱한 장소. 온화한 기후와 양지바른 지역 특성 때문에 이 지역 고소득자들이 거주한다. 무려 1천 년 전에 건축된 슈피츠 고성 주변으로 와이너리가 있고 호숫가에는 레저용 보트가 정박해 있다. 슈피츠는 교통이 좋아 여행의 시작지점으로 삼기 좋고 슈피츠 주변으로 산책로가 잘 마련되어 있어 가벼운 하이킹을 즐기거나 미식 여행 포인트로도 손색이 없다. 고성 소유 와이너리에서 생산된 와인은 고성 카페에서 즐길 수 있으며 고성 박물관과 교회도 둘러볼 수 있다.

슈피츠로 이동하기
- 인터라켄 베스트에서 열차로 약 15분 소요
- 유람선은 약 1시간 20분 소요

슈피츠 고성 Schloss Spiez
주소 Schlossstrasse 16, 3700 Spiez
운영 5~10월 월 14:00~17:00, 화~일 10:00~17:00
요금 박물관 성인 CHF 12, 어린이(만 6~16세) CHF 5
　　※ 스위스 패스 소지자 무료
전화 +41 (0)33 654 1506
홈피 www.schloss-spiez.ch

✚ 렝크 임 지멘탈 Lenk im Simmental <Writer's Pick!>

산들의 고향이라 불리는 베르너 오버란트 지역의 가장 끝자락에 위치. 해발 고도 1,068m인 렝크 임 지멘탈 (이하 렝크)은 웅장한 빌트슈트루벨 산(3,244m), 그로스슈트루벨 산(3,243m) 등 알프스 산들이 내려다보고 있는 짐멘 계곡Simmental에 터전을 잡고 있는 타운으로 행정구역상 베른 주에 속해 있다.

비교적 완만한 구릉지대로 둘러싸여 있어 농업, 낙농업이 가능하여 목가적인 풍경을 만들어내고 있으며, 알프스 산이 절묘한 조화를 이룬 전형적인 산악 마을의 이미지도 간직하고 있는 것이 특징이다. 또한 유황 온천이 샘솟아 옛날부터 전국 각지에서 사람들이 온천과 하이킹을 즐기러 찾았다고 한다.

여름철에는 하이킹, 겨울에는 스노보드, 스키, 스노슈잉 등의 액티비티로 유명하며, 럭셔리 휴양지이자 테마 열차인 골든패스 라인 구간인 츠바이짐멘Zweisimmen과는 10분 거리로, 다음 일정이 레만 호수 지역이라면 정말 편리하다.

© Lenk-Simmental Tourismus

렝크로 이동하기

- 툰에서 열차로 약 1시간 24분 소요
- 인터라켄 오스트에서 열차로 약 1시간 35분 소요

※ 모두 츠바이짐멘에서 1회 경유한다.

GPS 46.453014, 7.437008

베텔베르크 곤돌라 & 알파인 트레일 하이킹
Betelberg Gondola & Alpine Trail Hiking

렝크Lenk(1,068m) → 슈토스Stoss(1,634m) → [곤돌라 환승하지 않음] → 라이털리Leiterli(1,943m)

렝크에서 곤돌라를 타고 라이털리로 이동(약 13분 소요)하여 확 트인 산악 초원지대와 주변 산악 지형을 감상하는 '알파인 트레일'. 트레일을 따라 걷다 보면 기괴하고 마치 분화구 같은 형태를 지닌 그리든Gryden을 지나 고산지대의 뛰어난 경관을 자랑하는 보호 지역인 하슬러베르크Haslerberg까지 이르게 된다. 비교적 편평하고 관리가 잘 되어 있으며 계곡의 아름다운 전경을 그대로 만끽할 수 있다. 하이킹을 하다가 알프스 지역의 문화, 지형 등을 설명해 놓은 안내문이 이 지역 유명 조각가의 작품과 함께 전시되어 조각들을 보는 재미까지 쏠쏠하다.

※ 하이킹의 시작지점과 종료지점은 같다.
시작지점 라이털리 곤돌라 역/라이털리 산악 레스토랑
종료지점 라이털리 곤돌라 역/라이털리 산악 레스토랑

주소 Badstrasse 1, 3775 Lenk
운영 여름 시즌(6월 초~10월 말)
요금 성인 왕복 CHF 40, 아동 및 스위스 패스 소지자 CHF 20
※ 이 지역에서 숙박 시 게스트 카드 발급됨. 할인 또는 호텔에 따라 무료 혜택도 주어짐
전화 +41 (0)33 736 3030
홈피 www.lenk-bergbahnen.ch

짐멘 폭포 Simmenfälle

★★☆

짐멘 강의 원천인 폭포로 빌트슈트루벨과 로어바흐슈타인 산 사이에 있는 빙하가 녹아 여름이면 초당 2,800L의 물을 시원하게 쏟아낸다. 200m 높이의 폭포는 툰 호수까지 흘러 들어가며 바바라 다리Barbarabrücke에서 바라보는 폭포와 얼굴에 산산이 부서지는 작은 물 입자가 싱그럽기만 하다. 폭포 인근에 레스토랑과 호텔이 있어 점심을 들거나 음료를 즐길 수도 있다.

주소 Oberriedstrasse, 3775 Lenk
위치 렌크 역에서 도보 1시간
또는 Lenk, Tennisplatz에서
283번 버스 탑승하여 렝크,
짐멘 폭포Simmenfälle 정류장에서
하차, 약 18분 소요

렝커호프 구르메 스파 리조트 Lenkerhof Gourmet Spa Resort

5성급

를레 & 샤토Relais & Châteaux 계열 호텔로 자체 유황 온천이 있어 무려 350여 년 전 스파 호텔로 시작된 유서 깊은 5성 호텔이다. 오늘날 렝커호프의 7 소스 뷰티 & 스파 웰니스 시설은 약 2,000㎡에 이를 정도로 스위스에서 가장 넓은 웰니스 시설 중 하나로 손꼽히며 주변 경관을 감상하며 온천을 즐길 수 있는 것이 장점. 수준 높은 다이닝 서비스를 받을 수 있으며 허니문 숙소로도 손색이 없는 곳이다. 수준 높은 와인 셀렉션이 자랑이며, 소믈리에의 자문을 받을 수 있다.

※ 호텔 자체 레스토랑: 스페타콜로(프렌치), 오 드 비(지중해식), 빌베르크 마운틴
　레스토랑(스위스 로컬)

주소 Badstrasse 20, 3775 Lenk
전화 +41 (0)33 736 3636
홈피 www.lenkerhof.ch

✚ 아델보덴 Adelboden

1,350m 전통 알프스 산악마을로 체르마트나 그린델발트처럼 붐비는 여행지는 아니지만, 압도적인 자연 속에서의 프라이빗한 힐링과 액티비티를 즐길 수 있는 현지인들이 아끼는 휴양지이다. 베른 주에 속한다. 한국의 허니무너들은 인피니티 풀로 유명한 캄브리안 호텔에 매료되어 있으며, 알프스 허공을 가르는 그네나 췐텐알프의 자이언트 스윙에 있는 그네를 즐기며 인생샷을 건지러 찾아오기도 한다.

아델보덴으로 이동하기

아델보덴 지역은 생각보다 넓다. 가장 보편적인 교통 수단인 기차로는 닿지 않지만 프루티겐이나 칸더슈텍에서 버스가 운행되어 이동은 편리하다. 여행짐은 버스 짐칸에 실으면 되니 걱정 없다. 보통 주요 호텔은 아델보덴 포스트 지역에 있으므로 이곳으로 이동한다고 보면 된다.

- **인터라켄 오스트 → 아델보덴**(열차와 포스트버스로 약 1시간 30분 소요)

  인터라켄 오스트 → [기차] → 슈피츠Speiz[기차 환승] → 프루티겐Frutigen → [포스트버스로 환승] → 아델보덴 포스트Adelboden Post

- **칸더슈텍 → 아델보덴**(버스로 약 1시간 소요)

© Tourism Adelboden-Lenk-Kandersteg

★★☆

엥슈틀리겐알프Engstligenalp & 폭포

해발 2,000m에 펼쳐진 광활한 고원지대로, 스위스 자연 보호 구역. 특히 600m 높이에서 떨어지는 스위스에서 두 번째로 높은 폭포인 엥슈틀리겐 폭포로 유명하다. 케이블카를 타고 폭포 위로 올라가거나, 산책로를 통해 폭포 바로 아래까지 접근하여 웅장한 물소리와 물보라를 직접 체험할 수 있다.

© Tourism Adelboden-Lenk-Kandersteg

엥슈틀리겐알프 산악케이블카

주소 Engstligenstrasse 75, 3715 Adelboden

운영 여름 시즌 6월 중순~10월 중순, 겨울 시즌에도 운행됨

요금 왕복 성인 CHF 37, 아동 CHF 18.5
※ 스위스 패스 소지자 50% 할인

전화 +41 33 673 32 70

홈피 www.engstligenalp.ch

포겔리시베르크 VogellisiBerg

질러렌뷜Sillerenbühl과 하넨모스Hahnenmoos 지역을 아우르는 산악 여행지로 새들과 대화할 수 있고 약초의 치유력을 알았던 신비한 소녀, 포겔리시 이야기를 테마로 하여, 가족 단위 여행객과 액티비티 애호가들에게 최적화된 즐길 거리를 제공하는 '체험의 산'이다. 아이들과 포겔리시 탐험로를 통해 하이킹을 하도 좋고 하넨모스패스Hahnenmoospass까지 하이킹을 하다가 이곳에서 스쿠터(트로티바이크)를 타고 아델보덴까지 아드레날린 넘치는 체험을 할 수 있다.

Bergbahnen Adelboden-Lenk
(Sillerenbahn Talstation Oey)

주소 Bodenstrasse 2,
3715 Adelboden
위치 ❶ Adelboden, Oey 케이블카 역에서 환승하여 질러렌뷜까지 이동
❷ Adelboden, Oey 역까지는 마을 중심Dorf에서 도보 또는 케이블카 이용 가능
요금 **일일패스** 성인 CHF 58, 아동 및 스위스 패스 소지자 50% 할인
스쿠터 콤비티켓 성인 CHF 60, 스위스 패스 소지자 CHF 40
홈피 www.adelboden-lenk.ch

췐텐알프 Tschentenalp

아델보덴 마을 한가운데 솟아 있어 현지인들에게 "아델보덴의 지붕" 또는 뒷산이라 불리는 친근하고 접근성 좋은 산악 여행지. 마을 중심가에서 케이블카로 5분이면 1350m까지 오를 수 있고, 알프스 허공을 가르는 듯한 거대한 그네가 설치 되어 있다. 특별한 기술 없이 앉아만 있어도 웅장한 설산을 배경으로 환상적인 사진을 남길 수 있어, 젊은 여행객들에게 필수 코스로 꼽힌다.

TschentenAlp 케이블카 역

주소 Bellevuegässli 4,
3715 Adelboden
운영 연중무휴(점검기간은 비운행)
요금 일일패스 사용 권장
홈피 www.tschentenalp.ch

✚ 칸더슈텍 Kandersteg

지난 수년간 소셜미디어를 통해 알음알음 알려진 곳으로 웅장한 블륌리스알프Blümlisalp 단층 지대의 경관이 매우 인상적인 곳이다. 주민이 1,000명 정도로 소박하고 매우 평화로운 여행지이며 산정상에 있는 외슈넨 호수Öschinensee와 송어가 노니는 블라우 호수Blausee가 주요 하이라이트이다. 칸더슈텍에서 온천으로 유명한 로이커바드까지 하이킹 코스가 유명하며 칸더슈텍은 4성, 3성급 호텔뿐만 아니라 아파트먼트도 있어 투숙하기에도 좋다. 다음 여정이 만약 브리그, 체르마트 등 발레주라면 교통 요지인 칸더슈텍에서 하루 머물렀다가 여정을 이어나가도 좋다.

칸더슈텍으로 이동하기
- 슈피츠Speiz에서 열차로 약 30분 소요
- 브리그Brig에서 열차로 약 40분 소요

★★☆

GPS 46.532498, 7.664758

블라우 호수 Blausee

신비하리만큼 매력적인 블라우 호수는 이름 그대로 푸른 색감 그대로이다. 호수 바닥에는 세월을 이기지 못한 오래된 나무들이 자연스레 바닥에 깔려 있고 그 속을 자유자재로 송어들이 헤엄쳐 지나간다. 블라우 호수 바로 앞에 호텔, 레스토랑이 있어 송어 양식장에서 자란 송어로 요리한 음식을 맛볼 수 있다.

주소 3717 Blausee, Kandersteg
위치 칸더슈텍 기차역에서 230번 버스 탑승,
      Blausee BE에서 하차 약 10분 소요
요금 **주중** 성인 CHF 8, 어린이 CHF 5
      주말 및 공휴일 성인 CHF 10, 어린이 CHF 6

★★★

외슈넨 호수 Öschinensee

칸더슈텍에서 곤돌라를 타고 올라가 약 30분을 걸어가면 만날 수 있는 인공 호수로 해발 1,578m에 자리하고 있다. 1~3월까지 송어를 잡기 위한 얼음 낚시터로 유명하며 봄부터 가을까지는 하이킹을 즐기러 온 가족들에게 인기만점 여행지이다. 2007년부터 융프라우-알레취-비취호른 유네스코 세계자연유산에 속하게 되었다. 정상에 산악 호텔 Berghotel과 레스토랑들이 있어 이용하기 편리하다. 호수에서 요트를 탈 수 있고 사진 촬영 스폿으로 유명하다.

주소 Oeschistrasse 50, Kandersteg
위치 칸더슈텍 기차역에서 외슈넨 케이블카 역까지 도보로 15분 또는 버스 241·242번 탑승하여 이동 가능하다. 케이블카 역에서 케이블카 탑승하여 정상으로 이동한 후 도보 약 30분 또는 전기버스 이용
운영 **여름 시즌** 5월 중순~10월 말
겨울 시즌 12월 중순~3월 말(매년 변동)
요금 **왕복** 성인 CHF 36, 어린이 CHF 18
최성수기 성인 CHF 40, 어린이 CHF 22.5
※ 스위스 패스 소지자 가격 어린이 가격과 동일
전화 +41 (0)33 675 1118
홈피 www.oeschinensee.ch

케이블카 정상 키오스크에서 외슈넨 호수까지 운행
※ 전기 택시(편도 CHF 10, 12세까지 CHF 8)

more & more 외슈넨 호숫가 레스토랑

베르크호텔 외쉬넨제 Berghotel Oeschinensee
호수 바로 앞에 위치한 가장 큰 메인 레스토랑으로 맛집으로 유명해 사람이 몰린다.

베르크하우스 아르바 Berghaus Arva
아늑하고 조용한 분위기의 샬레 스타일 숙소 겸 레스토랑. 퐁뒤나 간단한 플래터를 맛보기 좋다.

추어 젠휘테 Restaurant Zur Sennhütte
여름 시즌에만 문을 여는 소박한 산장 분위기의 레스토랑으로 음료와 함께 플래터를 즐기기 좋다.

※ 호숫가 외에 케이블카 정상역에 위치한 레스토랑 베르크슈틸블리 Restaurant Bergstübli 에서도 간단한 식사 가능

© Berghotel Oeschinensee

아르Aar 강 상류 계곡인 하슬리탈Haslital의 종착역 한덱Handegg과 겔머 호수Gelmersee의 가장 높은 역을 이어주는 푸니쿨라로 루체른 지역의 슈토스Stoos가 새로운 푸니쿨라를 개장하기 전까지는 세계에서 가장 가파른 곳을 운행하는 푸니쿨라였다고 한다. 1926년 겔머 저수지를 수력 발전을 위해 건설하고 난 후 2001년까지 일반인에게 개방하지 않다가 개방을 한 후 관광지가 되었다.

소셜미디어 채널을 통해 공개된 겔머반 체험은 마치 놀이공원의 롤러코스터처럼 빠른 속도인 듯 보이는 동영상이 많이 올라오는데 대부분이 타임랩스 기능을 이용해 화면을 빨리 돌린 것으로, 실제로는 초당 2m 속도 정도로 그다지 빠르지 않다. 정상까지 10분 정도 소요되며, 여름 성수기에는 홈페이지를 통해 티켓을 구매, 예약하지 않으면 원하는 시간대에 탑승하기 힘들다. **홈페이지에서 티켓 구입 및 시간 예약을 사전에 반드시 하도록 하자.** 정상에 오르면 겔머 호수와 주변 경관이 기다리며, 한덱까지 1시간 50분 동안 하이킹으로 하산할 수도 있다.

주소 Grimselstrasse, 3864 Guttannen, Haslital
위치 인터라켄 동역에서 출발한다면 열차로 마이링엔Meiringen을 경유하여 이너키르헨 그림젤토르Innerkirchen Grimseltor까지 이동 후 171번 포스트버스로 환승하여 Handegg, Gelmerbahn에서 하차. 겔머반 출발역까지는 도보 5분 소요
운영 2026.6.6~10.25 (매년 6월 초~10월 말)
요금 **왕복** 성인 CHF 40, 어린이(만 6~15세) CHF 20
※ 스위스 패스 소지자 50% 할인
전화 +41 (0)33 982 2626   **홈피** www.grimselwelt.ch/en/

근처 볼거리

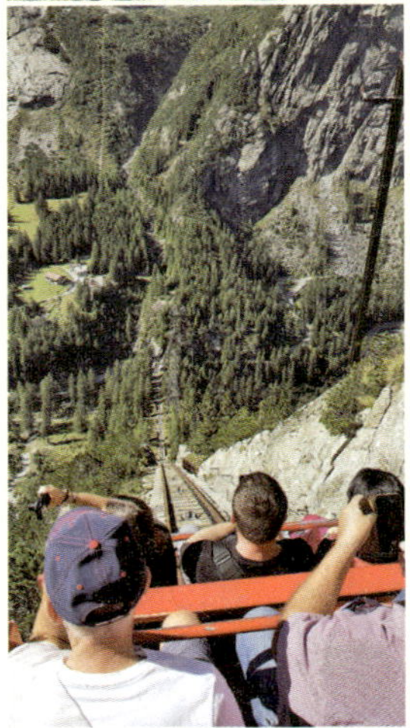

- **한덱 출렁다리**Handegg Suspension Bridge 버스 정류장인 Handegg, Gelmerbahn에 위치한 한덱 호텔Handeck Hotel과 겔머반 역을 이어준다.

- **아레슐르흐트**Aareschlucht 겔머반으로 향하는 도중 발견할 수 있는 아레 계곡에 위치한 동굴. 홈페이지 참조(www.aareschlucht.ch).

VALAIS

발레 주 체르마트와 주변 지역

만년설의 알프스 산, 청정 산악 마을,
빨간 제라늄이 예쁜 밤색 전통 가옥 샬레들.
나는 발레 지역을 속속들이 다녀와야
진짜 스위스 여행을 한 것 같다.
알프스의 험준한 산악지형 속에서
아름답고 개성 넘치는 문화를 만들어낸
발레 주의 매력은 스위스 도심 지역에서
느낄 수 있는 것과는 좀 다르다.
그리고 소싸움이 벌어지는 작은 시골 마을에서
만나는 수준 높은 미술 컬렉션, 전통을 지키되
럭셔리한 현대적인 모습의 산속 마을들은
발레 주의 또 다른 반전 매력이다.

06 ZERMATT

마테호른과 청정 산악 마을 **체르마트**

스위스 지역 중 오직 단 한 곳만 여행할 수 있다면, 어떤 계절이든 체르마트를 선택할 것 같다. 여름, 가을이면 예쁜 알프스 꽃들과 짙은 녹음으로, 겨울이면 눈을 무기로 매력을 발산하는 체르마트와 신비함을 가득 품은 알프스의 명봉 마테호른 산만으로도 그 이유는 충분히 설명되겠지만, 사실 꼭 그것만은 아니다. 청정자연을 지키기 위해 차량 진입을 철저히 금지시키고, 전통 목조 가옥 그대로를 보존해 나가는 체르마트 사람들의 자연과 사람에 대한 진정성 때문이다. 그 진정성은 체르마트 여행자들의 시선과 두 발이 머무는 곳 어디에서나 느낄 수 있고 공감할 수 있다. 이는 동화 속 마을의 한 장면 같은 체르마트의 독특한 매력을 자아내기도 한다. 이와 함께 마테호른 산을 정복하기 위해 수많은 도전과 희생을 해온 산악인들의 정신과 그 산을 즐길 줄 아는 여행자들의 행복이 있어 체르마트의 오늘은 더욱 아름답다.

👍 추천 여행 일정

1 | Only 체르마트

체르마트 + 산악열차나 케이블카를 타고 전망대 + 내려오는 길 하이킹

2 | 체르마트와 주변 지역

❶ 체르마트 하이킹 + 로이커바드 스파
❷ 체르마트 + 레만 호수 지역(몽트뢰, 라보)
❸ 체르마트 + 베트머알프(혹은 리더알프 하이킹)
❹ 체르마트 하이킹 + 시옹(혹은 시에르 와인 투어)

ℹ️ 인포메이션 센터

주소 Bahnhofplatz 5, 3920 Zermatt
위치 체르마트 기차역에서 나오자마자 역을 뒤로하고 우측에 위치(이 외 테쉬Täsch와 란다Randa에도 인포메이션 센터 위치함)
운영 08:00~18:00
※ 공휴일과 시즌에 따라 변동 있음
전화 +41 (0)27 966 8100
홈피 www.zermatt.swiss/en

여행정보
도시명 체르마트
주 발레
인구 약 5,786명
주요 언어 독일어, 프랑스어
고도 1,605m
키워드 체르마트, 마테호른 산, 빙하,
고르너그라트, 수네가 파라다이스,
마테호른 글레이셔 파라다이스,
하이킹, 스키 & 스노보드 등

Janice Advice
새벽과 아침, 그리고 해 질 녘, 하늘과 빛, 날씨의 변화에 따른 마테호른의 카멜레온 같은 매력을 느껴보자. 그리고 나의 위치 변화에 따른 차이를 느끼면서 마을, 전망대, 호수에 비친 마테호른 산의 각기 다른 매력에 빠져보자.

Jay Advice
부모님과 함께하는 여행이라면 괴테도 즐겼다던 로이커바드 스파를 즐기고 돌아와 하이킹을 해보자. 그 후 마테호른 자락의 자그마한 산장에서 치즈를 녹인 음식과 화이트와인을 홀짝거리며, 평소 표현하지 못했던 치즈 맛과 같은 고소하고 끈적한 마음을 전해보면 어떨까?

✚ 체르마트 들어가기 & 나오기

1. 항공·열차로 이동하기

국제공항이 있는 취리히나 제네바 혹은 스위스 각지에서 열차로 체르마트로 이동하기 위해서는 브리그 Brig 와 비스프 Visp 에서 마테호른 고타드 반 Matterhorn Gottard Bahn 열차를 갈아타야 한다. 베른 주 프루티겐 Frutigen 에서 발레 주 라론 Raron 까지는 뢰취베르그 Lötschberg 지하 터널이 있어 베른에서 2시간이면 체르마트에 닿는다.

★ **주요 도시 → 체르마트 열차 이동시간**(포스트버스 포함)
- **취리히** 약 3시간 10분
- **루체른** 약 3시간 20분
- **인터라켄 동역** 약 2시간 20분
- **제네바** 약 3시간 55분
- **쿠어** 약 5시간 5분
- **루가노** 약 5시간 30분~6시간

2. 차량으로 이동하기

체르마트는 휘발유 차량의 운행이 금지된 카프리 Car-free 리조트로 먼저 5km 정도 떨어진 테쉬 Täsch 에 주차한 뒤 셔틀열차를 타고 체르마트까지 이동해야 한다(12분 소요). 셔틀열차는 오전 5시 55분부터 오후 9시 55분까지 20분 간격으로 운행되며, 목~일요일에는 새벽에 매시간 출발하는 열차가 있어 편리하다.

★ **주요 도시 → 테쉬 차량 이동시간**
- **취리히** 약 3시간 35분
- **루체른** 약 3시간 5분
- **인터라켄 동역** 약 2시간 15분
- **제네바** 약 2시간 50분
- **쿠어** 약 4시간 20분
- **루가노** 약 3시간 20분

★ **테쉬 터미널** Matterhorn Terminal Täsch

테쉬 주차시설로 실내에는 2,100대, 실외에는 900여 대가 주차 가능하다.

주소 3929 Täsch　　**운영** 24시간, 연중무휴
요금 2시간 CHF 5, 4시간 CHF 9, 8시간 CHF 15, 1일 CHF 17, 2일 CHF 25
전화 +41 (0)27 967 1214　　**홈피** www.matterhornterminal.ch

★ **셔틀열차 요금**(테쉬-체르마트)
성인 왕복 CHF 17.2,
어린이(6~16세) 및 스위스 하프페어 카드 소지자 50% 할인,
6세 미만 및 스위스 패스 소지자 무료

✚ 체르마트 시내에서 이동하기

청정 지역 리조트 마을 체르마트 시내에서는 오직 전기자동차만 상업
적 용도에 한해 혀용된다. 체르마트를 찾는 관광객과 거주민들은 자전
거를 이용하거나 주로 도보로 이동한다. 3성급 이상의 대부분 호텔에
서는 호텔 서비스카가 운영되므로 여행자들은 기차역에 도착 전, 호텔
에 전화해 서비스를 요청하기를 권한다.

체르마트 기차역 앞

1. 전기 택시로 이동하기
- Taxi Bolero Zermatt　　전화　+41 (0)27 967 6060
- Taxi Christophe GmbH　전화　+41 (0)27 967 2323
- Schaller　　　　　　　　전화　+41 (0)27 967 1212

2. 전기 버스로 이동하기
고르너그라트, 수네가–로트호른, 마테호른 글레이셔 파라다이스 등산
열차 및 케이블카 티켓 소지자, 스위스 트래블 패스 소지자는 베르그바
넨 노선Bergbahnen(녹색) 및 빈켈마텐 노선Winkelmatten(빨간색)을 무료로
이용할 수 있다.

★ 베르그바넨 노선 ———
마테호른 글레이셔 파라다이스나
수네가로 이동 시 이용 추천

★ 빈켈마텐 노선 ———
수네가 및 빈켈마텔 이동 시
이용 추천

체르마트

N

체르마트 기차역
Zermatt Bahnhof

인포메이션 센터

고르너그라트 등산철도역
Gornergrat Bahn

알렉스 호텔
Alex Alphine Hotel

쿱
Coop Supermarkt

반호프 거리
Bahnhofstrasse

더비 호텔
Hotel Derby

르 쁘띠 로열
Le Petit Royal

수네가/로트호른
푸니쿨라 승강장
Zermatt ZBAG-zsb

바야드 메츠거라이 부르스터라이
Bayard Metzgerei Wursterei

미그로 슈퍼마켓
Migros

비스트로 푹스
Bistro Fuchs

알핀 센터
Alpin Center

힌터도르프
Hinterdorf

체르보 아프레 스키바
Cervo Aprés Ski

크레프리 슈테파니
Crêperie Stefanie

그람피스
Grampi's

유니크 호텔 포스트
Unique Hotel Post

옴니아
The Omnia

헥센 바
Hexen Bar

브로큰

윔퍼 슈투베
Whymper-stube

엘시스 바
Elsie's Wine & Champagne Bar

마테호른 박물관
Matterhorn Museum

산악인들의 묘지
Bergsteiger Fridhof

성 마우리티우스 성당
Pfarrkirche St. Mauritius

라 쿠론
Hotel la Couronne

쉐 브로니
Chez Vrony
(5.8km)

파페룰라 펍
Papperla Pub

호텔 율렌
Hotel Julen

쉬파슈투베

Bodmenstrasse
Seilerwiesenstrasse
Obere Mattenstrasse
Getwingstrasse
Uferweg
Schälpmattgasse
Bachstrasse
Oberdorfstrasse
Mattervispa
Luchernstrasse
Wiestibodenweg
Staldenstrasse

3100 쿨름 호텔
3100 Kulmhotel Gornergrat
(10.5km)

체르마트 유스호스텔
Zermatt Youth Hostel

바 55
Bar 55

마테호른 글레이셔 파라다이스
곤돌라 승강장
Zermatt ZBAG-lz

* km 표시는 체르마트 기차역 기준

★★★
반호프 거리 Bahnhofstrasse

반호프 거리를 중심으로 체르마트의 주요 레스토랑, 카페, 쇼핑 숍들이 모두 모여 있다고 해도 과언이 아니다. 그래서 여행자들은 다른 곳보다 특히 반호프 거리에서 많은 시간을 보내게 된다(그만큼 체르마트가 작다는 뜻이기도!).

체르마트 시내에서는 관광 마차 이용도 가능하다.

★★☆
성 마우리티우스 성당 Pfarrkirche St. Mauritius

'마우리티우스'는 라틴어로 수호성인의 이름을 상징한다. 예배당 근처에는 마테호른 산을 오르다 세상을 떠난 산악인들의 묘지 Bergsteiger Fridhof가 함께 있다. 성 페터 St. Peter 교회 및 영국인 교회, 성 마우리티우스 성당의 공동묘지이다. 동시어 체르마트의 핫한 레스토랑과 클럽 등도 성당 근처에 밀집되어 있다.

주소 Kirchplatz, 3920 Zermatt
위치 기차역에서 Bahnhofst.를 따라 도보 10분
전화 +41 (0)27 967 2314
홈피 pfarrei.zermatt.net/kirche

Tip | 마테호른 뷰포인트

성당 바로 앞 다리 위에서 마테호른을 바라보자. 체르마트에서 마테호른을 가장 예쁘게 볼 수 있는 전망지점이다.

힌터도르프 Hinterdorf

★☆☆

체르마트의 옛 모습을 간직하고 있는 골목으로 발레 주의 전통적인 가옥 형식을 볼 수 있다. 쥐가 오르면 떨어지라고 땅과 건물 사이에 돌을 끼워 놓은 것이 재미있다. 현재 이곳의 일부는 내부를 개조하여 스튜디오나 작은 바로 이용되기도 한다.

주소 Hinterdorf, 3920 Zermatt
위치 체르마트 기차역에서 성 마우리티우스 성당 쪽 Bahnhofst. 방면으로 걷다가 체르마트 알핀 센터가 나오면 맞은편 좌측 골목 쪽에 위치

마테호른 박물관 Matterhorn Museum

★★☆

마테호른 박물관은 성 마우리티우스 성당 근처에 위치해 있다. 박물관은 유리로 된 돔 형태로 이루어져 있으며 지하로 들어가게 된다. 체르마트를 알파인 역사에 등재시킨 마테호른 최초의 등정가들의 기록과 마테호른 지역의 지질 및 식물 정보를 전시해놓고 있다.

주소 Kirchplatz, 3920 Zermatt
위치 기차역에서 Bahnhofst.를 따라 10분 정도 걸으면 바로 보인다.
운영 매일 15:00~18:00 **휴무** 11월 초~중순
요금 성인 CHF 12, 학생 및 시니어(64세 이상) CHF 10, 10~16세 CHF 7, 부모와 동반한 9세 이하 어린이 및 스위스 패스 소지자 무료
전화 +41 (0)27 967 4100　　　**홈피** www.zermatt.swiss/en

---

more & more　**마테호른을 사랑한 두 남자**

마테호른을 처음 정복한 에드워드 윔퍼

Edward Wymper

영국의 삽화가 출신이었던 에드워드 윔퍼(1840~1911)는 1865년 마테호른 등반에 성공했다. 그러나 첫 등반의 기쁨은 잠시 하산 중 자일이 끊어져 4명의 동료를 잃게 된다. 이는 마테호른이 전 세계에 알려지는 계기가 되었다.

마테호른을 가장 많이 오른 율리히 인더비넨

Ulrich Inderbinen

힌터도르프 작은 분수가 있는 곳에 율리히 인더비넨(1900~2004)의 기념비를 만날 수 있다. 체르마트 출신인 그는 마테호른을 370번이나 등반한 기록을 가진 유명 산악 가이드였다.

체르마트 언플러그드
Zermatt-unplugged

2007년 처음 열린 이후, 매년 체르마트의 봄을 확실히 깨워주는 힙한 축제이다. 축제 기간 동안 체르마트의 시내, 주요 산 전망대에서 유명 뮤지션들의 모여 약 80개의 콘서트를 진행한다.

운영 매년 4월 초 화~토　　**홈피** zermatt-unplugged.ch

체르마트 뮤직
페스티벌 & 아카데미
Zermatt Music Festival & Academy

2005년부터 시작된 국제적인 음악 축제로 베를린 필하모닉 단원들을 초청해 클래식 음악제를 개최한다. 9월 초부터 거의 한 달간 리펠알프 예배당을 비롯해 체르마트의 주요 전망대와 시내 곳곳에서 축제 행사가 열린다.

운영 매년 9월 초~중순
홈피 www.zermattfestival.com

스위스 민속 축제
Swiss Folklore Festival

체르마트의 여름을 맞는 가장 큰 민속 축제로 퍼레이드 기간에 맞춰 방문해보자. 1969년 첫 시작 이래 매년 개최되었다가 코로나로 2년을 쉬고 다시 시작되었다. 전통의상을 입고 요들, 스위스 민속음악, 깃발 흔들기, 알프호른, 카우벨 등을 즐기는 스위스 현지인들과 함께 흥겨움을 느껴볼 수 있다.

운영 매년 8월 중순 토·일　　**홈피** www.zermatt.swiss/en

목동 축제 Shepherd Festival

우리나라에 황소가 있다면 스위스 발레 지역에는 검은 코를 가진 예쁜 털북숭이 블랙노즈 양Blacknose Sheep이 있다. 발레 지역 전통 양들을 모두 모아 매년 9월 초에 뷰티 콘테스트를 개최한다. 이때 최고의 목동도 선발한다. 체르마트 지역 슈바이그마텐Schweigmatten과 푸리Furi에서 진행된다.

운영 매년 9월 초　　**홈피** www.zermatt.swiss/en

Writer's Pick

쉬파슈투베 Restaurant Schäferstube

호텔 율렌(Hotel Julen)에 위치한 스위스 전통 느낌 물씬 풍기는 양고기 레스토랑. 세상에서 가장 맛있는 양고기와 정말 맛있는 라클렛, 퐁뒤를 맛볼 수 있는 곳이다. 귀여운 양을 먹는다는 게 조금 슬프지만, 그 생각을 곧 싹 잊게 해줄 만한 맛이다. 크지 않은 곳인데 인기가 많아 예약 필수. 저녁 시간에만 운영하는 분위기 최고 맛집이다.

주소 Bahnhofstrasse 22, 3920 Zermatt
위치 기차역에서 3분 거리
운영 18:00~22:00
요금 메인 CHF 35~50, 치즈 퐁뒤 CHF 35, 샐러드 CHF 12~17
전화 +41 (0)27 966 7600
홈피 www.julen.ch

작가 추천 & AI 검증

1. 캐주얼 & 가성비 Casual & Budget

그람피스 Grampi's

맛있는 피자와 파스타를 판매. 반호프슈타라세에 위치하며 새벽까지 문을 열어 늦은 밤 부담 없이 식사를 즐길 수 있는 곳.

비스트로 푹스 Bistro Fuchs

맛있는 베이커리류의 식사를 원할 때 브런치로 추천한다.

2. 합리적인 로컬 Affordable Local

윔퍼 슈투베 Whymper-stube

체르마트에서 가장 품질 좋은 치즈 퐁뒤와 라클렛을 먹고 싶다면 추천.

쉐 브로니 Chez Vrony

100년 넘은 농가 레스토랑 쉐브로니는 핀들른(Findeln) 지역에 위치. 직접 재배한 유기농 로컬 재료로 발레 주의 시골요리를 선보이는 솜씨 좋은 레스토랑.

3. 미식 & 고품격 다이닝 High-end Luxury

핀들러호프 Findlerhof

모던 알파인 미식 레스토랑, 코스 요리와 와인 페어링을 제공한다.

옴니아 The Omnia Restaurant

호텔 The Omnia 내 미식 레스토랑, 세련된 프렌치 · 월드 퀴진과 고급 서비스.

Tip | 체르마트의 길거리 음식들

가벼운 식사를 원한다면, 물가가 높은 체르마트에서 길거리 푸드나 카페 베이커리를 이용해보는 것도 좋다. 아래는 가볍게 끼니를 해결하기 좋은 곳으로, 모두 반호프 거리, 혹은 거기서 크게 벗어나지 않는 곳에 위치한다.

❶ Le Petit Royal
CHF 5.5~10 맛있는 커피와 케익류
❷ Bayard Metzgerei Wursterei
CHF 7 그릴 소시지와 빵
❸ Crêperie Stefanie
CHF 6~10 크레이프

체르마트의 나이트라이프

- **체르보 아프레 스키바** Cervo Aprés Ski

  평소 춤을 절대 추지 않는데, 겨울 이곳을 방문할 때마다 나도 모르게 춤을 추고 있다. 그만큼 마테호른 전망과 함께 여행자와 로컬이 어우러지는 체르보 특유의 세련된 아프레스키 분위기를 경험할 수 있는 곳. 스키를 타면서도 슬로프에서부터 바로 스키 인이 가능한 테라스 바에서 라이브 공연과 DJ 세트, 시그니처 드링크를 즐기며 하루를 마무리할 수 있다.

주소 Riedweg 156, Postfach 388, CH-3920 Zermatt
위치 체르마트의 수네가 하부 정류장 언덕에 위치하므로, 역으로 들어와서 'Riedweg' 방향 엘베를 타고 쉽게 올라갈 수 있음. 겨울 스키 탈 땐, Sunnegga-Rothorn 슬로프 끝자락에 위치 스키 타고 스키인/아웃 가능
운영 겨울 시즌 월~일 15:00~18:00, 그 외 시즌 매일 Bazaar 칵테일바 이용 가능
전화 +41 (0)27 968 1212
홈피 cervo.swiss/en

작가 추천 & AI 검증

- **브로큰** Broken Bar Disco

  유니크 호텔 포스트 내에 위치한 유명 클럽. 동굴 같은 느낌의 모던 인테리어가 인상적이다. 디스코 및 라이브 뮤직과 춤추는 분위기.

- **파페롤라 펍** Papperla Pub

  아프레스키로 잘 알려진 펍으로 호텔 아스토리아^{Astoria} 내에 위치. 매일 밤 10시 라이브 뮤직.

- **헥센 바** Hexen Bar

  독일어로 마법, 마술이라는 뜻의 할로윈 콘셉트 바. 위스키, 맥주를 즐길 수 있으며 그람피스에서 함께 운영한다.

- **엘시스 바** Elsie's Wine & Champagne Bar

  1870년대 전통 있는 건물에 위치. 이곳의 시그니처는 샴페인과 굴이다.

- **바 55** Bar 55

  편안한 분위기에서 맥주 한 잔하고 싶으면 이곳. 피아어플라이^{Firefly} 호텔 안에 있다.

Tip │ **아프레 스키** Apré-Ski

스위스에는 스키 후 파티 문화가 있다. '아프레'는 'After', '이후'라는 뜻이다. 스위스 전통 가옥인 샬레 스타일의 산장 레스토랑이나 펍에서 이루어지며, 스키, 스노보드 후 맥주나 와인을 마시며 피로를 푼다. 젊은이들의 문화로 파티 분위기가 난다.

Tip │ **체르마트에서 쇼핑하기**

❶ 슈퍼마켓 Coop과 친해지자

에너지가 크게 소모되는 체험이 많아 금방 허기가 진다. 쿱^{Coop}에서 요거트, 과일 등의 비상식량을 준비하자. 아파트형 숙소에 머무는 경우 요리가 가능하므로 여행 시 방문 1순위 매장이다.

주소 Haus Viktoria, 3920 Zermatt
위치 체르마트 기차역 근처
운영 08:00~20:00
전화 +41 (0)27 966 2830

❷ 선물용 나이프에 이름을 새기자

스위스 선물로 빅토리녹스의 휴대용 나이프를 선택해보자. 특히 남성들이 매우 좋아한다. 약간의 금액을 더 지불하면 기념품 가게에서 이름을 새겨준다. 미리 선물할 사람의 영문명이나 이니셜을 확인하자.

❸ 시즌오프 상품을 노려라

스포츠의 메카답게 최신 트렌드의 스포츠웨어나 스포츠 용품 전문 숍이 많다. 열심히 관심 있는 아이템을 구경해두고, 직접 쇼핑할 땐 시즌오프 상품 위주로 구입하자.

체르마트의 숙소

체르마트는 숙박비가 비싼 것으로 유명한데, 겨울이 시즌인만큼 한국인들이 많이 찾는 여름 시즌엔 오히려 가격이 조금 더 괜찮다. 잘 찾아보면 여행자의 예산, 시즌, 일수에 따라 다양한 가격을 제시하는 적합한 호텔을 발견할 수 있으니 걱정은 금물! 샬레 스타일의 CHF 150 전후의 3성급 호텔이 가성비가 괜찮은 편. 호텔 규모와 상관없이 많은 호텔 방에서 마테호른을 감상할 수 있으니 예약 시 확인하자. 여름과 겨울 시즌 전후로 문을 닫는 호텔도 있으니 유의하자. 특이한 호텔 경험도 가능하다. 겨울에만 만들어지는 이글루호텔과 해발 3,000m에 위치한 마운틴 호텔들은 스위스 알프스에서만 할 수 있는 경험이다.

Writer's Pick

- **옴니아** The Omnia │5성급│
  시내보다 높은 바위 위에 자연과 어우러진 명실상부 고급 샬레 스타일 호텔.
- **알렉스 호텔** Resort Hotel Alex Zermatt │4성급│
  기차역하고 멀지 않은 위치. 알파인 스타일 객실과 스위스 전통적인 아늑함이 특징이다.
- **라 쿠론** Hotel La couronne │3성급│
  체르마트에서 마테호른을 가장 잘 담을 수 있는 다리 앞에 위치한 라쿠론. 마테호른 뷰 객실에서 숙박하기를 추천한다.
- **3100 쿨름 호텔** 3100 Kulmhotel Gornergrat │이색 호텔│
  고르너그라트 전망대에 위치해, 투숙객은 저녁과 이른 아침의 마테호른 전망을 즐기며 색다른 경험을 할 수 있다. 고도에 약한 여행자들은 체르마트로!
- **체르마트 유스호스텔** Zermatt Youth Hostel │호스텔│
  깔끔하고 모던한 느낌. 1인 CHF 43 정도, 기차역에서 도보로 15분.

more & more 겨울 이색 호텔

이글루 호텔

눈으로 만든 이글루 호텔. 대형 풍선으로 전체 모양을 잡고 2,700시간을 들여 눈 벽돌 하나하나를 쌓아 만든다. 체르마트에 큰 짐을 놓고 백팩으로 하루 정도ㅈ 머무르는 것을 권장한다. 추위에 강하다면 하룻밤의 기억이 평생의 추억이 될 것이다. 개인적으로 신혼부부들에게 추천한다. 춥기 때문에 꼭 붙어 있어야 하고, 샤워시설이 없어서 서로의 민낯을 제대로 볼 수 있는 기회(?)도 된다. 야외 자쿠지가 있어 마테호른 산의 정기와 달빛을 받으며 프로세코 샴페인 한 잔을 마시고 노곤노곤하게 몸을 담글 수 있다.

위치 고르너그라트 기차역 로텐보덴 근처 위치
운영 12월 말~4월 중순(날씨에 따라 다름)

마테호른 지역 산악열차와 케이블카

체르마트 지역에서 해발 4,478m의 마테호른 정상까지 가는 길은 두 발 외에는 방법이 없다. 또한 마테호른은 산에 대한 전문지식과 등반기술 없이 쉽사리 오를 수 있는 곳이 아니다. 그렇다고 실망할 필요는 없다. 일반 여행자들이 마테호른을 즐길 수 있는 다양한 방법이 존재하기 때문이다. 그중 가장 대표적이고 편리한 방법은 산악열차와 케이블카를 이용해 전망대에 오르는 것. 주변의 빙하와 험준하지만 황홀하기까지 한 아름다운 절경들을 감상하며 마테호른을 여러 각도에서 경험할 수 있다. 여기서는 주요 세 가지 루트를 소개한다.

마테호른의 모습을 가장 잘 감상할 수 있는
고르너그라트 전망대 Gornergrat

무려 1898년부터 운행되고 있는 고르너그라트 열차는 스위스 최초의 톱니바퀴식 전동열차이다. 체르마트에서 33분이면 해발 3,089m의 고르너그라트 전망대에 오를 수 있다. 마테호른의 동쪽 벽을 실감나게 바라볼 수 있으며 해발 4,634m인 스위스 최고봉 몬테로사Monte Rosa를 비롯하여 29개의 알프스 4,000m급 명봉과 고르너 빙하가 파노라마 그림처럼 눈앞에 펼쳐진다. 전망대에는 3100 쿨름 호텔과 파노라마 전망 감상이 가능한 VIS-À-VIS, 셀프서비스 레스토랑, 기념품 숍 등이 위치해 있다. 체르마트의 명물, 검은 코 양을 만날 수 있는 프로그램도 운영한다.

Tip | 고르너그라트 행 기차역 및 가격 정보

주소 Bahnhof Zermatt 1, 3920 Zermatt

위치 체르마트 기차역을 등지고 왼편으로 조금만 걸어가면 산악열차 매표소가 있다.

운영 거의 연중 운행하나 시즌 및 날씨별로 운행 시간이 다름

요금 성인(편도/왕복)
11~4월 CHF 48/96,
5~10월 CHF 66/132
※ 스위스 패스 및 각종 할인카드 50% 할인 적용

전화 +41 (0)84 864 2442

홈피 고르너그라트 산악열차
www.gornergratbahn.ch

1. 고르너그라트 열차 노선

체르마트 → 핀딜바흐 → 리펠알프 → 리펠베르그 → 로텐보덴 → 고르너그라트

2. 고르너그라트 하이라이트

로텐보덴Rotenboden에서 리펠베르그Riffelberg까지의 이지 하이킹

로텐보덴에서 하차해, 500m 정도만 걸어 내려가면 인스타그램에서 많이 회자되는 리펠 호수Rifeelsee가 나온다. 마테호른이 투영된 리펠 호수의 모습은 정말 그림같다.

리펠하우스 1853Riffelhaus 1853

리펠베르그 역이 위치한 리펠하우스 1853은 겉에서는 단순한 빌딩 같지만, 그 내부는 상상 이상이다. 고르너그라트 열차가 있기 전부터 산악인들을 위해 존재해 온 호텔로, 겨울 시즌에는 호텔에서 스키를 바로 타고 나갔다가 바로 타고 들어올 수 있는 스키 인–아웃in-out의 여정이 가능하다. 스키 후에는 야외 스파를 즐길 수 있다. 하이킹 후, 열차를 기다리며 커피 한잔의 여유를 즐기기에도 제격이다.

© riffelhaus

마테호른을 가장 가까이에서 느낄 수 있는
마테호른 글레이셔 파라다이스 Matterhorn Glacier Paradise

해발 3,818m 높이에 위치한 유럽에서 가장 높은 케이블카 역이다. 전문 산악인들만 등정이 가능한 해발 4,164m의 브라이트호른Breithorn을 오르기 위한 출발지점이 되기도 한다. 체르마트에서 고속 케이블카와 대형 곤돌라를 갈아타고 약 20분이면 정상까지 도달한다. 전망대에서는 14개의 빙하와 38개의 4,000m급 알프스의 명봉을 감상할 수 있으며 얼음 궁전Glacier Palace, 뷔페식 레스토랑, 작은 규모의 산장이 있다. 이탈리아 테스타 그리지아Testa Grigia까지 왕복 가능한 케이블카를 탑승하면, 이탈리아 체르비니아Cervinia 리조트까지 이동할 수 있다.

1. 마테호른 글레이셔 파라다이스 케이블카 노선
보통 체르마트–푸리–트로케너 슈테그를 거쳐 전망대에 이른다. '검은 호수'로 유명한 슈바르츠제 파라다이스를 거쳐 가려면 푸리에서 갈아탈 필요가 없다. 푸리에서는 리펠베르그까지도 이동이 가능하다. 여름과 겨울 노선이 조금씩 다르고 시기나 날씨에 따라 운행이 결정되어 사전에 확인하고 이동하는 것을 권한다.

푸리에서 트로케너 슈테그로 가는 경우
체르마트 → 푸리(곤돌라 환승) → 트로케너 슈테그 → 마테호른 글레이셔 파라다이스

푸리에서 슈바르츠제 파라다이스로 가는 경우
체르마트 → 푸리 → 슈바르츠제 파라다이스 → 푸르크 → 트로케너 슈테그 → 마테호른 글레이셔 파라다이스

2. 마테호른 글레이셔 파라다이스 하이라이트
슈바르츠제 파라다이스 Schwarzsee Paradise
'검은 호수'와 작은 교회의 목가적인 풍경으로 잘 알려진 슈바르츠제 파라다이스는 마테호른 북동쪽 바로 아래에 위치한 회른리 산장Hörnlihütte으로 오르는 하이킹 혹은 체르마트를 향해 아찔하게 내려가는 하이킹의 시작점이 되기도 한다.

마테호른 글레이셔 라이드 Matterhorn Glacier Ride
트로케너 슈테그에서 출발하는 '크리스털 라이드'라는 이름의 케이블카를 타면 바닥 유리가 수초 만에 투명해져 아찔한 풍광을 감상할 수 있다.

특별한 여름 스키
마테호른 글레이셔 파라다이스를 중심으로 약 21km의 구간에서 여름 스키가 가능하다. 트로케너 슈테그에서 체어 리프트를 탈 수 있다.

마테호른을 가장 예쁘게 담을 수 있는
로트호른과 수네가 파라다이스 Rothorn & Sunnegga Paradise

가장 아름다운 보석은 주변의 빛과 분위기에 따라 더욱 빛이 난다. 로트호른은 마테호른의 그런 매력을 보여준다. 주변의 명봉과 함께 마테호른의 가장 아름다운 모습을 사진으로 담을 수 있는 곳이 바로 로트호른이다(특히 일출!). 로트호른 레스토랑에서부터 18개의 조각상을 감상하며 Peak Collection의 짧은 하이킹을 즐길 수 있다. 체르마트에서 4분이면 닿는 수네가 파라다이스는 볕이 좋고 숲과 나무가 많다. 특히 여름이면 거울같이 맑은 라이 호수Laisee와 아이들의 천국 볼리파크Wollipark에서 한나절 이상도 시간을 보낼 수 있다.

Tip | 로트호른/수네가 파라다이스 행 푸니쿨라 역 정보

주소 Vispast. 32, 3920 Zermatt

위치 고르너그라트 행 기차역에서 Getwingst.를 따라 작은 개천을 건너자마자 Vipast.를 따라 좌측으로 조금 올라간 곳에 지하 푸니쿨라 역에 위치

요금 **체르마트-수네가 성인(편도/왕복)**
11~4월 CHF 17/24, 5·6·9·10월 CHF 19/30, 7·8월 CHF 21/33
체르마트-로트호른 성인(편도/왕복)
11~4월 CHF 44/67, 5·6·9·10월 CHF 50/81, 7·8월 CHF 55/89
5개 호수 하이킹 길 콤비티켓(체르마트-블라우헤르트/수네가-체르마트)
5·6·9·10월 CHF 48, 7·8월 CHF 53
※ 9세 미만 무료
※ 스위스 패스 소지자 및 어린이 50% 할인 적용

전화 +41 (0)27 966 0101

홈피 www.matterhornparadise.ch

1. 로트호른/수네가 파라다이스 푸니쿨라/곤돌라 노선
체르마트 → 수네가 파라다이스(곤돌라 환승) → 블라우헤르트(곤돌라 환승) → 로트호른 파라다이스

2. 로트호른과 수네가 파라다이스 하이라이트
여름은 블라우헤르트Blauherd로

블라우헤르트는 영국 BBC에서 선정한 '죽기 전에 가봐야 할 50개의 길' 중 한 곳인 5개 호수 하이킹의 시작점이 되는 곳이기도 하다.

수네가 전망대 레스토랑
체르마트에서 전망 좋은 레스토랑을 찾는다면, 수네가 전망대를 추천한다. 이동 거리도 5분 미만으로 짧고, 셀프서비스 레스토랑이지만 식사가 대체적으로 맛있다. 뭐니뭐니해도 테라스 자리에서는 아름다운 마테호른 뷰를 감상하며 식사를 즐길 수 있어서 여름이든, 겨울이든 날씨 좋은 날 강추.

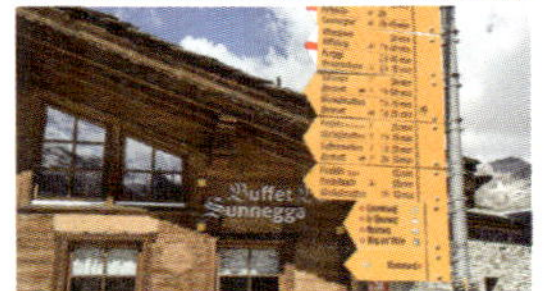

하이킹 VS 스노 스포츠

한정된 기간 내에 체험해보고 싶은 것이 너무 많아 고민이라면 단순하게 생각하자. 걷는 데 자신 있다면 하이킹을, 스키나 스노보드에 자신 있다면 스노 스포츠에 도전하자. 겨울에도 안전한 하이킹이나 설상화를 신고 하는 스노슈^{Snowshoe} 하이킹이 가능한 구간이 있고, 여름에도 만년설 덕분에 스키를 탈 수 있으니까 말이다. 단지 체르마트와 마테호른 지역의 아름다운 풍광을 어떻게 즐기느냐의 차이일 뿐이다.

✚ 하이킹

체르마트와 더불어 바로 옆 테쉬^{Täsch}와 란다^{Randa} 지역까지 이르러 여름에는 약 400km, 겨울에는 약 65km의 구간에서 하이킹이 가능하다. 걷다 보면 울창한 나무 숲, 돌만 있는 돌산, 발 아래는 빙하와 머리 위에는 알프스 명봉, 마테호른이 그대로 비치는 호수 등 정말 다채로운 모습을 만날 수 있게 된다. 다음은 추천 하이킹 코스(체르마트 지역 기준) Best 5이다. p.310 지도를 함께 참고하자.

Hiking ❶ 마테호른 트레일 Matterhorn Trail

슈바르츠 호수에서 체르마트까지 코스로 마테호른에 대한 10개의 이야기가 펼쳐지는 길이다. 마테호른 글레이셔 파라다이스에 케이블카로 오른 후, 내려오는 길에 경험해보자. 체르마트 관광청 29번 Matterhorn Trail이다.

총길이 8.5km **소요시간** 약 5시간 45분
고도차이 960m **방문최적기** 6~10월
쉴 수 있는 곳 슈바르츠 호수, 슈타펠, 츠무트의 레스토랑

꽃의 길은 블라우헤르트에서 우측 아래 마을 투프테른을 거쳐 수네가까지 이르는 길로 알프스 장미, 에델바이스, 알프스 야생화를 감상하며 걸을 수 있는 길이다. 특히 여름과 초가을에 더욱 아름답다. 체르마트 관광청에서 하이킹 코스로 지정한 2번 알프스 장미의 길Alpenrosenweg과 3번 꽃의 길 Blumenweg이다.

총길이 4.3km　　**소요시간** 약 2시간 55분
고도차이 363m　　**방문최적기** 6~9월
쉴 수 있는 곳 투프테른과 수네가 파라다이스의 레스토랑

블라우헤르트에서 좌측으로 슈텔리 호수Stellisee를 지나 그린드예 호수Grindjisee, 그륀 호수Grünsee, 무스이예 호수Moosjisee, 라이 호수를 보고 핀델른 마을에서 수네가 파라다이스까지 이동하는 코스이다. 체르마트 관광청의 11번 5개의 호숫길5-Seenweg이다.

총길이 7.6km　　**소요시간** 약 4시간 45분
고도차이 453m　　**방문최적기** 6~9월
쉴 수 있는 곳 베르그하우스 그륀제, 수네가 파라다이스 레스토랑

마테호른 글레이셔 트레일은 트로케너 슈테그에서 시작해 푸르크 빙하Furgg Glacier를 따라 명봉들을 뒤로하고 슈바르츠 호수까지 걷는 빙하 체험 코스이다. 23개의 뷰포인트를 지나며, 체르마트 관광청의 26번 Matterhorn Glacier Trail과 27번 훼른리 길 Hörnliweg이다.

총길이 6.1km　　**소요시간** 약 4시간 15분
고도차이 363m　　**방문최적기** 6~9월
쉴 수 있는 곳 트로케너 슈테그와 슈바르츠제 파라다이스 레스토랑

체르마트 근교 란다에는 세계에서 가장 긴 보행자 다리인 찰스 쿠오넨 서스펜션 다리가 있다. '최고'를 향한 도전정신이 있는 하이커에게 추천할 만한 코스. 란다 기차역에서 시작해 경사진 길을 올라 다리에 닿을 수 있다. 다리까지 건넜다가 되돌아와도 되고, 유로파 오두막Europa Hut을 지나 란다 기차역으로 올 수도 있다. 경사진 곳이 있기 때문에 날씨가 좋지 않거나 눈이 많이 왔을 때는 도전을 잠시 미루자.

총길이 8.7km　　**소요시간** 약 4시간
고도차이 860m　　**방문최적기** 6~10월
주요포인트 지점 란다 기차역 → 하우즈필(Hauspil) → 찰스 쿠오넨 현수교 → 유로파 오두막 → 란다 기차역까지 내리막길

✚ 스노 스포츠

마테호른을 중심으로 스위스와 이탈리아 너머까지 겨울에는 총 360km, 여름에는 총 21km에 달하는 피르스트에서 스키와 스노보드를 즐길 수 있다. 마테호른 글레이셔 파라다이스 쪽 피르스트가 이탈리아 체르비니아Cervinia, 발뚜르넹Valtournen까지 이어지며 여름에도 스키와 스노보드를 탈 수 있다. 스키나 스노보드를 타기 전 자신이 갈 피르스트의 수준과 길이, 케이블카나 리프트 탑승 위치, 리프트 기상 및 운행 시간 정보 등을 웹사이트 및 관광안내소를 통해 정확하게 파악하는 것이 좋다.

© Matterhorn Glacier Paradise

1. 난이도별 피르스트

스위스 지역만을 기준으로 삼으면 초급은 주로 블라우헤르트 우측에서 수네가 쪽이나 고르너그라트에서 리펠베르그까지 피르스트가 집중되어 있다. 완전 **초급**의 경우 슬로 슬로프를 이용하자. 로트호른의 5, 6, 7번 피르스트, 고르너그라트 38번, 마테호른 글레이셔 파라다이스 56번 피르스트를 이용하면 된다. **중급**은 좀 더 넓게 분포되어 있는데 고르너그라트에서 수네가나 리펠알프, 리펠알프에서는 푸리, 로트호른에서는 블라우헤르트 쪽으로 향하는 피르스트들이 있다. 초급과 중급이 주로 인공 눈을 이용하는 데 반해, **상급**은 각 봉우리에서 급격한 경사가 이루어지는 곳들을 중심으로 자연 그대로를 활강하게 된다. 한국에서 상급 실력자라도 자연 그대로를 활강하는 것은 위험할 수 있으니 사전에 정확한 정보를 가지고 리프트에 오르자.

2. 장비 렌털

체르마트에는 다양한 스키, 스노보드 장비 렌털 숍이 있다. 숍마다 퀄리티와 브랜드별로 조금씩 가격이 다르지만 대략 하루 기준 스키 및 스노보드(부츠 포함)는 약 CHF 50~80 전후이다. 옷 렌털은 대략 한 벌 기준 CHF 50~60 정도인데, 숍마다 다르니 확인이 필요하다.

✚ 체르마트에서의 특별한 체험

스노 스포츠나 하이킹을 이미 경험해 색다른 경험을 원한다면 고르너 협곡으로 가보자. 협곡 사이를 걷다 보면 자연의 신비를 체험할 수 있을 것이다. 또 마테호른 산을 배경으로 몸을 날리는 패러글라이딩 체험도 잊을 수 없는 짜릿한 기억을 선사할 것이다.

Activity ❶ 고르너 협곡 체험 Gornerschlucht

푸리(해발 1,865m)와 체르마트(해발 1,620m) 사이, 고르너 협곡은 작은 마을 블라텐^{Blatten}과 바로 가까이에 위치해 자연의 경이로움을 접할 수 있다. 고르너 협곡의 가장 낮은 부분은 특별한 장비가 없어도 건너갈 수 있다. 10월 중순경에 간다면 오후 3시쯤 방문하면 빛과 협곡의 하모니가 최고인 순간을 맞이할 수 있다.

주소　Moosstrasse, 3920 Zermatt
위치　도보 40분 또는 체르마트 역 앞 고르너그라트
　　　열차 GGB 탑승하여 Findelbach
　　　(1개 정거장, 5분 소요)에서 하차 후
　　　도보 약 10분 거리
운영　5월 말~9월 09:15~17:45,
　　　10월~시즌 종료시점 10:15~17:00
요금　성인 CHF 5.5, 어린이 CHF 3, 6세 이하 무료
홈피　www.blatten-zermatt.ch

Activity ❷ 패러글라이딩 Paragliding

마테호른을 바라보며 하늘을 날면 어떨까? 상상만으로도 짜릿하다. 전문 장비나 경험이 없어도 파일럿과 함께 안전하게 탈 수 있는 2인용 패러글라이딩을 시도해보자. 가격은 거리에 따라 다르지만 CHF 180~500 선이다. 전화나 이메일로 예약하자.

Paragliding Zermatt Air Taxi
주소　Bachstrasse 8, 3920 Zermatt
전화　+41 (0)27 967 6744
메일　info@paragliding-zermatt.ch
홈피　airtaxi-zermatt.ch

Flyzermatt
주소　Bahnhofplatz 6/Victoria-Center, 3920 Zermatt
전화　+41 (0)79 643 6808 (Whatsapp으로 예약도 가능)
메일　info@flyzermatt.com
홈피　www.flyzermatt.com

Tip | 체르마트 알핀 센터 Zermatt Alpin Center

체르마트에서 하이킹, 스키, 스노보드 등의 스포츠 액티비티를 계획했다면 꼭 들러야 할 곳이다. 체르마트 지역의 스키스쿨이나 산악 가이드 등을 연계해주며 겨울 시즌에는 이곳에서 스키리프트권을 구매할 수 있다.

주소　Bahnhofst. 58, 3920 Zermatt
위치　기차역에서 반호프 거리를 따라 걷다 보면 우측에 위치(도보 5분 미만)
운영　16:00~19:00
　　　(전화 문의 월~금 09:00~12:00/15:00~19:00, 토·일 16:00~19:00)
전화　+41 (0)27 966 2460

BY TANJA AND DAVE
RESTAURANT
ALPHITTA

체르마트 주변 지역

발레 지역은 크게 서쪽의 낮은 지형Lower Valais인 프랑스어권과 동쪽의 높은 지형 Upper Valais인 독일어권으로 나누어볼 수 있다. 이곳의 대략의 경계는 론 강이 흐르는 **시에르/지더스**Sierre/Sidders이다. 스위스식 독일어보다 역사가 오래된 발레식 독일어를 유일하게 들을 수 있는 곳이기도 하다. 이 외에도 책에 소개한 **알레취 아레나 지역**Aletsch Arena, **로이커바드**Leukerbad, **마티니**Martigny, **시옹**Sion 등 다양한 지역들도 만나보자.

알레취 아레나 지역 Aletsch Arena

'알레취 아레나'는 2001년 유네스코 세계자연유산으로 지정된 넓고 광대한 알레취 빙하Aletschgletscher 지역을 가리킨다. 알레취 빙하는 길이 23km, 평균 폭 1,800m로 지구 온난화 현상으로 최근 2년 동안 150m가 줄었고, 이 상태가 지속된다면 2080년에는 완전히 소멸될 것으로 예측된다고 한다. **피에셔알프, 베트머알프, 리더알프**가 알레취 아레나 지역의 대표 여행지이며, 브리그와 가까워 체르마트에서 반나절 투어를 할 수 있다. 지구 온난화의 경각심과 자연의 아름다움 등을 함께 생각해 볼 수 있는 여행지이다.

★ 인포메이션 센터
주소 Postfach 16, 3992 Bettmeralp
운영 월~금 08:30~12:00/ 13:30~17:30 (봄·가을 09:00 시작), 여름·겨울 추가 운영 토 08:30~12:30/13:00~16:00
전화 +41 (0)27 928 5858
홈피 www.aletscharena.com

Tip | 알레취 에너지 스폿

흔히 '산에 가서 좋은 기운을 받고 온다'라는 말을 하는데, 알레취 아레나에는 에너지 전문가가 인정한 좋은 기운이 서려 있는 여러 스폿이 있다. 베트머호른Bettmerhorn의 '조화'와 에기스호른Eggishorn의 '밝음'과 '즐거움' 에너지 스폿. 멋진 경관도 감상하고 좋은 자연의 기를 받아 스트레스를 날려보자.

➕ 베트머알프 Bettmeralp

베트머알프는 알레취 아레나 지역에 속한 해발 1970m에 위치한 마을로, 휘발유 차량 운행이 금지된 카프리Car-Free 리조트이다. 베텐Betten에서 케이블카로 이동할 수 있다. 연중 300일 정도의 일조량을 자랑하며 바이스호른Weisshorn, 돔Dom, 마테호른Matterhorn 등 4,000m급 봉우리들이 자아내는 풍경이 매우 인상적이다. 마을 초입, 리더알프 미테Riederalp Mitte까지는 도보 35분 거리다.

베트머알프로 이동하기

1. 열차와 케이블카로 이동하기
브리그Brig에서 피에쉬Fiesh 행 열차 탑승. 베텐 탈Betten Tal 역에서 하차. 베텐 케이블카 역Betten BAB으로 도보 이동 후, 케이블카 탑승하여 베트머알프로 이동

2. 차량과 케이블카로 이동하기
베텐 케이블카 역 주차장에 유료 주차 후 케이블카로 이동

주소 Verwaltungsgebäude, 3992 Bettmeralp
전화 +41 (0)27 928 4141

★ 케이블카 요금
❶ 베텐 탈–베트머알프
   편도 CHF 10.2
   왕복 CHF 20.4
※ 스위스 트래블 패스 소지자 및
   어린이(만 6~15세),
   반려견 50% 할인
❷ 베텐 탈–베트머호른
   편도 CHF 31.6, 왕복 CHF 49
❸ 베트머알프–베트머호른
   편도 CHF 21.4, 왕복 CHF 32

📷 ★★★
베트머호른 Bettmerhorn

베트머호른은 베트머알프의 전망지점(해발 2,647m)으로 알레취 빙하를 감상하기에 좋은 곳이다. 알레취 빙하는 알프스 최대, 최장의 빙하로, 무려 270억 톤 얼음으로 이루어져 있으며 이곳에서 보는 전망은 단번에 여행객을 매료시키기에 충분하다. 주변에 널린 돌을 찾아 걱정거리나 소원을 담아 탑을 쌓아보는 것도 괜찮은 경험이 될 것이다. 주변에 레스토랑도 있어 식사나 음료를 즐기기에도 그만. 멋진 경치만 보고 내려오기 아쉽다면 이곳에서 하이킹을 시작할 수 있다.

위치 베트머알프에서 케이블카 탑승, 약 10분 소요
운영 1월~1월 말 09:00~16:00,
1월 말~3월 중순 09:00~16:30,
3월 중순~4월 초 08:30~16:00

★★☆ 순백의 마리아 교회당 Kapelle Maria Zum Schnee

17~18세기에 건축된 '순백의 마리아 교회당'이란 뜻을 가진 자그마한 가톨릭교회로 동과 서를 잇는 바위 언덕에 세우진 베트머알프의 랜드마크이다. 양파 모양의 지붕은 발레 주, 브리그에서 큰 부를 누렸던 카스파 요독 폰 슈톡할퍼(1609~1691) 대공의 문화적, 건축적 영향을 받은 것으로 보인다. 추운 겨울 지붕에 소복하게 내려앉은 눈과 함께 산악 마을의 호젓한 아름다움을 빚어낸다.

주소 3992 Bettmeralp

알레취 빙하 트레일 Aletsch Glacier Path

국내에서 등산 경험이 있는 건강한 청소년 이상이라면 누구나 시도해볼 수 있는 하이킹 루트. 케이블카, 곤돌라 이동 시간을 제외하고 걷는 시간만 3시간 30분 정도 소요되는 코스이다(총 5시간 30분 소요). 베트머알프에서 곤돌라를 타고 베트머호른 곤돌라 역까지 이동하면 본격적인 알레취 파노라마 하이킹 루트가 시작된다. 빙하를 바라보며 걷다가 메르옐렌 호수Märjelensee 주변에서는 이국적인 발레 주 산악 경관과 터널을 체험하게 된다. 베트머호른, 에기스호른까지 두 개의 전망지점을 지나는 놀라움이 가득한 루트이다(여름 시즌 가능, 6월 초~10월 초까지).

하이킹 루트

베트머알프 → [곤돌라] → **베트머호른 곤돌라 역**(2,642m, 식사 가능) → [하이킹] → **로티 춤메**Roti Chumme(2,362m) → [하이킹] → **에기스호른**(2,926m) → [하이킹] → **메르옐렌 호수** → [하이킹] → **글레처슈투베**Gletscherstube(산악 레스토랑, 식사 가능) → [하이킹] → **텔리그라트**Tälligrat → [하이킹] → **피에셔알프**Fiescheralp(2,212m) → [케이블카] → **피에쉬**Fiesch **도착**

1 산악 레스토랑 '글레처슈투베'의 별미, 애플파이Apfelkuchen를 꼭 맛보자. 장작 오븐에서 구워 더 맛있다.

2 피에셔알프까지 하이킹을 마쳤다면, 베트머알프(약 1시간) 또는 리더알프(약 1시간 40분)까지 하이킹을 이어가 당일 숙박을 하고 다음 날 전망지점 중 하나인 모스플루Moosfluh에서 빌라 카셀Villa Cassel까지 숲길을 하이킹하는 것도 좋다.

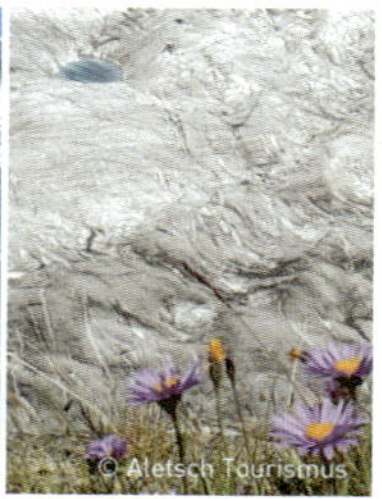

✚ 리더알프 Riederalp

리더알프는 해발 1,925m에 위치한 친환경 산악 리조트로 베트머알프와 이웃하고 있는 마을이다. 리더알프에서 곤돌라를 타고 전망지점이 있는 모스플루^{Moosfluh}까지 오르면 알레취 빙하 하단부를 가까운 곳에서 감상할 수 있다. 마을 중간에는 9홀 골프장도 마련되어 있어 이색적인 골프를 경험할 수도 있다.

리더알프로 이동하기

1. 열차와 곤돌라 또는 케이블카로 이동하기

브리그에서 열차로 뫼렐^{Mörel}까지 10분 소요된다. 뫼렐에서는 리더알프 서역^{Riederalp West} 과 중간역^{Mitte}까지 운행하는 두 개의 케이블카가 있다. 알레취 빙하 전망지점이 있는 모스플루가 최종 목적지인 경우 리더알프, 중간역인 호플루^{Hohfluh}가 최종 목적지인 경우 서역으로 향한다. 두 역 사이는 도보 10분 거리로 호텔 위치에 따라 더 가까운 곳을 선택해 탑승한다.

2. 차량으로 이동하기

리더알프는 카프리 리조트이다. 만약 차량 여행자라면 뫼렐에 주차를 해놓고, 곤돌라나 케이블카를 타야 한다. 뫼렐까지는 남서 지역에서 오는 여행객이라면 심플론 패스^{Simplon Pass}를 넘으면 되고, 바젤, 베른 등 북부에서는 칸더수텍^{Kandersteg}에서 타고 온 차량을 셔틀열차에 싣고, 뢰취베르크^{Lötschberg} 터널을 지나 브리그를 경유하여 뫼렐에 도착하게 된다. 취리히 또는 루체른에서 온다면 푸르카^{Furka} 터널을 지나게 된다. 주차는 뫼렐에서 유료로 가능하다.

★ 인포메이션 센터
주소 Bahnhofstrasse 4,
　　 3987 Riederalp
운영 월~금 08:30~12:00/
　　 13:30~17:30
　　 (봄·가을 09:00 시작),
　　 여름·겨울 추가 운영
　　 토 08:30~12:30/13:00~16:00
전화 +41 (0)27 928 5858
홈피 www.aletscharena.ch

★ 곤돌라/케이블카 요금
　　 뫼렐-리더알프
　　 성인 편도 CHF 10.2,
　　 왕복 CHF 20.4
※ 만 6~15세 어린이 및 스위스 트래블 패스 소지자 성인 요금의 50% 할인

★ 주차장 정보
주소 Furkastrasse 12, 3983
　　 Mörel-Filet
전화 +41 (0)27 927 2969
홈피 www.parking-aletsch.ch

★★★ 모스플루 Moosfluh

요즘 발레 지역을 찾는 여행자들에게 인기 높은 핫 스폿이다. 2,333m로 알레취 빙하를 큰 노력 없이도 전망할 수 있는 것이 장점. 리더알프 중간역Riederalp Mitte 인근(도보 7분 거리)에 있는 곤돌라를 타고 10분 후면 도착한다. 야외 바가 있어 여름철에 음료를 즐기며 빙하를 만끽할 수 있다.

위치 리더알프에서 곤돌라 탑승, 10분 소요
운영 **여름 시즌** 6월 초~10월 말 08:30~16:30
겨울 시즌 12월 초~4월 중순
(www.aletscharena.ch/timetable에서 수시 확인)
요금 **뫼렐-모스플루(성인)** 편도 CHF 31.2, 왕복 CHF 49
리더알프-모스플루(성인) 편도 CHF 21.4, 왕복 CHF 32
※ 어린이(만 6~15세), 스위스 트래블 패스 소지자, 반려견 성인 요금의 50% 할인

모스플루-리더알프 하이킹 Moosfluh-Riederalp Hiking

알레취 빙하의 웅장한 경관을 마치 하늘을 나는 새처럼 한눈에 바라보며 하이킹하는 루트다. 모스플루에서 시작해 알레취 숲과 빌라 카셀을 지나 리더알프 마을에서 끝나게 된다. 이 코스는 남서쪽으로 향해 있는 완만한 내리막길, 또는 약간의 오르막길로 구성되어 알레취 빙하뿐만 아니라 미샤벨Mischabel 산군, 마테호른 및 4,000m급 고봉들을 함께 바라볼 수 있다. 약 1시간 40분이 소요되며, 어린아이도 가능한 쉬운 코스이다.

하이킹 루트

리더알프 → [곤돌라] → **모스플루** → [하이킹] → **호플루** → [하이킹] → **리더푸르카**Riederfurka**/빌라 카셀**Villa Cassel → [하이킹] → **리더알프**

알레취 숲 & 빌라 카셀 Aletsch Forest & Villa Cassel

알프스 내 거대 빙하 B·로 옆에 자리한 알레취 숲은 1933년 이래 프로 나투라Pro Natura에 의해 보호되고 있는 독특한 자연 보호구. 온난화 현상으로 이곳에 우산 모양의 소나무가 있는데 스위스에서 가장 오래된 소나무 Ston Pine Tree들로 410ha 면적에 군락한다. 영국인 은행가 에른스트 카셀 Ernest Cassel에 의해 건립된 자연 보호 센터 빌라 카셀은 알레취 하이킹의 시작이 되는 곳이다. 센터 내에는 알레취 숲과 350여 종의 알파인 식물들을 관찰할 수 있는 알프스 가든이 있다. 여름철이면 이곳을 찾는 여행자들이 많다. 인스타에서 스위스 사진을 좀 찾아본 이들이라면 뾰족한 첨탑 지붕이 인상적인 빌라 카셀의 사계절 사진을 많이 접해봤을 것이다. 빌라 카셀 내 티살롱에서 차 한 잔을 하거나, 게스트하우스에서 숙박도 가능하다.

주소 Pro Natura Zentrum Aletsch, Riederfurka, 3987 Riederalp
위치 리더알프에서 리더푸르카까지 도보로 30분 소요 (이정표가 잘 되어 있음)
운영 **전시 및 알파인가든/티살롱** 6월 중순~10월 중순 10:30~17:30 **게스트하우스** 6월 중순~10월 중순 (홈페이지 및 이메일 예약 가능)
전화 +41 (0)27 928 6220
홈피 www.pronatura-aletsch.ch

Tip | 알레취 아레나에서 숙소를 찾는다면?

알레취 아레나에서는 리더알프가 답이 될 수 있다. 이 지역은 현재까지 그룹보다 개별 여행객들이 주로 머물고 있어 보다 안락한 분위기에서 머물 수 있는 것이 장점. 다만, 리더알프는 럭셔리한 호텔이 많으니 만약 저렴한 호텔을 찾는다면 피에셔알프나 베트머알프가 더 낫다.

✚ 로이커바드 Leukerbad

발레 주 산골 깊숙한 로이커바드에 여러 곳의 원천이 있다는 걸 아는 사람이 몇이나 될까. 이곳 원천에서는 매일 130여 가지의 미네랄이 포함된, 51도 고온의 온천수가 390만ℓ 넘게 솟아오르고 있다. 일찍이 로마시대부터 온천이 발달한 마을답게 괴테, 모파상 등 저명인사가 즐겨 찾았으며, 오늘날에도 뛰어난 자연환경 속에서 온천으로 건강을 되찾기 위한 사람들의 발걸음이 끊이질 않는다.

또한 로이커바드는 마테호른과 수많은 알프스 산맥이 이어지는 산악 지역. 프랑스와 이탈리아로 가기 위해선 이곳 겜미 패스Gemmi Pass를 넘어야 했기 때문에 교통의 요지로도 번성했다. 마을 주변 론Rhone 강변과 산비탈을 따라 끝없이 펼쳐진 포도밭에서는 훌륭한 와인, 피폴트루Pfyfoltru(발레 주 방언으로 '나비'를 뜻함)가 생산되어 미식가들에게도 인기가 높다. 스파와 온천을 이용한 치료뿐 아니라 하이킹 등도 할 수 있어 재충전을 위한 최고의 여행지이다.

로이커바드로 이동하기

1. 열차와 버스로 이동하기

열차를 이용해 로이크Leuk에 도착한 후, 로이크 역 바로 앞에서 출발하는 LLB 버스로 로이커바드까지 이동한다.

※ 버스 시간표 확인 www.llbreisen.ch

- 로이크에서 약 30분
- 제네바에서 약 3시간 5분
- 취리히에서 약 3시간 5분
- 체르마트에서 약 2시간 30분

2. 차량으로 이동하기

- 바젤에서 209km, 약 3시간 20분
- 제네바에서 196km, 약 2시간 15분
- 취리히에서 231km, 약 3시간 20분

겜미 정상 레스토랑에서는 맛있는 발레 주 전통 음식을 다양하게 접할 수 있다.

겜미 & 다우벤 호수 하이킹 Gemmi & Daubensee Hiking

겜미 케이블카를 타고 정상으로 올라가 완만한 내리막길을 따라 다우벤 호수까지, 그리고 과거 250년 전부터 이용되어 온 슈바렌바흐 Schwarenbach와 목가적인 아르펜젤리 Arvenseeli를 지나 순뷔엘 Sunnbüel 산악역까지 하이킹하는 코스. 아이와도 함께할 수 있는 코스로 약 2시간 소요된다. 다우벤 호수까지 운행하는 케이블카도 있다.

주소 Gemmipass, Leukerbad LLG
위치 로이커바드 버스터미널에서 내려 도보 12분 거리
운영 시즌에 따라 08:00~09:00 사이 시작, 17:00~18:00 사이 종료
요금 **로이커바드-겜미 패스** 성인 편도 CHF 30, 왕복 CHF 42
※ 로이커바드 호텔 카드 소지 시, 성인 편도 CHF 27, 왕복 CHF 36
※ 어린이 청소년 및 스위스 패스 소지 시, 편도 CHF 15, 왕복 CHF 21
로이커바드-다우켄호수 성인 편도 CHF 7, 왕복 CHF 10
※ 어린이 및 청소년 편도 CHF 3.5, 왕복 CHF 5
전화 +41 (0)27 470 1839　　홈피 www.gemmi.ch

© Leukerbad Tourismus

© Leukerbad Tourismus

로이커바드 테름 Leukerbad Therme

28~43도의 약 10개의 욕탕을 갖춘 유럽 최대 규모의 알프스 온천 욕장. 미네랄이 풍부한 온천수를 즐기며 훌륭한 산악 경관을 누릴 수 있다. 폭포수, 마사지 제트, 월풀 및 자연암으로 만들어진 동굴에서 휴식을 취해도 좋다. 스위스 최초 엑스튜브 슬라이드도 있다.

주소 Rathausstrasse 32, 3954 Leukerbad
위치 로이커바드 버스터미널에서 내려 도보 6분 거리
운영 **온천 욕장** 08:00~20:00 **사우나 & 증기탕** 10:00~19:00
요금 **3시간 티켓** 성연 CHF 30, 어린이 CHF 18 (6세 미만 무료)
일일 티켓 성인 CHF 37, 어린이 CHF 22
※ LBC+ 소지 시 15% 할인(6세까지 무료)
전화 +41 (0)27 472 2020
홈피 leukerbad.ch

© Leukerbad Tourismus

발리서 알펜테름
Walliser Alpentherme

린드너 Lindner 호텔에서 운영하는 온천 스파와 웰니스 프로그램을 갖춘 곳. 코로나 기간 동안 시설을 리뉴얼해서 더욱 고급스러워졌다. 전라로 온천수를 즐기는 로만 아이리시 배스 Roman Irish Bath는 신혼부부에게 특히 인기. 눈 쌓인 겜미 산을 바라보며 야외 온천을 즐겨보자.

주소 Dorfplatz 1, 3954 Leukerbad
위치 로이커바드 버스터미널에서 내려 도보 8분 거리
운영 09:00~20:00 ※ 로만 아이리시 배스 10:00~19:00
(마지막 입장 17:00)
요금 **3시간 티켓** 성인 CHF 33, 어린이(8~16세) CHF 26.5
※ LBC+ 소지 시 성인 및 어린이 15% 할인 적용
전화 +41 (0)27 472 1805　　홈피 www.alpentherme.ch

✚ 마티니 Martigny

발레 주 가장 서쪽에 위치한 마티니는 발레 주의 새로운 모습을 발견할 수 있는 곳이다. 기차역의 첫인상은 그저 평범하다. 하지만 한참을 걷다 마을 끝에 나타나는 지아나다 재단의 수준 높은 예술작품들을 마주한다면 어떤 여행자라도 금방 마티니의 세련된 이미지에 흠뻑 빠지게 될 것이다. 마티니는 옛 로마의 흔적도 마을 곳곳에 남아 있는데, 특히 재단 근처에 위치한 원형경기장은 로마시대 그대로 잘 보존되고 있다. 10월 초에 마티니를 찾는다면 원형경기장에서 펼쳐지는 소싸움에 두 눈이 휘둥그레질 수도 있다.

마티니로 이동하기

- 로잔에서 레만 호수를 거쳐 열차로 약 50분
- 브리그에서 시옹, 시에르를 거쳐 열차로 약 50분
- 취리히에서 베른, 로잔, 비스프를 거쳐 열차로 약 2시간 45분~3시간 10분

★ **인포메이션 센터**

주소 Ave de la Gare 6, 1920 Martigny
위치 기차역에서 대로변을 따라 5분 정도 도보로 이동
운영 월~금 09:00~18:30, 토 09:00~17:00, 일·공휴일 09:00~14:00
전화 +41 (0)27 720 4949
홈피 www.martigny.com

Tip | **몽블랑 특급과 세인트 버나드 특급열차의 기착점**

마티니는 프랑스 샤모니Chamonix로 향하는 몽블랑 특급과 스위스 태생의 구조견인 세인트 버나드의 이름을 딴 세인트 버나드 고개를 지나는 세인트 버나드 특급열차의 출발지점이다. 기차와 버스 혹은 스키리프트로 가는 세인트 버나드 특급열차는 매일 운행하며, 두 특급열차에 대한 더 자세한 정보는 www.tmrsa.ch에서 확인하자.

★★★ 바티아즈 성 Château de la Bâtiaz

마티니의 상징인 바티아즈 성은 프랑스와 이탈리아를
잇는 교통의 요지이자 요새였다. 지금은 결혼식 포함
각종 행사가 열린다. 마티니의 전경이 한눈에 보인다.

주소 Chemin du Château, 1920 Martigny
위치 기차역에서 Av de la Gare로 걷다가
　　 Rue Marc-Marand 쪽 우측으로 도보 17분.
　　 203, 311번 버스 17분
운영 7·8월 화~일 11:00~20:00
전화 +41 (0)79 908 6538　　홈피 www.batiaz.ch

Tip | 마티니 투어 버스

바티아즈 성과 지아나다 재단 등 마티니 주요 스폿을 들
르는 버스가 5~9월 하루 4차례 10~17시에 운행한다.
요금 성인 CHF 8, 학생 CHF 6, 어린이 CHF 4

★★★ 피에르 지아나다 재단
Foundation Pierre Gianadda

마티니 지역에서 발견된 로마시대 유물의 영구전시
뿐 아니라 전 세계의 수준 높은 예술작품들을 기획 전
시한다. 미술에 대해 잘 모르더라도 뉴스나 책에서 한
번쯤 본 유명 작품들을 곧 알아볼 수 있을 것이다. 박
물관 내부 구조가 아름다우며, 콘서트도 자주 열린다.
외부 정원에는 시저부터 로댕, 니키 드 생팔의 유명
작품들이, 지하 전시실에는 스위스 및 유럽의 자동차
역사를 볼 수 있는 자동차 박물관이 있다.

주소 Rue du Forum 59, 1920 Martigny
위치 기차역에서 Av de la Gare을 따라
　　 인포메이션 센터가 있는 Palace Centrale까지 이동.
　　 다시 Av du Grand St. Bernard를 따라 걷다
　　 Rue de Pré-Borvey에서 좌측. 도보로 약 20분,
　　 기차역에서 재단까지 오는 버스도 있음(30분 간격)
운영 매일 10:00~18:00
요금 성인 CHF 18, 어린이 및 학생 CHF 10
　　 ※ 스위스 패스 소지 시 무료
전화 +41 (0)27 722 3978　　홈피 www.gianadda.ch

★★☆ 베리랜드 세인트 버나드 박물관
Barryland–Musée et Chiens du St. Bernard

옛 군수창고였던 박물관은 세인트 버나드견의 이야기를 전하고 있
다. 특히 세인트 버나드 고개에서 시작된 세인트 버나드의 유래와 구
조 활동기가 흥미롭다. 야외에서는 실제 세인트 버나드를 볼 수 있다.

주소 Rue du levant 34, Case
　　 Postale 245, 1920 Martigny
위치 피에르 지아나다 재단 맞은편
운영 매일 10:00~18:00
　　 휴무 12월 24·25일
요금 성인 CHF 25,
　　 어린이 및 학생(6~20세) CHF 17
　　 ※ 스위스 패스 소지자 무료
전화 +41 (0)27 720 5353
홈피 barryland.ch

소싸움 Cow Fights Foire du Valais in Martigny

매년 10월 초 로마 원형경기장Roman
Amphitheatre에서 열리는 마티니 소싸움
은 지역민들의 축제이자 발레 주 힘센
여왕 소들의 마지막 만남의 장이다. 소
싸움은 3월부터 5월, 8·9월 중 일요
일에 지역을 옮기며 진행된다.

✚ 시옹 Sion

시옹은 발레 주의 주도로 스위스에서 가장 오랜 7,000년의 역사를 자랑한다. 시옹을 여행하려면 일단 체력이 있어야 한다. 시옹엔 네 곳의 성이 있는데, 그중 상징적인 두 성을 오르려면 조금 가파른 언덕길과 계단길을 걸어야 하기 때문이다. 다행히 그 길에 만나는 예쁜 돌담길, 언덕에 가득한 포도밭, 옛 느낌 가득한 구시가지, 성에서 내려와 기차역으로 향하는 길에 있는 레스토랑에서의 여유로운 커피 한잔은 그 모든 수고를 감당할 수 있게 해준다.

시옹으로 이동하기

1. 항공으로 이동하기
성수기 스페인 마요르카, 이탈리아 및 프랑스 남부와 시옹 간 시즌성 항공편 운행(시옹 공항은 시옹 기차역에서 서쪽으로 2km에 위치)

2. 열차로 이동하기
- 마티니에서 약 15~25분
- 로잔에서 약 1시간 20분
- 시에르에서 약 10분

> **Tip │ 시옹 근교 탐험**
>
> 1 **사이옹** Saillon 시옹에서 20분 거리의 사이옹에는 달라이 라마가 소유한, 세상에서 가장 작은 포도밭이 있다. 스위스에서 가장 아름다운 마을로 상을 받기도 한 고요한 곳.
> 2 **생–레오나르드 지하 호수** St-Léonard underground lake 1943년에 발견되어, 1950년부터 사람들에게 공개된 지하 호수. 길이 300m, 깊이 20m로 유럽에서 가장 큰 규모를 자랑한다. 20~30분의 보트 투어가 가능하다.

★★★ 발레르 성 Château de Valère

발레르 성은 볼거리가 풍성하다. 성을 오르면서 보는 발레 주의 포도밭 전경도 아름답지만 성 내부에 있는 500살 이상이나 된 파이프오르간은 놓치지 말고 꼭 봐야 한다. 여름에는 토요일 오후에 콘서트가 열리니 그때 방문하는 여행자는 그 아름다운 연주를 감상해 보자. 또한, 성 내부에는 발레 주립 역사 박물관도 있다. 발레 주의 역사를 다양한 전시품을 통해 다각도로 보여준다. 지루하지 않고 재미있다.

주소 Rue des Châteaux 14, 1950 Sion
위치 Musee d'Art에서 시작되는 Rue des Châteaux를 따라가다 보면 갈림길 우측 성으로 오르는 총총계단을 만난다. 내려올 때는 계단 길 왼편으로 난 언덕길을 이용해 내려오면 색다르다.
운영 성·박물관 6~9월 11:00~18:00, 10~5월 화~일 1:00~17:00
요금 성 무료 입장(가이드 투어일 경우 유료)
박물관 성인 CHF 8, 어린이 및 학생 CHF 4
※ 스위스 패스 소지자 무료
전화 +41 (0)27 606 4715　　홈피 siontourisme.ch

시옹에는 총 네 곳의 역사적인 성이 있다. 11세기부터 시작되어 13세기까지 지어진 발레르Valère, 13세기에 지어진 나머지 투르비옹Tourbillon, 몽토흐즈Montorge, 시옹 예술 박물관에 있는 마조레/비동나트Majorie/Vidomnat 성이 그것이다.

★★★ 투르비옹 성 Château de Tourvillon

투르비옹 성은 예전에 시옹의 주교가 살았던 성으로 18세기 화재 뒤, 폐허가 되었다. 지금은 아름다운 돌벽 사이에 올라 시옹의 아름다운 전경을 조망할 수 있는 곳이다.

주소 Château de Tourbillon, 1950 Sion
위치 Musee d'Art에서 시작되는 Rue des Châteaux를 따라가다 보면 갈림길 좌측으로 오르는 길이 있다.
운영 3월 중순~4월 말·10~11월 중순 11:00~17:00, 5~9월 10:00~18:00
전화 +41 (0)27 327 7727　　홈피 tourbillon.ch

---

more & more 시옹, 특별하게 즐기는 법

❶ 시옹의 화이트와인

시옹의 전경만 바라보아도 이곳이 와인으로 유명한 곳이라는 것을 한눈에 알 수 있을 것이다. 발레 주에는 약 50여 종의 다양한 포도 품종이 생산되는데, 특히 쁘띠 알빈Petite Arvine, 아미뉴Amigne, 펭당Fendant 등의 포도 품종으로 만든 화이트와인이 유명하다. 쉽게 예약이 되는 와이너리 투어를 통하거나 Rue des Château, Rue du Rhône, Palace du Midi 거리에서 아기자기한 향토 음식점과 따뜻한 볕을 쬘 수 있는 테라스 카페에서 발레의 화이트와인을 여유 있게 음미해보자.

❷ 구시가지 금요 시장

스위스 서부 지역 중에서 제법 규모가 큰 금요 시장이다. 꽃이나 농산물 외에도 생활용품, 전통 수공예품 등 다채로운 물건 구경에 마음이 들뜬다. 4~10월에는 오전 8시부터 오후 2시까지, 11~3월에는 오전 9시부터 오후 2시까지 진행된다.

주소 Rues du Grand-Pont, de Lausanne et du Rhône

➕ 시에르/지더스 Sierre/Sidders

프랑스어로는 시에르, 독일어로는 지더스인 이곳은 두 언어를 모두 사용하는 곳이다. 따라서 모든 명칭에 프랑스어, 독일어가 병기된다. 지형과 기후의 영향으로 일조량이 풍부한 시에르와 근처 지역들은 언덕 위 아름다운 포도밭이 많아 포도밭 사이 길에서 하이킹을 시도해보는 것도 즐거운 경험이 될 것이다. 오메가 유러피언 마스터스로 유명한 럭셔리 리조트 마을 크랑-몬타나로 오가기 위한 기착점이기도 하다.

시에르/지더스로 이동하기
- 브리그에서 열차로 약 30분
- 시옹에서 열차로 약 10분
- 취리히에서 베른을 거쳐 열차로 약 2시간 25분

★ 인포메이션 센터
주소 Palace de la Gare 10, Casa postale 706, 3960 Sierre
위치 시에르 기차역에 위치
운영 월~금 08:30~18:00, 토 09:00~17:00
휴무 일요일
전화 +41 (0)27 455 8535
홈피 www.sierretourisme.ch

Tip │ 발레 주의 와인

발레 주는 스위스 최대의 와인 생산지로도 잘 알려져 있다. 그중 시에르는 레드와인 품종의 피노 누아Pinot Noir가 주요 품종이다.

★★★ 발레 와인과 포도 박물관 Musée du Vin

시에르 지역의 와인으 역사를 사진과 전시물로 알 수 있는 곳이다. 이 지역 유명 레스토랑인 샤토 드 빌라Château de Villa 바로 옆 건물에 위치해 있다. 와인 박물관은 두 전시관으로 나누어져 있는데 하나는 시에르에 위치한 이 박물관이고, 다른 하나는 6km의 와인 하이킹 코스를 지나 도착할 수 있는 잘게쉬Salgesch의 또 다른 박물관이다.

주소 Rue Ste-Catherine 6, 3690 Sierre
위치 기차역을 등지고 Avenue de la Gare에서 바로 Av. Général-Guisan를 따라 걷다가 우측 Avenue du Marché에서 우측으로 직진해 언덕길을 오르면 Rue de Vila가 나오고 Château de Villa를 따른다.
운영 **3~11월** 수~금 14:00~18:00, 토·일 11:00~18:00 (잘게쉬 와인 박물관과 동일) **휴무** 12~2월, 3~11월 월·화요일
요금 성인 CHF 10, 학생 CHF 7, 10세 이하 어린이 CHF 5
※ 잘게쉬 와인 박물관 함께 입장 가능 (1년 유효)
※ 스위스 패스 소지자 무료 입장
전화 +41 (0)27 456 3525
홈피 www.museeduvin-valais.ch

Tip | 시에르 박물관에서 잘게쉬 와인 박물관까지 하이킹

역시 관광대국 스위스의 섬세함이 느껴지는 코스이다. 시에르 박물관에서 출발해 80개의 와인 관련 사인물을 보며 2시간 30분 정도 걷다 보면, 어느새 잘게쉬 와인 박물관(**주소** Museumsplatz, 3970 Salgesch)게 도착하게 된다. 잘게쉬는 30겨의 와이너리가 있으며, 그랑크루Grand Creu 라벨의 조건을 충족시킨 발레 주 첫 마을이다. 잘게쉬에서 시에르로 돌아올 때는 열차를 이용하자(소요 시간은 약 5분).

★★☆ 라이너 마리아 릴케 박물관 Fondation Rilke

체코 프라하에서 태어난 독일 시인 라이너 마리아 릴케(1875~1926). 그는 평생 유럽 전역을 다닌 경험을 통해 다양한 창작 활동을 벌였고, 말년을 이곳 시에르에서 보내며 백혈병 투병을 하다 세상을 떠났다. 릴케 박물관에는 그가 쓰던 벽난로, 물건, 사진, 작품 등이 전시되어 있다. 프랑스어와 독일어의 설명이 아쉽지만, 릴케의 흔적과 의미는 전해진다.

주소 Rue du Bourg 30, Case Postale 385, 3960 Sierre
위치 기차역을 등지고 Avenue de la Gare에서 바로 Rue du Bourg를 따라 우측으로 도보 이동 10분(주의! 중간에 나오는 릴케 박물관 주차장 사인은 따라가지 말자. 그 사인이 나오는 바로 뒷 건물이 릴케 박물관이다)
운영 화~일 14:00~18:00 **휴무** 월요일
요금 성인 CHF 10, 학생 CHF 5
※ 16세 이하 및 스위스 패스 소지자 무료, 매달 첫째 주 일요일 무료
전화 +41 (0)27 456 2646   **홈피** www.fondationrilke.ch

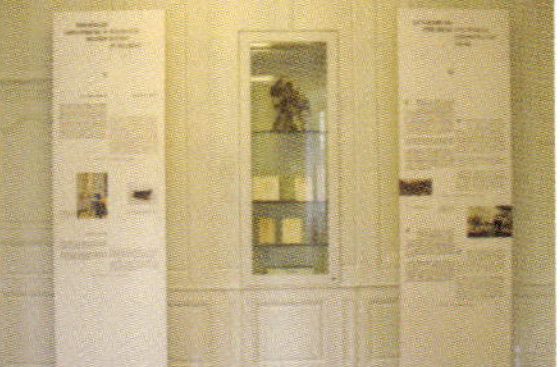

✚ 크랑-몬타나 Crans-Montana

크랑–몬타나는 1.5km 떨어진 크랑(동쪽)과 몬타나(서쪽) 마을을 합쳐서 부르는 지명이다. 시에르에서 100년 넘은 푸니쿨라(www.cie-smc.ch)를 타고 오르면 해발 1,500m의 몬타나에 도착하는데, 현대적인 체르마트 같은 이미지이다. 샬레풍 건물이 다수지만, 보다 현대적이고 사이즈가 크다. 동쪽 크랑도 몬타나와 쌍둥이처럼 닮았다. 두 마을은 도보로 20분이면 이동 가능하다.

골프와 하이킹의 천국인 크랑–몬타나는 160km에 달하는 슬로프와 프랑 모르트Plaine Morte 빙하를 따라 조성된 크로스컨트리 스키 길이 젊은 이들을 사로잡고 있다. 매년 4월이면 전자음악 및 힙합을 중심으로 한 카프리스 축제(www.caprices.ch)가 크랑을 중심으로 열린다.

크랑-몬타나로 이동하기

- 시에르에서 푸니쿨라로 몬타나 역 약 10분
  (매일 06:22~22:22 왕복 운행, 편도 CHF 6.8, 스위스 트래블 패스 소지자 무료)
- 시에르에서 버스로 약 30분

※ 크랑과 몬타나는 도보로 약 20분, SMC 버스로는 약 7분 소요된다.

Tip | 젊음의 도시, 크랑–몬타나

럭셔리 호텔과 숍, 유명 골프장의 이미지 때문인지 크랑–몬타나는 왠지 장년층이 더 많이 찾을 것 같으나 꼭 그렇지만은 않다. 160km에 달하는 피르스트와 파이프 존, 스노파크, 플랑 모르트Plaine Morte 빙하를 따라 조성된 크로스컨트리 스키 길이 젊은이들을 자극한다. 게다가 매년 4월 카프리스 축제(www.caprices.ch)가 크랑을 중심으로 열려 젊은이들로 발 디딜 틈이 없다.

GPS 46.303746, 7.467959

 크랑 쉬르 시에르 Crans-sur-sierre

1906년 오픈한 이래 1992년부터 매년 '오메가 유러피언 마스터스'가 열리는 명문 골프장이다. 크랑 쉬르 시에르 골프 코스는 세계에서 가장 높은 골프 코스이자 체르마트와 몽블랑 등의 알프스 명산에 둘러싸인 '세계에서 가장 아름다운 55개 코스' 중 하나다.

주소　Rue du Prado 20, 3963 Crans-Montana
코스　세브리아노 발레스테로스 코스Severiano Ballesteros Course(18홀)
　　　잭 니클라우스 퍼블릭 코스Jack Nicklaus Public Course(9홀)
요금　세브리아노 발레스테로스 코스 CHF 50~184
　　　잭 니클라우스 퍼블릭 코스 CHF 40~63
전화　+41 (0)27 485 9797
홈피　www.golfcrans.ch

크랑-몬타나 하이킹 체험(100주년 기념 트레일)

100년 전 만들어진 길로 크랑 쉬르 시에르 골프장 부근부터 아미노나까지 이어지는 평이하고 아름다운 트레일이다. 여행자가 현재 있는 지점부터 부분 하이킹 혹은 거꾸로 오는 루트도 가능하다. 크랑-몬타나까지는 주로 마을길을 따라 걷다가, 아미노나까지는 전나무와 목초지대의 언덕 위 길과 동굴 등을 지난다.

주요포인트지점 Les Mélèzes → Crans-Montana → Les Barzettes → Aminona

총길이 약 7.5km
소요시간 2시간 20분
(편도는 아미노나에서 크랑-몬타나까지 버스를 이용해 돌아오자)
고도차이 100m
방문최적기 4~9월
참고사이트 www.valais.ch

> **Tip | 크랑-몬타나에서의 호텔 선택**
>
> 크랑-몬타나에는 1,200여개의 호텔, 게스트하우스, 2,000개 이상의 장기투숙 아파트, 샬레 등 많은 숙박시설이 있다. www.crans-montana.ch 에서 예산과 기간에 맞춰 호텔을 선택하자.

➕ 브리그 Brig

브리그는 열차 교통의 요지이자 길목이다. 체르마트로 향하는 열차가 시작되는 지점이며, 주변 알레취 아레나로 가는 포스트버스 기착점으로 많은 여행자가 이곳을 지난다. 이탈리아와도 가까워 도모도솔라 Domodossola를 거쳐 이탈리아 밀라노로 향하는 거점이 되기도 한다. 차량으로 심플론 고개 Simplon Pass를 넘어 도모도솔라까지 이를 수 있다.

브리그로 이동하기
- 체르마트에서 비스프를 거쳐 열차로 약 1시간 30분
- 밀라노에서 열차로 약 1시간 50분
- 취리히에서 베른을 거쳐 열차로 약 2시간 10분

★ 인포메이션 센터
주소 Bahnhofstr.2, Brig
위치 기차역 나와서 맞은편 우체국 쪽 위치
운영 월~금 08:30~12:00/ 13:30~17:00
휴무 토·일요일
전화 +41 (0)27 921 6030
홈피 www.brig-simplon.ch

GPS 46.315301, 7.990649

★★★ 스톡칼퍼 성 Stockalperschloss

발레 지역의 유명 상인 스톡칼퍼가 지은 성으로 브리그의 상징이다. 모양 때문에 '양파 성'이라고 불린다. 지금은 박물관 및 기록보관서 등으로 활용된다.

주소 Alte Simplonstrasse 28, Brig
위치 기차역에서 Bahnhofst. 및 Alte Simplonst.를 따라 도보 10분
운영 박물관 5~10월 화~일 09:15~11:45/13:15~16:45, 1~4월 화 14:00~16:00
요금 박물관 무료 성 내부 투어 성인 CHF 12, 학생 CHF 6, 어린이 및 스위스 패스 소지자 무료 (시즌 화~일 매 시 30분, 비시즌 14:30 1회)
전화 +41 (0)27 921 6030
홈피 www.stockalperstiftung.ch

GENEVA AND GENEVA LAKE REGION
제네바와 레만 호수 주변 지역
HENRY-DUNANT
© www.geneve.com

제네바 꼬르나방 역.
독일어권에서 프랑스어권으로 넘어온 나는
시공간을 초월한 여행자마냥 그저 멍한 느낌이었다.
사인보드조차 읽을 수 없었고 두리번거리기만을
반복할 뿐 어떤 행동도 취하지 못했다.
그때 다가온 중년 여성 한 분. 능숙한 영어였다.
그제서야 내 입은 열리기 시작했고,
호텔을 찾노라 도움을 구했다.
활짝 웃으며 가는 방법을 알려준 그분도 알고 보니
제네바의 한 다국적기업에서 일하는 외국인.
제네바는 나에게 이방인이 낯선 이방인에게 손을 건네는
인도주의적이고 개방적인 도시로 다가왔다.

GENEVA

Janice Advice 패션 감각이 뛰어난 사람들이 많은 제네바를 여행할 때는 점퍼와 배낭을 잠시 캐리어에 넣어 놓는 것은 어떨까? 대신 저지 소재의 원피스에 플랫을 신고, 손가방을 들어보자. 그리고 시내 중심가의 노천카페에서 탄산수와 진한 에스프레소를 주문하고 제네바 시내를 걷는 현지인들을 바라보자.

Jay Advice 제네바가 처음이라면 제네바의 주요 관광지를 도는 미니 열차를 이용하여 제네바를 한 바퀴 돌아보면 도보 여행하는 데 참고가 된다.

여행정보

- **도시명** 제네바(Geneva, 영어), 쥬네브(Genève, 프랑스어), 겡프(Genf, 독일어)
- **주** 제네바
- **인구** 약 210,000명
- **주요 언어** 프랑스어
- **고도** 373m
- **키워드** 국제기구, 중세도시, 레만 호수, 시계, 종교개혁

스위스에서 두 번째로 큰 도시, 제네바는 '국제도시'라는 이미지로 강하게 다가온다. 현지에서 쥬네브Genève라 불리는 제네바는 미디어에서 접했듯이 각종 국제회의, 박람회 등 굵직굵직한 행사를 도맡아 하는 것처럼 보이기도 한다. 사실상 연간 700건 이상의 국제회의가 열리고 있어 그만큼 도시 곳곳이 깔끔하게 정돈되어 있고 다양한 인종, 다국적 사람들로 북적이는 메트로폴리탄Metropolitan다운 면모도 볼 수 있다. 프랑스 종교개혁운동가 장 칼뱅(1509~1564)이 주로 활동했던 무대가 제네바였기에, 제네바는 개신교의 성지로 불리기도 한다. 16세기 후반 종교 박해를 피해 프랑스에서 제네바로 망명한 시계 기술자들이 프랑스어권인 제네바와 인근 지역에 자리 잡은 까닭에 세계적인 시계 브랜드의 메카가 되었다.

👍 추천 여행 일정

1 | Only 제네바
구시가지 도보 여행 + 카루즈Carouge + 크루즈 + 시내 근교 전원 여행

2 | 제네바와 주변 지역
제네바 + 레만 호수 지역(로잔, 몽트뢰, 브베 등)
제네바 + 프랑스 여행(몽 살레브, 샤모니~몽블랑)

ℹ️ 인포메이션 센터

주소 Quai du Mont-Blanc 2, 1201 Genève
위치 꼬르나방 역에서 제네바 호수 방면으로 걸어서 8분 소요
운영 월~수·금·토 09:15~17:45, 목 10:00~17:45, 일 10:00~16:00
전화 +41 (0)22 909 7000 **홈피** www.geneve.com

❓ 분실물 서비스 센터

제네바 지역 여행 중 물건을 분실했다면 분실물 서비스 센터에 방문하여 신고하는 것도 한 가지 방법이다. 실제로 이곳을 통해 물건을 되찾은 경우가 많다고 한다.

※ 공항에서 분실했다면 공항 분실물 센터에 연락하면 된다.

주소 Rue des Glacis-de-Rive 5, Genève
위치 꼬르나방 역에서 61번 버스 (Annemasse-Gare행)를 타고 하차한 후 27m 떨어진 거리
운영 월~금 08:00~12:00, 13:30~16:00
휴무 토·일요일, 공휴일
전화 +41 (0)22 427 9000
홈피 www.ge.ch/en/lost-property

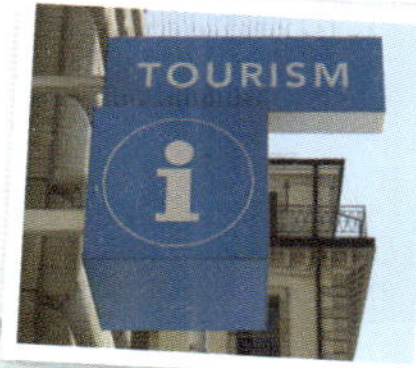

✚ 제네바 들어가기 & 나오기

프랑스에 거주하면서 제네바로 출퇴근을 하는 사람이 많을 정도로 제네바는 프랑스와 가까운 국제도시이다. 제네바 국제공항에서는 주당 112개 취항지로 운행되고 있어, 제네바 국제공항을 통해 스위스로 바로 입국하거나 또는 프랑스로도 입국할 수 있는 것이 특징이다. 스위스 중심도시 취리히 및 프랑스 파리 등지에서는 열차를 이용하여 3시간이면 이동 가능하다.

1. 차량으로 이동하기

제네바로 향하는 모든 도로는 유럽을 가로지르는 고속도로망의 십자로 선상에 있다. N1 고속도로를 이용하여 레만호를 끼고 제네바를 둘러보고 시내 중심지로 곧바로 이동할 수도 있다. 프랑스와 국경을 접하고 있는 바르도네Bardonnex에서 프랑스의 리옹Lyon과 파리 또는 샤모니Chamonix, 이탈리아로 향하는 A40 고속도로에 합류하여 여행을 이어나가기 편리하다.

2. 항공으로 이동하기

유럽의 주요 도시에서 제네바까지 이동할 때 가장 편리한 방법은 아마도 항공편일 것이다. 제네바 국제공항은 취리히 국제공항 다음으로 취항하는 노선이 많다. 공항과 연결된 제네바 공항 역에서 제네바 시내의 꼬르나방 역까지는 열차로 6분밖에 걸리지 않는다. 러시아워에는 12분 간격으로 열차가 운행된다. 항공 운항 정보 및 기타 자세한 정보는 제네바 공항 홈페이지(www.gva.ch) 참조.

★ 제네바 국제공항
주소   Route de l'Aéroport 21, 1215 Le Grand-Saconnex
전화   **일반 정보** +41 (0)22 717 7105
      운항 정보 +41 (0)90 057 1500

공항 도착층으로 나가는 게이트 열 터켓발매기에서 제네바 공항에서 제공하는 대중교통 무료 터켓을 받을 수 있다.

3. 열차로 이동하기

제네바 중앙역인 꼬르나방 역^{Gare Carnavin}을 통해 스위스 내 주요 도시 뿐 아니라, 초고속열차 TGV를 이용해 파리까지 약 3시간이면 편리하게 이동할 수 있다. 꼬르나방 역에서는 도보나 트램으로 시내 주요 중심가까지 5분이면 이동 가능하며, 역 주변에서 시내 및 시내 외곽으로 향하는 버스 노선이 다양해 언제나 많은 사람으로 붐빈다.

✚ 제네바 시내에서 이동하기

1. 버스·트램 이용하기

제네바는 작은 도시지만 조밀한 교통망을 형성하고 있는 것이 특징. 트램, 버스, 수상택시, 열차로 편리하게 여행할 수 있고, 구간 티켓은 각 정차역에서 구입 가능하다. 일일이 구매하기 힘들다면 기차역의 발권 사무실 또는 공식 지정 판매처에서 선불카드를 발급받아 사용하면 된다.

※ 스위스 트래블 퍼스 유효. 노선 및 시간표는 www.tpg.ch 참조.

Tip 대중교통 무료로 이용하기

스위스 패스 없이 제네바를 여행하거나 출장으로 하루 또는 며칠 머물게 되는 여행자에게 권하고 싶은 최적의 두 가지 방법을 제안한다.

❶ 제네바 교통카드
Geneva Transport Card
제네바 내의 호텔, 유스호스텔 또는 캠프사이트에서 머무는 여행객이라면 머무는 동안 대중교통을 무료로 이용 가능한 제네바 교통카드를 체크인 시 받을 수 있다(제네바 시에서 운행하는 유니레소^{UNIRESO} 트램, 버스, 열차, 수상택시를 무제한 이용 가능).

❷ 제네바 패스 Geneva Pass
제네바 주요 박물관과 갤러리, 올드타운 가이드 투어, 유람선 크루즈 등 총 60개의 액티비티를 무료로 이용할 수 있다. 대중교통 기능이 있는 옵션을 선택하면 제네바 내 버스 및 트램, 열차 2등석 무료 탑승이 가능하다. 짧은 일정이라도 알찬 여행을 보내려는 여행자에게 추천한다.

요금 대중교통 포함한 패스 24시간 CHF 29, 48시간 CHF 42, 72시간 CHF 55

홈피 www.geneva.com (온라인 예약 및 결제 후, 확정 메일을 출력해서 사용 혹은 제네바 여행자 안내 센터 방문)

2. 수상택시와 유람선 이용하기

영어로는 제네바 호수, 불어로는 레만 호수는 스위스에서 가장 큰 규모의 호수이다. 좌우로 긴 모양이기 때문에 제네바 시내 곳곳이나 프랑스로 이동 시에는 호수를 가로지르는 편이 훨씬 빠를 때가 있다. CGN 유람선과 수상택시 탑승장이 헷갈릴 수 있으니, 아래 내용을 잘 보고 일정에 맞는 여정을 선택하자.

수상택시

© Geneva Tourism

제네바 로컬들은 수상택시인 무에테 제네바오즈 Mouettes genevoise를 타고 출퇴근하거나 이동한다. 제토 분수와 더불어 무에테 제네바오즈는 제네바의 명물로 가격이 저렴하여 누구나 쉽게 이용할 수 있다. 노선은 M1, M2, M3, M4가 있다.

운영 월~금 07:30~19:30, 토~일 10:00~18:00
요금 **유니레소티켓 편도** 성인 CHF 2, 어린이 CHF 1.8
※ 제네바 교통카드 무료
홈피 www.geneva.com

★ 구간 안내

M1 Pâquis ↔ Molard
M2 Pâquis ↔ Eaux-Vives (M1, M2 10분 간격 운행)
M3 Pâquis ↔ Genève-Plage/Port Noir
M4 Genève Plage/Port Noir ↔ de Chateaubriand
(M3, M4 30분 간격 운행)
※ 각 선착장 위치는 지도에서 확인(p.344~345)

CGN 유람선

CGN 유람선은 제네바 시내에서뿐 아니라 레만 호숫가에 위치한 스위스 니옹, 로잔, 브베, 몽트뢰 및 프랑스 에비앙, 이브와 등 다양한 여정을 제공하는 유람선 회사이다. 제네바에서는 1시간, 2시간의 제네바 투어를 운영하며, 인근 프랑스로의 여행 및 출퇴근 목적의 이용자들에게 단비와 같은 교통편이 되어 준다. 스위스 패스 소지자는 모든 노선 이용이 무료이다.

Tip : 제네바 투어

꼬르나방 역 도보 10분 거리에 위치한 몽블랑 선착장Quai duMont-Blanc을 출발해, 영국식 정원Quai du Jardin Anglais, 제토 분수 및 UN본부 등을 둘러보고 다시 몽블랑으로 돌아오는 1시간 투어 일정이 여행자들에게 인기가 많다. 특정 시간엔 영국식 정원에서 출발이 가능하다(성인 기준 CHF 19). 제네바 북쪽에 위치한 호숫가 마을들을 더 둘러보고 오는 2시간 코스의 제네바 그랜드 투어도 있다(성인 기준 CHF 23.2). 앱스토어에서 'CGN Tours'를 무료 다운받으면 영어, 불어, 독어, 중국어로 투어 설명을 들을 수 있다. 4월 중순부터 10월 중순까지는 매일 운영하며, 그 외 시기는 금요일 혹은 주말만 운영하므로, 방문 시기 운영시간을 미리 확인하자.
홈피 www.CGN.ch

© CGN

  제네바 인사이더의 여행법

❶ 구시가지 미니 열차 투어 Tramway Tours de Genève

긴 시간 걷기 싫다면 구시가지 주요 사이트를 좀 더 편하게 즐길 수 있는 미니 열차를 권하고 싶다. 작은 트램 종류인 50인승 미니 열차는 뀌데 베르크Quai des Bergues에서 출발해 오페라 하우스와 라트 박물관 등을 거쳐 다시 출발지로 돌아온다. 시간은 35분 소요되며 성 피에르 대성당(p.349)에서도 하차가 가능하다.

출발-도착 Quai des Bergues
운영 3~12월 첫 운행 10:45, 마지막 운행 16:55 ※ 45분 간격
요금 성인 CHF 11.9, 어린이 CHF 7.9 ※ 제네바 패스 무료
홈피 www.geneva-sightseeing-tour.ch

❷ 제네바 호반 따라 즐기는 미니 열차

작은 미니 열차를 타고 제네바 호수를 따라 예쁜 정원과 제토 분수 등을 관람해보자. 단, 날씨에 따라 운행에 변동이 있으니 사전에 스케줄이 가능한지 확인하자.

출발-도착 영국인 정원 English Garden
운영 4~10월 첫 운형 10:15, 마지막 운행 18:30 ※ 45분 간격
※ 월별·주말 상세 운영 시간이 다르므로 사전에 홈페이지 확인
요금 왕복 기준 성인 CHF 8, 어린이 CHF 5
홈피 www.petit-train.ch

❸ 종선 Port Jonction

종선은 두 강이 만나 서로 합쳐지지 않고 각기 다른 빛깔을 내는 것이 신비한 곳. 로컬들의 인기 스폿으로 각 두 강은 레만 호수 쪽에서 흐르는 론Rhone 강과 샤모니 쪽 빙하가 흘러 황토 빛이기도 하고 때론 우윳빛이기도 한 아르브Arve 강이다. 각 강의 온도나 유속, 깊이가 달라서 서로 만나도 합쳐지지 않아서 신기하다. 최고의 사진 앵글을 담으려면 Viaduc de la Jonction 다리를 찾아가자. 다리는 Cafe De La Tour를 기준으로 좀 걸으면 나온다.

주소 Chem. William-Lescaze 29, 1203 Genève
위치 2, 4, 11, 14, 19, D 트램을 타면 Junction까지 갈 수 있다. 여기서 성 조지Saint Georges 다리를 건너자마자 바로 우측에 Route des Peniches라는 오솔길이 나온다. Cimetiére 사인이 보일 텐데, 거기서 강을 따라 약 10분 정도 걷다 보면 빨간색과 회색의 건물인 Cafe de la Tour가 나온다. 거기서 보이는 큰 다리가 Jonction이다(길을 헤매는 사람이 많으니, 지도를 보고 잘 찾아가자).

❹ 에르망스 비치
Hermance Beach

스위스 여름은 생각보다 시원하지 않다. 제네바를 여름철에 방문하게 된다면, 제네바 시민들의 히든 플레이스, 에르망스 비치를 추천하고 싶다. 제네바 주 북쪽에 위치한 이곳은 매력적인 중세 마을의 중심지가 있고, 조약돌 해변과 아름다운 초원으로 둘러싸여 있어 반나절 정도 즐거운 한때를 보내기 좋다.

주소 Plage d'Hermance, 1248 Hermance (제네바 꼬르나방 역에서 약 40분 소요)
운영 5월 중순~9월 중순 09:00~19:00
요금 성인 CHF 3

불리유 공원
Parc Beaulieu
성 삼위일체 교회
Église de la Sainte Trinité
(800m)
뒤크레 제과점
Pâtisserie Ducret
(1.7km)
아리아나 박물관(3.1km)
국제 적십자 적신월 박물관(3.2km)
팔레 데 나시옹(3.4km)
쿱
Coop Supermarché
호텔 키플링 마노틸
Hôtel Kipling Man
Rue du Grand-Pré
Rue du Fort-Barreau
Rue de Montbrillant
Rue de Berne
제네바 꼬르나방 역
Geneva Cornavin CFF Train Station
Rue de la Servette
Gare Cornavin CFF
호텔 크리스털
Hôtel Cristal
바실리카 성모 성당
Basilique of Notre-Dame de Genève
Rue de Chantepoulet
호텔 브리스톨
Hôtel Bristol
Rue Voltaire
Rue des Terreaux-du-Temple
Rue du Mont-Blanc
마노르 백화점
Manor Genève
한식당 밥
Bap
부티크 파바르제
Boutique Favarger
루소 섬
Île Rousseau
론 강
Le Rhône
공원
Parc Saint-Jean
Quai du Seujet
Pont de la Coulouvrenière
Rue du Rhône
글로부스 백화점
Globus Genève Grand Magasin
Rue du Marché
퍼플 앤 골드레인
Purple and Gold Rain
백화점
Bongénie Grieder
종선
Port Jonction
레 자무르 레스토랑
레 자무르 호텔
Hôtel Les Armures
Grand-Rue
라트 박물관
Musée Rath
무기고
Ancien Arsenal
Boulevard de Saint-Georges
뇌브 광장
Place Neuve
시청사
Hôtel-de-Ville
카페 & 레스토랑 파퐁
Cafe & Restaurant Papon
종교개혁비
Le Mur des Réformateurs
공원
Treille Promenade
Avenue du Mail
Boulevard Georges-Favon
현대미술관
MAMCO(Musée d'Art Moderne et Contemporain)
파텍 필립 박물관
Patek Philippe Museum
제네바 대학교
Université de Genève

제네바
N
레만 호수
Lac Léman
Rue des Pâquis
Quai Wilson
미그로 슈퍼마켓
Migros
쿱
Coop Supermarché
호텔 에델바이스
Hôtel Edelweiss
레스토랑 에델바이스
Quai du Mont-Blanc
파키 선착장
Genève Pâquis
오비브 선착장
Eaux-Vives
인포메이션 센터
CGN 몽블랑 선착장
Quai du Mont-Blanc
제토
Jet d'Eau
도멩 드 크레브 꿰르
Domaine de Crève Coeur
(8.9km)
공원
Parc de la Grange
du Mont-Blanc
Quai Gustave-Ador
Rue des Eaux-Vives
CGN 영국인 정원 선착장
Quai du Jardin Anglais
바프
Wap
모라드 선착장
Genève-Molard
쿱
Coop Supermarché
꽃시계 – 영국인 정원
Jardin Anglais
미그로 슈퍼마켓
Migros
Rue de Montchoisy
봉보니에르 초콜릿
La Bonbonnière Chocolaterie
쇼콜라티에 스테틀러
Chocolatière Stettler
마들렌느 교회
Temple de la Madeleine
Rue de Rive
Avenue Pictet-de-Rochemont
Boulevard Helvétique
Route de Frontenex
종교개혁 박물관
Musée International de la Réforme(MIR)
성 피에르 대성당
Cathédrale St. Pierre
미그로 슈퍼마켓
Migros
쿱
Coop Supermarché
까렌다쉬 Boutique Caran c'Ache
Rue de la Terrassière
부르 뒤 푸르 광장
Place du Bourg-de-Four
공원
Parc de l'Observatoire
예술사 박물관
MAH Musée d'Art et d'Histoire
자연사 박물관
Muséum d'Histoire Naturelle
* km 표시는 제네바 기차역 기준

✚ 제네바 둘러보기

제네바 도보 여행 제네바 선착장과 구시가지를 둘러보는 일정으로 도보로 2~3시간 소요된다. 제네바 파키 Genève-Pâquis에서 수상택시 무에테를 타고 제네바 오–비브Genève Eaux-Vives로 이동하여 시원하게 쏘아대는 제토를 보는 것으로 일정을 시작해보자. 너무 많이 걷기 싫다면, CGN 유람선으로 먼저 무료 오디오 가이드를 들으며, 레만 호수를 돌아보고 집중하고 싶은 지역을 선택해도 좋다.

★ 이런 순서대로 걸어보면 좋아요

❶ 제토 → ❷ 꽃시계-영국인 정원 → ❸ 루소 섬 → ❹ 뇌브 광장 → ❺ 종교개혁비(*레스토랑 '파퐁'에서 음료 또는 식사) →
❻ 시청사 & 무기고 → ❼ 부르 뒤 푸르 광장

★★★

GPS 46.207386, 6.155879

제토 Jet d'Eau

구스타브–아도르Gustave-Ador 부두에 있는 이 도시의 유명한 트레이드마크로 제토는 '분수'라는 뜻이다. 제네바 호수를 상징하는 제토 분수는 1886년에 처음 만들어졌고, 세계에서 가장 긴 분수 중 하나로 약 140m 높이의 물줄기를 호수면 위로 쏘아 올린다. 무에테 제네보아즈 수상택시에 올라 선착장에서 다른 선착장으로 유람하며 분수를 바라볼 수 있다.

주소	Quai Gustave-Ador, 1207 Genève (시내 중심가, 호숫가)
위치	버스 2, 6번 Vollande에서 하차 또는 수상택시 M2 Eaux-Vives에서 하차
운영	여름 시즌 09:00~23:00, 겨울 시즌 10:00~16:00, 3·4월 일루미네이션 기간 10:00~22:30 (매년 운영시간이 조금씩 다름) **휴무** 10월 말~11월 중순, 강풍이나 영하 2도 이하 시

★★★

GPS 46.204093, 6.151902

꽃시계–영국인 정원 Jardin Anglais

영국인 정원은 1854년 레만 호수 근처 몽블랑 다리 건너편 제방에 조성되었다. 구시가지와 가까운 까닭에 제네바 시민뿐 아니라 관광객들에게도 인기가 많다. 1815년 제네바가 스위스 연방에 가입한 것을 기념하는 국가 기념비와 손에 칼과 방패를 둔 두 여자의 동상도 있다. 이 외에도 널리 알려진 알록달록 꽃시계가 있어 찾기 쉽다.

주소	Rues-Basses Longemalle, 1204 Genève
위치	꼬르나방 역에서 도보 10분 거리

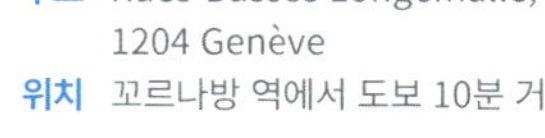

★☆☆ 루소 섬 Île Rousseau

루소 섬은 16세기 말 제네바의 요새 역할을 하다가 1628년에는 조선소로도 사용된 곳이다. 그러다가 1832년, 이 작은 섬으로 가는 베르그 다리가 건설 되면서 철학자 장 자크 루소가 사색과 몽상을 위해 즐겨 찾았다 하여, 루소 섬으로 이름 붙여졌다. 루소의 조각상도 만날 수 있다.

주소 Île Rousseau, 1204 Genève
위치 버스 6, 8, 9번
Mont-Blanc에서 하차

★★★ 뇌브 광장 Place Neuve

제네바의 문화적 중추인 이 광장에는 적십자의 공동 설립자인 뒤푸르Dufour 장군의 동상이 서 있다. 광장에는 **대극장**Grand Théâtre과 **음악원**Le Conservatoire de la Musique이 위치하고 있는데 대극 장은 1874년, 음악원은 1858년에 설립되었다. 그리 넓진 않지만 오래전부터 제네바 시민들이 휴식을 즐기기 위해 찾는다.

주소 Place de Neuve, 1204 Genève
위치 버스 3, 5번 Place de Neuve에서 하차,
트램 12, 15번 Cirque에서 하차, 도보 5분

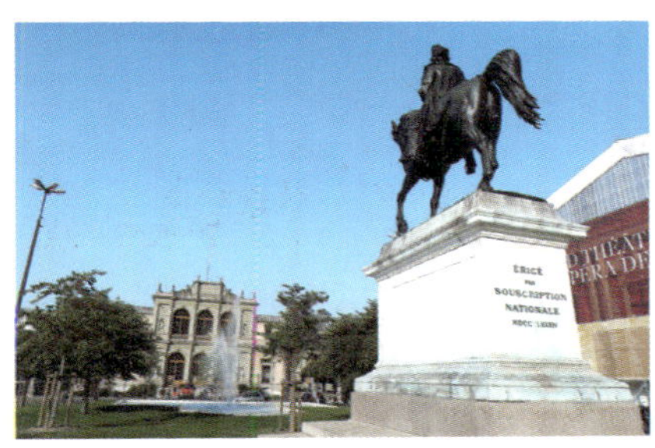

★★☆ 종교개혁비 Le Mur des Réformateurs

종교개혁 기념비는 바스티옹 공원에 있는 구시가지 성벽 아래, 16세기부터 내려오는 성벽을 따라 1917년 세워졌다. 이 기념비는 91m 거대한 높이로, 좌로부터 기욤 파렐, 장 칼뱅, 테오도르 드 베즈, 존 녹스 순서로 제네바에서 활동 한 주요 종교개혁 지도자들의 모습이 조각되어 있다. 이 외 에도 영국 청교도단 크롬웰, 루터, 츠빙글리의 조각도 있 다. 벽에 새겨진 "Post Tenebras Lux"는 "어둠 이후에 빛 이 온다"는 뜻으로 제네바의 모토이기도 하다. 개신교 순 례여행의 필수코스.

주소 Les Bastions, 1204 Genève
위치 버스 3, 5번 Place de Neuve에서 하차

✚ 제네바 구시가지

구시가지의 좁다란 길을 따라 걷다 보면 성 피에르 대성당, 시청사, 무기고 그리고 종교개혁과 관련된 역사적 유적들과 카페 레스토랑, 파퐁 같이 유서 깊은 레스토랑과 카페들을 만날 수 있다. 인적 없는 이른 오전, 저녁에 구시가지에 있다 보면 타임머신을 타고 중세로 돌아간 듯한 착각이 든다. 만약 시간이 된다면 마이리얼트립이나 클룩 등 OTA에서 제네바 구시가지 가이드 투어를 신청하여 제네바 역사에 대해 좀 더 깊이 알아보길 추천한다.

★☆☆　　GPS 46.200852, 6.147028

시청사 & 무기고
Hôtel-de-Ville & Ancien Arsenal

대성당과 인접한 이 건물은 계단 대신 조약돌을 깔아 만든 경사로가 특징이다. 1864년 초기 적십자사가 바로 이곳에서 시작되었으며, 건물 외 또 다른 볼거리로 1455년 건축된 탑과 무기고가 있다. 건물 앞의 무기고는 회랑 형식의 구조물로, 안쪽에 1683년 주조된 대포가 전시되고 있다.

주소 Rue de l'Hôtel-de-Ville 2, 1204 Genève
위치 꼬르나방 역 근처 Bel-Air에서 12번 트램 Place de Neuve에서 하차 후 도보 4분. Coutance에서 3, 5번 버스 Palais Eynard에서 하차 후 도보 5분

★☆☆　　GPS 46.200170, 6.149102

부르 뒤 푸르 광장
Place du Bourg-de-Four

성 피에르 대성당에서 멀리 떨어져 있지 않은 이 광장에는 1707년 건축된 법원Palais de Justice이 있다. 주변에 분수대, 수많은 앤티크 상점 및 아트 갤러리가 있으며, 광장 한쪽의 작은 공간에는 가녀린 소녀의 동상, 클레멍틴Clémentine이 있다. 이 소녀상 주변에는 유아 및 여성 그리고 사회 약자를 보호하고자 하는 글귀들이 걸려 있다.

주소 Place du Bourg-de-Four, 1204 Genève
위치 제네바 꼬르나방 역에서 버스 3, 5번 Palais Eynard에서 하차 후 도보 2분

종교개혁 박물관 Musée International de la Réforme (MIR)

제네바를 여행하다 보면 생각보다 많은 한국인 단체들을 만날 수 있는데 종교개혁과 관련된 주요 유적지를 탐방하기 위한 종교단체일 경우가 의외로 많다. 개신교인들은 종교개혁을 꽃피운 이곳에 한 번쯤 여행하고 싶어 하며 가톨릭교인들도 순례길상에 있는 제네바를 의미 있는 성지로 여긴다. 2004년에 개관한 종교개혁 박물관은 16세기부터 내려오는 종교개혁 관련 자료를 통해 개신교와 가톨릭교와의 과거 갈등 문제 및 칼뱅에 대해 자세히 알아볼 수 있다.

주소 Rue du Cloître 4, 1204 Genève

위치 구시가지 내 성 피에르 대성당 부속건물. 꼬르나방 역에서 8번 버스 탑승(Veyrier 방면) Rive에서 하차. 버스 10번(Rive 방면) Molard에서 하차 후 2, 7, 12번 탑승 Cathedral에서 하차

운영 화~일 10:00~17:00
휴무 월요일, 성탄절 및 1월 중 일부

요금 성인 CHF 13, 학생(17~25세) CHF 8, 어린이(7~16세) CHF 6
※ 한국어 오디오 가이드 무료, 제네바 패스 소지자 무료

전화 +41 (0)22 310 2431
홈피 www.musee-reforme.ch

---

more & more 제네바의 주요 성지 순례 성당 및 교회

❶ 성 피에르 대성당 Cathédrale St. Pierre

구시가지에서 가장 높은 곳에 위치한 대성당으로, 타워에 오르면 숨이 탁 트이는 파노라마 전경을 즐길 수 있다(타워 입장 성인 CHF 7). 사실 그보다 더 중요한 의미는 칼뱅이 설교하던 교회였다는 점. 칼뱅의 설교 의자를 볼 수 있다. 초기 가톨릭 성당이었으나 종교개혁 이후 개혁교회로 전환되어 내부가 소박하다. 초기 기독교 장소로, 고고학적 유적으로 그 가치가 높은 곳이다. 교회 지하 방문도 놓치지 말자.

주소 Cour Saint-Pierre, 1204 Genève   **홈피** www.saintpierre-geneve.ch

❷ 마들렌느 교회 Temple de la Madeleine

구시가지 중심에 위치한, 제네바에서 가장 오래된 12세기에 기원한 교회 중 한 곳이다. 역시 가톨릭 성당에서 개신교 교회로 전환된 수수한 구조의 교회로, 제네바 종교개혁의 도시 변화를 보여주는 살아 있는 증거이다.

주소 Rue de Toutes-Ames 20, 1204 Genève   **홈피** www.ref-genf.ch

❸ 바실리카 성모 성당 Basilique Notre-Dame de Genève

꼬르나방 역 바로 앞에 위치했으며, 19세기에 건립된 가톨릭 성당이다. 종교개혁 이후 개신교 도시가 된 제네바에서 가톨릭 신앙이 다시 공식적으로 자리 잡았음을 보여주는 상징으로, 다른 개신교 교회들과 비교해서 방문하기 좋다. 네오고딕 양식의 화려한 내부를 자랑한다. 성 제임스 St.James 길부터 산티아고 드 콤포스텔 Santiago de Compostela까지 이어지는 성지 순례 루트에서 중요한 성당 중 한 곳이다.

주소 Rue Argand 3, 1201 Genève   **홈피** www.cath-ge.ch/notre-dame

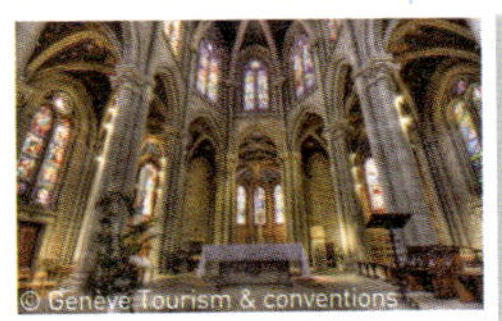

★☆☆ 국제 적십자 적신월 박물관
Musée International de la Croix-Rouge et du Croissant-Rouge

1988년 국제적십자위원회 본부 내에 창립된 박물관으로 적십자 창시자이며 제네바에서 탄생한 앙리 뒤낭 Jean Henri Dunant 및 기구 설립에 참여한 인물들에 대한 기록과 역사를 각종 영상과 사진을 통해 소개하고 있다. 생명 존중 사상과 평화의 중요성을 일깨워 준다.

주소 Avenue de la Paix 17, 1202 Genève(국제 구역 내)
위치 꼬르나방 역에서 버스 8번 Appia에서 하차.
공항에서 버스 28번, Jardin Botanique에서 하차
운영 4~10월 10:00~18:00, 11~3월 10:00~17:00
휴무 월요일, 12월 24·25·31일, 1월 1일
요금 **상설전시** 성인 CHF 15, 12~22세 CHF 10,
만 11세까지 무료
※ 제네바 패스 소지자 무료
전화 +41 (0)22 748 9511
홈피 www.redcrossmuseum.ch

★★☆ 아리아나 박물관 Musée Ariana

소위 '불의 예술'이라 불리는 도자기와 유리작품을 마치 궁전과도 같은 우아한 전시공간에서 만나볼 수 있다. 유럽 및 중동 등에서 들여온 2만 5,000여 점의 12세기 예술품을 소장한 유럽 최고 박물관 중 하나다.

주소 Avenue de la Paix 10, 1202 Genève(국제 구역 내)
위치 버스 5, 8, 11, 18. 22번, 트램 15번 Appia에서 하차
운영 화~일 10:00~18:00 **휴무** 월요일
요금 전시에 따라 요금이 다르며, 18세 이하 및 매월 첫째 주 일요일 무료 ※ 스위스 패스 및 제네바 패스 소지자 무료
전화 +41 (0)22 418 5450
홈피 www.ville-ge.ch/ariana

★★☆ 파텍 필립 박물관 Patek Philippe Museum

2001년에 개관한 파텍 필립 박물관은 파텍 필립 시계와 역사를 살필 수 있는 곳이다. 뿐만 아니라 5세기에 걸친 유럽과 스위스 시계의 전통과 역사, 제작에 관련된 모든 자료가 망라되어 있어 단숨에 관람객의 눈과 마음을 사로잡을 것이다. 특히 16~18세기에 제작된 시계 500여 점은 가격을 매길 수 없을 만큼 그 희소가치가 높은 것으로 알려져 있다. 스위스 시계에 관심이 많다면 절대 놓쳐서는 안 될 곳.

주소 Rue des Vieux-Grenadiers 7, 1205 Genève
위치 트램 12, 15번 Plainpalais 하차, 1번 Ecole de Médecine 하차
운영 화~금 14:00~18:00, 토·일 10:00~18:00 **휴무** 월요일
요금 성인 CHF 10, 노인·장애인·학생 등 CHF 7, 18세 미만 무료
※ 제네바 패스 및 스위스 뮤지엄 패스 소지자 무료
전화 +41 (0)22 707 3010
홈피 www.patekmuseum.com

현대 미술관 Musée d'Art Moderne et Contemporain (MAMCO)
★★☆

제네바 중심에 위치한 현대 미술관, 맘코Mamco는 이름처럼 현대미술에 중점을 둔 곳이다. 스위스에서 가장 최근에 생긴 미술관으로, 오래된 공장 건물 사이에 자리한 것부터 독특한 면모를 선보인다. 1960년대 초기부터 현대에 이르기까지 광범위한 예술품이 전시되고 있으며, 이곳의 작품들은 공공기관 및 개인 소장가로부터 기증받았다. 제네바 패스 소지자 무료 입장.

주소 Rue des Vieux-Grenadiers 10, 1205 Genève (시내 중심가, Bains 구역)

위치 트램 12, 15번 Rond-point de Plainpalais, 버스 1번 École de Médecine

운영 화~금 12:00~18:00(매달 첫째 주 수요일 12:00~21:00), 토·일 11:00~18:00 **휴무** 월요일

요금 성인 CHF 15, 기타 할인가 CHF 10, 18세 이하 학생 무료 매달 첫째 주 일요일 무료

전화 +41 (0)22 320 6122

홈피 www.mamco.ch

Tip | 과학에 흥미 있는 여행자라면 여기!

댄 브라운의 소설 『다빈치 코드』에 등장해 대중에게 알려진 유럽원자핵공동연구소CERN가 제네바 외곽에 위치한다. 높이 27m, 지름 40m 크기의 연구소의 상징, 과학과 혁신의 구(球)가 벌판 위에 우뚝 솟아 있는데, 구의 크기는 정확히 로마의 성 바실리카 성당의 돔 지붕과 일치한다. 방문객들은 이곳에서 입자의 세계와 빅뱅에 대해 심도 깊은 탐방을 할 수 있다.

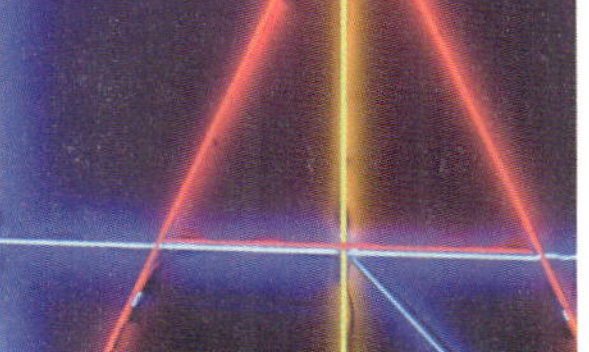

예술사 박물관 MAH Musée d'Art et d'Histoire
★★★

제네바 예술사 박물관은 스위스에서 가장 큰 박물관 중 하나로 고고학, 순수 예술작품, 응용 미술작품을 포함, 약 65만 점의 오브제가 소장되어 있다. 아크나톤 시대부터 피카소, 로저 푼트까지 시대를 광범위하게 어우르는 특별전시가 매년 12번 정도 열린다. 구시가지 중심가에 위치한다.

주소 Rue Charles-Galland 2, 1206 Genève

위치 구시가지에 위치, 성 피에르 대성당에서 도보 5분 거리

운영 화·수·금~일 11:00~18:00, 목 12:00~21:00 **휴무** 월요일

요금 상설전시 무료(특별전시 CHF 5) ※ 제네바 패스 소지자 무료

전화 +41 (0)22 418 2600

홈피 institutions.ville-geneve.ch/fr/mah/

제네바 주변으로의 여행 - 소박한 마을과 자연

국제도시 제네바 중심가를 조금만 벗어나도 제네바 구시가지와 시내와는 확연히 다른 분위기의 와이너리와 전원 지역이 그림같이 펼쳐진다. 지도를 보면 알겠지만, 제네바는 프랑스와 바로 인접해 있어 프랑스에 있는 몽 살레브나 알프스 미봉 중 하나인 에귀 디 미디 Aiguille du Midi의 베이스 타운인 샤모니까지는 전용 차량으로 이동한다면 불과 1시간 남짓 거리이다.

❶ 소박한 시장 마을, 카루즈 Carouge

제네바에서 트램으로 10분 거리에 위치한 지중해풍의 작은 마을 카루즈는 오래된 보헤미안 스타일 마을이다. 거리마다 예술적인 부티크, 식료품점, 공예품점, 레스토랑이 즐비하며, 생동감이 넘쳐 흐른다. 매주 수, 토요일 오전 시장이 열리는 시간엔 더 활기차진다.

주소 Rue Ancienne, 1227 Carouge
위치 트램 12번, 마르셰 Marché 하차
홈피 www.carouge.ch

© Geneva Tourism

❷ 제네바 와이너리

제네바는 스위스에서 세 번째로 큰 와인 생산지이다. 피노 누아와 가메 품종이 유명하다. 제네바 시내에서 교외로 약 5~10분만 나와도 비옥한 포도밭이 늘어서 있는 걸 쉽게 볼 수 있는데, 사티니 Satigny, 쥐씨 Jussy, 뤼쌩 Russin 등이 와이너리가 있는 작은 마을들이다. 5월엔 오픈셀러 행사, 9월엔 와인 축제 등이 열린다.

▶▶ 사티니-와인테이스팅 체험

사티니에선 '라 카브 드 주네브 La Cave de Genève'를 추천한다. 1시간 30분 동안 가벼운 스낵과 함께 5개의 와인 테이스팅, 기초적인 와인에 대한 이해와 내부 투어 등이 포함되어 있다.

주소 Rue du Pré-Bouvier 30–1242 SATIGNY
운영 월~금 7:30~12:30/13:30~8:30
요금 1인 CHF 45
　　　 (최소인원 4인이나, 4인 미만 시 별도 문의)
전화 +41 (0)22 753 1133
　　　 ※ 문의: info@cavedegeneve.ch
홈피 www.cavedegeneve.ch

▶▶ 전기 툭툭 와이너리 투어

© Welo Swiss

전기 툭툭을 타고 제네바에서 출발해 와이너리 1~2곳을 방문하며 돌아보는 흥미로운 체험이다. 이 외 전기자전거를 타고 둘러보는 옵션도 있다.

주소 Chemin du 23 août, 13, 1205 Genève
운영 월~금 09:00~17:00, 토 09:00~13:00
요금 툭툭 3시간 CHF 380 (최대 4명),
　　　 와인 셀러 테이스팅 CHF 20
전화 +41 78 607 1010
　　　 ※ 문의: reservation@welo.swiss
홈피 www.welo.swiss

❸ 프랑스로의 하루 여행

▶▶ 샤모니 몽블랑 Chamonix Mont-Blanc

프랑스 론알프스를 대표하는 알프스 산, 몽블랑을 스위스 산으로 알고 있는 이들이 많다. 제네바에서 몽블랑을 감상하기 위해 찾는 샤모니까지 꽤 가깝다. 샤모니는 동화 속 마을처럼 아기자기하며, 에귀 디 미디 Aiguille du Midi와 브레방 전망대 Le Brévent를 찾는 여행자들로 늘 붐빈다. 제네바 공항이나 제네바 시내에서 버스를 이용하면 약 1시간 20분 전후면 도착이 가능하며, 열차로는 프랑스에서 한 번 더 환승해야 해서 2시간 반 정도 소요된다.

주소 Chamonix, France
위치 **버스** 제네바나 제네바 공항에서 AlpyBus, FlixBus 등을 사전 예약해서 탑승하면 1시간 20분 소요
전화 **샤모니 관광청** +33 (0)45 053 0024
홈피 **샤모니 관광청** www.chamonix.com

▶▶ 제네바-이브와: 유람선 여행

스위스 사람들이 봄꽃 필 때면, 주말에 여행하는 곳이 이브와 Yvoire이다. 프랑스에서 가장 아름다운 중세 마을로 손꼽히는 이브와는 수선화로 뒤덮인 들판과 성곽, 오래된 가옥 등을 배경으로 예쁜 사진을 찍을 수 있는 포토제닉한 마을이다. 봄부터 가을까지는 제네바에서 이브와까지, 겨울에는 기차로 니옹까지 가서 유람선으로 이브와로 이동한다.

주소 **몽블랑 선착장(Genève Mont-Blanc)** Quai du Mont-Blanc, 1201 Genève
영국인 정원 선착장(Genève Jardin-Anglais) 1207 Genève
요금 **편도 1등석** 성인 CHF 42, 어린이 CHF 21
2등석 CHF 30, 어린이 CHF 15 (6세 미만 무료)
※ 탑승 시간 약 1시간 30분, 스위스 패스 소지자 무료
전화 **CGN 유람선 회사** +41 (0)90 092 9929
홈피 **CGN 유람선 회사** www.cgn.ch

출발 (제네바 시내)	**봄** 4월 중순~ 6월 중순 **가을** 9월 초~ 10월 중순 이후	**여름** 6월 중순~ 9월 초
몽블랑 선착장	매일 10:45, 14:45	매일 10:45, 14:45, 18:45
영국인 정원 선착장	없음	매일 12:35, 15:50, 19:00

국제연합 제네바 사무소, **팔레 데 나시옹 견학** UNOG-Palais des Nations

제네바의 상징 '팔레 데 나시옹'은 국제연합의 유럽본부이다. 세계 정치의 중심인 이곳에는 연간 2만 5,000명 이상의 대표부가 방문하며, 회의실에는 수많은 작품이 전시되어 있다. 특히 '전 세계인을 위한 인권과 연맹의 방' 천장에는 미카엘 바르셀로 Miquel Barcelò의 천장화가 있어 이를 감상할 수 있다. 본부 앞 광장에 있는 '부러진 의자'는 지뢰에 의해 목숨을 잃은 희생자들을 기리기 위한 조형물이다.

주소 Palais des Nations, 1211 Genève (국제 지구에 위치)

위치 8번 버스 Appia에서 하차 후 도보 1분. 15번 트램 Nations에서 하차 후 도보 9분

운영 내부 공사로 소수의 개별 예약만 운영. 최소 3개월 전 예약 권장

요금 성인 CHF 25, 대학생·장년층·장애인 CHF 22, 학생(14~17세) CHF 14, 학생(6~13세) CHF 13

전화 +41 (0)22 917 4896

홈피 www.unog.ch

본부 앞 광장에 있는 '부러진 의자'

 제네바의 축제

❶ 에스깔라드 Escalade

1602년 12월 11일에서 12일로 넘어가는 한밤중 사보이 군사들이 제네바를 침략했을 때 제네바 시민들은 불굴의 용기로 대항하였다고 한다. 특히 성벽을 오르는 사보이 군사들의 머리 위에 뜨거운 수프를 냄비째 부어 적의 공격을 막은 일화, 메르 르와욤 Mère Royaume이 전해져 내려오는데 이를 기념하기 위해 각종 마지팬으로 만든 채소 모형이 가득 들어 있는 냄비 모양의 초콜릿 마미트 Marmite를 먹는다.

❷ 제네바 페스티벌 Fêtes de Genève

매년 8월 10일경 열리는 불꽃놀이 축제로 국내에도 보도될 만큼 유명하다. 50여 분간 황홀한 불꽃놀이가 이어지며, 편하게 앉아서 감상할 수 있는 좌석(CHF 50부터)은 제네바 관광청 또는 지정된 티켓 예매 사이트 및 판매처에서 구입 가능하다. 각종 공연도 진행되니 기간 내 제네바를 방문한다면 놓치지 말자.

홈피 www.fetesdegeneve.ch

© Genève Tourism & conventions

© Genève Tourism & conventions

제네바에서 쇼핑하기 Genève Shopping

시계 브랜드들의 탄생지 제네바에는 유명 시계 브랜드 숍들이 많다. 바쉐론 콘스탄틴부터 롤렉스, 오데마 피게, 파텍 필립 등의 매장에는 한국에는 구하기 힘든 모델들이 있어서 시계 애호가라면 들러볼 만하다(물론 웨이팅리스트는 있다). 또 각종 로컬 부티크 숍들도 구석구석 숨어 있다. 이 외에도 선물용으로 좋은 수제 초콜릿 브랜드들이 너무 많아서, 제네바 초코 패스(CHF 30/1인)가 있을 정도. 패스로 10곳의 다양한 초콜릿을 경험할 수 있다.

■ 초콜릿 상점 리스트

부티크 파바르제 Boutique Favarger

무려 1826년에 문을 연 고급 수제 초콜릿 전문점. 헤이즐넛이 시그니처.

주소　Quai des Bergues 19, 1201 Genève
홈피　www.favarger.com

쇼콜라티에 스테틀러 Chocolateire Stettler

1947년에 문을 연 수제 초콜릿 브랜드로 부드러운 맛의 초콜릿이 특징.

주소　Stettler & Castrischer, Rue du Rhône 69, 1207 Genève
홈피　stettler-castrischer.com

봉보니에르 La Bonbonnière Chocolaterie

1921년부터 이어진 수제 초콜릿 전문점으로 비건/글루텐프리 등 다양한 옵션.

주소　Rue Pierre Fatio 15 & Rue du Stand 62, Genève 1204
홈피　labonbonniere.ch

■ 로컬 부티크 숍 추천 리스트

까렌다쉬 Boutique Caran d'Ache

1915년 제네바에서 시작된 최고급 색연필 브랜드.

주소　Pl. du Bourg-de-Four 8, 1204 Genève
홈피　www.carandache.com/ch

바프 Wap

로컬 아티스트와 협업한 자수 컬렉션 외. 커스터마이즈 자수도 가능.

주소　Rue des Vollandes 15, 1207 Eaux-Vives
홈피　wap-broderie.ch

퍼플 앤 골드 레인 Purple and Gold Rain

1990~2000년대에 음악계에서 영감을 받은 중고 빈티지 의류. 악세사리.

주소　Rue de la Cité 19, 1204 Genève
홈피　www.schpurple.com

Tip | 제네바 쇼핑 거리들

❶ 론 거리 Rue du Rhône
시계, 명품, 주얼리 등 럭셔리 브랜드 중심의 최고급 쇼핑을 할 수 있다.

❷ 마르셰 거리 Rue du Marché
보행자 전용 거리로 패션 브랜드 · 편집숍 · 카페가 즐비하여 생동감이 넘친다.

❸ 그랑 거리 Grand-Rue
구시가지 중심 거리로, 역사적 분위기가 풍긴다. 부티크, 공예품 등을 쇼핑할 수 있는 거리.

❹ 히브 거리 Rue de Rive
마노 Manor 등 백화점 및 중저가 브랜드들이 위치해 있다.

Tip | 제네바의 먹거리

칼비누스 Calvinus

일명 칼뱅 맥주라 불리는 진한 맛의 맥주이다. 필터로 거르지 않은 유기농 맥주 칼비누스는 신선하고 뒤끝이 부드러운 것이 특징. 이 맥주는 광천수, 유기농으로 재배한 보리, 홉과 이스트로 만들어진다. 맥주병이 특이해 수집하는 사람이 있을 정도. 바와 슈퍼마켓에서 구입 가능하다.

르 글래뇌르 Le Glâneur

제네바의 빵인 르 글래뇌르는 이 지역에서 생산된 밀가루와 전통적인 발효법을 이용해 만든다. 바삭바삭하고 맛있게 구워져 제네바에서 꼭 맛봐야 할 빵이다. 베이커리에서 구입 가능하다. 스위스의 진정한 빵 맛을 느껴보자.

자우저 Sauser

자우저는 발효되지 않은 포도 주스를 말한다. 특히 폴로네즈 케이크 Gâteau Polonaise와 잘 어울린다. 제네바의 카페에서 마실 수 있는데 가을철에만 나오는 계절 별미. 알코올이 있으니 과음하지 않도록 하자.

파페 보두아 Papet Vaudois

파페 보두아는 보 Vaud 주의 음식이자 제네바 호수 지역의 음식으로 널리 알려져 있다. 서양 부추인 리크와 양배추, 돼지고기를 잘게 다져 돼지창자에 넣은 소시지 음식이다. 야채와 육류가 조화를 이뤄 부담스럽지 않고, 부드럽고 풍부한 맛이 특징이다. 제네바에서 놓쳐서는 안 될 음식이다.

국제도시 제네바답게 정말 다양한 종류의 레스토랑이 존재한다. 심지어 한국 음식점도 꽤 많다! 그래서 작가와 AI가 고르고 골라, 6개의 로컬 레스토랑만 엄선했다.

© Auberge de Savièse

Writer's Pick

- **레 자무르 레스토랑** Les Armures Restaurant
  현지 로컬 퐁뒤 맛집으로 유명하다. 클린턴 대통령과 케이트 왕세자비도 왔었던 레 자무르 호텔 내 레스토랑으로 분위기가 고급스럽고 음식의 수준도 가격대비 높다. 레만호 생선 요리 및 생갈렌 스타일 소시지도 맛있다. 평일에는 오늘의 메뉴가 있어서, 점심 땐 항상 로컬들로 붐빈다. 예약을 권장한다.

© Les Armures

작가 추천 & AI 검증

1. 캐주얼 & 가성비 Casual & Budget

- **파퐁** Papon
  역사가 긴 카페 겸 레스토랑. 테라스가 있어 좋다. 오늘의 점심 메뉴가 CHF 24.
- **파르팡 드 베이루트** Parfums de Beyrouth
  로컬들의 입맛을 사로잡은 레바논식 캐주얼 다이닝.

2. 합리적인 로컬 Affordable Local

- **오베르주 드 사비에르** Auberge de Savièse
  반세기 이상 스위스 가정식과 알프스 지역 요리를 선보여 온 레스토랑이다.
- **에델바이스** Edelweiss
  다양한 스위스 음식이 있으며 스위스 민속공연도 열린다. 호텔 안에 있다.

3. 미식 & 고품격 다이닝 High-end Luxury

- **르 17** Le 17
  Hotel d'Angleterre 최상층에 위치해 전망과 고급스러운 유럽의 맛을 동시에 경험할 수 있다.
- **브라스리 립** Brasserie Lipp
  파리에 본점을 둔 클래식한 프랑스 정통 레스토랑이다.

Tip | 제네바 한식당

밥, 가야, 서울, 케이펍, 비빔, 강남포차 등 다양한 한식당이 꼬르나방 근처에 위치해 있다.

다양한 국제행사가 열리는 제네바는 호텔이 정말 많다. 주요 호텔들은 꼬르나방 역 근처에 대거 포진해 있으며 트램, 버스를 이용하기 좋다. 레만 호숫가 쪽으로 갈수록 고급호텔들이 많아진다. 숙박 시에 무료 제공되는 **게스트 카드**는 체크인하기 3일 전 이메일로 받아서 온라인으로 사용할 수 있다. 제네바 대중교통 무료 및 여러 입장지 및 CGN 유람선 할인 혜택을 받자.

비행기가 늦게 도착하거나 아침 일찍 있는 경우 공항 주변에 위치한 호텔에서 숙박하길 추천한다. 대부분 이른 시간부터 늦은 시간까지 셔틀서비스를 제공한다.

렌터카가 있다면, 제네바 근교 사티니, 에르망스 Hermance 등 조용한 소도시에서의 숙박도 추천한다. 가깝지만 상대적으로 저렴한 프랑스 국경 근처에서 숙박하는 것도 여행 경비를 줄이는 방법이 될 수 있다.

꼬르나방 주변 호텔 추천

| 4성급 |

■ **디 제네바** Hotel D Geneva
꼬르나방 도보 5분 거리에 위치한 깨끗하고 방음 잘 되는 4성급 부티크 호텔.

■ **워윅 제네바** Warwick Hotel Geneva
꼬르나방 맞은편에 위치한 4성급 호텔로, 제토 분수와 몽블랑 뷰로 유명하다.

| 3성급 |

■ **베르니나** Bernina Hotel Geneva
3성 슈페리어급 호텔로 레노베이션 후 여행자들의 리뷰가 좋다.

■ **키플링 마노텔** Hôtel Kipling Manotel
3성 슈페리어급 호텔로 우드와 동양미적 인테리어가 특징이다.

제네바 공항 주변 호텔 추천

| 4성급 |

■ **힐튼 호텔**
Hilton Geneva Hotel & Conference Centre
약 500여 개 룸과 컨벤션룸이 있는 4성급 슈페리어호텔로 컨벤션 센터에서 가깝다.

■ **NH 호텔** Hotel NH Geneva Airport
4성급 호텔로, 공항과 컨벤션센터 팔엑스포 Palexpo 에서 차로 약 5분 거리.

■ **나쉬 호텔** Nash Airport Hotel
4성급 호텔로, 제네바 국제공항과 컨벤션 센터 팔엑스포 Palexpo, 제네바 아레나 근처에 자리 잡고 있다.

■ **뫼벤픽 호텔** Mövenpick Hotel Geneva
공항 바로 맞은편에 위치한 4성급 호텔로, 350개 이상의 룸과 다양한 회의시설이 있는 호텔이다.

| 3성급 |

■ **이비스 호텔** ibis Genève Aéroport
3성급 호텔로, 근처에 스타일, 버젯 호텔이 추가로 있다.

LAKEN · · MONTREUX   M.O.B
EPOQUE

레만 호수 **주변 지역**

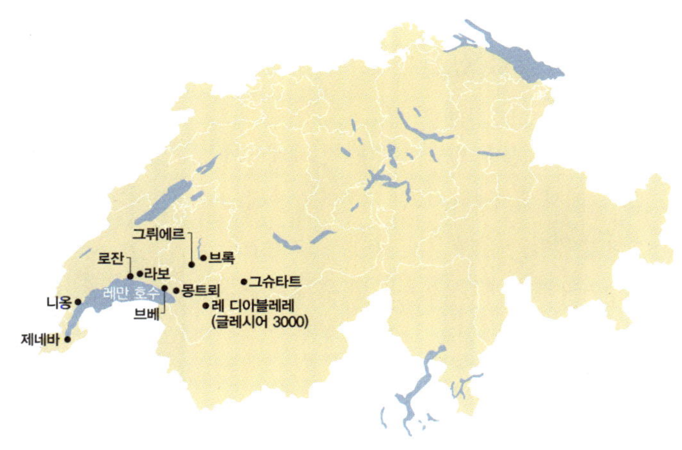

일상이 무미건조하다면 스위스 레만 호수 주변 도시들로 향하자. 호수가 주는 여유로움과 낭만은 여행자들에게 잠시 힐링의 시간을 건네준다. 레만 호수 주변으로 제네바 외에도 올림픽의 수도 **로잔**Lausanne, 프레디 머큐리의 추억을 품은 **몽트뢰**Montreux, 찰리 채플린이 사랑한 **브베**Vevey, 유네스코 세계자연유산으로 지정된 **라보**Lavaux 포도밭 지역, 지역을 대표하는 빙하산 **글레시어 3000**Glacier 3000, 치즈 마을 **그뤼에르**Gruyères와 초콜릿 마을 **브록**Broc 등이 위치해 있다.

LAUSANNE

레만 호숫가에 위치한 로잔은 보^{Vaud} 주의 주도. IOC 국제올림 픽 위원회가 있는 까닭에 '올림픽의 수도'라는 애칭을 가지고 있 으며 꼭 한 번 들러볼 만한 올림픽 박물관도 있다. 그렇다고 로 잔이 '스포츠 도시'의 이미지만 있는 것은 아니다. 구시가지 시 계탑에는 아직도 파수꾼이 소리를 질러 시간을 알려주는 전통 이 있고, 스위스에서 유일하게 지하철이 다니는 모던한 도시이 기도 하다. 옛 공장지대에 지어진 플롱 지구는 스위스 남부에서 가장 핫한 클럽과 밤 문화를 지니고 있으며, 레만 호숫가의 우 시 지구는 우아한 호반 산책을 가능하게 해준다.

로잔은 언덕이 많다. 환경은 문물을 발달시킨다. 전 세계에서 가장 가파른 지하철도 그래서 생겨났다. 로잔 기차역을 중심으 로 위쪽에 로잔 대성당이 있다. 대성당으로 향하는 길에 주요 쇼핑 스폿이 위치하며, 기차역 아래쪽으로는 호반 우시 지구와 올림픽 박물관, 호텔 등이 있다.

🖒 추천 여행 일정

1 | Only 로잔
구시가지 투어 + 올림픽 박물관과 우시 지구 호반 산책 + 플롱 나이트라이프

2 | 로잔과 주변 지역
로잔 + 몽트뢰 시옹 성 + 라보 지역 와이너리 투어 (유람선 이동 추천)

3 | 로잔과 프랑스 지역
로잔 + 에비앙

ⓘ 인포메이션 센터

일반
운영 월~금 08:00~12:00/13:00~17:00, 토·일 09:00~17:00
전화 +41 (0)21 613 7373
홈피 www.lausanne-tourism.ch

기차역
주소 Pl. de la Gare 9, 1003 Lausanne
운영 09:00~18:00

로잔 대성당
주소 Pl. de la Cathédrale, 1014 Lausanne
운영 **4~9월** 월~토 09:30~12:30/13:30~18:30, 일 13:00~17:30
10~3월 월~토 09:30~12:30/13:30~17:00, 일 14:00~17:00

여행정보

- **도시명** 로잔
- **주** 보
- **인구** 약 136,000명 (로잔 근교 포함 342,000명)
- **주요 언어** 프랑스어
- **고도** 호수변 지역 372m, 도심 지역 495m, 도심 북쪽 지역 852m
- **키워드** 올림픽 박물관, 플롱, 대성당, 우시

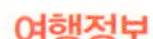

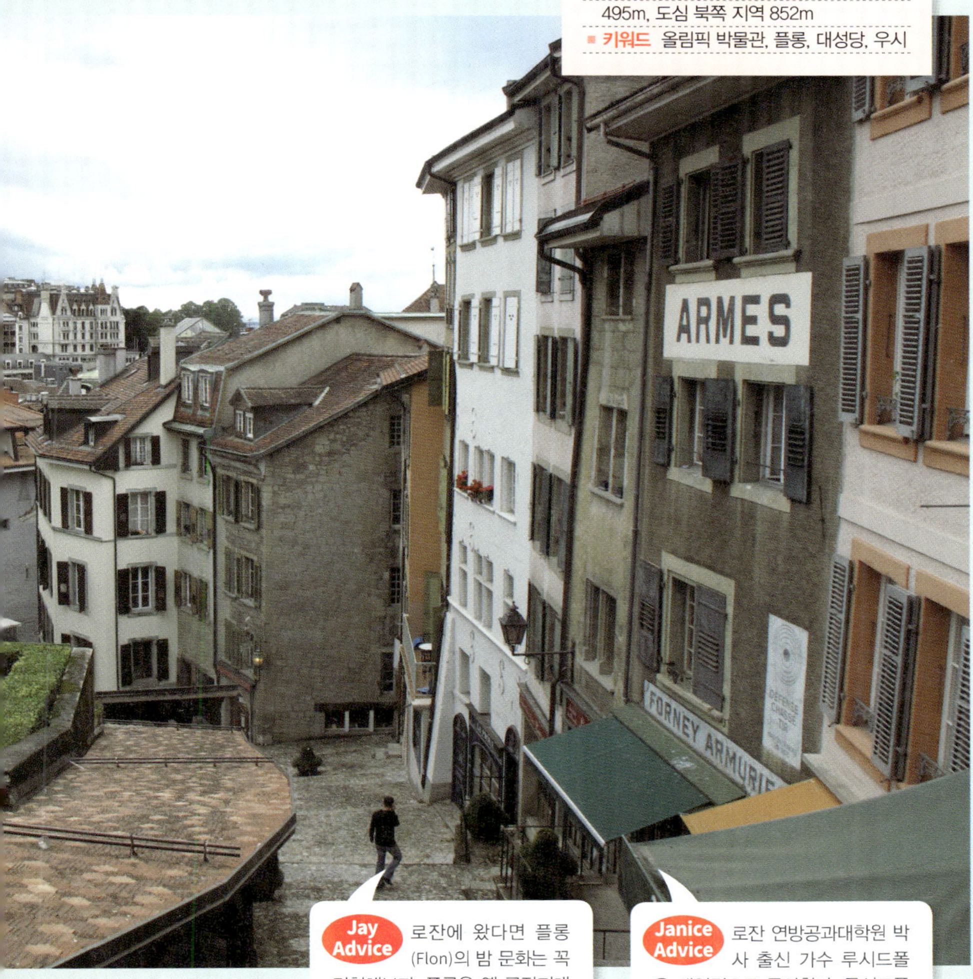

Jay Advice 로잔에 왔다면 플롱(Flon)의 밤 문화는 꼭 경험해보자. 플롱은 옛 공장지대를 그대로 되살려 만든 나이트라이프 지역으로 핫한 클럽과 영화관, 브랜드 숍, 아이디어 넘치는 거리를 통해 젊음의 에너지를 느낄 수 있다.

Janice Advice 로잔 연방공과대학원 박사 출신 가수 루시드폴을 개인적으로 좋아한다. 루시드폴이 로잔에서 공부하며 미국에서 의사로 활동했던 마종기 시인과 주고받은 편지를 바탕으로 만든 책『아주 사적인, 긴 만남』을 추천한다. 아름다운 로잔의 감성이 루시드폴의 생각과 그가 만들고 부르는 아름다운 노래에 반영되었다고 나는 믿는다.

✚ 로잔 시내에서 이동하기

1. 중앙역에서 노트르담 대성당 도보로 이동하기

로잔의 신시가지와 구시가지를 모두 도보로 여행할 수 있다. 로잔 중앙역 건너편 맥도날드 왼편 북쪽으로 난 언덕길에서부터 여행을 시작해보자. 거리를 걷다 보면 현지인들의 주요 만남의 장소인 성 프랑수아 교회를 시작으로 주요 쇼핑 거리를 지나 팔뤼 광장을 통해 마르세 계단과 대성당까지 이르게 된다.

2. 언덕길이 걷기 힘들다면 메트로와 버스 이용하기

로잔은 언덕길이 많아 메트로와 버스를 이용하면 시간과 힘을 절약할 수 있다. 로잔의 메트로는 세계에서 가장 가파르다. 역에 서 있으면 실제 몸이 기울어짐을 느낄 정도. 우시 지구—로잔 중앙역—구시가지를 잇는 M2, 로잔 중앙역과 비디Vidy 등의 서쪽 교외를 잇는 M1 노선이 있다. 로잔 시내 버스 TL로도 도시 구석구석을 다닐 수 있다. 메트로와 버스 모두 1회권 비용이 CHF 3.7이고 60분 이용 가능하다. 스위스 패스로는 무료로 이용할 수 있다.

> **Tip │ 로잔 교통카드**
>
> 로잔에서 1박 이상 머문다면 호텔 제공의 로잔 교통카드를 이용하자. 메트로를 포함한 버스, 기차 등이 무료다.

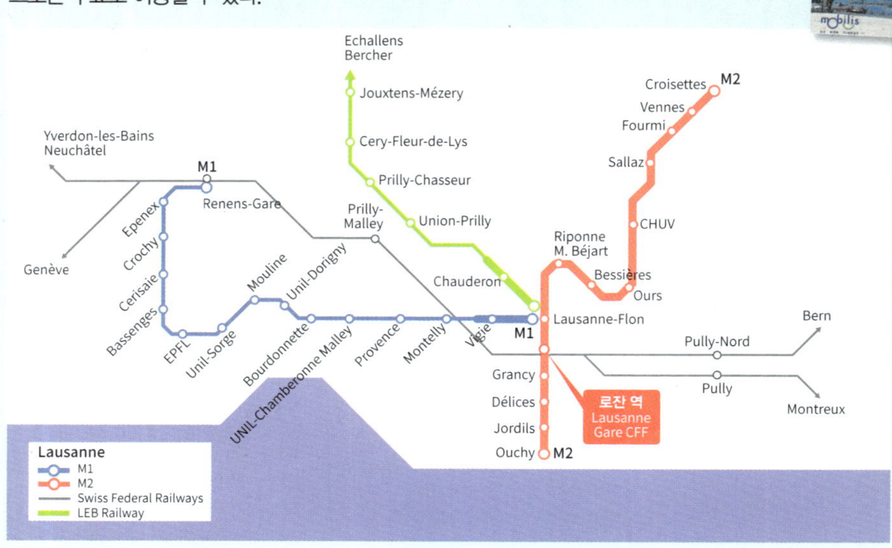

★★★
로잔 대성당 Cathédrale de Lausanne

12~13세기에 걸쳐 지어진 로잔 대성당은 스위스에서 가장 아름다운 고딕 양식의 건물이라고 해도 과언이 아니다. 그 중 대리석으로 지은 성당 남쪽은 유럽에서도 독보적인 아름다움으로 유명하다. 성당 내부의 1235년에 제작된 아름다운 스테인드 글라스 '장미의 창'과 2003년에 제작된 파이프오르간 역시 놓칠 수 없는 볼거리. 여기에 232개의 계단을 오르면 만나는 종탑은 로잔의 경관을 감상하기에 최적의 장소로, 밤 10시부터 새벽 2시까지 지금도 파수꾼이 때마다 소리쳐 시간을 알리는 전통이 600년 이상 이어져 오고 있다.

주소 Place de la Cathédrale, 1005 Lausanne
위치 메트로 M2 Bessières역에서 도보 3분, M2 Riponne–M. Béjart역에서 도보 6분, 버스 6, 7, 22, 60, 66번 Bessières 하차, 16번 Pont Bessières 하차 (중앙역에서 팔뤼 광장~마르셰 계단을 거치는 도보 이동은 17분)
운영 4~9월 09:00~19:00, 10~3월 09:00~17:30
전화 +41 (0)21 316 7161
홈피 www.cathedrale-lausanne.ch

★★★
마르셰 계단 Escaliers du Marché

팔뤼 광장에서 성당이 있는 언덕으로 오르는 길 중간에 있는 지붕식 계단. 13세기경에는 팔뤼 광장과 클레 광장 두 곳의 장터를 잇는 길이었다. 계단 옆으로 나와 성당을 뒤로하면 예쁜 사진을 찍을 수 있다. 계단은 총 160개.

주소 Escaliers du Marché, 1003 Lausanne
위치 M2 Riponne-Béjart역에서 내려 팔뤼 광장을 지나 도보로 3분
전화 +41 (0)21 315 5622

★★☆ 성 프랑수아 교회 & 광장 Place & Eglise St. François

GPS 46.519734, 6.633322

13세기경에 지어진 교회로 로잔 대성당과 함께 로잔에서 유일하게 남아 있는 고딕 양식 건물이다. 도심의 가장 한가운데 위치하며 주변에 우체국, 백화점 등의 주요 건물들과 쇼핑의 중심 부르Bourg 거리가 포진해 있어 로잔 현지인의 만남의 장소로 많이 이용되는 곳이다.

주소 CP 2490, 1002 Lausanne
위치 로잔 기차역에서 Rue de Petit Chéne를 따라 언덕길을 따라 도보로 8분,
버스 1, 2, 4, 6, 7, 8, 9, 12, 13, 16, 17, 66번 St. François 하차
전화 +41 (0)21 320 1261

★★☆ 팔뤼 광장 Place de la Palud

GPS 46.521841, 6.633045

팔뤼 광장은 로잔의 중심부에 위치해 9세기부터 상인들이 시장으로 이용하던 장소였다. 지금은 역사 박물관에 있는 정의의 분수(1557년)의 카피 분수가 관광객들을 맞이하고 있다. 17세기에 세워진 주시청사 건물이 함께 있다.

주소 Place de la Palud, 1003 Lausanne
위치 M2 Riponne-Béjart역에서 내려 도보로 2분 (중앙역에서 도보로 12분 소요)
전화 +41 (0)21 613 7373

★★★ 우시 Ouchy

GPS 46.507105, 6.626345

레만 호반에 자리 잡은 우시 지구는 산책로가 특히 아름답다. 호반을 따라 레만 호수 전망을 감상할 수 있는 호텔들과 레스토랑이 줄지어 있다. 특히 우시 성은 12세기에 지어진 성으로 현재는 호텔 및 레스토랑으로 운영되고 있다.

위치 M2 Ouchy 하차

옛 공업 지구의 대변신, 플롱

플롱Flon은 강을 따라 발전한 로잔의 옛 공업 지구이다. 레만 호수를 통해 우시 지구에서 들어온 물건들을 1877년에 생긴 스위스 첫 푸니쿨라를 통해 싣고 와서 쌓아두는 창고가 많았다. 현재는 창고를 그대로 살려 문화와 예술 활동의 중심지로 각광을 받고 있으며, 핫한 레스토랑과 클럽이 있어 젊은이들의 개성 넘치는 스폿으로 자리매김했다

주소 1003 Lausanne
위치 로잔 중앙역에서 도보로 5분 소요, M2 Lasaunne Flon역 이용
전화 +41 (0)21 341 1212
홈피 www.flon.ch

인테리어·클럽·쇼핑

❶ El Diablo 개성 만점 나만의 부츠를 찾고 싶다면 꼭 방문해보자.
el-diablo.ch

❷ Galerie Port Franc 로잔의 빈티지·앤티크 가구 숍으로 주로 1950년대 스타일. 카페도 있다.
www.galerieportfranc.ch

❸ MAD 1985년에 오픈한 이래로 해마다 명성을 더해가는 클럽. 전 세계 클럽 100위에 랭크되어 있다.
mad.ch

❹ Ateapic 스위스 중고 제품에 관심 있다면 방문해보자. 특별한 시간여행을 즐길 수 있다.
ateapic.ch

레스토랑·바

❺ King Size Pub 잉글랜드 스타일의 안락한 펍. 여름철 야외에서 음료를 즐기며, 저녁엔 피아노도 연주한다. 플롱의 멀티플렉스 극장 1층에 위치.
www.kingsizepub.ch

❻ The Green Van Company 푸드트럭에서 시작한 브랜드. 캐주얼한 분위기에서 햄버거로 든든히 배를 채우기 좋은 곳.
www.thegreenvan.ch

❼ Le Punk Bar 카바레, 콘서트홀, 극장, 라운지로 때에 따라 변신한다.
www.punkbar.ch

❽ Bowland du Flon 밤 늦게까지 볼링을 치며 칵테일 등의 바도 즐길 수 있는 곳.
www.bowland-flon.ch

★★★ 로잔 올림픽 박물관 Musée Olympique

'올림픽의 수도' 로잔을 방문했다면, 로잔 올림픽 박물관은 당연히 필수다. 레만 호숫가 우시 지구에 위치한 로잔 올림픽 박물관은 세계에서 가장 많은 올림픽 관련 자료들과 정보가 전시 및 보관되어 있다. 첫 올림픽인 아테네 대회부터 현대의 올림픽 등 모든 대회에 대한 거의 모든 것을 볼 수 있고 체험할 수 있다. 특히 1988년 서울 올림픽, 2018년 평창 올림픽 관련 자료뿐 아니라 김재덕 선수의 화살, 오상욱 선수의 펜싱복 등 한국 선수들의 흔적을 발견하는 재미가 쏠쏠하다. 올림픽 박물관 내 레스토랑은 로컬들도 즐겨 찾는 엄청난 맛집이다. 테라스에서는 레만 호수 뷰를 즐기며 식사할 수 있어서 날씨가 좋은 날은 특히 더 좋다.

주소 Musée Olympique 1, quai d'Ouchy, 1006 Lausanne

위치 M2 Ouchy 하차 후 호반을 따라 도보로 10분. 버스 2번 Ouchy 하차. 8, 25번 Musée Olympique 하차

운영 화~일 09:00~18:00
휴무 월요일, 12월 24·25·31일, 1월 1일

요금 성인 CHF 20, 학생 및 시니어 CHF 14, 성인 동반 어린이(15세 이하) 무료
※ 스위스 패스 소지자 무료

전화 +41 (0)21 621 6511
홈피 olympics.com/museum

Tip | 로잔 유람선 선착장– 올림픽 박물관

레만 호수 유람선을 타고 로잔에서 하차한다면, 올림픽 박물관을 들르는 여정과 같이 잡으면 편하다. 선착장에서 호반을 따라 걸어서 10분 거리에 위치하기 때문이다.

more & more 로잔 올림픽 박물관 백배 즐기기

박물관 입구 계단부터 김연아 선수의 흔적을 찾아보자. 입장 후 코인 로커에서도 서울이라고 적혀 있는 곳에 짐을 보관하면 왠지 모를 뿌듯함이 느껴진다. 입장 후 서울·평창 올림픽의 메달 모양이 역대 올림픽 메달들과 어떻게 다른지, 각국의 마스코트들은 어떤지, 금메달을 목에 건 우리나라 선수들이 입었던 유니폼이나 사용했던 물건들을 찾아보는 재미가 은근 즐겁다.

 로잔에서 레만 호수 유람선 즐기기

로잔은 레만 호수 중간에 위치, 유람선을 타고 스위스와 프랑스의 호숫가 마을들로 여행하기 좋다. 로잔에서 프랑스 토농(N1), 에비앙(N2)은 연중 탑승이 가능하며, 이 외 스위스 투어 노선들은 벨 에포크 BelleEpoque 증기유람선들이 제네바, 몽트뢰, 브베 등으로 운행한다.

주소 1006, Lausanne
위치 로잔 우시 지구
운영 **시닉 루트** 4월 중순~10월 중순
　　　N1, N2 루트 연중무휴
요금 노선별 요금 확인
　　　※ 스위스 패스 소지자 무료
전화 +41 (0)84 881 1848
홈피 www.cgn.ch

레만 호수 유람선 노선도

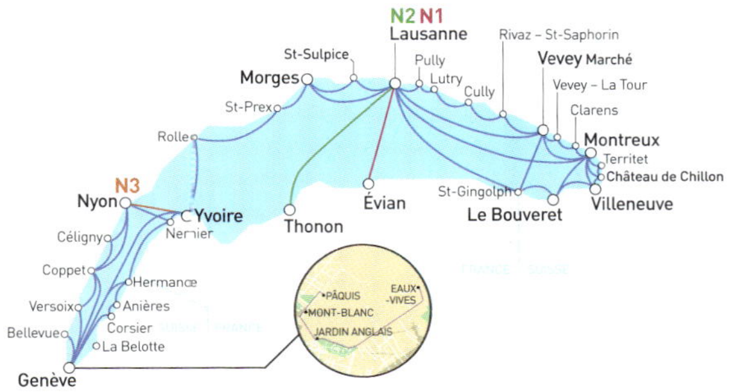

❶ 시닉 루트 1. 라보 포도밭 감상(로잔−라보−브베)
로잔에서 브베까지 유네스코 지정 계단식 포도밭 라보를 감상할 수 있는 가장 인기 높은 유람선 노선이다.

소요시간 약 1시간
운영 4월 중순~10월 중순
　　　매일 로잔→브베 1회 10:50, 브베→로잔 3회 10:35, 13:38, 17:23
　　　월~금 1회 추가 운행 로잔→브베 08:45
　　　주말 2회 추가 운행 로잔→브베 16:55, 브베→로잔 18:55
비용 1등석 CHF 32, 2등석 CHF 22 ※ 6세 이상~16세 미만 50% 할인
　　　※ 스위스 패스 소지자 무료

❷ 시닉 루트 2. 런치 크루즈 즐기며 시옹 성까지(로잔−몽트뢰 시옹 성)
(노선❶)로잔−브베−몽트뢰−시옹 성 노선과 (노선❷)로잔−프랑스 생장골프 St.Gingolph−시옹 성 노선 두 종류가 있다. 두 노선 모두 알프스의 설산을 바라보며 물 위에 신비롭게 떠 있는 시옹 성까지 도착하는 특징. 시간적 여유가 있으므로 2층 레스토랑에서 점심 혹은 커피 등을 즐겨보자.

소요시간 **노선❶** 1시간 50분, **노선❷** 1시간 30분
운영 4월 중순~10월 중순
　　　매일 **노선❶** 1회 10:50, **노선❷** 2회 11:25, 15:05
　　　월~금 1회 추가 운행 **노선❶** 08:45
　　　주말 2회 추가 운행 **노선❶** 16:55, 시옹 성→로잔 18:22
비용 **노선❶** 1등석 CHF 42, 2등석 CHF 30
　　　노선❷ 1등석 CHF 51, 2등석 CHF 36

Tip | **프랑스 에비앙으로 반나절 투어**

로잔에서 에비앙 레 방 Evian les Bains까지는 35분이면 도착한다. 스위스 패스가 있으면 프랑스 여행이 연중 가능하다. 에비앙에 도착하면, '카샤 샘 Source Cachat' 사인을 보며, 5분만 걸으면 에비앙 물의 수원지에 도착. 미리 준비해 간 물통에 담아 에비앙 오리지널 물맛을 즐기자. 유람선은 매일 새벽부터 밤늦게까지 운행하며, 1등석 CHF 31, 2등석 CHF 22(편도).

★★★ 로잔 플랫폼 10 예술 지구 Plateforme 10

로잔 역 열차 격납고 부지에 자리 잡은 플랫폼 10에 로잔을 대표하는 박물관인 로잔 주립 미술관 MCBA, 현대 디자인 응용예술 박물관 뮈닥^{MUDAC}, 엘리제 사진 미술관^{Musée de l'Élysée}을 한데 모았다. MCBA를 시작으로 2022년 6월 중순에는 뮈닥도 문을 열었다. 세 미술관 외에도 톰스 파울리^{Toms Pauli}, 펠릭스 발로통^{Félix Vallotton} 재단, 레스토랑, 서점, 기념품 숍 등도 함께 위치해 로잔 예술과 문화의 새로운 핫 스폿으로 떠오르고 있다.

주소 Place de la Gare 16, 1003 Lausanne
위치 로잔 역에서 걸어서 3분 소요
전화 +41 (0)21 318 4400
운영 10:00~18:00, 목 10:00~20:00
　　　휴무 MCBA 월요일, MUDAC, Elysee 화요일
요금 각 1곳 성인 CHF 15, 3곳 성인 포함 CHF 25
　　　(MCBA 상설전시 무료), 26세 미만 무료
　　　※매월 첫째 주 토요일 무료
홈피 www.mcba.ch, www.mudac.ch, elysee.ch

▶▶ 로잔 주립 미술관
Musée Contonal des Beaux-Arts(MCBA)

"Voir ici ce qu'on ne voit pas ailleurs!" 다른 곳에서 볼 수 없는 작품들을 경험할 수 있게 하자는 것이 MCBA의 슬로건이다. 18세기부터 현재까지 300여 점의 스위스 보 주의 작품들을 연대기별로 감상할 수 있으며, 항상 수준 높은 특별전시를 운영하므로 방문 전 웹사이트에서 전시 내용을 확인하고 가자.

▶▶ 뮈닥 Musée du Design er D'arts Appliques Contemporains(MUDAC)

20년 동안 자리했던 13세기 저택 건물을 떠난 뮈닥은 현대 디자인 응용예술 박물관으로 전 세계 다양한 예술가들과의 협업을 통해 그 명성을 높여가고 있다. 다양한 공예작품, 그래픽아트 외에도 음악가, 공연가와의 교류를 통한 흥미로운 전시를 이어가는 등 현대예술 전반에 대한 경험을 할 수 있는 곳이다.

▶▶ 엘리제 사진 미술관
Musée de l'Élysée

18세기에 지어진 아름다운 저택을 떠난 엘리제 사진 미술관은 플랫폼 10에 자리 잡으며 사진 미술관으로서의 명성을 이어가고 있다. 19세기부터 현대 사진 미술작품 약 120만 점을 전시하고 있다. 흑백 사진으로 유명한 사진작가 사빈 바이스^{Sabine Weiss}부터, 얀 그루버^{Jan Groover}, 한스 슈테이너^{Hans Steiner}의 상설전을 비롯하여 다양한 장르의 사진 전시를 진행하고 있다.

★★★ 아트 브뤼 미술관 Collection de L'art brut

'아트 브뤼'는 '가공하지 않은 순수예술' 혹은 '아웃사이더 예술'을 칭한다. 이는 예술가 장 뒤뷔페가 정신병원에서 한 환자의 직관적인 작품을 보고, 제도권 내 예술에 대항하는 개념으로 창안한 것이다. 아트 브뤼라는 이름을 단 만큼 이 미술관엔 사회생활에 적응하지 못하는 사람들이 빚어낸 여러 예술품을 볼 수 있다.

주소 11, av. des Bergières, 1004 Lausanne
위치 버스 2, 21번 Beaulieu 하차, 3번 Beaulieu-Jomini 하차
운영 화~일 11:00~18:00 (7·8월은 매일 운영)
　　　휴무 월요일, 12월 25일, 1월 1일
요금 성인 CHF 12, 학생 CHF 6, 16세 미만 및 스위스 패스 소지자 무료, 매월 첫째 주 토요일 무료 ※ 해당 티켓은 3 day pass로 역사 박물관^{History Museum}, 로만 박물관^{Roman Museum}을 3일간 무료 방문 가능
전화 +41 (0)21 315 2570　　　**홈피** www.artbrut.ch

 팔레 드 뤼민 Palais de Rumine

★☆☆

로잔 대학 및 주립 도서관으로 사용되고 있는 팔레 드 뤼민. 이곳은 단 한 번의 방문만으로도 다양한 박물관을 함께 경험할 수 있다. 역사 및 고고학 박물관Musee D'archeologie et D'histoire, 지질학 박물관Musee de Geologie, 동물학 박물관Musee de Zoologie 총 3개의 박물관이 같이 있기 때문. 주립 미술관은 기차역 근처 플랫폼 10으로 자리를 옮겼다.

주소 Place de la Riponne 6, 1005 Lausanne
위치 M2 Riponne M.Bejart, 버스 1, 2번 Rue Neuve, 8번 Riponne M.Bejart, 16번 Pierre Viret 하차
운영 화~일 및 공휴일 10:00~17:00
　　　 휴무 월요일, 12월 25일, 1월 1·2일
요금 상설전시 무료
전화 +41 (0)21 316 3310
홈피 www.musees.vd.ch/palais-de-rumine

© Urs Zeier

© Odrade123

---

more & more **로잔의 축제**

로잔은 크고 작은 축제들이 늘 열리는 곳이다. 음악 축제부터 차로 5분 거리 라보 지역 포도 축제와 더불어 열리는 거리 축제. 10분 거리의 몽트뢰의 세계적인 음악 페스티벌인 몽트뢰 재즈 페스티벌까지 로잔은 주변 레만 호수와 함께 즐겨야 제맛이다.

❶ 로잔 카니발 Carnaval de Lausanne

매년 4~5월경에 열리는 로잔 카니발 페스티벌은 경쾌하다. 개성 넘치는 퍼레이드부터 스위스 소시지와 주변 그뤼에르 치즈 등의 스위스 전통 음식까지. 운이 좋다면 로잔 카니발과 함께 인생의 행복을 즐길 수 있을 것이다. www.carnavalausanne.ch

❷ 뀌이 재즈 축제 Cully Jazz Festival

매년 4월 초에 뀌이에서 9일 이상 열린다. 뀌이는 유네스코 유산에 지정된 라보의 포도밭 마을 중 한 곳으로, 음악도 즐기고 와인도 즐기는 일석이조의 축제. 재즈와 관련된 140개 이상의 콘서트와 20여 개의 이벤트가 열린다. www.cullyjazz.ch

❸ 로잔 크리스마스 마켓 Christmas market Lausanne

몽트뢰 크리스마스 마켓에 산타가 있다면, 로잔 크리스마스 마켓에는 신상 대관람차와 힙한 로컬들이 있다. 매년 11월 중순부터 크리스마스 때까지 교회와 성당 등을 중심으로 곳곳에 뱅쇼와 겨울 거리 음식을 파는 노점상들이 문을 열며, 곳곳에서 젊은 친구들이 즐기고 있다.

 ## 블론델 초콜릿 Chocolates Blondel

현존하는 상점의 역사가 1850년부터라면 참 대단한 것이다. 그것도 초콜 릿 가게라면 더욱더. 블론델은 에드리안 블론델이 스위스 로잔에 만든 스 위스 최고의 초콜릿 브랜드이다. 초콜릿 팬이라면 120여 가지가 넘는 블 론델의 초콜릿에 시간을 투자해보자.

주소 Rue de Bourg 5,
1003 Lausanne
위치 쇼핑의 거리
Rue Saint-Francois와
Rue de Bourg의
브랜드 상점들 사이에
조금 숨겨진 위치
운영 월~금 09:30~18:30,
토 09:30~18:00 **휴무** 일요일
전화 +41 (0)21 323 4474
홈피 www.chocolatsblondel.ch

 ## 비비숍 Vivishop

비비숍은 아이들 책과 장난감 천국이다. 외관상 작은 숍인 것처럼 보여도 들어갈수록 마치 미로 같다. 대부 분의 책이 프랑스어이지만, 텍스트가 적은 책부터 현 지 아이들이 좋아하는 장난감 등이 연령별로 다양하 게 있다. 7살 아들과 구경하면서 둘 다 나오기 싫어했 던 곳.

주소 Rue Louis- Curtat 8, 1005 Lausanne
위치 대성당 바로 앞
운영 월 11:00~18:30, 화~금 08:45~18:30, 토 08:45~17:00
휴무 일요일
전화 +41 (0)21 312 3434 　　**홈피** www.vivishop.ch

 ## 샤바다 빈티지 Chabada Vintage

1950~1980년대 풍의 세련된 스위스 빈티지 의상과 독특한 소품을 원하는 여성 여행자들이라면 꼭 방문 해보자. 로잔 지역 관광청 추천 쇼핑 스폿이다.

주소 Rue Cheneau de Bourg 4
위치 M2 Bessiéres역 혹은 버스 St. 1003 Lausanne
François역 하차
운영 화~금 13:30~18:30, 토 12:00~17:00
휴무 월·일요일
전화 +41 (0)79 673 0094
홈피 인스타그램 @Chabadavintage

■ 앙 포 디 퓨 Un Po' Di Più Trattoria

로잔에 사는 힙한 친구들이 최근 가장 힙한 이탈리안 레스토랑이라고 안내해준 곳이다. 피자와 파스타 맛도 일품이거니와 분위기 갑인 MZ 레스토랑이다. '당신의 인생이 레몬처럼 시고 쓸 때 시키라'는 제목의 디저트가 있는데 정말 달아서 정신이 혼미해질 수 있다. 예약하고 가지 않으면 무조건 웨이팅이다.

주소 Rue du Tunnel 1, 1005 Lausanne, Switzerland
위치 Riponne M. Béjart 역 기준 도보 3분, 대성당 도보 7분 소요
운영 월~토 11:45~14:30 (토 15:00까지), 18:45~23:00 (금·토 23:30까지) **휴무** 일요일
요금 샐러드 CHF 15 전후, 파스타 및 피자 CHF 25 전후, 디저트 CHF 11
전화 +41 (0)21 320 0606
홈피 www.unpodipiu.ch

작가 추천 & AI 검증

1. 캐주얼 & 가성비 Casual & Budget

■ 카페 로망 Café Romand

개성 넘치는 분위기에서 맛있는 로컬 요리. 돼지고기 소시지 파페 보두아가 이곳의 시그니처다.

■ 우마이도 Umamido

점심 맛집으로 현지인 친구 추천. 일본 라면과 홈메이드 김치가 킥!

2. 합리적인 로컬 Affordable Local

■ 아 라 뽐므 드 팽 A La Pomme de pin

찰리채플린 단골 식당으로 닭요리, 스위스 전통음식과 시즌 메뉴가 있다.

■ 카페 뒤 그뤼틀리 café du Grütli

1849년에 문을 연 역사 깊은 스위스 전통음식 레스토랑이다.

3. 미식 & 고품격 다이닝 High-end Luxury

■ 라 타블 La Table Du Lausanne Palace

우시 지구 호반가 로잔팔라스 호텔 내 미슐랭 2스타 레스토랑으로 고급 프랑스 및 유럽 요리를 즐길 수 있다.

■ 라파르 L'appart

미슐랭 추천 레스토랑으로 로컬푸드를 기반으로 한 세련된 유럽 요리와 모던한 레스토랑 분위기가 특징.

로잔은 일단 언덕으로 이루어진 도시이다. '절대 못 걷겠다' 파는 기차역 주변으로, '아침 레만 호수는 걸어 봐야지' 파는 호반가 우시 지구로, '나이트라이프' 파는 로잔 플롱으로 호텔을 잡으면 심플하다. 혹은 난 '자연 속에서' 파는 B&B 스타일로 포도밭 라보 지역의 퀴이Cully나 그랑보Granvaux, 루트리Lutry를 추천한다. 짐을 들고 다니는 대중교통 이용이 편리한 여행자라면 자유롭게 취향에 따라 선택한다.

로잔 역시 숙박카드를 제공하므로 숙박카드를 활용해 무료 버스, M2 노선 무제한 이용 등의 혜택을 최대한 이용해보자. 요샌, 환율이 많이 올라서 스위스 패스를 무작정 사지 않고, 이런 숙박카드를 최대한 활용해서 다니는 여행자들이 늘고 있는 추세이다.

숙박은 온라인 플랫폼으로 쉽게 예약을 하지만, 그럼에도 불구하고 작가의 추천이 필요하다면 아래 작가가 몇 년간 출장을 다니며 경험해 본 호텔들을 참고해 보길.

| 5성급 |

■ **로열 사보이 호텔** Hôtel Royal Savoy

기차역과 레만 호수 사이 약간 애매하지만, 그만큼 각 접근성은 나쁘지 않음. 19세기 건물에 레노베이션해서 방이 넓고 쾌적하다.

■ **로잔 팔라스 앤 스파 호텔** Lausanne Palace & Spa

20대엔 잘 몰라봤지만, 지금은 너무 황송한 호텔. 스파와 수영장이 잘 되어 있는 초럭셔리 5성 호텔이다. 기차역과 10분 거리이므로 걷기에는 언덕이라 무리.

| 4성급 |

■ **호텔 미라부** Best Western Plus Hôtel Mirabeau

로잔 기차역 5분 거리의 실용적인 선택의 호텔이다. 아주 약간 경사가 있으니 주의하자.

■ **호텔 드 라 패** Hôtel de La Paix

기차역보다 위 언덕에 위치해 전망이 좋다. 깔끔하고 모던한 4성 호텔이고 Coop이 가까워서 편하다.

| 3성급 |

■ **이비스 로잔 센터호텔** ibis Lausanne Centre

방이 좀 좁았지만 가성비가 좋았던 3성 호텔. 걸어도 5분, 버스타고도 금방 기차역 평지로 도착할 수 있어 위치가 좋다.

| B&B |

■ **퀴이 르 비니** Cully Le Vigny B&B

부모님을 모시고 갔던 라보 포도밭과 레만 호수 뷰가 끝내줬던 B&B. 시설은 좀 낙후했지만 뷰가 중요한 여행자들에겐 추천!

✚ 브베 Vevey

브베는 찰리 채플린(1889~1977)이 특히 사랑한 것으로 전해지는 작은 호반 도시이다. 그래서 호반 근처에는 찰리 채플린 동상이 여행자들을 반긴다. 세계적인 초콜릿 회사 네슬레 본사도 이곳에 위치하며, 과거 유명 인사들의 집고 산책로를 발견할 수 있는 보물 같은 곳이다.

브베 열차로 이동하기
- 제네바에서 약 1시간 15분
- 로잔에서 약 15분
- 몽트뢰에서 약 10분

★☆☆   **GPS** 46.458427, 6.846428

🏛 알리망타리움 Alimentarium

1814년 세워진 네슬레 본사는 브베와 긴 역사를 함께 해 왔다. 알리망타리움은 네슬레 재단이 브베에서 운영하는 먹거리와 관련한 박물관이다. 로컬들을 위한 다양한 교육 아카데미, 프로그램을 운영하고 있다.

주소 Quai Perdonnet 25, Case Postale 13, 1800 Vevey
위치 브베 중앙역에서 Rue du Simplon을 따라
      10분 정도 걷다 보면 호수가 근처에 위치
운영 **4~9월** 화~일 10:00~18:00 **10~3월** 화~일 10:00~17:00
      휴무 월요일, 12월 25일, 1월 1일 및 공휴일
요금 성인 CHF 13, 거린이(6~15세) CHF 4, 6세 이하 무료
      ※ 스위스 패스 소지자 무료
전화 +41 (0)21 924 4111   홈피 www.alimentarium.ch

★★★   **GPS** 46.475525, 6.851410

🏛 찰리 채플린 월드 Chaplin's World

찰리 채플린이 가족과 25년간 살던 곳에 지어진 박물관이다. 채플린의 전 생애와 스위스에서의 활동을 엿볼 수 있으며, 채플린 밀랍 인형, 영상 재현 공간 등을 통해 그를 깊이 있게 이해하게 해준다.

주소 Route de Fenil 2, CH-1804 Corsier sur Vevey
위치 브베 기차역에서 212번 버스 15분 탑승 후
      Chaplin역에서 하차
운영 10:00~18:00(여름 19:00까지, 겨울 15:00까지, 정확한
      날짜는 홈페이지 참조)
      휴무 1월 중순 약 2주간, 12월 25일, 1월 1일
요금 성인 CHF 29, 15세 이하 CHF 19, 6세 미만 무료
      ※ 리비에라 카드 소지 시 50% 할인
전화 +41 842 422 422   홈피 www.chaplinsworld.com

❶ 레 플레이아드 수선화길 Les Pléiades

수선화가 피는 4~5월엔 브베에서 출발하는 꼬마 열차를 타고, 레 플레이아드로 향하자. 그야말로 봄 눈이 하늘에서 내리는 듯하다. 스위스 사람들도 수선화 개화를 목놓아 기다린다. 심지어 실시간 개화 정보 웹사이트도 있다(www.narcisses.com). 브베–블로네이Blonay를 지나 레 플레이아드(해발 1,348m)까지 이어지는 열차 노선을 따라 사계절 내내 다채롭게 펼쳐지는 장엄한 풍경을 감상해보자. 레 플레이아드에서 수선화 군락을 따라 랄리Lally까지 오르내리며 내려온다. 길이 평지라 어렵지 않다.

위치 베 기차역에서 0~19시 사이 1시간 단위로 레 플레이아드 행 열차가 출발(45분 소요)
요금 왕복 성인
1등석 CHF 46.2,
2등석 CHF 27.2,
스위스 패스 소지자 무료

❷ 키멤 카페 KymèM Café

친한 스위스 친구와 아쉽게도 짧은 만남을 할 때가 있었다. 기차역 근처 카페에서 만나기로 하고, 친구가 알려준 곳이 이곳 키멤 카페&레스토랑. 내부 안쪽은 흰 벽에 식물들이 조금씩 있는 분위기였는데, 문으로 들어가자마자 우측에 자리한 이곳은 갑분 실내 식물원에 들어선 기분이었다. 아침 햇살까지 창문으로 들어와 따뜻하게 힐링이 되는 시간을 보냈다. 나중에 찾아보니 동네 브런치 맛집.

주소 Rue des Communaux 20, 1800 Vevey
위치 브베 기차역에서 나오자마자 왼쪽 방향으로 잠시 걷다가 다시 왼쪽으로 꺾으면 나온다. (1분 소요)

➕ 라보 Lavaux

라보는 포도밭을 중심으로 메인이 되는 **쉐브레**Chexbres와 **히바즈**Rivaz, 라보의 중간지점 **뀌이**Cully, 우아한 분위기의 **상 사포항**St. Saphorin 등 주요 마을 총 12곳을 포괄하는 지역이다. 2007년에 라보 지역은 유네스코 세계자연유산으로 등재되었고, 이후 더 많은 여행자가 찾고 있다. 매년 9월 중순부터 10월 초, 포도 수확기에 여러 도메인Domain의 와인을 맛볼 수 있는 페스티벌이 열리기도 한다. 스위스 와인은 생산량이 적고, 자국 소비량도 많아 외국에서 마시기 어렵다. 이왕이면 현지에서 꼭 마셔봐야 하며, 선물로도 제격이다. 이 지역의 주요 포도 품종은 화이트와인으로 가공되는 샤슬라Chasselas가 대표적.

이 외에도 뀌이에서는 매년 여름 재즈 페스티벌도 열리니 관심이 있다면 찾아가도 좋겠다. 특별한 하룻밤을 원하면 라보의 작은 마을들의 B&B에 머물러보는 것도 추천한다.

라보 주요 마을 열차로 이동하기

로잔 → (5분) → 뤼트리 → (5분) → 뀌이 → (4분) → 히바즈 → (2분) → 상 사포항 → (5분) → 브베 → (9분) → 쉐브레 → (3분) → 뷔두

© swisswine

Tip   라보 와인

라보에는 세 개의 태양이 있다 한다. 하늘의 태양, 레만 호수에 반영된 태양 그리고 라보 포도밭 돌담에 비치는 태양. 이렇게 해서 일조량이 풍부해진 라보의 포도로 만든 화이트 와인은 정말 끝내준다. 라보에 왔다면 와인을 마시지 않고는 돌아갈 생각을 말자. 와인을 마시고 살 수 있는 꺄브Caveau 방문도 해보자.

© Montreux-Vevey Tourism

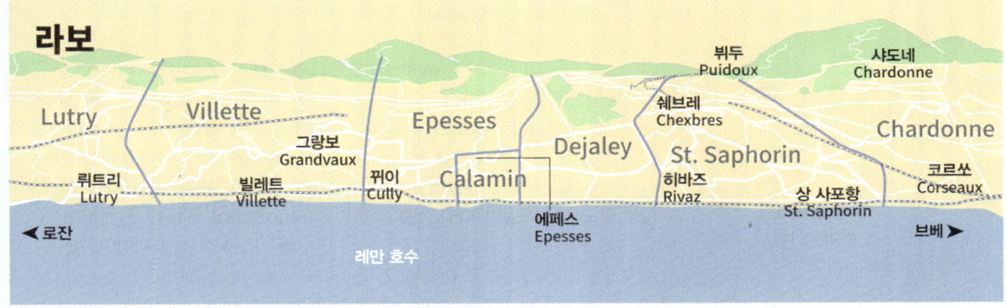

포도밭 미니 열차 투어 Lavuax Mini-train Tour

4~10월 사이 라보 지역을 방문한다면 이때만 운행되는 라보 익스프레스 Lavaux Express나 라보 파노라믹Lavuax Panoramic 미니 열차를 타고 돌담길 사이사이를 지나보자. **라보 익스프레스**는 뤼트리와 퀴이를, **라보 파노라믹 미니 열차**는 상 사포항과 샤도네를 중심으로 운행한다. 비용은 노선과 시간에 따라 다르며 성인 기준 CHF 11~28. 인포메이션 센터나 홈페이지에서 예약이 가능하며 예약 없이도 탑승 가능하다.

라보 익스프레스
- **운영** 4~10월 뤼트리(수, 금[여름 only], 일) 및 퀴이(화, 목[여름 only], 토) 출발 각 왕복 약 1시간 15분
- **요금** 성인 CHF 17
- **홈피** lavauxexpress.ch

라보 파노라믹 미니 열차
- **운영** 4~10월 화~일 매일 운영 루트와 테마가 다르므로 홈피 확인해 예약
- **요금** 투어마다 상이
- **홈피** lavaux-panoramic.ch

쉐브레-히바즈-상 사포항 하이킹 Chexbres-Rivaz-St. Saphorin Hiking

라보 지역의 포도밭 사이 돌담길에 하이킹 코스 몇 가지가 있다. 그중에서도 전망 좋은 쉐브레 기차역에서 출발해 히바즈를 지나 상 사포항까지의 코스를 진심으로 추천한다. 난이도는 가벼운 걷기 수준이며, 아름다운 레만 호수와 포도밭에서의 낭만을 경험할 수 있다.

GPS 46.468471, 6.829334

★★★

빌라 르 락 Villa Le Lac

라보 끝자락에는 현대 건축가의 아버지 르 꼴뷔지에Le Corbusier가 부모님을 위해 그가 직접 지은 빌라 르 락Villa Le Lac이 있다. 꼴뷔지에의 어머니가 이곳에서 100세까지 살았고, 지금은 르 꼴뷔지에 재단으로 운영되고 있다.

- **주소** Villa "Le Lac" Le Corbusier, Route de Lavaux 21, CH-1802 Corseaux
- **위치** 코르쏘/브베에서 도보 혹은 버스로 약 15분 소요
- **운영** 4월 초~6월 말 주말 14:00~17:00, 6월 말~미정(매년 바뀜) 금~일 11:00~17:00
- **요금** 성인 CHF 15, 학생 CHF 12, 어린이 CHF 9 (현금만 가능)
- **홈피** www.villalelac.ch/en

한 곳에서 와인 시음과 아름다운 경치에 취하고 싶다면

❶ 보비 와이너리 Domaine Bovy (셰브레)

한국 촬영팀을 데리고 여러 번 방문했던 언제나 친절한 보비 씨네 와이너리. 라보 지역 특유의 가볍지만, 푸루티한 맛의 샤슬라 와인을 시음하고, 구매도 할 수 있다. 레만 호수 뷰가 너무 아름답기 때문에 꼭 날씨 좋은 날 가면 좋겠다. 목요일 저녁마다 타파스 레스토랑으로 변신하니, 레스토랑을 찾는다면, 이곳으로!

주소 Les Frères Bovy,
　　　 Rue du Bourg-de-Plaît,
　　　 1071 Chexbres
위치 셰브레 기차역에서 호수 방면
　　　 으로 도보 4분
운영 월~금 09:00~12:00/
　　　 14:00~18:00 (목 ~17:00),
　　　 토 09:00~12:00
요금 CHF 18~
전화 +41 (0)21 946 5125
홈피 domainebovy.ch

라보 지역 와인 전반을 경험하고 싶다면

❷ 비노라마 Domaine de la Vinorama (히바즈)

라보의 대표 포도 품종인 샤슬라로 만든 300개 이상의 와인이 전시되어 있다. 라보의 역사에 대해서 알고 경험할 수 있는 체험형 센터이자, 시음이 가능한 곳으로 많은 여행자들이 찾는다. 시음 외에도 다양한 투어 프로그램을 운영하니 자세한 내용은 홈피를 참조해보자.

주소 Route du Lac 2, 1071 Rivaz
위치 히바즈 기차역 혹은 히바즈-
　　　 상사포항 유람선 선착장에서
　　　 걸어서 10분 이내
운영 **1~4월** 수~토 10:30~19:30,
　　　 일 10:30~19:00
　　　 5~10월 월~토 10:30~20:00,
　　　 일 10:30~19:00
요금 CHF 17~
전화 +41 (0)21 946 3131
홈피 www.lavaux-vinorama.ch

라보 맛집에서 요리와 와인을 함께하고 싶다면

❸ 르 덱 레스토랑 Le Deck (셰브레)

몽트뢰-브베 지역 관광청 관계자들이 짜주는 일정에 꼭 들어갈 정도로 유명한 레스토랑이다. 라보 지역을 조망할 수 있는 쉐브레의 Baron Tavernier 호텔 내 위치해 전망이 좋고, 지역 민물고기를 이용한 훌륭한 음식을 선보인다. 날씨 좋은 날은 그 가치가 더 빛난다.

주소 Rte de la Corniche 4, 1070 Puidoux-Chexbres
위치 쉐브레 기차역에서 Ch. de Tagnire 방면 남서쪽으로
　　　 Route de Flonzaley를 따라 걷다가 Ch. de la Croix에서 좌회전,
　　　 다시 Ch. du Mont에서 좌회전, 다시 Route de la Corniche를 따라
　　　 좌회전하면 도보로 20분 소요
운영 12:00~21:00 (조식 08:00~10:00, 중식 12:00~14:00, 석식 19:00~21:00)
메뉴 레만 호수 생선 요리, 스테이크, 코스 요리 등
요금 메인 요리 CHF 31~64, 6코스 요리 CHF 144
전화 +41 (0)21 926 6000　　　**홈피** www.barontavernier.com

✚ 몽트뢰 Montreux

몽트뢰는 레만 호수 산책이 백미. 느긋하게 산책하다 보면 몽트뢰를 매우 사랑했던 그룹 퀸의 멤버 프레디 머큐리의 동상을 발견할 수 있다. 하늘 위로 한 팔을 쭉 뻗고 있는데, 이를 따라하며 사진 한 컷을 담아도 좋다.

몽트뢰의 파수꾼 역할을 하는 시옹 성도 빼놓을 수 없다. 시옹 성은 몽트뢰 중앙역에서 시내버스를 타고 이동하거나 로잔이나 주변 라보 지역에서 유람선을 타고 바로 도착하는 방법이 있다. 어떤 방법도 괜찮으나 후자가 좀 더 첫인상의 감동이 클 것이다. 이외에도 몽트뢰는 여름에 재즈 페스티벌이, 겨울에 남부 최대의 크리스마스 마켓이 열린다. 진짜 산타가 하늘을 난다!

몽트뢰로 이동하기
- 제네바에서 열차로 약 55분~1시간 15분
- 로잔에서 열차로 약 20분
- 취리히에서 열차로 약 2시간 40분

Tip 레만 호수를 바라보며 커피를~

날씨 좋은 날은 그랑 뤼Grand Rue에 위치한 노란 차양이 인상적인 그랑 호텔 스위스 마제스틱Grand Hotel Suisse-Majestic의 Le 45 야외 테라스에서 커피 한잔을 마셔보자. 투숙객이 아니면 어떠랴. 레만 호수와 멀리 보이는 알프스의 풍광에 쏙 빠져 열차 시간을 잊게 될지도 모르니 조심하자.

© Suisse-Majestic Hotel

---

more & more ## 낭만 가득 몽트뢰 페스티벌

❶ 몽트뢰 재즈 페스티벌 MJF
음악을 사랑하는 여행자라면 이 시기에는 꼭 몽트뢰로 가자. 낭만적인 레만 호숫가를 따라 유명 음악인들의 공연이 펼쳐진다. 매년 7월 초부터 말까지 몽트뢰는 그야말로 축제의 도가니다.

© Maude Rion

❷ 몽트뢰 크리스마스 마켓 Christmas Market
레만 호수변을 따라 크리스마스 마켓이 이어져서 구경하기 좋다. 그리고 진짜 산타가 하늘을 난다. 정말이다. 직접 확인하길. 11월 중순부터 12월 크리스마스까지.

© Maude Rion

시옹 성 Château de Chillon

언뜻 보면 레만 호수에 둥둥 떠 있는 착각이 드는 시옹 성은 바라보는 계절과 시간, 위치마다 모습이 늘 달라지는 카멜레온 같은 고성이다. 개인적으로는 아침 일찍이나 해 질 무렵의 시옹 성의 모습이 좋다. 바이런의 서사시 「시옹 성의 죄수」로도 유명한 시옹 성은 박물관이나 고성 따위에는 관심이 없다고 주장하는 여행자들조차도 시옹 성의 외부 모습과 내부 곳곳을 경험하면 즐거운 시간을 보낼 수 있을 것이다. 개인적으로 평균 키보다 작은 침대와 뻥 뚫린 화장실이 인상적이다. 한국어로 된 안내서와 오디오 가이드가 있다.

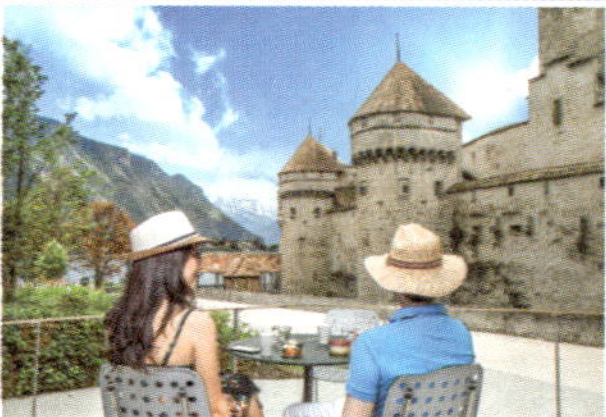

주소 Avenue de Chillon 21, 1820 Veytaux

위치 몽트뢰, 브베 역에서 버스 201번 탑승 후 Chillon역 하차

운영 4~10월 09:00~18:00 (마지막 입장 17:00), 11~3월 10:00~17:00 (마지막 입장 16:00)
휴무 12월 25일, 1월 1일

요금 성인 CHF 13.5, 어린이(6~15세) CHF 7, 학생 CHF 11.5, 가족(성인 2명+15세 미만 어린이 2~5명) CHF 35, 오디오 가이드 CHF 6
※ 리비에라 카드 소지 시 50%
※ 스위스 패스 소지자 무료

전화 +41 (0)21 966 8910
홈피 www.chillon.ch

Tip | 바이런 카페 Cafe Byron

관람 후 이곳에서 티타임을 추천한다. 테라스석 강추! 간단한 점심도 가능하다. 시옹 성 와인도 파는데, 라보에 있는 시옹 성 포도밭에서 직접 재배한 와인이다. 맛과 가성비가 괜찮아 선물로 괜찮다.

퀸 '프레디 머큐리' 동상

영국 록밴드 퀸의 리드 보컬, 프레디 머큐리 Freddie Mercury(1946~1991)는 생전 "영혼의 평화를 얻기 원한다면 몽트뢰로 가라"라고 할 정도로 몽트뢰를 사랑했다. 아픈 몸으로 생을 마감하기까지 이곳에서 음반 작업을 하며 지냈다. 그의 팬들이 그가 사랑한 몽트뢰에 그를 기리기 위해 만든 동상으로, 몽트뢰를 찾는 이라면 누구나 이곳에서 그의 포즈를 따라 인증샷을 남긴다. 프레디 사후에 발매된 마지막 앨범 〈Made in Haven〉의 커버는 그가 살던 집이 배경인데, Duck House라는 이름을 가진 곳으로 몇 년 전부터 에어비앤비를 통해 숙박 예약이 가능하다.

Tip | 프레디 투어(영어 및 외국어)

몽트뢰에서 여유가 좀 된다면, 프레디 투어에 참여해 그에 대해 좀 더 알아보자. 1시간 기본투어부터 2시간 반 투어, 프레디가 좋아했던 와이너리에 가서 저녁을 먹는 투어 등 다양한 프로그램이 있다. 자세한 정보는 인스타그램 참고(@freddietoursmontreux).

주소 Pl. du Marché, 1820 Montreux

© Maude Rion

★★★
퀸 스튜디오 Queen - The Studio Experience

프레디 머큐리가 마지막 앨범을 녹음했던 '마운틴 스튜디오'는 몽트뢰 카지노 내부에 있다. 원래는 대중에게 오픈이 안 되어 외부 벽만 유명했는데, 몇 년 전부터 퀸 스튜디오라는 이름으로 대중에게 오픈했다. 프레디가 마지막으로 서 있었던 스튜디오 내부부터 퀸에 대한 다양한 히스토리를 담고 있어서 시간이 된다면 시옹 성으로 가기 전후 잠시 들러보자.

주소 Rue du Théâtre 9, 1820 Montreux
위치 몽트뢰 기차역에서 201번 타고 5분 소요(시옹 성 가는 버스와 동일)
운영 매일 09:00~21:00
요금 무료
전화 +41 (0)21 962 8383
홈피 www.mercuryphoenixtrust.org

more & more 몽트뢰에서 출발하는 근교 산, 로쉐 드 네 Rochers-de-Naye

몽트뢰를 내려다볼 수 있는 해발 2,042m 산이다. 정상까지는 톱니바퀴의 산악열차를 타고 오르게 된다. 로컬들은 날씨 좋은 날 도시락을 준비해 라 홈베흐티이 La Rambertia 알파인 가든에서 시간을 보내거나 가볍게 하이킹을 즐긴다. 로쉐 드 네는 우리나라 둘레길 같은 개념의 공식 하이킹 루트인 비아알피나 Via Alpina 코스의 일부이기도 하다. 5월에는 수선화 언덕, 12월에는 산타 사무실에서 산타를 만날 수 있다.

주소 Les Rochers-de-Naye, 1824 Caux
위치 몽트뢰 역에서 톱니바퀴 산악열차를 타고 산 정상까지 49분 소요
운영 1월 중순~4월 초 수~일, 나머지 매일 08:17~16:11 1시간 단위 출발
요금 왕복 CHF 72.8, 어린이 및 할인카드 소지자 CHF 36.4, 스위스 패스 소지자 CHF 27.6
전화 +41 (0)21 989 8190
홈피 mob.ch

✚ 레 디아블레레 Les Diablerets

레 디아블레레는 디아블레레 산 북쪽에 위치한, 해발고도 1,200m의 작은 산악 마을이다. 로컬들의 거주지와 레저 여행자들을 위한 호텔, 레스토랑이 조용하게 어우러져 있다. 지명은 빙하 위 바윗돌에서 악마 Diable들이 게임을 즐겼다는 전설에서 비롯되었다. 악마들도 즐긴 이곳의 매력을 무엇일까? 여름엔 하이킹 천국, 겨울엔 스위스에서 가장 긴 슬로프의 눈썰매 천국으로 변신한다. 특히 레 디아블레레는 글레시어 3000과 가장 가까운 마을로, 이곳에서 숙박하는 여행자들이 많다. 개인적으로 아침 마을 산책이 참 좋았다.

★ 인포메이션 센터
주소 Le Collège 2,
1865 Les Diablerets
운영 08:30~18:00
(시즌에 따라 운영시간 상이)
전화 +41 (0)24 492 0010
홈피 www.villars-diablerets.ch

레 디아블레레로 이동하기
- 제네바에서 열차로 2시간 이상
- 에이글에서 열차로 약 40분
- 글레시어 3000과 버스로 5분 거리

르 뮈겟 티룸
Tea Room Le Muguet

조용한 레디아블레레 마을에서 나름 포토제닉한 곳이자, 로컬들이 사랑하는 베이커리 및 케이크 가게. 작지만 야외 테라스도 이쁘다.

주소 La Gare 15,
1865 Les Diablerets
위치 기차역 기준 도보 5분
운영 매일 06:30~18:30
전화 +41 (0)24 492 2642
홈피 www.tearooml-
emuguet.ch

글레시어 호텔 Glacier Hotel

레 디아블레레 대표 호텔. 최근 레노베이션을 마쳐서 룸 컨디션이 최상이고 방마다 발코니가 있는 조용한 산장형 스타일이다. 호텔 도착 전 기차역에서 무료 픽업 서비스를 요청하자. 주변에서 하이킹, 스키를 즐긴 후 노곤해진 피로를 수영장과 사우나에서 풀어보자. 겨울엔 호텔 앞이 아이스 스케이팅장이 된다.

주소 Le Vernex 3,
1865 Les Diablerets
위치 기차역 기준 도보 10분,
글레시어 3000 버스로 7분
요금 CHF 300 내외
전화 +41 (0)24 492 3721
홈피 www.glacier3000.ch/en/
hotel/the-glacier-hotel

---

more & more 스위스에서 가장 긴, 눈 썰매 체험

레 디아블레레에서는 스위스에서 가장 긴, 무려 7km 길이나 이어지는 눈썰매 체험이 가능하다. 하지만 전혀 위험하지 않다. 어린아이부터 중장년층까지 모두 즐겁게 경험할 수 있는 안전한 겨울 액티비티다. 디아블레레 익스프레스를 타고 르 릴레레Le Meilleret 에 올라 출발할 수 있고 썰매는 대여가 가능하다.

주소 1865 Ormont-Dessus, Les Diablerets
위치 레 디아블레레 기차역 기준 도보 10분
운영 겨울 시즌 한정, 매주 운영 여부와 시간 업데이트
※ 운영 시 월~일 08:30~16:30
요금 케이블카 편도 CHF 20, 원데이 패스 CHF 34
※ 스위스 트래블 패스 소지자 50% 할인
눈썰매 대여 CHF 12~ 20
전화 +41 (0)77 523 4562 (눈썰매 운영 확인 핫라인)
홈피 www.alpesvaudoises.ch/en/tour/sledging-run-
in-les-diablerets

액티비티 천국, 글레시어 3000 산

'글레시어 3000'은 보Vaud주에서 가장 사랑받는 알프스 산이고, 겨울에는 로컬들이 정말 많이 찾는 스키 리조트다. 3,000m 정상에 오르면 가장 먼저 들러봐야 하는 곳이 세계 최초로 두 개의 봉우리를 연결한 픽투픽Peak to Peak 다리인 티쏘 피크워크PeakWalk다. 다리를 건너면서 느끼는 아찔함과 함께 멀리 마테호른, 융프라우, 몽블랑 등 알프스에서 이름난 4,000m급 봉우리 24개가 모두 보이는 알프스 파노라마 전망이 정말 멋지다. 전망대는 세계적인 건축가 마리오 보타가 지은 전망대가 있다. 전망대 레스토랑은 실내 및 테라스 모두 이용이 가능하다.

여기서 끝이 아니다. 여름엔 전망대 아래 위치한 1km 길이의 '알파인 코스터'를 즐길 수 있는데, 이는 스위스에서 가장 높은 곳에 위치한 알파인 코스터로 꼭 경험해보아야 한다. 브레이크를 한 번도 안 잡으면 진짜 아찔하다.

티켓에 포함되어 있는 '아이스 익스프레스' 체어 리프트를 타면 빙하 위로 바로 갈 수 있어서 특별하다. 눈이 있을 땐 무료 눈썰매 체험이 가능한 펀파크에서 시간을 보낼 수 있고, 연중 빙하 위를 걷는 하이킹이 가능하다. 겨울에는 최상급 스키 코스 중 바위를 뚫어 만든 동굴을 지나는 코스가 스키어들에게 인기가 높다.

주소	Route du Pillon 253, 1865 Les Diablerets
위치	❶ 레 디아블레레(10분)와 그슈타트(30분)에서 포스트버스로 꼴 드 삐용 케이블카 역으로 이동 ❷ 꼴 드 삐용에서 케이블카를 타고 섹 루즈(글레시어 3000 정상)으로 이동(15분, 1번 갈아탐)
운영	매일 09:00~16:30 (점검기간: 10월 중순~11월 초)
요금	성인 왕복 CHF 89, 6~15세 CHF 45, ※ 스위스 패스 소지 시: 성인 CHF 45, 어린이 무료 ※ 유레일 패스 소지 시: 성인 CHF 67, 어린이 CHF 34 ※ 알파인 코스터 CHF 9
전화	+41 (0)24 492 3377
홈피	www.glacier3000.ch

글레시어 3000 산 정상 지도

글레시어 3000 백배 즐기기

❶ 피크워크 다리 체험

❷ 알파인 코스터(5~10월 운영)

❸ 보타 전망대 레스토랑

❹ 무료 아이스플라이어

❺ 글레시어 3000 포토존

❻ 남극 설상차, 스노우버스

❼ 개썰매 체험

❽ 펀파크 무료 눈썰매 체험

❾ 빙하 하이킹

✚ 니옹 Nyon

레만 호수 인근 작은 마을 니옹은 예상 외로 볼거리가 가득하다. 예쁜 니옹 성 외에도 도시 곳곳에서 로마 유적을 발견할 수 있고, 매년 7월 말이면 야외 음악 축제인 팔레오^{Paléo}도 열리는데 전 세계에서 20만 명 이상 몰릴 정도로 대규모의 행사이다. 아래 소개된 성과 박물관 티켓 하나로, 다른 두 개의 박물관 이용이 가능하니 미리 참고하자.

니옹으로 이동하기
- 제네바에서 열차로 15분
- 로잔에서 열차로 30분

★ 인포메이션 센터

주소 Avenue Viollier 8, 1260 Nyon 1
위치 기차역에서 호반 쪽으로 이동 후 도보 5분
운영 월~금 09:30~12:30/ 13:00~17:00 (시즌에 따라 운영시간 상이) **휴무** 토·일요일
전화 +41 (0)22 365 6600
홈피 www.nyon-tourisme.ch

★★★　GPS 46.382021, 6.240591
니옹 성
Château de Nyon

12세기 로마군의 요새로 건축된 니옹 성은 현재 역사 및 도자기 박물관^{Musee Historique et des Porcelaines}으로 운영되고 있다. 흰색의 깨끗한 외관이 돋보이는 니옹 성은 야외 테라스를 갖춰 그곳에서 구시가지와 레만 호수의 전경을 한눈에 감상할 수 있다.

주소 Place du Château 5, 1260 Nyon
위치 니옹 중앙역에서 호수 방면으로 걷다가, Château/Musée 보인 후 도보 5분
운영 화~일 10:00~18:00
요금 성인 CHF 12, 학생 CHF 8 ※ 어린이(16세 이하), 스위스 패스 소지자, 매월 첫째 주 일요일 무료
전화 +41 (0)22 316 4273 　**홈피** www.chateaudenyon.ch

★☆☆　GPS 46.381213, 6.240005
니옹 로마 박물관
Musée Romain de Nyon

니옹의 로마 유적지에서 발굴된 유물과 건축물의 파편, 당시 로마의 주둔지 모형 등을 전시하고 있다. 박물관 위치가 옛 바실리카 자리에 그대로 세워져 바실리카 건물의 일부도 감상할 수 있어서 그 가치가 크다. 스위스 프랑스어권 지역에서 갑자기 이탈리아로 넘어온 것 같은 착각이 잠시 드는 곳이다.

주소 Rue Maupertuis 9, 1260 Nyon
위치 니옹 성 근처에 위치
운영 화~일 10:00~18:00
요금 성인 CHF 12, 학생 CHF 8 ※ 어린이(16세 이하), 스위스 패스 소지자, 매월 첫째 주 일요일 무료
전화 +41 (0)22 316 4280 　**홈피** www.mrn.ch

★☆☆　GPS 46.380056, 6.240097
레만 호수 박물관과 아쿠아리움 　Musée du Léman & Aquarium

레만 호수의 생태계에 관해 알찬 정보를 얻을 수 있다. 개관 이래 50만 명 이상이 방문한 인기 박물관으로, 레만 호수와 물과 관한 다양한 이야기와 전시에 마음을 뺏길 것이다. 수족관도 인기 만점이다.

주소 Quai Louis-Bonnard 8, 1260 Nyon
위치 니옹 중앙역에서 도보 15분, 니옹 성에서 도보 5분
운영 화~일 10:00~18:00
요금 성인 CHF 12, 학생 CHF 8 ※ 어린이(16세 이하), 스위스 패스 소지자, 매월 첫째 주 일요일 무료
전화 +41 (0)22 316 4250
홈피 www.museeduleman.ch

골든패스 라인 따라 즐기는 소도시 투어

골든패스 라인은 인터라켄에서 몽트뢰까지 이어지는 가장 목가적인 스위스의 기차 여행길이다. 길 따라 이어지는 매력적인 소도시 두 곳을 추천한다.

❶ 샤또데 Château-d'OeX

샤또데가 가장 유명한 건 1월에 열리는 '국제 열기구 축제' 때문이다. 축제 기간 하늘이 온통 열기구로 물든다. 비용이 좀 있지만 연중 체험도 가능하다. 샤또데를 찾는 또 다른 이유는 스위스 종이 커팅 역사가 시작된 곳. 페이덩오 박물관Musée du Pays-d'Enhaut에서 모든 정보를 알수 있다. 마지막 이유는 '진짜' 맛있는 퐁뒤 가게 르 샬레Le Chalet가 있기 때문. 보통 와인을 넣는 퐁뒤가 많은데 맥주를 넣은 퐁뒤가 특이하고, 전체적으로 모든 요리가 맛있다.

후스호텔(Huus Hotel)

❷ 그슈타트 Gstaad

그슈타트는 작지만 진짜 핫한 곳이다. 특히 겨울에! 거리 모습은 체르마트인데, 목조 건물들을 자세히 보면 다 럭셔리 브랜드다. 루이비통, 프라다, 파텍필립 등 럭셔리 브랜드들이 그냥 아무렇지도 않게 거리에 포진되어 있다. 시간이 있다면 1시간 정도 아이쇼핑을 추천한다. 근처에 작은 공항이 있어 할리우드 스타들이 전용기를 타고 프라이빗한 휴가를 보낸다. 그래서 럭셔리 호텔들도 꽁꽁 숨어 있다. 일반 여행자들에게 추천할 만한 괜찮은 호텔로는 후스 호텔Huus Hotel이 있다. 겉모습과 다르게 수영장, 스파, 힙한 로비와 방 등 추천할 게 너무 많다.

✚ 모르쥬 Morges

모르쥬는 꽃의 도시이다. 봄에는 다양한 색의 튤립이 가득한 튤립 축제를 즐길 수 있으며, 여름에는 아이리스와 에메로칼르, 가을에는 달리아 등이 앞다투어 피고 진다. 그야말로 늘 꽃향기에 취해 있는 곳이라고 할 수 있을 정도. 특히 렝데팡덩스 공원Parc de l'independance은 아름다운 꽃과 레만 호수를 함께 만끽할 수 있는 대표적인 곳이다. 이곳에서 여유를 즐기는 현지인들을 바라보며 잠시 여유를 느끼는 것은 어떨까.

모르쥬로 이동하기

- 제네바에서 열차로 약 35분
- 로잔에서 열차로 약 10분

GPS 46.506660, 6.496839

★★☆

📷 모르쥬 성 Château de Morges

13세기의 고성으로 1286년 사보이공 루이가 로잔의 사교구에 대항하기 위해 건축했다. 13~16세기에 조금씩 증축하여 지금의 깔끔한 정방형으로 둘러싼 사보이 가문 특유의 건축 스타일이 완성되었다. 지금은 군사 박물관 등으로 이용되고 있다.

주소 Rue du Château 1,
1110 Morges 1
위치 모르쥬 중앙역에서 도보로 5분
소요, 렝데팡덩스 공원 바로 옆 위치
운영 9~6월 화~일 10:00~17:00
7·8월 화~일 10:00~18:00
휴무 월요일, 12월 중순~1월 초
(매년 다르니 홈페이지 참고)
요금 성인 CHF 10, 학생 및 그룹 CHF 8,
어린이 CHF 3, 6세 이하 무료
※ 스위스 패스 소지자 무료
전화 +41 (0)21 316 0990
홈피 www.chateau-morges.ch

Tip | 톨로세나 Tolochenaz

모르쥬 근처의 톨로세나는 오드리 헵번의 흔적을 찾아나서는 팬이라면 한 번쯤 들러봐도 의미가 있을 곳이다.
주소 Chemin Plantées,
Tolochenaz, 1131

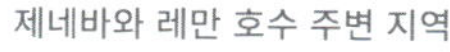

오드리 헵번의 무덤 ↙

✚ 그뤼에르 Gruyères

그뤼에르는 행정상 프리부르Fribourg 주에 속하지만, 레만 호수 지역에서 머물면서 방문하는 반나절 투어로도 인기가 많다. 그뤼에르 역에 도착하여 마을을 향해 언덕을 오르다 보면 마치 중세시대로 빨려 들어가는 듯한 느낌을 받게 된다. 그뤼에르에 왔다면 예쁜 그뤼에르 성과 치즈 공장, 맛있는 퐁뒤 가게 방문은 필수.

그뤼에르로 이동하기
- 베른에서 약 1시간 50분(뷜Bulle에서 환승)
- 로잔에서 약 1시간 30분(2번 환승)

★ 인포메이션 센터

주소 Rue du Bourg 1,
Case Postale 123,
1663 Gruyeres

운영 **1·2월** 월~금 13:00~16:30,
토·일 10:30~12:00/
13:00~16:30
3·11·12월 10:30~12:00/
13:00~16:30
4월 10:30~12:00/
13:00~17:30
5·6·9·10월 09:30~12:00/
13:00~17:30
7·8월 09:30~17:30
휴무 일부 공휴일

전화 +41 (0)26 919 8500

홈피 www.la-gruyere.ch

Tip 그뤼에르 맛집 추천

❶ Chalet de Gruyères
주소 Rue du Bourg 53
위치 고성으로 가는 길 초입 좌측
홈피 www.chalet-gruyeres.ch

❷ Hôtel La Fleur de Lys
주소 Rue du Bourg 14
위치 타운 광장 초입에 위치
홈피 www.hotelfleurdelys.ch

GPS 46.584702, 7.083938

🏛 ★★★
HR 기거 박물관 HR Giger Museum

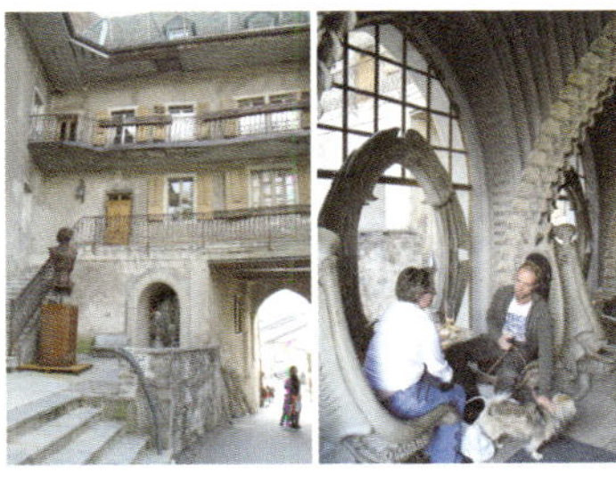

오스카 시각효과상을 수상한 스위스 출신 예술가 HR 기거의 독특한 작품세계를 반영한 박물관이다. 아름다운 그뤼에르와 그로테스크하고 괴기스러운 그의 작품의 만남은 다소 이질적이지만 색다른 경험을 선사한다. 현실과 이상, 과거와 미래를 넘나드는 회화, 조각, 필름 등 다양한 작품을 만날 수 있다. 박물관 앞 좁은 골목을 마주하고 그로테스크한 매력이 있는 기거 바Giger Bar가 있다. 영화 〈에일리언〉 시리즈를 보고 자란 중년층이 매우 좋아하는 곳.

주소 Château St. Germain,
1663 Gruyères
위치 고성에서 남서쪽 방면으로 100m
도보 2분
운영 **4~10월** 월~금 10:00~18:00,
토·일 10:00~18:30
11~3월 화~금 13:00~17:00,
토·일 10:00~18:00
휴무 11~3월 월요일
요금 성인 CHF 12.5, 학생 CHF 8.5,
어린이 CHF 4
※스위스 패스 소지자 무료
전화 +41 (0)26 921 2200
홈피 www.hrgigermuseum.com

그뤼에르 성 Château de Gruyères

★★☆

13세기에 건축되어 그뤼에르의 백작들이 기거했던 고성이다. 백작 미헬 Michel이 재정적으로 어려워지면서 채권자에게 성을 넘긴 것을 시작으로 주인이 여러 번 바뀌었다. 마침내 1938년 프리부르 주가 이 성을 매각하여 박물관을 재개관했고, 이후 상설전시회 및 특별전시를 꾸준히 열고 있다. 성의 안뜰이 매우 아름다우며, 마을 가장 높은 곳에 위치한 고성답게 주변 전경을 감상하기에 더없이 좋다.

주소 Rue de Château 8, 1663 Gruyères
위치 그뤼에르 기차역에서 Route de la Cité에서 Rue du Bourg로 진입 계속 걷다가 Rue du Château로 계속 진행 도보 10분
운영 4~10월 09:00~18:00, 11~3월 10:00~17:00
요금 성인 CHF 12, 학생 CHF 8, 어린이(6~15세) CHF 4
※스위스 패스 소지자 무료
※ **콤비네이션 티켓** 그뤼에르 성 외에 HR 기거 박물관이나 그뤼에르의 집을 함께 방문하고자 한다면, 저렴한 혜택이 있는 콤비네이션 티켓 이용 가능, 고성+그뤼에르의 집 CHF 16 (정상가 CHF 19)
전화 +41 (0)26 921 2102
홈피 www.chateau-gruyeres.ch

그뤼에르의 집(치즈 공방) La Maison du Gruyère(Cheese-dairy)

★★☆

그뤼에르 치즈 Le Gruyère AOP의 역사와 전통적인 방법으로 치즈 만드는 과정, 소와 관련된 문화 등을 이곳 박물관에서 자세히 보여준다. 또한 장인이 현대적인 시설에서 직접 치즈를 만드는 모습을 지켜볼 수 있다. 공방에 함께 자리한 레스토랑에서는 치즈를 이용한 다양한 음식도 맛볼 수 있고, 숍에서는 그뤼에르 특산물도 구입할 수 있다.

© La Maison du Gruyère

주소 Pringy-Gruyères
위치 그뤼에르 기차역 바로 앞
운영 09:00~18:00
치즈 생산 과정 실연
하루 2~4회 09:00~12:30 사이
요금 성인 CHF 7, 학생 CHF 6, 어린이(~12세) CHF 3
※스위스 패스 소지자 무료
전화 +41 (0)26 921 8400
홈피 www.lamaisondugruyere.ch

🍴 그뤼에르의 향토 음식

▶▶ 퀴숄르 빵
Cuchaule Bread

프리부르 주의 전통적인 빵으로 사프란을 넣어 노란색을 띤다. 쌉싸름하면서 달콤한 베니숑 머스터드 Moutarde de Bénichon를 잼처럼 발라 먹는다.

▶▶ 머랭 Meringue

정말 맛있지만 칼로리 때문에 살짝 걱정되는 디저트로 계란 흰자를 거품 내어 오븐에 구워 만든다. 더블크림과 계절에 따라 딸기류를 곁들여 먹게 된다.

▶▶ 퐁뒤 모티-모티
Fondue Moitié-Moitié

그뤼에르 치즈와 바슈랭 프리부르 치즈 Vacherin Fribourgeois AOP를 감자 녹말과 화이트와인과 함께 작은 냄비에 넣어 녹여 빵에 찍어 먹는다.

✚ 브록 Broc

브록은 그뤼에르와는 차로 5분 거리의 옆 마을이다. 인구 2600명 정도밖에 되지 않는 이 작은 마을의 핵심은 메종 까이에 Maison Cailler 초콜릿 공장이다. 1819년 브베에서 시작한 까이에는 1898년부터는 브록에 최초의 밀크 초콜릿 공장을 만들어서 브록의 경제를 책임져 왔다. 메종 까이에의 브랜드 관련 퀴즈를 풀어보는 '아웃도어 게임'을 하며 브록 마을을 돌아볼 수 있다.

브록 이동하기
- 베른에서 열차로 1시간 18분 소요(직통)
- 그뤼에르 열차/버스로 15분 소요(Broc Village에서 환승)

★★★ 네슬레 초콜릿 공장 '메종 까이에' Maison Cailler

'다른 스위스 초콜릿 브랜드의 공장과 다르게, 메종 까이에 제품에 들어가는 우유는 저기 그뤼에르 들판에 있는 소들로부터 나온다'를 엄청 강조하는 메종 까이에는 높은 품질의 밀크 초콜릿으로 스위스에서는 정평이 나 있고, 처음으로 우유를 초콜릿과 합치는 기술을 만든 덕에 더욱 유명하기도 하다. 하지만 스위스 국내 생산만 하기 때문에, 공장에 들러 관람하고 초콜릿을 사와야 할 이유가 있다. 물론 스위스 슈퍼마켓에서도 까이에 초콜릿을 팔지만, 메종 까이에 기념품 숍에 있는 초콜릿의 종류는 상상초월이다. 예전 까이에 광고를 살린 옛스런 틴 케이스는 구매욕을 자극한다. 공장과 함께 있는 초콜릿 박물관에 들어서면 놀이공원 롯데월드의 '신밧드의 모험'을 시작한 것 같다. 8개의 인터렉티브한 체험을 통해 카카오부터 스위스 초콜릿의 역사를 남녀노소 쉽게 알게 된다. 이후 초콜릿 무료 시식과 공장 제조 과정을 관람한다. 초콜릿 러버나 아이들과 함께라면, 마스터 쇼콜라티에와 함께 초콜릿을 만들어보는 '초콜릿 워크숍'에 도전하자.

주소 Chocolaterie Suisse, Rue Jules Bellet 7, 1636 Broc
위치 기차역 Broc-Chocolaterie에서 바로 하차
운영 연중무휴. 11~3월 10:00~17:00, 4~10월 10:00~18:00
요금 성인 CHF 17, 6~15세 CHF 7, 스위스 패스 소지자 및 6세 미만 무료
※ 패스 소지 시 미리 온라인 예약하면 기다릴 필요 없음
※ 초콜릿 만들기 체험(1시간) 시 CHF 25
(체험 진행 시 입장료 성인 CHF 8.5, 6~15세 CHF 3.5)
※ 한국어 오디오 가이드 무료
전화 + 41 (0)26 921 5960
홈피 www.cailler.ch

눈과 야자수, 스위스와 이탈리아어. 서로 좀 낯설다.
티치노 지역의 이국적인 매력은 이런 낯선 조합의 산물이다.
티치노 북쪽으로 위치한 높고 험한 알프스의
골짜기들은 남쪽 티치노의 따뜻한 기후를 만들어준다.
그래서인지 티치노의 공기는 촉촉하고,
햇살은 여느 지역보다 따스하다. 늘 볕을 그리워하는
북유럽인들이 사랑하는 휴양지로 알려질 만하다.
이탈리아와 맞닿아 있는 마지오레(Maggiore) 호수와
루가노 호수의 유람선을 타고 흥미로운 이야기와
매력으로 가득한 작은 호숫가 마을들을 방문해보자.

티치노 주 루가노와 주변 지역
TICINO

스위스 속 작은 이탈리아
TICINO

티치노 주는 '스위스 속 작은 이탈리아'라고 불린다. 청결함, 편리한 인프라, 사회적 안정성은 스위스답게 유지하되 이곳에 거주하는 사람들의 성향은 쾌활하고 낙천적인 이탈리아인 그대로이다. 독일어권 지역과는 자연환경, 건축물 등도 확연히 차이가 나지만 삶을 대하는 태도야말로 정말 다르다. 하이킹을 할 때 독일어권 사람들은 마치 전투에라도 참여하는 듯 자못 비장하지만, 토종 티치노 사람들은 '산은 오르기보다 와인을 마시고 바라보며 즐기는 것'이라 생각한다.

티치노는 널리 알려진 루가노, 로카르노, 벨린초나 등 큰 도시 외에 티치노 주 북쪽 발 베르자스카Valle Verzasca, 계곡 지역에 자리 잡고 있는 소노뇨Sonogno, 라베르테초Lavertezzo 등은 로카르노에서 출발하면 반나절 코스로 이색적인 여행지로 기억될 것이다.

© Ticino Tourismo

티치노 주

주요 도시 루가노, 로카르노, 벨린초나

주요 호수 마지오레, 루가노

주요 산과 계곡 카르다다, 타마로, 산 조르지오, 산 살바토레,
발 베르자스카

주요 테마 편안한 휴식, 호수와 산들이 빚어낸 이탈리아 같은 전경,
계곡에 자리한 작은 마을들, 와인, 마리오 보타의 건축물, 유쾌한 사람들

※ 티치노는 이탈리아권에 속한다. 티치노에서 가장 큰 도시는 루가노이지만 주
　도는 벨린초나이다.
※ 간단한 이탈리아어 단어: Monte = 산, Valle = 계곡, Lago = 호수

08

아름다운 호수와 산이 있는 **루가노**
LUGANO

티치노 주에서 가장 큰 도시인 루가노는 밀라노에서 차로 1시간 정도로 가까운 거리인 만큼 정서적으로나 문화적으로 이탈리아 사람들과 비슷하다. 루가노는 어찌 보면 스위스의 장점을 이탈리아 특유의 감성으로 풀어낸 정서적 중간 지점인 듯싶다. 루가노 호수는 스위스 그 어떤 호수들보다 로맨틱한 감성을 던진다. 치아니 공원Parco Ciani, 타시노 공원Parco del Tassino이 호숫가에 있어 계절마다 아름다운 꽃을 볼 수 있고, 유네스코 자연유산으로 지정된 조르지오Monte San Giorgio 산은 지질학적으로 이곳이 얼마나 가치가 높은지 알려준다. 그 밖에도 루가노는 네오클래식 양식의 오래된 건물들과 티치노가 낳은 세계적 건축가 마리오 보타의 현대 건축물, 유명 브랜드와 부티크가 공존하고 있는 지역으로 괜찮은 쇼핑을 할 수 있기도 하다. 저녁의 하이라이트는 리포르마 광장Piazza della Riforma이라고 할 수 있다. 골목을 거닐다 리포르마 광장에서 저녁을 먹는 것만으로 루가노에 오길 참 잘했다 싶을 것이다.

🖐 추천 여행 일정

1 | Only 루가노
리포르마 광장과 주요 거리(낫사, 페시나) +
루가노 호수 주변의 주요 볼거리들
(산타 마리아 델리 안젤리 성당, 치아니 공원 등) +
몬테 브레 혹은 몬테 산 살바토레 전망대

2 | 루가노와 주변 지역
루가노 + 간드리아 or 모르코테(유람선, 버스 이동)
or 몬타뇰라 or 멜리데 or 멘드리지오(버스 이동)

ℹ 인포메이션 센터

루가노 지역 투어리스트 인포 센터
주소 Via Massimiliano Magatti 6, 6900 Lugano
위치 시청 인근에 위치
운영 월~금 09:00~17:30,
토 09:00~12:00/13:00~17:00
휴무 일요일
전화 +41 (0)58 220 6506
홈피 www.luganoregion.com

여행정보
■ 도시명 루가노
■ 주 티치노
■ 인구 약 64,000명
■ 주요 언어 이탈리아어
■ 고도 273m
■ 키워드 이탈리아 색, 루가노 호수,
지중해성 기후, 문화와 예술

Janice Advice
루가노의 호반 산책길 룬골라고를 걷다 보면 밤나무가 참 많다는 걸 알게 된다. 그래서 밤이 열리는 계절에 루가노를 방문하면 거리 곳곳에서 군밤 파는 아저씨들을 자주 만나게 된다. 한국의 겨울 풍경과 비슷해서 왠지 정겹다. 물가 높은 스위스에서 군밤 한 봉지는 때론 배고픈 여행자들의 배를 채워준다.

Jay Advice
루가노에서는 이탈리아가 고향인 스파게티나 옥수수가루로 만든 폴렌타(Polenta), 와인에 푹 삶은 브라자토(Brasato) 등을 주로 맛볼 수 있다. 여기에 티치노의 대표 와인 메를로(Melot)를 곁들이면 스위스 속 작은 이탈리아, 티치노를 여행하고 있다는 것을 다시 한 번 실감하게 될 것이다.

✚ 루가노 들어가기 & 나오기

1. 항공으로 이동하기

티치노 여행만을 위해 스위스를 찾는 여행자들은 그리 많지 않을 것이다. 따라서 대부분 취리히 공항에서 입국해 취리히, 루체른을 여행한 다음 루체른 또는 아트 골다우^{Arth-Goldau}에서 직행열차를 타고 이동하게 될 것이다. 만약 취리히나 제네바에서 국내선을 이용해 바로 루가노 공항으로 이동하고 싶다면, 그 방법도 가능하지만 별로 권하고 싶지는 않다. 인천–밀라노 직항을 이용해 티치노 지역부터 여행하고 싶다면 그 방법도 가능하다. 밀라노에서 티치노 지역 루가노, 벨린초나, 멘드리지오, 멘리데 등 주요 도시에서 밀라노 말펜사 공항까지 열차가 운행한다.

★ 밀라노 말펜사 공항 → 티치노 주요 도시 기차로 이동하기

- 틸로^{Tilo} S50 열차가 벨린초나, 루가노, 멜드리지오 등 티치노 주요 도시를 거쳐 밀라노 말펜사 터미널 1, 2까지 1시간 간격으로 운행
- 04:00대부터 21:00대까지 열차 운행(시즌마다 다를 수 있음)
- 자세한 시간 www.sbb.ch에서 검색 가능

2. 열차로 이동하기

취리히 공항에서 입국하면, 취리히에서 직행열차를 타고 루가노까지 이동하거나, 제네바 공항으로 입국하면 취리히를 거쳐 루가노로 가거나, 도모도솔라^{Domodossola}를 거쳐 로카르노^{Locarno}로 이동하는 동선이 자연스럽다.

★ 주요 도시 → 루가노 열차 이동시간

- **취리히** 약 2시간 5분. 취리히 중앙역에서 1시간에 2번 루가노까지 직행으로 가는 열차가 운행, 이 열차는 밀라노까지 운행한다.
- **루체른** 약 2시간. 1시간에 1번 직행 편이 운행. 리기 산을 여행한 후 아트 골다우^{Arth-Goldau}로 내려와 이곳에서 직행으로 약 1시간 30분 소요된다.
- **제네바** 약 5시간. 취리히에서 경유해야 하므로 많은 시간 소요.

3. 차량으로 이동하기

스위스 북쪽에서 이동 시 취리히에서 A2 고속도로를 이용해 생 고타드^{San Gottardo} → 키아소^{Chiasso} → 이탈리아 방면으로 향하다가 루가노 북쪽^{Lugano Nord} 출구로 나오면 된다.

루가노는 이탈리아와 맞닿아 있기 때문에 이탈리아와 스위스 간 여행자의 이동이 잦은 편인데 밀라노에서 약 1시간 걸린다. 이탈리아 밀라노에서는 코모^{Como}, 생 고타드 방면의 Laghi A9 고속도로를 이용하거나, Varese → Stabio 방면의 A8 고속도로를 이용해 루가노 남쪽 Lugano Sud 방면으로 나오면 된다.

밀라노 말펜사^{Malpensa} 터미널 1, 2에서 열차 이동을 권한다. 스위스 티치노 멘드리지오^{Mandrisio}에서 1회 환승해야 하지만, 소요시간 1시간 30분으로 오히려 취리히 및 제네바 공항에서 이동하는 것보다 시간이 짧다.
요금 2등석 기준 성인 CHF 24.4
홈피 www.tilo.ch/bici

✚ 루가노 시내에서 이동하기

취리히, 베른, 루체른 등 타 대도시와 달리 트램이 없고, 버스로 이동하는 것이 보편적이다. 다행히도 버스 노선이 매우 세밀하게 연결되어 있어 여행 시 불편함은 전혀 없다. 루가노 시내 주요 포인트는 웬만하면 도보로 이동할 수 있지만, 때에 따라 버스, 유람선을 이용할 수도 있다. 루가노 중앙역은 루가노 호수를 내려다보는 다소 높은 지역에 있으니 루가노 호수가 있는 낮은 지역으로 이동할 때는 버스나 초현대식 푸니쿨라를 이용하면 편리하다.

버스 이용하기

루가노에서 주로 이용하게 될 버스는 루가노 지역 버스 회사인 TPL(Transporti Pubblici Luganesi)과 포스트버스 Auto Postale일 것이다. 버스 정류장을 보면 루가노 시내 중심가와 루가노 역을 중심으로 운행하는 1, 2, 3, 4, 5, 6, 7번과 루가노 시내 외곽으로 이동하는 15, 16, 17, 18번으로 되어 있다. 포스트버스는 루가노 근교 명소인 모르코테 Morcote, 멜리데Melide 및 몬타뇰라Montagnola 등으로 운행한다. 버스 정류장에 회사와 노선명이 적혀 있으며, 노란색 버스가 포스트버스이니 헷갈릴 염려도 없다.

홈피 www.tplsa.ch

TPL 버스

포스트버스

버스 표지판

★ **루가노 푸니쿨라 TPL 노선**
운행구간 루가노 시내 중심(Piazza Cioccaro)-루가노 SBB역(Stazione FFS)
운행시간 05:00~24:00
소요시간 약 90초
요금 CHF 1.3

Tip | 티치노 티켓
Ticino Ticket

티치노 지역에서 투숙하는 여행자라면 투숙하는 호텔, 호스텔, 심지어 캠핑사이트에서 디지털 버전 티치노 티켓을 받을 수 있다(스마트폰 필수). 티치노 내 대도시에서 소도시까지 포함, 키아소Chiasso부터 아이롤로Airolo까지 9개 회사가 운영하는 대중교통 수단을 무료로 이용할 수 있다. 또한 박물관이나 산악 여행지를 20~30% 할인받을 수 있으니 티치노 지역만 주로 여행할 계획이라면 이 티켓은 매우 유용하다. 자세한 정보는 홈페이지 참고.

홈피 www.ticino.ch/ticket

Via Tesserete
Via Zurigo
Via la Santa
Via S. Gottardo
Via Cantonale
Via Carlo Maderno
Corso Elvezia
Viale Cassarate
Via al Chioso
Via Molinazzo
Via Serafino Balestra
일 포스토 아칸토
Il Posto Accanto
미그로 슈퍼마켓
Migros
미그로 슈퍼마켓
Migros
Viale Castagnola
호텔 페데랄레 루가노
Hotel Federale Lugano
Viale Carlo Cattaneo
루가노 기차역
페시나 거리
Via Pessina
마노르 백화점
Manor
Piazza Indipendenza
치아니 공원과 룬골라고 산책길
Parco Ciani & Lungolago Path
성 로렌초 성당
Cattedrale di San Lorenzo
가바니씨 상점들
Gabbani Stores
호텔 루가노단테
Hotel Lugano Dante
비스트로 & 피자 아르젠티노
Bistrot & Pizza Argentino
라 티네라
La Tinèra
몬타리나 호텔 & 호스텔
Montarina Hotel & Hostel
리포르마 광장
Piazza della Riforma
낫사 거리
Via Nassa
Riva Giocondo Albertolli
콘티넨탈 파크
호텔 루가노
Continental Park
Hotel Lugano
산타 마리아 델리 안젤리 성당
Chiesa Santa Maria degli Angeli
Piazza Luíni
루가노 아트 센터
LAC Lugano Arte e Cultura
Riva Antonio Caccia
루가노 호수
Lago di Lugano
호텔 스플렌디드 로열
Hotel Splendide Royal
파라디소 지구
Paradiso
Riva Paradiso
몬타뇰라
Montagnola
몬테 산 살바토레
Monte San Salvatore
(4.5km)
모르코테 Morcote
멜리데 Melide

* km 표시는 루가노 기차역 기준
Aldesago
몬테 브레
Monte Brè
Albonago
아르테 알 라고
그랜드 호텔 빌라 카스타뇰라
Grand Hotel Villa Castagnola
Suvigliana
카사라테
Cassarate
Via Ceresio di Suvigliana
공원
Parco San Michele
Str. di Fulmignano
Via Riviera
Str. di Gandria
간드리아 ➤
Gandria
N
몬테 제네로소 ◀
Monte Generoso
(36.4km)
루가노

★★★ 산타 마리아 델리 안젤리 성당 Chiesa Santa Maria degli Angeli

1499년에 건축을 시작한 로마네스크 양식의 성당으로, 성당에 들어서면 벽면 전체를 둘러싼 아름다운 프레스코화들에 눈길이 간다. 레오나르도 다빈치의 제자였던 화가 베르나디노 루이니Bernardino Luini가 1529년에 그린 것으로 〈십자가의 예수〉와 〈최후의 만찬〉, 〈성모자 상〉 등은 색감이 다채롭고 보존 상태도 좋아 스위스 롬바르드 르네상스 양식의 대표 작품이라 할 수 있다.

주소 Piazza Bernardino Luini, 6900 Lugano
위치 낫사 거리를 따라 파라디소 지구 쪽으로 내려오다 보면 호반에 위치
운영 08:30~18:00
요금 무료
전화 +41 (0)91 922 0112
홈피 www.santamariadegliangioli.ch

★★☆ 성 로렌초 성당 Cattedrale di San Lorenzo

루가노 기차역에서 언덕길을 내려다보면 가장 먼저 눈에 띄는 건물이 바로 성 로렌초 성당이다. 르네상스 양식의 외관과 둥근 첨탑의 고딕 양식으로 완성된 인상적인 성당 건물은 9세기경 건축된 이래 시대에 따른 다양한 건축 양식이 혼재되어 있다. 내부의 성가대석 입구와 천사들로 장식된 작은 사원과 상부구조로 된 대리석의 높은 제단과 화려한 프레스코화가 매우 인상적이다.

주소 Via San Lorenzo, 6900 Lugano
위치 루가노 기차역에서 작은 육교를 건너면 성당으로 내려가는 언덕길이 있다.
운영 06:30~18:00
요금 무료
전화 +41 (0)91 921 4945

★★★
리포르마 광장 Piazza della Riforma

많은 레스토랑과 비스트로가 모여 있는 곳으로 도시의 만남의 장소가 되는 곳이다. 지역의 유명 페스티벌인 에스티벌 재즈Estival Jazz, 부활절 및 크리스마스 행사가 열리는 주요 무대로 과거에는 대광장을 뜻하는 Piazza Grande로 불렸다. 이후 여러 정치적 혼란을 겪고, 스위스의 12번째 주로 지정되었으며, 1830년 헌법 개정 덕에 현재 이름으로 불리게 되었다.

★★★
치아니 공원과 룬골라고 산책길 Parco Ciani & Lungolago Path

루가노 호숫가에 위치한 치아니 공원은 약 63,000㎡의 넓은 공원으로 티치노에서 서식하는 식물들을 다양하게 볼 수 있는 초록의 보고이다. 공원에는 빌라 치아니, 컨벤션 센터, 주립 자연사 박물관 및 주립 도서관이 있으며 호숫가를 따라 남쪽으로 이어지는 룬골라고 산책길은 보리수와 밤나무로 녹음이 짙어 지역 사람들과 여행자들에게 사랑받는 산책로이다. 치아니 공원에서 반대편에 위치한 몬테 산 살바토레와 아름다운 꽃들을 배경으로 사진을 찍어보자.

주소 Riva Albertolli, Lungolago, 6900 Lugano
위치 리포르마 광장에서 루가노 호수를 따라 북쪽으로 걷다 보면 나온다 (루가노 카지노 맞은편에 공원 출입문 위치).
운영 여름 시즌 06:00~23:00, 겨울 시즌 06:00~20:00
홈피 www.luganoregion.ch

★★☆

루가노 아트 센터 LAC Lugano Arte e Cultura

예술과 문화에 다양한 가치를 부여하고자 새롭게 건설된 복합 건물로 박물관과 콘서트홀로 구성되어 있다. 루가노 호수의 찰랑거림이 투영되는 유리 건물인 루가노 아트 센터는 기존에 별도로 자리하던 근대 미술관과 주립 미술관이 합쳐져 스위스 이탈리아권의 미술관 Museo d'Arte della Svizzera Italiana로 불린다. 루가노 아트 센터는 미술품 전시뿐만 아니라 클래식부터 현대음악까지 다양한 음악을 어우르는 수준 높은 공연장도 갖추고 있어 루가노 지역 사람들의 새로운 메카로 자리 잡고 있다.

주소 Piazza Bernardino Luini 6, 6901 Lugano
위치 산타 마리아 델리 안젤리 성당 옆
운영 **스위스 이탈리아권 미술관(MASI)**
화·수·금 11:00~18:00,
목 11:00~20:00,
토·일·공휴일 10:00~18:00
휴무 월요일
요금 **콤비 티켓 기준** 성인 CHF 24,
16~25세 및 티치노 티켓 소지자
CHF 19, 16세 이하 및
스위스 패스 소지자 무료
전화 **아트 센터** +41 (0)58 866 4222
미술관 +41 (0)91 815 7973
홈피 **아트 센터** www.luganolac.ch
미술관 www.masilugano.ch

© LAC 2015 - Foto Studio Pagi

몬테 산 조르지오 Monte San Giorgio

삼첩기Triassic의 성지인 이곳은 유네스코 세계자연유산으로 약 2억 4천만 년 전의 해양 생물 화석이 세계에서 가장 잘 보존된 곳 중 한 곳이다. 산 정상에서 내려다보는 루가노 호수의 전경 또한 일품이라 하이킹과 지식 탐구를 동시에 즐길 수 있는 장소이며 산기슭에는 메리데 화석 박물관Museum of Fossils in Meride이 자리하고 있다. 메리데 마을에서 정상까지 이어지는 하이킹 코스가 잘 조성되어 있다(약 12km 순환 코스, 4시간 정도 소요).

주소 Via Bernardo Peyer 9, CH - 6866 Meride
위치 루가노 역에서 Capolago-Riva San Vitale 역까지 기차로 이동(약 15분 소요)
전화 +41 (0)91 640 0080
홈피 www.montesangiorgio.org

© Ticino Turismo - Foto Luca Crivelli

몬테 브레 Monte Brè

해발 925m의 몬테 브레는 루가노를 대표하는 산이다. 몬테 브레 푸니쿨라는 1908년부터 운행되었으며 무더위를 잊게 해주는 여름철 최고의 하이킹 장소이자 최고의 전경을 안겨주는 곳이다. 날씨가 좋은 날에는 몬테 로사 Monte Rosa 까지 보인다. 푸니쿨라 출발 지점인 카사라테 Cassarate 에서 수빌리아나 Suvigliana 까지 4분, 다시 이곳에서 한 번 갈아탄 후 몬테 브레 정상까지 13분 소요된다. 몬테 브레 여행 후 간드리아까지 하이킹하는 것을 추천한다.

주소 출발역(카사라테) Station Section I: Lugano (Cassarate) Via Pico 8, 6900 Lugano
위치 루가노 기차역에서 2번 버스로 Cassarate나 Ruvigliana에서 하차, 루가노 시내에서는 1번 버스로 Lanchetta에서 하차 후 푸니쿨라 탑승
운영 휴무일 제외 매일 **휴무** 매년 1월 초~2월 중순, 성탄절
요금 **편도** 성인 CHF 17, 어린이(만 6~15세) CHF 8.5
왕복 성인 CHF 26, 어린이(만 6~15세) CHF 13
※ 만 5세 이하 무료, 스위스 패스 소지자 50% 할인
전화 +41 (0)91 971 3171
홈피 www.montebre.ch

추천

몬테 산 살바토레 Monte San Salvatore

해발 912m의 산으로 몬테 브레 맞은편에 위치한다. 작은 리오 Little Rio 라는 닉네임이 있는 루가노 호수 지형은 몬테 브레와 믄테 산 살바토레로 형상되어 있는데, 이곳 정상이야말로 루가노의 지형과 루가노의 랜드마크들을 속속들이 볼 수 있는 곳이다. 파라디소 Paradisso 지구에서 푸니쿨라로 10분이면 정상까지 올라갈 수 있다. 막힌 숨이 확 트이는 전경은 루가노가 당신에게 주는 선물이 될 것이다.

주소 Via delle Scuole 7, 6902 Lugano-Paradiso
위치 루가노 호수 산책길 룬골라고를 따라 푸니쿨라 역까지 도보 이동이 충분히 가능. 기차역에서 열차로 파라디소까지 2분, 루가노 센터에서는 1번 버스로 10분 소요
운영 매년 3월 중순~11월 초 ※ 운영 시간은 조금씩 다름
휴무 10월 말~12월 초, 3월 초
※ 겨울 시즌 제한적 운영
요금 **편도/왕복** 성인 CHF 25/32, 어린이(만 6~15세) CHF 11/14
※ 스위스 패스 소지자 50% 할인
전화 +41 (0)91 985 2828
홈피 www.montesansalvatore.ch

몬테 제네로소 Monte Generoso

1890년 증기열차로 첫 운행을 시작했던 몬테 제네로소 산악열차는 세계대전 기간 동안 관광객이 줄어들자 열차 선로를 고물로 팔아버릴 위기에 처했으나 1941년 미그로Migros 창업자인 고틀리브 두트바일러Gottlieb Duttweiler의 지원으로 위기를 넘기고 현재까지 미그로의 지원을 받고 있다. 정상에 있는 마리오 보타가 설계한 빌딩은 레스토랑과 컨퍼런스 룸으로 이용되고 있다. 몬테 로사, 마테호른, 융프라우, 고타드 대산괴까지 감상할 수 있는 멋진 산악 여행지이다.

주소 Via Fam. Carlo Scacchi 6, 6825 Capolago
위치 루가노에서 Chiasso 방면 열차 탑승
Capolago-Riva San Vitale에서 하차, 약 13분 소요
운영 **비수기** 2026.03.30~05.01/2026.10.26~11.08 매일
성수기 2026.05.02~10.25 매일
※ 겨울 시즌 주말 및 공휴일
요금 **비수기** 성인 CHF 54, 어린이 CHF 27
성수기 성인 CHF 72, 어린이 CHF 36
※ 스위스 패스 소지자 50% 할인
전화 +41 (0)91 649 7722
홈피 www.montegeneroso.ch

가바니 씨 상점들 Gabbani Stores

루가노의 명물이자 역사의 한 페이지를 장식할 정도로 유명한 브랜드가 되어버린 가바니Gabbani는 1937년에 델리 숍으로 시작한 상점이다. 리포르마 광장에서 가까운 페시나Pessina 거리에서 큰 소시지가 걸린 노란색의 건물을 찾으면 쉽다. 살라미 등 정육과 치즈, 레스토랑, 카페에서 호텔, 바까지 루가노 곳곳에 가바니 브랜드가 눈에 띌 것이다.

주소 Via Pessina, 12, 6900 Lugano
위치 기차역에서 탄 푸니쿨라 하차 지점인 치오카로 광장 초입 페시나 거리에 위치
운영 월~금 08:00~24:00, 토 09:00~24:00 (상점 기준)
휴무 일요일
전화 Gabbani Amministrazione
+41 (0)91 911 3080
홈피 www.gabbani.com

낫사 거리 Via Nassa

리포르마 광장에서 산타 마리아 델리 안젤리 성당이 위치한 루이니 광장 Piazza Luini까지 낫사 거리에는 루이비통, 베르사체 등의 고급 브랜드가 즐비하다. 비가 내려도 편안한 쇼핑을 할 수 있는 아케이드가 매력적이다.

루가노의 레스토랑

지리적으로 이탈리아와 가깝기 때문에 파스타, 피자, 리조또 등 이태리 요리가 주를 이루지만 재료의 신선함과 서비스의 정확성에는 스위스 특유의 정체성이 녹아 있다. 저녁 식사 전 음료와 함께 간단한 스낵을 즐기는 아페리티보Aperitivo가 활성화되어 있으며 루가노 호수에서 잡은 민물고기 요리가 레스토랑 메뉴에 자주 등장한다.

작가 추천 & AI 검증

1. 캐주얼 & 가성비 Casual & Budget
- **마노르 레스토랑 루가노 센트로**
  Manor Restaurant Lugano-Centro

대형 백화점인 Manor 최상층에 위치한 셀프 서비스 레스토랑이며, 대표적인 가성비 맛집이다.

- **비스트로 & 피자 아르젠티노**
  Bistrot & Pizza Argentino

리포르마 광장 바로 옆에 위치한 이탈리안 비스트로 광장 근처의 다른 식당들에 비해 가격대가 합리적이고, 캐주얼한 분위기이며 화덕피자가 특히 맛있다.

2. 합리적인 로컬 Affordable Local

■ 라 티네라 La Tinèra

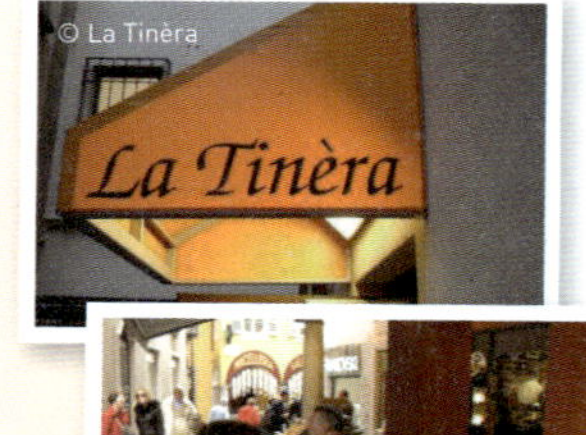

소박하고 따뜻한 시골풍 인테리어가 돋보이며, 리조또^{Risotto}나 부드러운 폴렌타^{Polenta} 등 티치노 전통 방식의 가정식을 선보인다.

■ 그로토 모르치노 Grotto Morchino

시내에서 약간 벗어난 언덕에 위치해 자연과 어우러진 고즈넉한 분위기를 자랑한다. 헤르만 헤세가 즐겨 찾았던 곳으로도 알려져 있다.

3. 미식 & 고품격 다이닝 High-end Luxury

■ 갤러리아 아르테 알 라고
Ristorante Galleria Arté al Lago

예술과 미식이 결합된 독특한 공간으로, 그랜드 호텔 빌라 카스타뇰라 내에 위치한 미슐랭 스타 레스토랑이다.

■ 메타 레스토랑 Meta Restaurant

'Palazzo Mantegazza'에 위치한 미슐랭 1스타 레스토랑으로, 감각적이고 세련된 분위기를 자랑한다.

Tip 루가노에서 꼭 먹어봐야 할 것 Must-Eat

❶ 루가니게 Luganighe
티치노 지역의 전통 돼지고기 소시지. 주로 그릴에 굽거나 리조또와 함께 조리하여 먹는다.

❷ 티치노 멜롯 Ticino Merlot
티치노 주는 멜롯 품종 와인으로 세계적인 명성을 얻고 있다. '보칼리노^{Boccalino}'라는 전통 흙그릇 컵에 담아 마시는 것이 전통이다.

❸ 밤 요리 Chestnut Specialties
가을철 루가노의 핵심 식재료. 구운 밤뿐만 아니라 밤으로 만든 케이크, 페이스트 등을 꼭 맛보도록 하자.

❹ 젤라또 Gelato
이탈리아 문화권답게 수준 높은 젤라또 가게가 많다. 호숫가를 산책하며 즐기는 젤라또는 루가노 여행의 필수 코스이다.

Tip | 티치노 그로토 Grotto

티치노만의 매력인 그로토는 원래 와인을 저장하기 위한 동굴로, 주로 도심을 벗어난 전원에 작은 레스토랑 형태로 위치한다. 로컬 와인과 함께 티치노 향토 요리를 제공하며 날씨가 좋은 날에는 나무 아래 시원한 그늘의 테라스에서 식사를 할 수 있다.

루가노는 지형적 특성이 뚜렷해 위치 선정이 중요하다. 쇼핑과 맛집 중심의 투어를 즐기고 싶으면 시내 중심가^{City Centre}인 리포르마 광장 근처로, 교통 편의성이 중요하다면 루가노 역 바로 뒤편인 베쏘^{Besso} 지역이 좋다. 만약 큰 짐을 들고 이동한다면 시내 중심가보다 가성비 좋은 호텔이 많은 베소 지역을 추천하고 싶다. 전망이 중요하고 휴양을 하고 싶다면 파라디소^{Paradiso} 지역이 단연 좋다. 호숫가 산책로와 가깝고 몬테 산 살바토레 푸니쿨라 탑승장이 바로 옆이라 여유로운 휴양에 최적이다.

Writer's Pick

| 5성급 |

- **시내 중심 그랜드 호텔 빌라 카스타뇰라** Grand Hotel Villa Castagnola
  루가노 중심가에서 가까운 호숫가에 위치한 이 호텔은 과거 귀족의 저택을 개조하여 만든 곳이다.
- **파라디소 지역 호텔 스플렌디드 로열** Hotel Splendide Royal
  루가노 호수가 한눈에 들어오는 호텔로 세계 왕족과 유명인들이 즐겨 찾는 곳이며, 19세기 벨 에포크 시대의 화려함을 고스란히 간직하고 있다.

| 4성급 |

- **시내 중심 호텔 루가노 단테** LUGANODANTE Boutique & Lifestyle Hotel
  매우 현대적이며, 기차역과 시내를 잇는 푸니쿨라 정류장 바로 앞에 있어 편리하다.
- **파라디소 지역 노보텔 루가노 파라디소** Novotel Lugano Paradiso
  루가노 호수 산책로와 가까운 파라디소 지역에 위치한 현대적인 호텔이다.
- **베쏘 지역 콘티넨탈 파크 호텔 루가노** Continental Parkhotel
  호텔 내부에 아름다운 아열대 정원과 수영장을 보유하고 있다. 가족 경영 호텔 특유의 세심하고 친절한 서비스가 특징이다.

| 3성급 |

- **시내 중심 가바니 호텔** GABBANI HOTEL
  치오카로 광장^{Piazza Cioccaro}에 위치한 부티크 컨셉의 호텔이다.
- **베쏘 지역 B5 부티크 호텔 루가노** B5 Boutique Hotel Lugano
  매우 깨끗하고 모던한 디자인을 자랑하는 부티크 호텔. 사용자 평점이 매우 높기로 유명하다.

| 이색 호텔 |

- **비가트 호텔 & 레스토랑** Bigatt Hotel & Restaurant
  산 살바토레 산기슭에 위치한 이곳은 18세기 농가 건물을 개조한 호텔이다. 가장 큰 특징은 사회적 기업으로 운영된다는 점이다. 호텔 내에 대규모 유기농 정원과 과수원이 있어 '팜 투 테이블^{Farm-to-table}' 식사를 즐길 수 있다.

루가노 호수 주변 마을

루가노 여행 시 함께 들르지 않으면 자다가도 후회할 마을들을 소개한다.
평생 기억에 남을 만한 아름다운 사진과 추억을 선사할 어부의 마을, '간드리아'와
감성 충만, '모르코테', 헤르만 헤세의 발자취를 찾아 떠나는 '몬타뇰라'.
아이들이 정말 좋아할 '멜리데'와 스위스 최대 규모 아웃렛인 폭스타운이 있는 '멘드리지오'까지
모두 아담하지만 개성 강한 마을들이다. 마치 잘 조성된 테마 타운을 여행하는 듯
연극과 영화의 무대 같기도 하다.

❶ 간드리아 Gandria

'몬테 브레' 발치에 위치한 간드리아는 루가노에서 유람선으로 40분 정도, 또는 버스로도 이동이 가능하다. 좁은 언덕비탈과 호숫가 좁은 땅에 새집처럼 옹기종기 모여 있는 마을은 예전에는 이탈리아와의 밀수 거래가 주로 이루어지던 곳이었지만, 지금은 지역 예술가들을 통해 그 아름다움을 알려지면서 많은 관광객이 찾는 곳이 되었다. 지역 사람들이 간드리아 본연의 모습을 유지하기 위해 노력하고 있으며 골목과 호수를 배경으로 이색적인 사진을 찍을 수 있는 포토 포인트가 많다.

> **Tip | 간드리아 제대로 여행하기**
>
> 루가노 시내에서 카사라테 Cassarate, 몬테 브레 Monte Bré 까지 버스를 타고 이동한 다음, 바로 이곳 카사라테에서 간드리아까지 일명 **올리브 길** Sentiero Dell'Olivo이라 불리는 하이킹 길이 시작된다. 3km 정도 되며, 호수를 오른쪽에 끼고 올리브 나무를 따라 걷다 보면 간드리아와 마주하게 된다.
>
> **홈피** www.gandria.ch

올리브 열매 색깔의 표지판으로 길을 안내해준다.

❷ 모르코테 Morcote

루가노 시내에서 유람선으로 약 50분, 431번 버스로 약 30분이면 갈 수 있는 곳으로, '루가노 호수의 작은 진주'라 불릴 정도로 독특한 매력이 있는 마을이다. 404개의 작은 계단을 밟으며 오르는 길이 아름다운 **산타 마리아 델 사소 성당**Chiesa Santa Maria del Sasso과 보태니컬 가든인 **파르코 쉐러**Parco Scherrer 등이 볼만하다. 파르코 쉐러에서 정원과 호수를 배경으로 찍는 사진이 매우 이국적이며 인상적이다. 밤보다는 낮에 더 어울리는 여행지이다.

홈피 www.morcotetourismo.ch

파르코 쉐러

❸ 멜리데 Melide

루가노에서 멜리더 까지는 유람선으로 30분, 431번 포스트버스로 40분, 열차로는 7분이 소요된다. 스위스의 주요 명소들을 25분의 1 크기로 축소해 130가 이상의 미니어처 모델과 함께 공원을 가로지르는 미니어처 철도, 케이블카, 보트 등이 실제로 작동하여 생동감을 더한다.

스위스 미니어처 Swissminiatur

주소 6815 Melide

위치 멜리데 도착 후
스위스 미니어처 표지판이나
근방의 주유소 사인을
발견하면 쉽게 찾아갈 수 있다.
도보로 5~10분 소요

운영 매년 3월 중순~11월 초순
09:00~18:00
휴무 11월 초~3월 중순

요금 성인 CHF 22,
어린이(6~15세) CHF 15
※온라인 구매 시 할인 가능
※스위스 패스 소지자
30% 할인

전화 +41 (0)91 640 1060

홈피 www.swissminiatur.ch

❹ 몬타뇰라 Montagnola

하늘을 맹렬히 뚫고 오를 기세의 사이프러스 나무가 인상적인 몬타뇰라의 주인공은 노벨 문학상을 받은 위대한 문인, 헤르만 헤세(1877~1962)이다. 독일 칼프에서 태어난 헤세는 인도에서 오랫동안 포교에 종사한 외조부와 인도에서 태어나고 자란 어머니 덕에 자연스럽게 동양 문화를 접하게 되었고, 이후 인도와 일본의 젠 사상과 그의 생애를 투영하여 『데미안』, 『싯다르타』, 『유리알 유희』 등 많은 작품을 남겼다. 생의 후반기에는 수채화와 정원 가꾸기 등 자연에 많은 관심을 기울였으며, 이런 그의 생애 대부분을 보낸 곳이 바로 이곳 몬타뇰라이다. 헤세의 수채화는 그의 정신세계를 투영한 색감이 인상적이다.

▶▶ 헤르만 헤세 박물관
Museo Hermann Hesse

주소 Ra Cürta, Torre Camuzzi, Casella postale 214, 6926 Montagnola
위치 436번 버스를 타고 Piazza Brocchi에서 하차하면 도보로 5분 내 위치
운영 3~10월 10:30~17:30, 11~2월 토·일 10:30~17:30 **휴무** 11~2월 월~금
요금 성인 CHF 10, 학생 및 시니어 CHF 8, 12세 이하 어린이 및 스위스 뮤지엄 패스 소지자 무료
전화 +41 (0)91 993 3770
홈피 www.hessemontagnola.ch

▶▶ 산타본디오 성당과 헤르만 헤세 무덤
Chiesa Sant'Abbondio

헤르만 헤세 길을 따라 마지막에 다다르는 곳이 이곳 산타보디오 성당과 헤르만 헤세가 영면하고 있는 성당 부속 공동묘지이다. 생각보다 소박한 그의 묘비에서 문인의 헤아리기 어려울 만큼 깊은 정신세계를 느껴볼 수 있다.

주소 Chiesa Sant'Abbondio, 6925 Gentilino
운영 연중무휴　　　**요금** 무료
전화 +41 (0)91 994 6119

▶▶ 헤르만 헤세 산책로

몬타뇰라가 속해 있는 지역 콜리나 도로 Collina d'Oro 오솔길을 따라 헤세의 발자취를 느끼며 루가노 호수의 아름다운 경치를 둘러볼 수 있다. 1시간 30분 정도 소요되며, 푯말이 잘 되어 있다.

▶▶ 그로토 플로라 Grotto Flora

헤르만 헤세가 지인들과 즐겨 찾던 '그로토 플로라'가 현재도 남아 있다. B&B와 레스토랑으로 운영되니 한적한 이곳에서 1박을 해도 좋고 와인 한잔하며 그가 남긴 작품 몇 페이지를 읽어보는 것도 좋겠다.

주소 via Municipio 8, 6927 Agra
운영 연중무휴 **그로토** 18:00~23:00, 매주 일 런치도 가능
전화 +41 (0)91 994 1567
홈피 www.grottoflora.com

루가노 제대로 즐기기

❶ 루가노 호수 즐기기

루가노 호수는 남부 스위스와 북부 이탈리아 사이에 있는 빙하 호수로 이탈리아 코모 호수와 스위스 마지오레 호수 사이어 위치한다. 루가노 호수 유람선은 루체른 호수 유람선과는 달리 지역 사람들의 발 역할보다는 순수 레저를 위해 많이 이용되는 듯하다. 유람선 선착장 중 Campione D'ITALIA와 Porto Gerosio는 이탈리아에 속한다.

클래식 루트: 루가노~간드리아 Gandria

여행자들이 가장 많이 선택하는 루트로, 루가노에서 체레지오 호숫가에 자리한 낭만적인 마을, 간드리아까지 가보는 크루즈(유람선에 따라 25~45분 소요). 돌아올 때에는 호숫가를 따라 카스타뇰로 Castagnalo까지 걸어보자.

요금 편도 성인 CHF 19.8
※ 스위스 패스 소지자 루가노 정규 유람선 무료

> **Tip | 루가노 호수 유람선 즐기기**
>
> 유람선 운행시간이 정해져 있기 때문에 왕복 노선을 모두 유람선을 타기보다는 버스+유람선을 함께 이용하는 것이 현명하다.
> **운행** 매년 4월 초~10월 말

❷ 루가노 호숫가 그로토에서 루가노 스타일 홈메이드 음식 즐기기

루가노 지역의 살라미, 모르타델라, 리소토와 폴렌타를 보칼리노 글라스에 티치노 지역 와인 메를로를 따라 맛보는 것이야말로 루가노에 온 모든 이유가 될 것이다.

■ 추천 그로토

Grotto dei Pescatori
주소 Caprino, 6900 Lugano
운영 7·8월 매일, 5월 금~일, 9월 화~일
전화 +41 (0)79 230 1727
홈피 www.grottodeipescatori.ch

Grotto San Rocco
주소 Via S. Rocco 3, 6823 Castagnola
운영 화~일 11:00~22:00 (여름 시즌 매일 영업)
휴무 10월 말~부활절 직전
전화 +41 (0)91 923 9860
홈피 www.grottosanrocco.ch

루가노 **주변 지역**

티치노 주에서 가장 큰 도시는 루가노이지만, 티치노의 주도는 **벨린초나**Bellinzona로 루가노에서 열차로 30분가량 떨어져 있다. 유네스코에서 지정된 3개의 고성과 성곽을 중심으로 고풍스러운 자태를 뽐낸다. 마지오레 호수 북쪽 끝자락에 자리하고 있는 **로카르노**Locarno와 **아스코나**Ascona는 작지만, 국제 영화제가 열릴 정도로 명성이 자자하고, 우아함과 낭만이 넘친다. 특히 로카르노의 베르자스카 계곡에 자리한 소노뇨와 라베르테초, 카리포는 티치노 특유의 풍경을 간직한 곳이다.

✚ 벨린초나 Bellinzona

이탈리아를 잇는 주요 교통 요지였던 벨린초나는 역사적으로 큰 번영을 이루어 온 도시이다. 유네스코 세계문화유산으로 지정된 3개의 성인 '카스텔 그란데', '카스텔로 디 몬테벨로', '카스텔로 디 사소 코르바로'는 벨린초나를 대표하는 랜드마크이자 자랑이다. 중세의 느낌이 살아 있는 구시가지와 만남의 장소로 활용되는 콜레지아타 성당 계단에서 누군가를 기다리며 대화를 나누는 사람들의 활기가 마냥 사랑스럽기만 한 곳이기도 하다.

벨린초나로 이동하기

- 취리히에서 열차로 약 2시간 15~45분
- 루가노에서 열차로 약 25~30분
- 투지스Thusis에서 90, 171번 포스트버스로 약 1시간 45분

※ 열차 여행보다 계곡 구석구석 아름다움을 발견하게 해준다. 투지스까지는 그라우뷘덴 생 모리츠, 쿠어 등에서 열차로 이동하면 되며, 연중 쿠어-벨린초나 직행 버스가 운행되니 미리 예약하자.
전화 +41 (0)58 341 3487 ※ 예약 필수(온라인도 가능)
홈피 www.postbus.ch

★ 인포메이션 센터
주소 Piazza Collegiata 12, 6500 Bellinzona
위치 벨린초나 구시가지 내, 콜레지아타 성당 인근
운영 월~금 09:00~18:00, 토 09:00~16:00, 일·공휴일 10:00~16:00
전화 +41 (0)91 825 2131
홈피 www.bellinzonaevalli.ch

★★★

GPS 46.193074, 9.022004

🄯 그란데 성 Castelgrande

벨린초나 중심부에 위치한 그란데 성은 1250년경에 건축되었으며, 3개의 성 중 가장 규모가 크다. 성 내부는 지상에서 약 50m 높은 곳에 있기 때문에 리프트를 타고 올라가는 것이 편리하다. 성 내부는 안뜰과 북쪽, 서쪽 세 부분으로 나뉘어져 있는데 성곽인 무라타Murata를 배경으로 현지인들이 웨딩 촬영 장소로 많이 이용한다. 성안에는 고고학 박물관을 비롯해 레스토랑과 와인 바 등이 있다. 성 주변에는 와이너리가 펼쳐져 있고 이곳에서 생산되는 와인은 그란데 성에서 맛볼 수 있다.

주소 Salita Castelgrande 18, 6500 Bellinzona
위치 벨린초나 기차역에서 구시가지를 향해 도보 13분 거리
운영 연중무휴 10:00~18:00 (겨울 시즌 ~17:00)
요금 벨린초나 패스(벨린초나 3개의 성 포함) 성인 CHF 28
그란데 성 CHF 15
※ 스위스 패스 소지자 무료
전화 +41 (0)91 825 8145
홈피 www.fortezzabellinzona.ch

구시가지

피아차 노세토Piazza Nosetto, 피아차 콜레지아타Piazza Collegiata, 비아 델 테아트로Via del Teatro와 피아차 고베르노Piazza Governo 광장 주변 지역을 이르며, 노란 파스텔 톤의 상인들의 저택과 옛날부터 내려오는 철제 난간, 여관 사인보드가 있는 발코니 등 전형적인 롬바르디아 스타일을 보여준다. 다양한 부티크와 야외 테이블이 놓인 카페에서 벨린초나 현지인들의 미팅 장소로 이용되는 콜레지아타 성당 계단을 바라보는 것도 흥미롭다. 매주 토요일 피아차 노세토 광장에서는 시장이 열려 티치노 특산물을 쇼핑하기 좋다.

콜레지아타 성당 Chiesa Collegiata dei SS. Pietro e Stefano

바로크 양식으로 건축된 르네상스 시대의 성당으로 14~19세기의 종교 관련 예술품으로 아름답게 장식되어 있다. 젊은이들의 만남의 장소인 성당 앞 계단은 19세기에 완성되었다. 그란데 성에서 바라보는 콜레지아타 성당은 감동 그 자체이다.

주소 Piazza Collegiata, 6500 Bellinzona
위치 콜레지아타 광장 내
운영 08:00~13:00, 16:00~18:00

몬테벨로 성 Castello di Montebello

★★☆

유네스코 세계문화유산으로 지정된 두 번째 성인 몬테벨로는 14세기경에 방어용으로 건축된 것으로 그란데 성보다 약 90m 높은 몬테벨로 언덕에 자리한다. 코모의 루스코니 가에 의해 지어진 것으로 알려졌으며, 날씨가 좋은 날에는 마지오레 호수까지 보인다. 성 내부에는 역사와 고고학에 관한 매우 현대적인 시설을 갖춘 박물관이 있다.

주소 Via Artore 4, 6500 Bellinzona
위치 Piazza Collegiata에서 도보 10분 거리
운영 매년 3월 말~11월 초 **휴무** 겨울 시즌
요금 성인 CHF 10
※ 스위스 패스 소지자 무료
전화 +41 (0)91 825 2131
홈피 www.bellinzonaevalli.ch

© Silvano Crivelli

사소 코르바로 성 Castello di Sasso Corbaro

★☆☆

전형적인 스포르차 성으로 네모난 성 안뜰은 약 4.7m 두께의 높은 성으로 둘러싸여 있으며, 성 남쪽에는 감시탑이 있다. 그란데 성과 몬테벨로 성과 함께 유네스코 세계문화유산으로 지정되어 있고, 벨린초나 전역에서 가장 높은 곳에 위치한다. 좀 더 편안하게 여행을 하려면 3개의 성을 운행하는 작은 열차인 아르튀Artù를 타는 것이 좋다.

주소 Via Sasso Corbaro 44, 6500 Bellinzona
위치 몬테벨로 성에서 도보 약 30분 또는 미니 열차 아르튀 탑승
운영 매년 3월 말~11월 초 **휴무** 겨울 시즌
요금 성인 CHF 15 ※ 스위스 패스 소지자 무료
전화 +41 (0)91 825 5906　　**홈피** www.bellinzonaevalli.ch

© Ovedc

Tip | 미니 열차, 아르튀 Artù

도보로 여행하기 무리가 있는 여행객에게 미니 열차는 몬테벨로, 사소 코르바로 성까지 편안한 이동수단이 될 것이다.

출발장소
콜레지아타 광장Piazza Collegiata
운행시간
매년 3월 말~11월 초 매일
요금 성인 CHF 12, 어린이(6~15세) CHF 7

➕ 로카르노 Locarno

마지오레 호반 북쪽에 자리한 로카르노는 스위스에서 가장 고도가 낮은 도시로 알려져 있다. 지중해성 기후로 야자수와 열대 식물을 쉽게 볼 수 있는 이곳의 연중 일조량은 약 2,300시간이나 된다고 한다. 최고의 휴양지답게 호텔, 레스토랑뿐 아니라 카지노 등의 위락시설도 있다. 우리에게는 로카르노 영화제로 친숙한 도시이다. 뿐만 아니라 로카르노는 티치노 계곡의 숨겨진 보물과도 같은 베르자스카 계곡Valle Verzasca에 위치한 라베르테초, 카리포, 소노뇨 등 아름다운 마을로 여행을 하기에도 좋다. 지중해 분위기의 로카르노와 이탈리아 분위기가 물씬 나는 이국적인 경험을 할 수 있는 곳이다.

로카르노로 이동하기
- 루가노에서 열차로 귀아비스코Giubiasco 경유하여 약 1시간 5분
- 벨린초나에서 열차로 약 25분, 311번 포스트버스로 약 50분
- 취리히에서 직행열차로 약 3시간

★ 인포메이션 센터
로카르노–무랄토 Locarno-Muralto
주소 Piazza Stazione/SBB Railway
　　　Station 6600 Locarno-Muralto
위치 로카르노 역 내
운영 월~금 9:00~12:00/13:30~17:00,
　　　토 10:00~13:00/14:00~17:00
　　　휴무 일요일
전화 +41 (0)84 809 1091
홈피 www.ascona-locarno.com

로카르노에서 이탈리아 도모도솔라Domodossola까지 운행하는 열차가 출발한다. 도모도솔라는 스위스 티치노 지방에서 발레 주로 가는 길목에 위치한 곳으로 로카르노에서 도모도솔라까지는 100개의 골짜기라는 뜻의 '첸토발리' 익스프레스를 타고 도모도솔라에서 스위스 브리그Brig로 향하는 열차로 환승한 다음, 브리그 도착 후 체르마트 또는 다른 지역으로 여행을 하면 된다. 그야말로 아름답고 다이내믹 열차 구간이다.
www.centovalli.ch

© Ascona-Locarno Tourism

★★★ 그란데 광장 Piazza Grande

로카르노의 대표 광장으로 예쁜 자갈들이 깔려 있는 이곳을 중심으로 레스토랑, 카페, 상점들이 줄지어 등장한다. 평소에 주차장으로 주로 이용되는 그란데 광장은 예전에는 첸토발리 열차가 이탈리아 도모도솔라까지 달리던 철길이 있었던 까닭에 그 흔적이 아직까지 곳곳에 남아 있다. 평범한 광장인 이곳은 1848년부터 개최된 로카르노 국제 영화제가 열리는 여름철이 되면 세계 각국에서 온 영화인들과 수만 명의 관람객들로 축제의 장이 된다

위치 로카르노 기차역에서 호반 쪽으로 언덕길을 걸어 내려가다 보면 위치

로카르노 영화제 Locarno Film Festival
운영 매년 8월
홈피 www.locarnofestival.ch

로카르노 영화제

★★☆ 비스콘티 성 Castello Visconti
(Civic and Archaeological Museum)

15세기, 당시 이 지역을 통치하던 밀라노의 강력한 가문인 비스콘티Visconti 가문이 방어 목적으로 건설하거나 재건한 성으로 로카르노 조약(1925)이 체결된 장소로도 역사적 가치가 높다. 성 내부는 로카르노 시립 고고학 박물관으로 운영 중이다.

주소 Via Al Castello, 6600 Locarno
위치 그란데 광장에서 도보로 5분
운영 3월 말~11월 초 매일
요금 성인 CHF 10, 학생 및 시니어(만 65세 이상) CHF 5 ※ 스위스 패스 소지자 무료
전화 +41 (0)91 756 3170/80
홈피 www.castellolocarno.ch

Tip | 로카르노의 파네토네
Panettone

가족, 직장동료들에게 주방장 모자 모양의 빵 파네토네를 선물하자. 이탈리아에서 건너온 파네토네는 로카르노의 명물로 견과류가 들어 있는 달달한 빵이다. 특수발효를 통해 방부제 없이 6~7개월 동안 보관이 가능하기 때문에 한국으로 가져갈 선물로 손색이 없다. 알 포르토 브랜드의 패키지가 예쁘다.

알 포르토 al Porto
알 포르토에서 최고의 파네토네와 함께 시즌에 따라 특색 있는 베이커리를 맛볼 수 있다.
주소 Piazza Stazione 6, 6600 Locarno

★★☆

마돈나 델 사소 성당 Madonna del Sasso

사소는 '바위'라는 뜻으로 바위 위에 지어진 노란 크림색의 외벽과 에메랄드빛 지붕이 아름다운 성당이다. 로카르노의 상징인 마돈나 델 사소 성당에서는 로카르노와 아름다운 마지오레 호수 전경이 한눈에 들어온다. 1480년경에 지어진 성당은 마리아의 계시에 의해 만들어졌다고 한다. 계단 하나하나 오르며 의미 있는 벽화와 조각상들이 전하는 이야기를 볼 수 있다. 마돈나 델 사소까지는 로카르노에서 걷는 대신 푸니쿨라를 이용해보자. 로카르노 시내에서 벨베데레^{Belvedere}를 거쳐 마돈나 델 사소를 지나 카르다다^{Cardada} 케이블카를 탈 수 있는 오르셀리나^{Orsellina}까지 운행한다.

주소 Via Santuario 2, 6644 Orselina
위치 로카르노 기차역에서 2분 거리에 있는 푸니쿨라를 타면 6분, 도보로는 20분 소요
운영 **성당** 07:00~18:30
푸니쿨라 08:05~19:35 (시즌에 따라 연장 운행)
요금 **푸니쿨라 편도** 성인 CHF 5.4, 어린이 CHF 2.4
왕복 성인 CHF 8, 어린이 CHF 4
※ 스위스 패스 소지자 25% 할인
홈피 **성당** www.madonnadelsasso.org
푸니쿨라 www.funicolarelocarno.ch

© Ascona-Locarno Tourism - foto Alessio Pizzicannella

카르다다 & 시메타 Cardada & Cimetta

마돈나 델 사소가 내려다보이는 오르셀리나^{Orsellina}(푸니쿨라로 마돈나 델 사소 다음 정거장)에서 케이블카를 타고 카르다다(1,340m)에 올라 시간을 보내다 체어리프트로 갈아타고 시메타(1,670m) 정상까지 이동한다. 시메타 정상에는 고고학을 주제로 많은 설명이 되어 있어 아이들과 여행할 때 흥미로우며, 마지오레 호수와 로카르노 시내 전경이 한눈에 들어온다. 여름엔 가족들이 하이킹, 피크닉 장소로 겨울에는 스키, 스노보드를 즐기는 곳으로 변모한다. 카르다다 케이블카 역은 마리오 보타가 설계했다.

주소 **케이블카 출발역** Via Santuario 5, 6644 Orselina
위치 로카르노-오르셀리나 푸니쿨라 이용하여 종착역 오르셀리나에서 하차하거나 Locarno, Piazza Stazione에서 버스 2번 탑승하여 오르셀리나 푸니쿨라 역으로 이동
운영 **겨울 시즌** 12월 중순~3월 중순
여름 시즌 3월 중순~11월 초
휴무 보수 기간 매년 11월 중순~12월 중순
요금 **오르셀리나-카르다다(왕복)** 성인 CHF 32, 어린이(6~15세) CHF 16
오르셀리나-시메타(왕복) 성인 CHF 39, 어린이(6~15세) CHF 19.5
※ 스위스 패스 소지자 50% 할인
전화 +41 (0)91 735 3030
홈피 www.cardada.ch

베르자스카 계곡의 작은 마을들

로카르노 기차역Locarno Stazione에서 출발하는 321번 버스 노선은 발 베르자스카 계곡의 작은 마을에서 시작하는 하이킹을 하기 위해 배낭을 둘러멘 현지인들로 언제나 인기 높다. **티치노 지역만의 소박한 진짜 매력을 발견하려면 321번 버스를 타고 떠나보자.** 버스 외에는 대중교통 수단이 없으므로 버스 시간을 잘 체크해야 하는 꼼꼼함이 필요하지만, 버스를 놓쳤다고 해서 당황할 필요는 없다. 다음 버스를 타면 그만이다!

※ **버스 시간 확인** www.postauto.ch 또는 www.sbb.ch

❶ 소노뇨 Sonogno

(로카르노에서 321번 버스로 1시간 14분)

베르자스카 계곡의 끝자락 321번 버스 종점으로 티치노 특유의 돌로 지은 아담한 집들과 전형적인 골목들로 이루어진 전형적인 작은 마을. 울Wool 센터인 **카사 델라 라나**Casa della Lana와 **발 베르자스카 박물관** Museo Val Verzasca이 있으며 소노뇨 마을 끝에는 지역 레스토랑, **그로토 에프라**Grotto Efra와 아름다운 폭포가 있어 가볍게 하이킹하기에 좋다.

❷ 라베르테초 Lavertezzo

(소노뇨에서 321번 버스로 27분)

계곡물의 흐름에 따라 오랜 세월 깎여 경이로운 자태를 지니게 된 계곡 바위와 짙은 청록색 계곡물은 한여름 더위를 식히기 위한 명소로 변모한다. 낭만적인 돌다리 **살티 다리**Ponte dei Salti는 SNS에서 회자된 곳으로 유명. 살티 다리 아래는 수심이 깊어 스쿠버다이빙을 하기도 한다. 라베르테초의 작은 레스토랑, **그로토 알 폰테**Grotto al Ponte에서 맛보는 티치노 와인과 살라미, 치즈는 훌륭한 점심 식사가 된다.

❸ 코리포 Corippo

(라베르테초에서 하이킹 50분 거리, 버스로 이동 가능)

시간이 된다면 라베르테초에서 코리포까지 하이킹을 해보자. 계곡을 따라 도토리와 밤나무 숲 길을 따라 걷다 보면 가을엔 밤송이와 도토리가 후두둑 발밑으로 떨어진다. 작은 마을 코리포는 건축적인 가치를 인정받아 국가적으로 관리하는 지역이며 삼베의 주산지이기도 하다.

❹ 베르자스카 댐 Valle Verzasca

베르자스카 계곡 내에 있는 베르자스카 강에 건설된 아치식 댐으로 스위스에서 네 번째로 높은 댐이다. 제임스 본드 〈007 골든 아이〉 영화의 오프닝의 점프 장면을 이곳에서 촬영한 덕에 번지 점핑 명소로 거듭났다.

소노뇨
Sonogno
라베르테초
Lavertezzo
코리포
Corippo
베르자스카 댐
Verzasca Dam
번지점프로도
유명하다.
로카르노
Locarno

로카르노 근교, 아스코나와 브리사고 섬

❶ 아스코나 Ascona

아스코나는 로카르노에서 버스로 약 15분 거리에 있다. 인구 4,500여 명이 사는 작은 마을로 마지오레 호수의 진주라고 불리며 호수 바로 앞에 위치하고 있다. 중세시대의 풍부한 정서와 르네상스 시대의 역사를 머금고 있으며 지중해 같은 매력을 풍기고 있다. 아스코나 좁은 골목길, 특히 보르고 거리 Via Borgo 에는 여러 아티스트들이 터를 잡고 활동하며 이 길은 호수 앞 주세페 모타 광장 Piazza Giuseppe Motta 까지 이어진다. 6월에는 10일간 재즈 페스티벌이 열려 재즈 팬들로 북적인다. 아스코나는 관광 목적이 아닌 마을의 분위기를 느끼는 곳이며, 늦봄부터 가을까지 날씨 좋은 날에 방문하기 좋다.

※ **재즈 아스코나(Jazz Ascona)** 2026.6.25~7.4, www.jazzascona.ch

ℹ | 인포메이션 센터

주소 Viale Bartolomeo Papio 5, 6612 Ascona
위치 아스코나 우체국과 크레딧 스위스 은행 근처
운영 월~금 09:00~18:00, 토·공휴일 10:00~18:00, 일 10:00~14:00
전화 +41 (0)84 809 1091
홈피 www.ascona-locarno. com

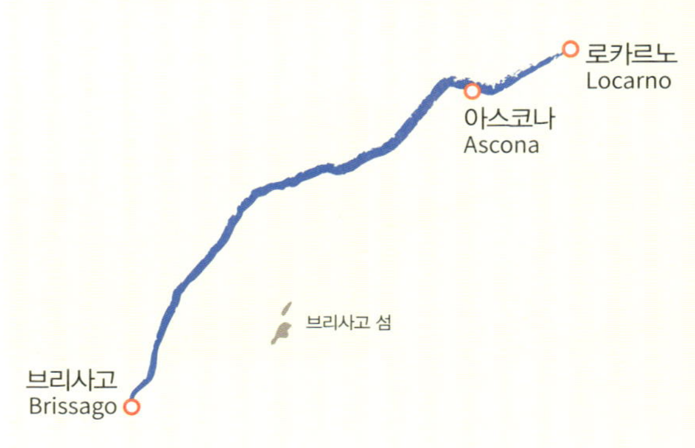

❷ 브리사고 섬 Isole Brissago

마지오레 호수 서쪽엔 브리사고 섬과 피콜라 섬이 있다. 브리사고 섬이 대중에게 개방되며 신석기시대의 도기 파편부터 고대 로마시대의 동전까지 발견된다. 현재 브리사고는 보태니컬 가든으로 유명한데 스위스에서는 아주 드물게 온화한 아열대 기후를 보이고 있어 참나무, 밤나무가 길가에 자라며 그 길을 따라 동백꽃과 미모사가 꽃을 피운다. 브리사고는 세계적으로 유명한 시가 생산 지역으로도 유명하다. 산과 호수의 절묘한 조화를 이루는 매력 넘치는 곳이다. 섬에는 빌라 엠덴 Villa Emden 호텔이 있어 투숙도 가능하다(스탠더드 더블 CHF 320).

위치 로카르노, 아스코나에서 316번 버스를 타거나, 로카르노에서 마지오레 유람선으로 약 1시간 5분, 아스코나에서 약 35분 거리
※ 로카르노에서 유람선을 타면 아스코나를 거쳐, 브리사고 섬을 지나 브리사고에 도착하게 된다.

▶▶ 브리사고 섬들(Isole di Brissago)과 보태니컬 가든

브리사고 섬들은 티치노 주의 보태니컬 가든으로 이 중 큰 섬만 일반에게 개방되고 있다. 1885년 앙트와네트 생 레제 Antoinette Saint Leger 남작 부인이 각종 예술인들의 만남의 장소로 활용하기 위해 개조한 것으로 1927년 새로운 주인인 막스 엠덴 Max Emden 에 의해 이국적인 식물을 본격적으로 재배하기 시작했다. 극동지역, 남아프리카, 중앙아메리카, 뉴질랜드, 지중해에서 들여온 각종 식물을 볼 수 있다. 보태니컬 가든에는 호텔 빌라 엠덴, 수준 높은 레스토랑도 있어 완벽한 1박 여행지가 될 것이다. 유람선이 브리사고 보태니컬 가든까지 운행된다. Isole Brissago에서 하선하면 된다.

주소 6614 Brissago e isole
위치 로카르노, 아스코나, 브리사고에서 마지오레 호수 유람선으로 이동 가능
로카르노에서 30분, 아스코나 15분, 브리사고에서 10분 소요
※ 시간표 체크
www.lakelocarno.com
운영 3월 말~11월 초 매일
요금 성인 CHF 10, 16세 미만 무료
전화 +41 (0)91 791 4361
홈피 www.isolebrissago.ch

알레그라(Allegra)!
하이디가 뛰놀던 진정한 자연 그대로의 스위스를 느끼고 싶다면
베르니나 특급열차를 타고 그라우뷘덴 지역으로 향하자.
스위스 최대 크기인 그라우뷘덴 주는 오스트리아와 이탈리아,
리히텐슈타인과 접경 지역인 스위스 남동부에 위치한다.
900개가 훌쩍 넘는 높고 낮은 산들, 산세들 사이로 난 꼬불꼬불
골짜기들, 600개가 넘는 호수가 조화를 이루는 가장 스위스답고
아름다운 지역이다. 독일어, 프랑스어, 이탈리아어와 함께
국가 공식 언어로 지정된 로망슈어(Rumantsch)를
들을 수 있는 유일한 곳이기도 하다.

GRAUBÜNDEN
그라우뷘덴 주 생 모리츠와 주변 지역

09

셀러브리티가 찾는 고급 휴양지 생 모리츠
ST. MORITZ

생 모리츠는 150여 년 전 태동한 스위스 관광의 발상지이다. 첫 시작은 젊은 영국인 여행자 넷으로부터였다. 지금도 럭셔리함으로 명성을 떨치고 있는 쿨름 호텔Kulm Hotel 사장인 바트루트Badrutt는 추위가 너무 싫은 영국인들에게 "겨울에 다시 오면 따뜻한 햇살과 무료 숙박을 보장하겠다"고 말했다. 이후 다시 찾아온 이들에게 만족감을 주었고, 입소문이 나 점차 유명해지며, 스위스 최초로 지역 관광청이라는 개념이 생기게 되었다. 생 모리츠는 영국인들이 감동할 만큼 스위스에서도 일조량이 높은 곳으로 유명하다. 예전에 생 모리츠 담당자가 '1년에 거의 300일 이상이 맑다'고 해서 웃고 말았는데, 나중에 찾아보니 진짜였다. 이렇게 풍부한 일조량과 아름다운 숲, 숲과 하모니를 이루어내는 아름다운 자연경관은 고급 관광 리조트로서의 평판을 이어가는 데 큰 원동력이 되고 있다.

또, 세계 최초로 스키 리프트를 운행한 생 모리츠는 두 차례 동계 올림픽도 치러내면서 겨울 스포츠 리조트로서의 명성도 가지고 있다. 테마 열차인 빙하 특급과 베르니나 특급의 정차역으로 교통 접근성도 좋아 매년 많은 여행자들이 찾는다. 동시에 고급 호텔에서 조용히 쉬려는 해외 셀럽들의 방문이 잦은 곳이기도 하다.

👍 추천 여행 일정

1 | Only 생 모리츠 생 모리츠 도르프 + 생 모리츠 호수 산책 or 주변 하이킹

2 | 생 모리츠와 주변 지역 생 모리츠 + 베르니나 특급 or 디아볼레짜 산 or 실스 마리아 마을투어 및 실스 호수 산책

ⓘ 인포메이션 센터

주소 Via Maistra 12, 7500 St. Moritz
위치 중앙역에서 나와 에스컬레이터를 이용 마을 위로 이동 후, Via Selas 거리를 걷다가 모노폴 호텔 뒤편 마우리티우스 광장Piazza Mauritius 시청 건물
운영 월~금 09:00~18:00, 토 10:00~16:00 **휴무** 일요일
전화 +41 (0)81 837 3333
홈피 www.stmoritz.ch, en.graubuenden.ch
※ 생 모리츠 기차역에도 인포메이션 센터가 있다.

여행정보
■ 도시명 생 모리츠
■ 주 그라우뷘덴
■ 인구 약 5,000명 미만
■ 주요 언어 독일어, 로망슈어, 이탈리아어
■ 고도 1,822m
■ 키워드 오버엥가딘 지역, 동계 올림픽, 스키, 겨울관광 발상지, 세간티니 박물관, 럭셔리 쇼핑

Janice Advice
생 모리츠 근교 산 코르바취(Corvatsch)에는 세계에서 가장 높은 위스키 양조장 오르마(Orma)가 있다. 위스키에 관심이 있다면 코르바취에 오르마?!

Jay Advice
쿠어(Chur)에서 생 모리츠를 지나 이탈리아 티라노(Tirano)까지 닿는 베르니나 특급열차는 꼭 경험해보자. 특히 알불라 베르니나 구간은 유네스코 세계문화유산으로 등재되기까지 한 정말 아름다운 구간이다. 입이 떠억 벌어지는 절경들은 여행자들에게 평생 잊지 못할 기억으로 남게 될 것이다.

✚ 생 모리츠 들어가기 & 나오기

1. 항공·열차로 이동하기

생 모리츠로 가기 위해서는 취리히 공항에서 이동하는 것이 효율적이다. 취리히에서 생 모리츠까지는 열차로 3시간 20분 정도 소요되며, 약 30분마다 열차가 있다. 중간에 란트콰르트Landquart 나 쿠어에서 갈아탄다. 근교 사메단Samedan에 위치한 소규모 엥가딘 공항에서 경비행기나 헬리콥터를 이용해 갈 수 있다. 주변국인 이탈리아, 리히텐슈타인, 오스트리아에서도 접근성이 좋은 편이다. 스위스에서 열차와 포스트버스로 여행하면서 생 모리츠를 가고 싶다면, 제네바 공항에서 입국해서 아래의 추천 여행 경로를 선택할 수 있다.

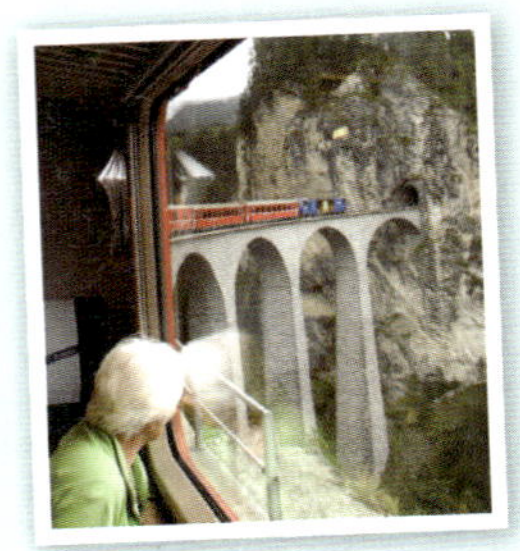

일부러 천천히 즐긴다, 제네바에서 생 모리츠로

▪ 추천 1: 4개의 언어권을 모두 경험하는 스위스 남부 여행

제네바에서 아름다운 호수인 레만 호수를 따라 기차를 타고, 발레 주 브리그Brig까지 가서 100개의 골짜기를 지나며 이탈리아 도모도솔라Domodossola를 거쳐 티치노Ticino 주의 벨린초나Bellinzona까지 간다. 포스트버스를 타고 그라우뷘덴의 작은 마을들을 지나 쿠어로 이동, 쿠어에서 기차로 멋진 경관을 감상하며 생 모리츠로 향할 수 있다.

▪ 추천 2: 관광 열차로 경험하는 스위스 꼭짓점 여행

제네바에서 몽트뢰Montreux로 가서 골든패스 라인을 타고 루체른을 지나, 탈빌Thalwil이나 취리히까지 이동한 후, 다시 쿠어로 향한다. 쿠어에서 베르니나 특급열차를 타고 생 모리츠로 향해보자.

2. 차량으로 이동하기

생 모리츠는 주로 3, 13번 고속도로를 이용하게 된다. 그라우뷘덴 북서쪽에서 남동쪽으로는 율리어 고개Julier Pass와 플뤼에라 고개Flüela Pass, 알불라 고개Albula Pass 주요 세 경로를 통해 생 모리츠 및 엥가딘 남쪽 지역으로 들어갈 수 있다. 겨울철에는 이용이 불가할 경우도 있으므로 미리 도로 진입 여부를 확인해야 한다.

✚ 생 모리츠 시내와 주변 지역 이동하기

기차역에서 마을 중심가 도르프Dorf까지 언덕이다. 걸어가면 시간이 꽤 걸리지만, 기차역과 이어져 있는 제레타Seretta 주차장 건물 에스컬레이터로 향하자. 에스컬레이터를 오르며 작품을 감상할 수 있는데, 이곳이 바로 '생 모리츠 디자인 갤러리'라고 알려진 곳이다. 다 오르면 바두르츠 호텔이 나오고 거기서부터 도르프(마을)로 이어진다. 생 모리츠 기차역에서 생 모리츠 주변 지역들(Samedan, Pontresina, Celerina, Corvatsh, Sils, Maloja, Zouz, Park Naziunal)까지는 기차 외에도 버스 이용이 쉽다. 버스 노선 확인은 www.engadinbus.ch에서.

★ **주요 도시**
→ 생 모리츠 열차 이동시간
- **취리히** 약 3시간 20분
- **루체른** 약 4시간 10분
- **인터라켄 동역** 약 5시간 10분
- **제네바** 약 6시간 20분
- **쿠어** 약 2시간
- **루가노** 약 3시간 50분

Chantarella
코르빌리아 & 피츠 나이르 전망대
Corviglia & Piz Nair
(8.5km)
km 표시는 생 모리츠 기차역 기준
골프 클럽
Kulm Golf St. Moritz
성 마우리티우스 교회
Kirche St. Mauritius
사탑
칼튼 호텔
Carlton Hotel
무오타스 무라렐
Muottas Muragl
(4.7km)
크론
Restaurant Krone
생 모리츠 탑 오브 더 푸드
Top of the Food St. Moritz
라 스탈라
La Stalla
아르떼 생 모리츠 호텔
Hotel Arte St. Moritz
쿨름 호텔
Kulm Hotel St. Moritz
체사 알 파크
케이블카 승강장
쿱
Coop Supermarkt
하테케
Hatecke
아트 부티크 모노폴 호텔
Art Boutique Hotel Monopol
모노
카페 한젤만
Conditorei Hanselmann
인포메이션 센터
생 모리츠 기차역
인포메이션 센터
레스토랑 하우저
Restaurant Hauser
바드루츠 팔라스 호텔
Badrutt's Palace Hotel
호텔 발트하우스 암 제
Hotel Waldhaus am See
주차 빌딩
Parkhaus Serletta
생 모리츠 디자인 갤러리
베리 미술관
Berry Museum
Via Brattas
Via Maistra
Via Tinus
Via Tinus
Via da l'Alp
Via Johannes Badrutt
Via Johannes Badrutt
Via Spelma
Via Signuria
Via Signuria
Plazza da la Staziun
Via da Scuola
Via da Scuola
Via Grevas
Schellen Ursli-Weg
Schellen Ursli-Weg
Via Dr. Oscar Bernhard
Via Somplaz
Via dal Bagn
Via Arona
생 모리츠 호수
Lake St. Moritz
N
생 모리츠
엥가딘 박물관
Museum Engadinais
슈튜베타
Stüvetta
(3.6km)
세간티니 미술관
Segantini Museum
반피스
Banfi's
(1.5km)
피제리아 카루소
Pizzeria Caruso
(1.9km)
씨암 빈드
호텔 라우디넬라, St. Moritz
Hotel Laudinella, St. Moritz
(1.9km)

★☆☆

생 모리츠 디자인 갤러리 St. Moritz Design Gallery

열차로 생 모리츠에 도착한 여행자라면 누구나 들를 수밖에 없는 디자인 갤러리. 기차역과 이어진 제레타Seretta 주차장 건물 에스컬레이터에 작품 31점을 걸고 운영하는 갤러리이기 때문이다. 생 모리츠에 도착하면서부터 생 모리츠의 예술을 경험하는 셈이라 공공예술로 긍정적 평가를 받고 있다. 에스컬레이터 끝에서부터 평지가 시작된다. 오르는 중간에 화장실이 있다.

주소 Plazza da Scoula, 7500 St. Moritz
위치 기차역 맞은편 왼편 대형 주차장 건물
운영 연중무휴
요금 무료
전화 +41 (0)81 834 4002
홈피 www.design-gallery.ch

★☆☆

베리 미술관 Berry Museum

베리 미술관 외부의 베리의 자화상을 멀리서 보면 고흐의 작품인가 싶어서 살짝 눈길이 간다. 엥가딘 지방 출신 피터 로버트 베리Peter Robert Berry(1864~1942)는 의사이자 화가였다. 그는 고흐, 세간티니의 화풍에 많은 영향을 받았으며, 프랑스와 독일에서 유학 후 고향의 모습을 화폭에 담았다. 스스로를 엥가딘 지역의 율리아Julier, 베르니나Bernia 고개를 대표하는 화가라고 생각하기도 했다. 베리 미술관은 그의 가족들이 그의 컬렉션을 전시한 곳이다.

주소 Via Arona 32, 7500 St. Moritz
위치 슈바이처 호텔 뒤편에 위치. 도르프 중심부에서 바드 방면에 위치한 엥가딘·세간티니 미술관으로 향하는 길 초입에 위치
운영 **6월 중순~10월 중순, 12월 말~4월 중순** 월~금 14:00~18:00
요금 성인 CHF 15, 어린이 및 스위스 패스 소지자 무료
전화 +41 (0)81 833 3018
홈피 www.berrymuseum.com

★★☆

사탑 Schiefer Turm

이탈리아 피사의 사탑이 2010년 보수공사를 하고 기울기가 3.99도가 되면서 기울기 5.5도인 생 모리츠 사탑이 세계에서 가장 기울어진 탑이라는 설이 있다. 높이 33m인 사탑은 12세기부터 생 모리츠의 상징적인 역할을 해왔다. 이 사탑은 1890년에 없어진 성 마우리티우스St. Mauritius교회의 일부로 지금까지 남아 있는 것이다.

주소 Via Maistra 1, 7500 St. Moritz

Tip | 스위스 관광의 시조새

요하네스 바드루트Johannes Badrutt(1819~1889). 쿨름 호텔 사장이자, 스위스가 관광대국이 되게 한 시초의 인물이다. 생 모리츠에서 중요한 사람인 만큼 반신상이 인포메이션 센터 앞에 있다.

★★★ 세간티니 미술관 Segantini Museum

촘촘히 쌓은 돌과 창문이 인상적인 세간티니 미술관은 이탈리아 출신 화가 지오반니 세간티니 Giovanni Segantini(1858~1899)를 기리기 위해 1908년에 지어졌다. 1886년에 스위스 그라우뷘덴 지역으로 온 그는 엥가딘 지역을 꾸준히 작품에 묘사하면서 스위스를 대표하는 화가로 자리매김했고, 여기서 그의 주요 작품들을 만날 수 있다. 그가 살던 집은 말로야 Maloja에 있다. 세간티니 미술관은 세간티니 사망 100주년이 되는 시점에 한 번, 2019년에 또 한 번 리노베이션을 진행했다. 이를 통해 보다 많은 사람들이 발걸음할 수 있는 시설로 업그레이드되었다.

주소 Via Somplaz 30, 7500 St. Moritz
위치 엥가딘 박물관 바로 옆 동산 길을 이용해 단숨에 도착
운영 **5월 말~10월 말, 12월 중순~4월 말**
　　　 화~일 11:00~17:00 **휴무** 월요일, 주요 공휴일
요금 성인 CHF 15, 학생(16~25세) CHF 10,
　　　 어린이(6~15세) CHF 3, 6세 미만 무료
전화 +41 (0)81 833 4454
홈피 www.segantini-museum.ch

★★☆ 엥가딘 박물관 Museum Engadinais

300년이 넘은 엥가딘 지역의 전통가옥 구조를 재현해낸 엥가딘 박물관은 100년이 넘은 건물이다. 박물관을 세운 리에트 캄펠 Riet Campell(1866~1951)은 개인 골동품 수집가로 13세기부터 19세기까지 엥가딘 지역의 가구, 장비, 무기, 책 등 약 2,300점의 다양한 물건들을 수집했다. 지금은 주 정부가 운영하며 엥가딘 지역의 문화와 역사를 알 수 있는 귀중한 박물관으로 자리하고 있다.

주소 Via dal Bagn 39, 7500 St. Moritz
위치 도르프 지구에서 바드 지구로 향하는 길 중간지점. 도르프 지구에서 도보로 10분
운영 **5월 말~10월 말, 12월~4월 중순** 목~일 11:00~17:00 **휴무** 월~수요일
요금 성인 CHF 15, 학생 CHF 10, 18세 미만 무료 ※ 스위스 패스 소지자 무료
전화 +41 (0)81 833 4333　　　**홈피** www.engadiner-museum.ch

> **Tip | 엥가딘 박물관–세간티니 미술관**
>
> 엥가딘 박물관에서 세간티니 미술관으로 이동 시 엥가딘 박물관 옆으로 난 계단과 오솔길을 이용하자.

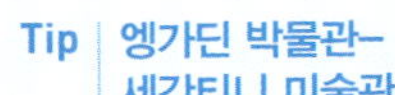

생 모리츠는 고급 리조트 지역답게 개인의 다양한 기호를 맞출 수 있는 호텔 레스토랑, 산악 레스토랑 등 꽤 많은 레스토랑이 존재한다. 비시즌인 이른 봄과 늦가을에는 잠시 휴장하는 경우가 많으며, 이런 경우에는 도르프 지역으로 가면 비시즌에도 운영하는 레스토랑을 발견할 수 있다.

Writer's Pick

레스토랑 하우저 Restaurant Hauser

다소 캐주얼한 분위기를 선호하지만 맛은 절대 포기 못 하는 저자가 추천하고 싶은 레스토랑으로 현지인들도 적극 추천하는 곳이다. 다양한 식재료를 이용한 꽤 그럴싸한 스테이크와 파스타, 스위스 현지 요리부터 간단하게 요기할 수 있는 수프, 샐러드, 주류, 디저트까지 선보인다.

주소 Via Traunter Plazzas 7, 7500 St. Moritz
전화 +41 (0)81 837 5050

작가 추천 & AI 검증

1. 캐주얼 & 가성비 Casual & Budget

반피스 Banfi's
현지인 · 관광객 모두 좋아하는 이탈리안 비스트로 스타일 레스토랑이다.

피자리아 카루소 Pizzeria Caruso
화덕에서 구운 정통 이탈리안 피자와 파스타가 특징이다.

2. 합리적인 로컬 Affordable Local

슈튜베타 Stüvetta
정통 그라우뷘덴 주 요리를 맛볼 수 있는 합리적인 가격의 레스토랑이다.

라 스탈라 La Stalla
아늑한 분위기에서 치즈 퐁뒤를 즐길 수 있는 인기 캐주얼 레스토랑이다.

3. 미식 & 고품격 다이닝 High-end Luxury

더 뷰 THE VIEW
호텔 GRACE LA MARGNA 내 전망 좋은 레스토랑이다. 아름다운 경치를 보며 고급 감성을 즐길 수 있다.

생 모리츠 탑 오브 더 푸드
Top of the Food St. Moritz
평점이 매우 높은 미식 레스토랑이다. 특별한 식사가 필요할 때 추천한다.

생 모리츠에서 쇼핑하기

▶▶ 카페 한젤만
Conditorei Hanselmann

1894년 가게를 연 이후 세계적 수준에 부합되는 달콤한 초콜릿과 디저트 종류를 파는 생 모리츠의 명소가 된 곳으로 디저트를 선물세트로도 구매할 수도 있다. 엥가딘 너트 케이크와 배를 넣은 빵, 트러플 초콜릿, 아몬드 초콜릿 등이 유명하다.

주소 via Maistra 8, 7500 St. Moritz
전화 +41 (0)81 833 3364

▶▶ 하테케 Hatecke

염장된 고기를 말린 뷘드너 플라이쉬를 취급하는 곳으로, 선물용으로 구입할 수 있다. 혹은 뷘드너 플라이쉬를 이용하여 만든 샌드위치나 간단한 식사도 가능.

주소 Via Maistra 16, 7500, St. Moritz
전화 +41 (0)81 833 1277

Tip | 럭셔리 부티크 쇼핑

럭셔리 마케팅으로 성공한 지역답게 조그마한 마을이지만, 부티크 패션 브랜드들이 스위스 그 어떤 지역보다 많다. 대형 매장은 없지만, 세심하게 선별한 하이엔드 아이템들을 쇼핑할 수 있고, 주요 매장은 Via Serlas와 Via Maistra 거리에 모여 있다.

홈피 브랜드 리스트 검색 www.stmoritz.com/en/directory/shopping

생 모리츠의 숙소

생 모리츠는 겨울기 초성수기이며, 여름이 준성수기, 봄과 가을은 비수기이다. 대도시와 다르게 준성수기 및 비수기에 운영을 하지 않는 호텔과 레스토랑이 꽤 많으니, 미리 확인하자. 역사 깊은 바두르츠 팔라스 호텔 등 5성급부터, 호텔 발트하우스 암 제 등 3성급까지 다양하다. 호텔들은 주로 도르프지구와 호숫가 쪽에 모여 있으니 예산과 기호에 맞게 택하자.

1. 생 모리츠-폰트레지나 지역 게스트 카드
생 모리츠와 폰트레지나, 실스Sils 등에서 5~10월 2박 이상 호텔 연박 시 제공되는 엥가딘 인클루시브 카드는 그라우뷘덴 주 지역 열차로 생 모리츠–알프그륌, 폰트레지나–사메단 구간 및 생 모리츠 시내버스를 이용할 수 있다. 절대 놓치지 말아야 할 혜택은 13개의 산악열차 및 케이블카 무료 탑승 기회이다. (코르빌리아, 피츠나이르, 디아볼레짜, 무오타스 무라렐 모두 포함!)

2. 오바베르바 할렌바드Ovarverva Hallenbad 스파 수영장 무료 이용 호텔 리스트
생 모리츠 바드에 위치한 오바베르바는 천연수를 이용한 스파 및 수영장 시설이다. 2026년 5월부터 재개장하며, 바로 앞 위치한 린&빅토리아 호텔 및 라우디넬라, 산 지안, 슈테파니, 아트부티크모노폴 호텔 등에 투숙 시, 무료 이용이 가능하다.

3. 폰트레지나 호텔들
생 모리츠 호텔은 가격이 좀 높거나 성수기에는 방 잡기가 어려울 때가 있다. 그때 제안하고 싶은 곳은 옆 마을 폰트레지나이다. 쿠어에서 출발하는 베르니나 특급이 생 모리츠에서 정차하지 않고, 이곳에 정차하기 때문에 여행의 출도착지로 하기 좋다. 사라츠Saratz, 슈바이처호프Schweizerhof 호텔 등을 추천한다.

코르빌리아 & 피츠 나이르 Corviglia & Piz Nair

생 모리츠 시내에서 쉽게 갈 수 있는 전망대로, '검은 산' 이란 뜻을 가진 '피츠 나이르'는 해발 3,057m로 생 모리츠 호수와 주변 알프스, 엥가딘 일대를 한눈에 담을 수 있다.

코르빌리아(2,468m)는 피츠 나이르 도착 전 거치는 전망대로, 여름에는 호수와 놀이터, 산책로, 산악자전거를 즐기며 겨울에는 스키를 즐길 수 있다. 특히 전망대 레스토랑 화이트 마모트 White Marmot는 인테리어 및 전망이 끝내준다.

생 모리츠 도르프 St. Moritz Dorf → **찬타렐라**Chantarella **푸니쿨라** → **코르빌리아 푸니쿨라** → **피츠 나이르 케이블카**

주소 생 모리츠 도르프 탑승장 (Standseilbahn) 7500 St Moritz

위치 생 모리츠 도르프 지구 Schulhausplatz에서 도보 1분

운영 겨울 11월 말 혹은 12월 초~4월 초, 여름 6월 말~10월 중순 08:00 전후~17:00 전후까지 (각 구간별로 운영 날짜가 조금씩 상이하니 사이트를 통해 사전 확인 필요) 휴무 4월 초~6월 중순, 10월 중순~11월 말

요금 생 모리츠 도르프-피츠 나이르 왕복 성인 CHF 81.6, 청소년(13~17세) CHF 54.6, 어린이(6~12세) CHF 27

전화 +41 (0)81 830 0001

홈피 www.mountains.ch

GPS 46.521683, 9.901862

무오타스 무라렐 Muottas Muragl

개인적으로 좋아하는 여행지 중 한 곳. 생 모리츠, 폰트레지나Pontresina에서 가깝다. 푼트 무라렐역에서 해발 2,456m 정상에 단 11분이면 오르며, 정상에서는 생 모리츠, 실스 호수 등 총 6개의 호수의 풍경이 아름답게 펼쳐진다. 저녁 늦게까지 푸니쿨라가 운행하며, 해 질 녘 저녁 풍경이 특히 아름답다. 레스토랑 외, 산 정상 로맨틱 호텔에서 숙박도 가능하다.

주소 7504 Samedan

위치 생 모리츠 도르프 지구 Schulhausplatz에서 1번 또는 2번 버스 탑승하여 Punt Muragl에서 하차

운영 **여름 시즌** 6월 초순~10월 중순 이후 07:45~23:00
겨울 시즌 12월 중순~3월 말

요금 **왕복** 성인 CHF 42.5, 청소년(13~17세) CHF 28.3, 어린이(6~12세) CHF 14.2

전화 +41 (0)81 830 0001

홈피 www.mountains.ch

디아볼레짜 Diavolezza

디아볼레짜는 해발 2,973m에 위치해 있으며, 피츠 베르니나와 페르스, 모르테라취 빙하를 가장 가까이서 조망할 수 있다. 케이블카를 이용하면 약 12분 만에 정상에 오를 수 있다. 정상에는 베르그하우스 레스토랑, 파노라마 테라스가 있는데 스위스 로컬푸드가 모두 꽤 맛있다. 디아볼레짜 스파게티, 맥주 등을 추천한다. 객실 10개가 있는 작은 호텔 숙박이 가능하며, 야외 자쿠지에서 특별한 스파 체험이 가능하다.

주소 Talstation Diavolezza, 7504 Pontresina
위치 생 모리츠에서 Bernina Diavolezza 역까지 열차로 약 30분 소요(역 바로 앞 탑승장)
운영 **여름 시즌** 5월 초~10월 중순
겨울 시즌 10월 말~11월 중순, 12월 중순~5월 초
08:00 전후~17:00 전후까지 20분 간격
요금 **케이블카 왕복** 성인 CHF 46, 청소년(13~17세) CHF 31 어린이(6~12세) CHF 15
전화 +41 (0)81 838 7373
홈피 corvatsch-diavolezza.ch

코르바취 Corvatsch

코르바취는 해발 3,303m까지 케이블카로 오를 수 있는 엥가딘 지역에서 가장 높은 뷰포인트이다. 피츠 베르니나와 엥가딘 호수군을 한눈에 조망할 수 있으며, 정상에는 유럽에서 가장 높은 곳에 위치한 위스키 양조장 오르마ORMA가 있다 미리 예약 후 테이스팅, 투어가 가능하다. 겨울에는 생 모리츠 지역 최대 스키 리조트가 되며, 여름에는 하이킹과 정상 파노라마 레스토랑을 즐길 수 있는 사계절 산악 관광지이다.

주소 Via dal Corvatsch 73, 7513 Silvaplana-Surlej
위치 생 모리츠에서 버스로 Surlej Corvatsch 역까지 약 20분 소요
운영 **여름 시즌** 5월 초~10월 중순
겨울 시즌 10월 말~11월 중순, 12월 중순~5월 초
08:00 전후~17:00 전후까지 20분 간격
요금 **왕복** 성인 CHF 64, 청소년(13~17세) CHF 42.7 어린이(6~12세) CHF 21.3
전화 +41 (0)81 838 7373
홈피 corvatsch-diavolezza.ch

생 모리츠 주변 마을 즐기기

❶ 실스 & 말로야 Sils & Maloja

실스 호수를 두고 좌우에 위치한 말로야와 실스는 여행다운 여행을 할 수 있는 보석과도 같은 곳이다. 실스 호수 산책길 여행이 여행자들 사이에서 특히 알려져 있다.

실스는 잔잔한 실바플라나 호수Silvaplanersee와 실스 호수Silsersee 사이에 위치한 자그마한 마을로, 엥가딘 지역 전통을 유지하고 있어 고풍스럽다. 1880년대 스위스 바젤에서 교수 생활을 했던 니체가 매년 여름 실스에서 머무르며 여러 사상과 철학을 완성시켰다. 실스에 위치한 니체 하우스에 방문하면 니체가 매일 즐겼던 아름다운 풍경을 감상할 수도 있으며, 실스 호수까지 걸어가 보기 좋은 위치이다.

3월 첫째 날이면 알프스 깊은 계곡의 전통행사로 소년과 소녀들이 전통 복장을 하고, 카우벨을 흔들며 노래하고 춤추는 칼란다마르츠Chalandamarz를 매년 행하고 있다. 이 전통축제와 관련해 작가 셀리나 쇤츠와 유명 삽화가 알로이스 카리지에가 동화 '우즐리의 종소리'를 출간해 전 세계 어린이들을 매료시키기도 했다. 이 동화는 스위스에서는 '하이디'만큼 유명하다.

말로야는 '클라우드 오브 실스 마리아(2014)'를 통해 실스와 함께 알려졌다. 이탈리아 키아벤나Chiavenna 계곡에서 발생한 구름이 계곡을 향해 마치 구렁이처럼 크리스탈 같은 빛을 내며 구불구불 들어오는 현상을 보인다. 이처럼 그라우뷘덴 엥가딘 지역은 깊은 계곡과 신비한 자연 현상으로 인해 여러 문인, 화가 등에게 영감을 불러일으킨 곳으로, 세간티니가 가족과 살던 곳이기도 하다.

❷ 추오츠 Zuoz

생 모리츠에서 기차로 20분 정도면 도착하는 추오츠는 오버엥가딘 지역 중 가장 예쁜 마을이라고 생각되는 곳이다. 엥가딘 특유의 아기자기한 건축 양식과 예쁜 꽃들이 집집마다 장식되어 있어 사진 찍기가 너무 좋다. 커피 박물관 카페라마Caferama와 아우구스토 자코메티의 스테인드글라스가 아름다운 마을 내 교회당을 들러볼 만하다. 엥가딘 지역은 자코메티 가문이 살았던 곳으로 아우구스토는 유명 조각가 알베르토 자코메티의 형이다. 마을 크기에 비해, 작은 미술 갤러리, 인테리어 소품 가게 등이 제법 많아서, 마을 투어가 지루할 틈이 없다.

❸ 스쿠올 Scuol

스쿠올은 엥가딘 아래 지역에 위치해 있으며, 생 모리츠에서는 기차로 1시간 반 정도 거리에 위치해 있다. 스위스 전체 0.5%가 안 되는 로망슈어를 쓰는 지역으로, 미네랄 성분이 풍부한 천연 온천수로 유명한 스파 마을이다. 타라스프 성Tarasp과 함께 독특한 역사적 분위기를 간직하고 있으며, 마을 곳곳에는 중세 르네상스 시대에서 발전한 스그라피토 장식이 남아 있어 지역의 중세 전통 건축 양식을 잘 보여준다. 벨베데레 호텔Belvédère에서 머물며 실내 및 야외 스파를 충분히 즐기며, 체르네츠 국립 공원으로 하이킹 여행할 수 있는 조용한 힐링 여행지로 강력 추천한다.

---

more & more **생 모리츠의 물물물**

생 모리츠의 천연수

생 모리츠는 알프스 깊은 지층에서 솟아나는 자연 탄산 미네랄 워터로 3,000년 넘게 사랑받아 온 온천 휴양지다. 철분과 미네랄이 풍부한 이 천연수는 19세기 유럽 귀족들의 요양 문화로 이어지며 오늘날 생 모리츠를 세계적인 리조트로 만든 출발점이 되었으며 지금도 많은 고급 호텔들이 스파 서비스를 제공한다. 현재도 오바베르바 스파 옆에 위치한, 포럼 파라첼수스Forum Paracelsus에 방문하면, 무료로 천연 탄산수를 마셔볼 수 있다.

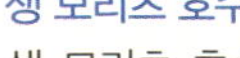

생 모리츠 호수

생 모리츠 호수는 단순한 자연경관을 넘어, 생 모리츠의 정체성과 아름다움을 가장 상징적으로 보여준다. 겨울에는 결빙된 호수 위에서 화이트 터프 경마, 폴로 등 이색 이벤트가 열리고, 여름에는 산책과 수상 레저로 사계절 도시의 리듬을 만든다. 호수 주변에서 자전거를 대여해, 호수를 한 바퀴 돌거나 바드 주변을 여유 있게 달려보자.

베르니나 열차 타고 이탈리아 티라노로!

생 모리츠에서는 열차를 타고 스위스 취리히, 이탈리아로 여정을 이어가기 좋다. 스위스 방향으로는 필리주어–쿠어–취리히, 이탈리아 방향으로는 알프그림–티라노로 가는 중간 거점이 생 모리츠이기 때문이다. 스위스 패스만 있으면 일반열차 예약이 필요 없다.

❶ 필리주어 Filisur

필리주어 역의 란드바써 다리가 유명하다. 열차가 지날 때의 다리 사진을 찍기 위해 많은 여행자들이 이곳에 정차 후 슈미텐Schmitten 전망대로 향하거나, '추추트레인'이라는 별명을 가진 '란드바써 익스프레스' 관광셔틀열차(5~10월 운영, 성인 왕복 CHF 15)를 타고 다리 아래로 이동한다. 그만큼 필리주어는 '알불라' 구간의 하이라이트다.

❷ 베르니나 디아볼레짜 Bernina Diavolezza

베르니나 디아볼레짜 역에서 내리면, 정상에서 빙하를 볼 수 있는 대표적인 산인 디아볼레짜 산을 오르기 위한 케이블카 탑승장이 바로 위치해 있다. 오히려 베르니나 특급열차보다, 일반 클래식 열차가 더 자주 정차한다. 디아볼레짜 역은 일본에서 가장 높은 기차역인 무로도Murodo 기차역과 자매결연으로 역에는 관련 나무 현판이 있다.

❸ 오스피치오 베르니나 Ospizio Bernina

내려서 둘러보기보다는 일반열차로 갈 수 있는 스위스에서 가장 높은 역이라는 정도만 알면 좋겠다. 기차역이 해발 2,253m에 위치. 오스피치오 베르니나를 지나면 바로 아름다운 라고 비앙꼬Lago Bianco 호수 바로 앞에 열차 선로가 있어 호수로 들어가는 기분이다.

❹ 알프 그림 Alp Grüm

알프 그림은 포토제닉한 곳이다. 가는 길에 하트 모양 작은 호수도 보이고, 많은 여행자들이 내려서 사진을 많이 찍는다. 꼬불꼬불 선로 배경이 인상적이고 한겨울을 제외하면, 기차역에 붙어 있는 카페에서 커피 한잔 하기 좋다.

❺ 티라노 Tirano

베르니나 특급의 출도착지로 이탈리아다. 밀라노에서 2시간 30분 거리라, 이탈리아에서 넘어와 여행을 시작하거나 반대의 경우가 많다. 물가 높은 스위스를 벗어나 이탈리아 물가의 레스토랑에서 식사하면 마음이 왠지 편해진다.

생 모리츠 **주변 지역**

그라우뷘덴 주 하면 알프스 소녀 하이디를 빼놓을 수 없다. 실제 하이디 소설과 만화의 배경이 되는 하이디랜드 지역의 **마이엔펠트**Maienfeld와 **바드 라가츠**Bad Ragaz 지역을 방문해보자. 매년 열리는 세계경제포럼 때문에 이름이 친숙한 **다보스**Davos도 그라우뷘덴 주의 대표 지역이며, 주도인 **쿠어**Chur는 그라우뷘덴 주 여행의 중심이 되는 교통의 요지이다. 영화 〈에일리언〉의 캐릭터를 탄생시킨 H.R. 기거가 만든 쿠어의 기거 바Bar도 놓치지 말자. **락스―플림스**는 스노보더들이 사랑하는 곳으로 알려져 있다. 또 **발스**와 **렌체하이데**는 마을은 작지만 이색적이고 유명한 호텔이 있어 여행자들이 제법 찾는 곳이다.

✚ 다보스 Davos

다보스 하면 다들 세계경제포럼이 열리는 곳 정도로만 알고 있다. 하지만 다보스는 해발 1,560m에 조성된 유럽에서 가장 높은 현대 도시이다. 동시에 스파 도시, 하이킹 천국, 겨울 스포츠의 메카로도 유명하다. 과거 질병을 치료하는 스파 도시였던 다보스는 토마스 만의 소설 『마의 산』을 통해 세상에 알려지기 시작했다. 그 배경이 된 산이 샤츠알프 Schatzalp 산이다. 또 유럽에서 흔히 볼 수 있는 티-바 T-Bar 스키 리프트와 아프레스키 문화가 처음 생겨난 곳이기도 하다. 옆 마을 클로스터 Klosters와 더불어 다양한 스포츠를 즐기기 위해 전 세계 많은 이들이 찾는다. 다보스 호수 주변은 여유롭게 산책하기 좋다.

다보스 플라츠로 이동하기
- 생 모리츠에서 필리주어 Filisur를 거쳐 열차로 약 1시간 30분
- 취리히에서 란트콰르트를 거쳐 열차로 약 2시간 20분

다보스 시내 이동하기
다보스는 크게 다보스 플라츠 Davos Platz와 다보스 호수에서 가까운 다보스 도르프 Davos Dorf 지역으로 나뉜다. 플라츠 역과 도르프 역은 도보 30분 거리이므로 무작정 걷기에는 멀다.

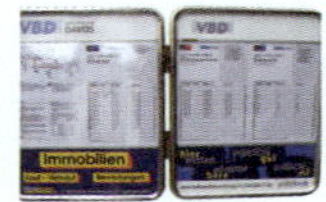

다보스 플라츠는 박물관이나 샤츠알프 열차, 프리스타일 스노보딩으로 유명한 야콥스호른 Jakobshorn행 산악열차 이용이 편리하고, 다보스 도르프는 이 지역 최대, 최장 스키 슬로프로 유명한 파르젠 Parsenn으로의 이동이 편리하다.

다보스-클로스터 내 이동하기
다보스-클로스터 지역은 버스와 열차로 촘촘하게 이어져 있으며, 각 산악 케이블카 이용이 편리한 곳에 숙소를 잡는 것이 좋겠다. 아이들에게 다양한 놀이체험을 제공하는 마드리자 Madrisa는 클로스터 도르프에서 오를 수 있다. 다보스, 클로스터 모두 어딜가나 하이킹, 스키, 다양한 스포츠 경험의 좋은 시작점이 될 것이다.

> **Tip** | 여름 시즌 다보스나 클로스터 호텔 이용객이라면
>
> 호텔에서 무료로 제공하는 다보스-클로스터 프리미엄 카드(게스트 카드)를 이용하면 다보스, 클로스터, 플리저, 사스 Saas 간 열차 이용, 다보스-클로스터 로컬버스를 무제한 이용할 수 있고, 마드리자 랜드 무료입장 및 샤츠알프 열차 할인을 받을 수 있다.

알레그라는 웰컴이라는 로망슈어의 방언이다 :)

© Davos Tourismus

샤츠알프 산 Schatzalp

소설 『마의 산』의 배경이 된 산이어서 별칭이 '매직 마운틴'이다. 산악열차를 타면 4분이면 정상에 닿는다. 정상에는 1900년 요양시설로 세워진 샤츠알프 호텔이 유서 깊게 자리한다. 500m 길이의 터보건 체험(CHF 4)과 5,000종이 넘는 식물과 꽃을 가꾸어 놓은 보태니컬 가든(5~10월)도 놓치지 말자.

주소 Davos Platz Schatzalpbahn, 7270 Davos (다보스 내 탑승장)
위치 플라츠 중앙역에서 버스 2, 3, 4번 탑승 후 Schatzalbahn에서 하차
운영 5월 초~10월 08:00~24:00, 12월 초~4월 초 08:00~02:00 (샤츠알프 호텔 손님 요청 시 07:00, 07:30 가능)
요금 **왕복** 성인 CHF 20, 청소년 CHF 16, 어린이(6~11세) CHF 12
프리미엄 카드 50% 성인 CHF 10, 어린이 CHF 5
전화 +41 (0)81 415 5151　　**홈피** www.schatzalp.ch

GPS 46.720756, 9.849358

세르틱 계곡 포토스팟 & 하이킹
Sertig Valley

다보스의 숨은 계곡. 해발 약 1,860m로 빙하가 만든 U자형 고산 계곡 풍경이 펼쳐지며, 전형적인 그라우뷘덴의 목가적 풍경을 감상할 수 있다. 봄·여름에는 야생화 초원과 완만한 트레킹 코스가 인기 있으며, 가을에는 단풍과 설산 대비가 아름답다. 겨울에는 크로스컨트리 스키와 설경 산책 명소로 유명하다. 뭐니 뭐니 해도 DAVOS 포토 스팟을 배경으로 인생샷을 남기기에 최고. 버스 하차 후 바로 포토 스팟과 그라우뷘덴 로컬 음식점 발저하우스 Walserhuus가 위치하며, 거기서부터 협곡, 듀칸 폭포 Ducan 방향으로 40~50분 걸어보길 추천한다.

주소 Sertigerstrasse 34, 7272 Davos Clavadel (발저하우스 레스토랑)
위치 다보스플라츠에서 308번을 타고 Sertig, Sand 역 하차 (약 25분 소요)

레티셰–히스토리컬 열차

레티셰–히스토리컬 열차RhB-Historical Train는 다보스 기차역에서 필리주어Filisur 사이를 다닌다. 1920년대 열차 그대로 경험할 수 있어서 좋다. 승무원은 옛 검표원 복장이며, 해리 포터 감성 저리 가라다. 편도 30분 정도 소요.

운영 **5월 초~10월 말** 다보스 플라츠 출발 09:42/13:42, 필리주어 출발 11:42/16:42
요금 **예약비** 편도 CHF 8 (필수), 편도 CHF 11.8 ※ 스위스 패스 소지자 무료
전화 +41 (0)81 288 6565
홈피 www.rhb.ch

★★☆　　　　GPS 46.800192, 9.826724

키르히너 미술관 Kirchner Museum

독일의 판화가이자 표현주의자였던 에른스트 루트비히 키르히너Ernst Ludwig Kirchner(1880~1938)는 최초의 표현주의 그룹인 '디 브뤼케Die Brucke'를 창설하고 그의 작품들을 통해 기존 질서에 반하려 노력하며 창작 활동을 벌였다. 키르히너 미술관은 그의 작품들을 최대 규모로 소장하고 있다.

주소 Ernst-Ludwig-Kirchner-Platz, Promenade 82, 7270 Davos
위치 플라츠 중앙역에서 버스 3번을 타고 Sportzentrum 하차, 도보로는 10분 소요
운영 화~일 11:00~18:00 **휴무** 월요일
요금 성인 CHF 12, 어린이 및 학생 CHF 5
전화 +41 (0)81 410 6300　　**홈피** www.kirchnermuseum.ch

✚ 쿠어 Chur

쿠어는 그라우뷘덴 주의 주도이며, 지리적으로도 교통의 요지이다. 북으로는 취리히나 장크트 갈렌 지역, 남서로는 티치노 지역 및 그라우뷘덴의 다양한 마을로 향하는 열차와 포스트버스가 지나며 베르니나 특급열차의 기착점이기도 하다.

스위스에서 가장 오래된 도시이면서, 도시 자체가 5,000년 이상의 역사를 지니고 있다. 구시가지는 차량 진입이 금지되어 도보 여행이 쉬운 편이다. 젊은 층을 상대로 하는 상점, 레스토랑, 클럽, 문화 이벤트들로도 늘 활기가 넘치는 곳이기도 하다. 쿠어 시내 주요 지역은 구시가지가 시작되는 Postplatz이다.

쿠어로 이동하기

- 취리히에서 열차로 약 1시간 15분~1시간 30분
- 생 모리츠에서 열차로 약 2시간
- 쿠어, 란트콰르트에서 독일 주요 도시까지 ICE 열차가, 취리히 공항까지는 직통 열차가 운행한다.
- 벨린초나에서 포스트버스로 약 2시간 10분 소요

★ 기차역 인포메이션 센터

주소 Bahnhofplatz 3,
7000 Chur
위치 기차역 바로 앞 위치
운영 월~금 08:30~12:30/
13:30~17:30,
토 09:00~13:30,
일요일 및 공휴일(4~10월)
09:00~13:30
휴무 11~3월 일요일 및 공휴일
전화 +41 (0)81 252 1818
홈피 www.churtourismus.ch

Tip | **아로사 Arosa 반나절 투어**

여름(5~10월)에는 쿠어에서 출발하는 오픈 시닉 열차를 타고 아로사로 가보자. 가는 길이 아름답다. 아로사는 곰공원이 유명하고, 개성 있고 예쁜 호텔도 많다. 겨울에는 로컬들이 사랑하는 스키 리조트가 된다.

Tip | **포스트버스의 중심지, 쿠어**

쿠어는 티치노 주와 그라우뷘덴 주를 잇는 교통의 중심지로, 특히 쿠어의 포스트버스 역은 규모가 상당하다. 그만큼 기차가 닿지 않는 작은 마을들로의 중심 여행지로 삼기 좋다.

레티셰 박물관 Rätisches Museum

★★☆   GPS 46.848170, 9.533572

그라우뷘덴 주 메인 기차 이름이 레티셰라서 열차 박물관이라고 착각하는 이들이 간혹 있지만, 레티셰는 그라우뷘덴의 레티셰 알프스 이름을 땄다(융프라우 이름과 같은 개념). 레티셰 박물관은 쿠어 및 그라우뷘덴 지역의 옛 역사문화유산을 전시한다. 청동기시대부터 로마시대의 무기나 농기구, 지역 정치 등에 대한 다양한 이야기를 담고 있으며 개성 있는 상설 전시도 열린다.

주소 Hofstrasse 1, 7000 Chur
위치 Postplatz에서 Poststrasse를 따라 마틴스 교회 St. Martinskirche까지 가면 근처에 위치
운영 화~일 10:00~17:00 **휴무** 월요일
요금 성인 CHF 6, 학생 CHF 4, 16세 이하 무료
전화 +41 (0)81 257 4840
홈피 www.raetischesmuseum.gr.ch

 근교로 여행가기

❶ 란드콰르트 패션 아울렛 Landquart

쿠어에서 열차로 10분 내외면 도착하며, 역에서 디자이너 아울렛이 연결되어 있다. 스위스 브랜드 포함 약 160여 개의 브랜드들이 알차게 모여 있다. 아울렛으로 이동 시 편도 티켓만 사고, 쇼핑 금액 CHF 100이 넘으면 인포 센터에서 찍어주는 도장으로 무료로 열차에 탑승이 가능하다. (매일 10:00~19:00)

❷ 구르미노 열차 경험 Gourmino Train

쿠어~생 모리츠 각 출발 하루 2번 운영하는 미식 열차로 금~일에는 시즌에 따라 더 자주 운행한다. 우드톤의 차분한 클래식 다이닝 인테리어는 1930년대 레스토랑 같은 분위기를 선사한다. 단품부터 코스요리까지 예산에 맞게 부담 없는 식사가 가능하다. 예약 시 CHF 5가 들며, 예약 없이도 이용이 가능하다.

현대 미술관 Kunst Museum

★★★   GPS 46.851418, 9.532282

그라우뷘덴 주립 미술관으로, 지역 현대미술과 19–21세기 작품을 폭넓게 소장하고 있다. 특히 자코메티 가문의 작품 컬렉션으로 잘 알려져 있다. 고전적인 빌라 건물과 현대적 증축관이 연결된 건축 구조도 관람 포인트라 할 수 있다.

주소 Bahnhofstrasse 35, 7000 Chur
위치 쿠어 역에서 5분 거리로, Church Postplatz에 위치
운영 화~수·금~일 10:00~17:00, 목 10:00~20:00 **휴무** 월요일
요금 **전시 있는 경우** 성인 CHF 15, 17세 이상 CHF 12, 16세 이하 및 스위스 패스 무료
　　전시 없는 경우 성인 CHF 10, 17세 이상 CHF 8, 16세 이하 및 스위스 패스 무료
전화 +41 (0)81 257 2870
홈피 www.buendner-kunstmuseum.ch

🌙 기거 바 Giger Bar

초현실주의자인 기거H.R. Giger는 쿠어 출신이다. 기거의 에일리언 작품은 리들리 스콧 감독에게 큰 영향을 주어 영화 〈에일리언〉이 탄생하게 되었다. 영화 속 그로테스크한 비주얼과 비슷한 느낌의 기거 바의 의자 및 디테일한 소품들은 모두 기거가 직접 제작한 것이다. 쿠어와 아름다운 치즈 마을 그뤼에르에 기거 바가 각각 위치해 있다.

주소 Kalchbühl center, Comercialstrasse 19, 7000 Chur
위치 버스 1번 탑승 후 City West 하차
운영 월~금 08:15~20:00, 토 08:15~17:00 **휴무** 일요일
전화 +41 (0)81 253 7506　　**홈피** www.hrgiger.com

✚ 마이엔펠트 Maienfeld

마이엔펠트는 '하이디'와 '포도밭'으로 정의할 수 있다. 스위스 작가 요한나 슈피리는 마이엔펠트의 작은 마을에서 『하이디』를 써냈다. 하이디의 오두막이나 하이디가 뛰놀던 들판 모두 이곳이 토대가 됐다. 원작을 바탕으로 한 만화 〈알프스 소녀 하이디〉는 전 세계에 방영되었고 마이엔펠트는 많은 이에게 더욱 사랑받는 곳이 되었다.

사실 마이엔펠트는 하이디 빌리지_{Heidi Village}로 오르기 위한 베이스캠프 격인 마을이므로, 여행의 하이라이트인 하이디 오두막이나 하이디 빌리지까지는 조금 걸어야 한다. 그러나 하이디 트레일을 걸으며 만나는 아름다운 포도밭과 마을길, 그리고 표지판이 세워진 곳이면 어김없이 나타나 목마름을 해결해주는 작고 예쁜 분수들은 지금 이곳을 걷고 있다는 것을 오히려 기쁘게 만들어준다. 마이엔펠트는 높은 품질의 와인으로도 잘 알려져 있다.

마이엔펠트로 이동하기

- 생 모리츠에서 란트콰르트를 거쳐 열차와 버스로 약 2시간 30분, 쿠어를 거쳐 열차로 약 2시간 40분
- 쿠어에서 열차로 약 12분
- 바드 라가츠에서 버스로 약 15분, 열차로 약 2분

Tip | 짐을 맡겨요

짐이 번거롭다면 CHF 3으로 인포메이션 센터에 짐을 맡길 수 있다.

Tip | 마이엔펠트에서 점심은?

마이엔펠트에는 그라우뷘덴 지역에서 가장 맛있다고 소문난 슐로스 마이엔펠트 레스토랑(www.schlossmaienfeld.ch/)이 있다. 전통적이면서도 우아한 분위기에서 라클렛 등의 스위스 요리를 즐길 수 있다. 혹은 마을 초입 베이커리 숍 Gwerder나 편의점 SPAR에서 샌드위치와 음료를 사서 하이디 오두막 앞까지 올라 하이디랜드의 경관을 감상하며 먹는 것도 추천하고 싶다.

★★★
하이디의 집까지 즐기는 **하이디 트레일** Heidiweg

마이엔펠트 인포메이션 센터에서 출발해 하이디 빌리지나 하이디 분수까지 걷는 하이디 트레일이 있다. 소요 시간은 1시간에서 1시간 30분 정도. 여행 일정에 따라 하이디 빌리지까지만 다녀와도 좋다.

Heidiweg 표시를 따라 걸으면 된다.

❶ 마이엔펠트 기차역 ⋯ ❷ 마이엔펠트 하이디 인포메이션 센터/기념품 숍 ⋯ ❸ 하이디 산책로Heidiweg 사인과 분수들 ⋯ ❹ 아름다운 마이엔펠트 포도밭 ⋯ ❺ 하이디 빌리지 및 요한나 슈피리 박물관 ⋯ ❻ 하이디호프 호텔과 레스토랑 ⋯ ❼ 하이디 분수(❽ 하이디의 길Heidi Path)

★★★
GPS 47.004742, 9.529896

하이디 빌리지 Heidi Village

하이디 빌리지에는 하이디와 피터, 동물 친구들이 뛰놀던 하이디 하우스와 작가 요한나 슈피리에 대한 정보를 얻을 수 있는 요한나 슈피리 박물관, 기념품 숍 등이 있다. 박물관에는 스위스에서 가장 작은 우체국이 있어, 기념 스탬프를 찍은 엽서를 보낼 수 있다. 기념품 숍에서는 각국의 언어로 출간된 하이디 책, 티셔츠, 와인 등 다양한 기념품을 판매한다.

주소 Oberdörfligasse, 7304 Maienfeld

위치 마이엔펠트 기차역에서 도보로 약 40분 소요

운영 3월 중순~11월 중순 10:00~17:00

요금 성인 CHF 14.9, 어린이(5~14세) CHF 6.9, 4세 이하 무료

전화 +41 (0)81 330 1912

홈피 www.heididorf.ch

그라우뷘덴 주 와인 즐기기!

➕ 그라우뷘덴의 와인 Graubünden Wine

몇 해 전, 한국에서 열릴 행사 때문에 그라우뷘덴 주 와인을 스위스에서 사가야 할 일이 있었다. 발레 주나 라보 지역의 와인 대비, 종류가 뭐 많이 있겠나 싶었는데, 생각보다 그라우뷘덴 주의 와인이 너무 다양해서 깜짝 놀란 적이 있었다(총 42종의 포도 품종, 72여 곳의 생산자).

그라우뷘덴 주에서는 동부 특유의 고산 지형과 건조한 기후 덕분에, 일조량이 풍부하고 일교차가 커 산뜻하고 구조감 있는 와인이 생산된다. 라인 강을 따라 이어지는 말란스Malans에서 플레쉬Fläsch까지의 뷘드네 헤어샤프트Bündner Herrschaft 지역이 '스위스 브르고뉴'라고 불릴 만큼 질 좋은 피노 누아Spätburgunder가 생산되며, 최근에는 샤르도네 · 리슬링 등 화이트 품종도 점점 주목받고 있다.

홈피 www.grabuendenwein.ch

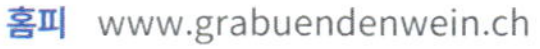

➕ 와이너리 하이킹 Winery Hiking

와인 링 하이킹 투어: 마이엔펠트 – 플레쉬–마이엔펠트 왕복
2010년 바커상Wacker Prize을 받았을 정도로 걷고 싶은 길로 정평이 난 곳. 그라우뷘덴 주의 북쪽 외곽 지역의 오래된 도시 중심가를 통해 걷다 브라디스 성을 지나게 된다. 하이디브룬넨Heidibrunnen을 들러 아름다운 와이너리를 따라 플레쉬까지 하이킹하는 루트로 마이엔펠트로 돌아갈 때는 라인 강을 따라 걸으면서 숲과 초원 지역을 지나게 된다. 코스 자체도 어렵지 않아서 초보자도 해볼 만하다.

와이너리 하이킹
난이도 하 **거리** 11.4km **소요시간** 약 3시간 **출발/도착지점** 마이엔펠트 기차역
홈피 swissfamilyfun.com/maienfeld-vineyard-hike

그냥 끝내기 아쉽다~ 그라우뷘덴 좀 더 알기

✚ 그라우뷘덴 이색 숙소

Stay ❶ 5성급 발스 7132 호텔 Vals-7132

발스 자체는 조용한 산악 마을이다. 발스 7132 호텔은 건축가 피터 줌터Peter Zumthor를 아는 사람이면 꼭 한번 머물고 싶어하는 곳. 호텔 내 스파시설에 피터 줌터의 철학이 고스란히 들어가 있다. 자연과 하나가 되어 조화로운 건축물 외부와 스파를 오롯이 즐길 수 있는 내부 시설은 힐링의 극치를 선사한다.

주소 Poststrasse 560, 7132 Vals
위치 쿠어에서 플림스를 거쳐, 일란츠(Ilanz)에서 포스트버스가 운행하나 겨울철에는 도로 상황을 사전에 체크해야 한다. 공항에서 헬리콥터나 리무진으로 투숙객을 픽업하는 서비스 이용 가능
요금 더블 CHF 870~, 패밀리 스위트 CHF 2,000 전후
전화 +41 (0)58 713 2000
홈피 7132.com

© 7132 Hotel - Julien Balmer

© 7132 Hotel - Julien Balmer

Stay ❷ 4성급 렌체하이데 Lenzerheide 구아르다 발 호텔 Guarda Val

렌체하이데는 스위스 로컬들이 사랑하는 조용한 휴양지 마을이다. 구아르다 발은 300년 된 목조건물 여러 개가 호텔룸으로 되어 있는 특이한 구조다. 렌체하이데 시내에서도 차로 10분 정도 더 언덕 위로 올라가야 한다. 마을이 나온 줄 알았는데, 이게 다 호텔 땅이란다. 렌체하이데의 럭셔리함은 유럽 사람들이 좋아하는 럭셔리 감성이라고 할 수 있는데, 블링블링 느낌이 아니라 목조건물에 자연과 어우러진 세련된 디자인과 방마다 굉장히 색다른 컨셉이다.

주소 Sporz, Voa Sporz 85, 7078 Lenzerheide
위치 자동차로 쿠어에서 1시간, 렌체하이데 호수 기준으로 5분 소요 (무조건 이곳은 렌터카로 가야 할 곳)
요금 더블 CHF 300~450
전화 +41 (0)81 385 8585
홈피 www.guardaval.ch/en/

© Guarda Val

© Guarda Val

Stay ❸ 3성급 쿠어하우스 베르귄 Kurhaus Bergün

알불라 열차노선에 위치한 19세기 말 벨 에포크 스타일의 역사적인 산악 호텔이다. 전통적인 목조 인테리어와 클래식한 다이닝 홀 분위기가 인상적이며, 레트로 감성 숙박 경험으로 유명하다. 스파시설도 있으며, 겨울에 특히 아름답다. 베르귄-프레다Preda 눈썰매 일정 후 숙박하면 동선이 편하다.

주소 Veja Grusaida 9, 7482 Bergün/Bravuogn
위치 알불라 열차 노선의 하이라이트 필리주어 Filisur 역에서 약 15분 거리
요금 CHF 140~200 정도(더블룸 기준)
전화 +41 (0)81 407 2222 **홈피** kurhausberguen.ch/

✚ 바드 라가츠 Bad Ragaz

〈알프스 소녀 하이디〉의 하이디 친구 클라라가 요양했던 작은 마을 바드 라가츠는 박물관이나 구시가지 투어 위주의 여행지가 아니다. 이곳의 핵심은 바로 '온천욕'과 '치유'다.

13세기경 바드 라가츠 인근 타미나Tamina 골짜기에서 처음으로 온천이 발견되었다. 이후 16세기 초 의사 파라셀수스Paracelsus가 온천의 치료 효과를 연구했고, 바드 라가츠는 본격적으로 치료 목적의 온천 여행지로 알려지기 시작했다. 19세기에 이르러서는 온천을 연결한 4km의 파이프가 바드 라가츠 중심부로 왔고, 그 주변으로 그랜드 호텔Grand Hotel 등의 최고급 리조트 호텔이 생겨났다. 지금은 전 세계적 고급 스파 휴양지로서 그 명성을 확고히 하고 있다.

막상 바드 라가츠 중앙역에서 내리면 휑한 거리에 당황할 수 있는데 실망은 금물! 버스로 5분이면 도착하는 타미나 온천Tamina Therme은 여행의 피로와 온갖 상념을 완벽하게 털어낼 수 있다.

★★★
📷 타미나 온천 & 그랜드 리조트 Tamina Therme & Grand Resort

GPS 47.000560, 9.503762

역사 깊은 타미나 온천은 13세기부터 36.5도로 유지되고 있다. 타미나 협곡의 블루 골드가 함유되어 있는 이곳 온천은 총 7,300m²의 크기로 실내 및 야외풀, 월풀, 워터 슈트, 폭포, 스파 동굴, 마사지 시설 등을 갖추고 있다. 타미나 온천을 운영하는 그랜드 리조트는 호텔의 개념을 넘어서 건강, 수면, 영양, 디톡스, 아름다움, 의학, 온천, 행복 등의 주요 키워드 아래 최고급 고객 서비스와 첨단 과학적 시스템으로 투숙객의 건강을 총체적으로 관리해준다(수면의 패턴까지 분석하는 호텔방이 있을 정도!). 골프 리조트, 8개의 수준 높은 레스토랑, 카지노, 박물관 등의 주요 시설도 보유하고 있다. 투숙객은 포르쉐, 할리데이비슨 자전거를 무료로 대여해 주변 마이엔펠트 등을 여행할 수 있다.

주소 Tamina Therme, 7310 Bad Ragaz

위치 중앙역에서 451번 버스를 타고 5분이면 Tamina Therme역 도착

운영 매일 08:00~22:00 (금 23:00까지)

요금 온천욕장[2시간/ 오전권(~11:00)/종일권] 성인 CHF 33/23/47 어린이(3~16세) CHF 17/13/28 (주말 및 공휴일 성인 CHF 7, 어린이 CHF 3 추가 요금 발생. 1시간 추가당 성인 CHF 4, 어린이 CHF 3)
※ 사우나 요금 별도
※ 호텔 투숙객 무료

전화 +41 (0)81 303 2740

홈피 www.taminatherme.ch www.resortragaz.ch

© Grand Resort Bad Ragaz

© Grand Resort Bad Ragaz

© Grand Resort Bad Ragaz

© Grand Resort Bad Ragaz

그랜드 리조트

✚ 락스-플림스 Laax-Flims

쿠어에서 가까운 락스–플림스는 그라우뷘덴 사람들의 최애 겨울 리조트이자, 유럽 나아가 전 세계적으로 손꼽히는 스키장이기도 하다. 설질도 우수하고, 특히 스노우보더들을 위한 프리 라이더 지역 및 세계 최대의 하프 파이브, 펀파크가 있다. 보통 락스와 플림스 모두 스노 스포츠의 메카이기도 하고, 꽤 가까운 거리에 있어서 세트로 불린다. 매년 겨울이 되면 일부 국내 스노우보드 동호회에서 락스–플림스를 찾는다. 꼭 겨울 스포츠가 아니어도, 눈 위를 걷는 스노우슈잉이나 산책이 가능하며, 케이블카로 크랍 죵 지옹^{Crap Sogn Gion} 정상에서 바라보는 겨울 파노라마 뷰도 아름답다.

© Laax Tourism

 카우마 호수

카우마 마을에서 숲길 표지판^{Caumasee} 20~30분 정도 걸으면 나오는 숲속 에메랄드 빛의 호수. 완만한 숲길이나 돌아올 때는 약간의 언덕길을 올라야 한다. 여름 시즌엔 호수 입구에 전용 엘리베이터를 이용할 수 있다. 여름이 성수기지만, 겨울에는 또 다른 매력을 느낄 수 있다.

© Laax-Flims Tourism

03

Step to
Switzerland

쉽고 빠르게 끝내는 여행 준비

아름다운 자연과 낭만을 간직한 나라, 스위스! 언어권마다 색다른 매력을 지닌 스위스는 사계절이 뚜렷해 계절마다 다른 풍경을 선사한다. 떠나기 전, 꼭 알아두면 좋은 정보들을 모아봤다.

+ 국가명

4개 국어가 통용되는 스위스는 언어권에 따라 다른 이름이 있다. 독일어 슈바이츠(Schweiz), 프랑스어 쉬스(Suiss), 이탈리아어 스비체라(Svizzera), 로망슈어 즈비츠라(Svizra).

+ 공휴일 (2026년 기준)

※ 스위스 연방 전체 또는 대부분의 칸톤에서 휴일로 지정한 날만 안내

1월	1일 새해
	2일 성 베르히톨드의 날
4월	3일 성금요일*
	6일 부활절 월요일*
5월	1일 노동절
	14일 예수 승천일*
	20일 오순절*
8월	1일 국경일
9월	20일 Bettag* (연방통합에 대한 감사, 기도의 날)
12월	25일 성탄절

※ **빨간색: 연방 공휴일**
※ *표시: 매년 일자 변동
※ 칸톤에 따라 기념하는 종교 축일이 다르다.

+ 기후

스위스에도 사계절이 있으며 기상이변으로 여름철 30도가 넘는 경우가 많아졌다. 1월과 2월 사이 기온은 −2～7도이다. 봄과 여름의 낮 기온은 8～15도이며, 고도에 따라 기온 변화는 다양하다. 국지적으로 푄현상이 일어나기도 한다.

홈피 스위스 기상청 www.meteoschweiz.admin.ch

+ 전기

한국에서 쓰던 전자제품 사용은 가능하나 플러그 모양이 다르다. Type J (3핀)로 별도의 스위스 전용 어댑터나 멀티 어댑터를 구입해서 사용해야 한다.

+ 분실물

각 지역 분실물 사무소를 방문하거나 www.easyfind.com를 이용해 분실물 등록을 하면 된다.

+ 신용카드

비자Visa, 마스터스Masters는 대부분 가능하다. 다만, 아메리칸 익스프레스는 수수료 문제로 받지 않는 경우가 많으니 주로 사용하는 카드 외에 종류가 다른 신용카드를 준비하면 좋다.

+ 선불카드-트래블 월렛

트래블 월렛은 신용카드 수수료 부담 없이 해외 결제와 현금 인출이 가능한 선불카드다. 환전 수수료가 낮고, Visa 가맹점에서 수수료 없이 온 · 오프라인 결제가 가능하여 규모 있는 소비에 적합하다.

자세한 정보 www.travel-wallet.com

+ 와이파이 WiFi

호텔 · 호스텔에서 무료 와이파이를 제공하며, 주요 도

시와 기차역에서도 SBB-FREE 와이파이를 이용할 수 있다. 데이터 사용은 한국이나 현지 통신사 가입이 가장 편리하다.

홈피 SBB 와이파이 www.sbb.ch/wifi (80개 역 연속 최대 60분 사용)

트래블러 와이파이 www.travelersifi.com

➕ 전화, 데이터 사용

❶ 로밍 서비스 이용 시

SKT의 'baro' 요금제를 이용하면 스위스 전역에서 데이터 사용이 가능하며, T전화 앱으로 한국·현지 통화와 문자  발신·수신이 무료다. 30일 내 3GB~24GB 중 선택할 수 있으며, 요금은 데이터 용량에 따라 달라진다. 통신사별 조건은 상이하니 확인이 필요하다.

❷ 국내에서 유럽용 유심 USIM / 이심 ESIM 구입하기

국내에서 유럽용 유심이나 이심을 구매하면 로밍보다 저렴하고 편리하다. 단말기 호환 여부를 확인해야 하며, 사용법 안내와 문제 발생 시 지원 가능한 업체를 선택하는 것이 좋다.

❸ 스위스 현지 통신사 이용하기

가입처: Swisscom, Salt, Sunrise 매장 (공항 및 주요 도시)

안정성 추천(Swisscom): 요금은 Salt보다 높지만, 산악 지역에서 통신망이 가장 안정적이다.

가성비 추천(Salt): 유심 포함 CHF 20에 가입 가능하며, 1일 무제한 인터넷을 CHF 1.99에 제공한다. 홈페이지, 지점, 우체국, SBB 티켓 머신에서 충전할 수 있다.

※ 유심 교체 후 기존 한국 번호로 오는 급한 연락을 확인해야 한다면, 출국 전 '착신전환' 서비스를 신청하거나 듀얼 심 기능을 활용하면 편리하다.

※ **가장 저렴·도시 위주 사용:** 솔트
　산악 여행지에 유리: 스위스콤
　가성비·중간사양: 썬라이즈

솔트 스토어(Salt Store) **취리히 공항점**

주소 Shopping Centre Landside, Postfach 2433,

8058 Zürich-Flughafen

운영 08:00~21:00　　**홈피** www.salt.ch

➕ 안전, 치안

스위스는 치안, 위생, 안보 면에서 매우 안전한 나라다. 하지만 최근 외국에서 스위스로 인구 유입이 많아, 짐에 따라 지역별로 조심해야 할 곳도 있는 것이 사실이다. 공항 주변, 주요 기차역, 대도시, 위락 지역과 야간에는 특히 주의해야 한다. 호수, 강에서 수영을 하거나 래프팅 또는 아웃도어 액티비티를 할 때는 전문 가이드의 도움을 받고 과격한 야외활동은 가급적 삼가는 것이 좋다.

➕ 해외 여행자보험

해외 여행자보험은 의료비와 물품 도난·파손 보장에 집중하는 것이 좋다. 중간 수준 보장(상해·질병 각 3,000만~5,000만 원) 기준으로 일주일 여행 시 약 14,000원~25,000원이 들며, 보험사별 혜택을 비교하는 것이 유리하다. 단, 대부분의 액티비티 사고는 보장되지 않으니 현지에서 반드시 조심하자.

➕ 공관 연락처

주스위스 대한민국 대사관

주소 Kalcheggweg 38, 3006 Bern, Switzerland

전화 +41 31 356 2444 (근무시간 내)

메일 swiss@mofa.go.kr

운영 월~금 08:30~12:30/14:00~17:00 **휴무** 토·일요일 및 공휴일(스위스 공휴일 및 한국 4대 국경일)

비상 시 긴급 연락처(24시간)

근무시간 외, 혹은 사건·사고 등 긴급한 상황이 발생했을 때 이용 가능

- **대사관 당직 전화(긴급 연락처)** +41 79 226 6333
- **외교부 영사콜센터(한국, 24시간)** +82 2 3210 0404
- **영사콜센터 무료전화 앱** '영사콜센터' 앱 설치 시 Wi-Fi 환경에서 무료 통화 가능
- **여권 분실 대비** 여권 사본 1부와 여권 사진 2매를 따로 보관해 두면, 분실 시 대사관에서 긴급 여권을 발급받을 때 시간을 크게 단축할 수 있음
- **자세한 내용 확인 홈페이지** ch.mofa.go.kr

➕ 스위스 현지 긴급 번호

경찰 117 **화재** 118 **구급차** 144 **스위스항공구조대** 1414 **긴급도로서비스** 140 **스위스 일반 문의** 1811 **일반 날씨 정보** 162

어느 날 문득 배낭 하나 가볍게 메고 여행을 가고 싶은 날도 있지만, 사실 모든 여행은 체계적인 준비로부터 시작된다. 스위스로 떠나기 전 스위스 선배 여행자나 AI에게 조언도 듣고 관련 블로그, SNS 채널, 책자 등을 살펴보며 현지 정보를 습득한다면 보다 즐거운 여행이 될 것이다.

✚ 여권과 비자

스위스에서 90일 이내의 기간으로 여행할 경우 대한민국 국민이라면 비자가 필요 없으며, 출발일 기준으로 6개월 이상의 유효기간이 남아 있는 여권을 소지하면 된다.

■ 여권 발급 및 종류

여권은 대한민국 국적을 보유하고 있는 사람에게 발급된다. 예외적인 경우를 제외하고 본인이 직접 방문 신청해야 하며, 이때 거주지와 상관없이 가까운 발행 관청에서도 신청 가능하다. 전자여권의 경우 18세 이상 발급 가능하며, 10년 사용 가능 여권은 26면 기준 49,000원, 58면 기준 52,000원이다. 재외공관 발급 시 26면 USD 49, 58면 USD 52이다. 자세한 내용은 www.passport.go.kr 참고.

■ 여권 재발급

여권의 유효기간 만료 이전 수록정보의 정정 및 변경, 분실 및 훼손, 사증란 부족 등의 경우에는 여권을 재발급받아야 한다. 재발급 시 유효기간은 기존 여권과 같으며, 유효기간이 남아 있는 여권 소지자는 여권을 반납하여야 한다. 여권의 유효기간 연장제도는 폐지되어 유효기간 연장은 불가하다. 수수료는 신규여권 발급과 동일하다.

✚ 항공권 구입 요령

대한민국에서 유럽으로 취항하는 항공사는 경유편을 포함하여 약 20개 항공사에 달한다. 일반 요금보다 저렴한 할인 항공권을 구입하기 위해서는 통상 3~4개월 전에 각 항공사의 웹사이트나 여행 및 항공 어플리케이션을 통하여 구입하는 것이 합리적이다.

최근엔 사전 좌석 예약 여부까지도 항공권 옵션으로 포함되는 등 티켓 조건이 다양하고 고도화되므로, 항상 예약하고자 하는 노선의 정보를 꼼꼼하게 살펴야 한다. 직항편이 아닌 경유편을 구매할 경우 경유지에서 트랜스퍼할 시간이 충분하게 있는지도 고려해봐야 한다. 경유 시간은 최소 2.5시간 이상 되어야 연착 등을 대비해 비교적 안전하다.

■ 주요 스위스 행 항공편

스위스 취리히까지 대한항공(화 · 목 · 토), 스위스 항공(월 · 수 · 토)이 직항편을 운행한다. 직항은 약 13시간 전후 소요되며, 보통 동계에는 직항 운행을 하지 않는다. 따라서 유럽 또는 중동 외항사로 1회 경유하여 취리히나 제네바까지 여행이 가능하다. 최근엔 아시아 경유 항공편도 늘고 있는 추세다.

주요 유럽 항공사	주요 중동 항공사
스위스 항공 LX	카타르 QR
독일 항공 루프트한자 LH	에미레이트 EK
에어프랑스 AF	에티하드 EY
KLM 네덜란드 항공 KL	
터키 항공 TK	
핀에어 AY	
LOT 폴란드 항공	

✚ 여행 준비

■ 기본 준비물

가이드북, 여권, 필기도구, 항공권, 숙박 바우처, 스위스 트래블 패스, 개인 위생용품, 해외 사용 가능한 트래블 체크카드 및 신용카드(한도액을 미리 확인), 현지 통화(스위스 프랑), 계절에 맞는 옷과 속옷, 편안한 신발, 개인 상비약

※ 해외 로밍 서비스를 신청하거나 유럽 유심을 준비하자.

■ 기타 준비물

선글라스, 자외선 차단제, 모자, 접이식 우산 또는 우

비, 멀티 어댑터(스위스 230V 3핀 구조), 약간의 한국 음식(즉석밥, 김, 고추장, 즉석라면 등), 수영복(호텔 스파 및 수영장 유무 확인, 산정 호수 수영 여부 결정), 여행자 보험

※ 중급 이상의 하이킹을 할 계획이라면 난이도에 따라 접이식 스틱, 트레킹화, 배낭 및 휴대용 물통을 준비하자.

✚ 반려동물과 함께하는 스위스 여행

스위스로 반려견, 반려묘를 데려갈 경우, 입국 전에 반드시 국제 표준 마이크로칩을 이식하고 광견병 예방 접종을 해야 한다. 광견병 예방 접종은 마이크로칩 이식 후 실시해야 하며, 첫 접종의 경우 최소 입국 21일 전에 완료되어야 한다. 접종 기록이 포함된 동물 건강 증명서가 필요하며, 스위스 및 EU 국가에서 인정되는 서식이어야 한다. 자세한 사항은 스위스 연방식품안전 및 수의청 홈페이지(FSVO)를 참고하면 된다.

홈피 www.blv.admin.ch

✚ 환전

스위스 프랑(CHF)은 우리나라 모든 은행에서 환전이 가능하지는 않다. 거래 은행에 문의를 해보고, 또 환율을 우대해주는 지점을 확인한 후 환전을 하도록 하자. 여행 일자가 넉넉히 남았다면 환율을 지속적으로 체크하여 두세 번 나누어 20~50의 작은 단위로 환전하는 것도 좋은 방법이다. 거래 은행 앱으로 환전 예약 후 인천공항에서 픽업할 수 있다. 현금을 많이 가지고 있는 것보다 신용카드와 병행하여 쓰거나 다양한 외화를 미리 충전하고 충전된 외화로 수수료 없이 해외 결제 및 출금 가능한 트래블 카드를 써도 좋다.

✚ 호텔 예약 요령

스위스 호텔은 비싸기로 유명하다. 스위스 내 대도시의 경우 전시회 등의 기간이 겹치면 객실을 잡기 어렵고 가격 또한 많이 올라간다. 이런 경우에는 원래 계획했던 지역을 고집하기보다는 주변의 소도시로 이동하거나 일정을 변경하는 것이 현명하다. 또한, 대도시는 주말, 산악 여행지는 평일에 숙박하는 것이 저렴하고 호텔 잡기도 유리하며, 국내 여행사를 통할 경우 항공권 구매 시 적용되는 할인 혜택을 통해 구매하는 것도 좋다. 호텔이 부담스럽다면 3성 호텔 외에도 저렴한 호스텔이나 게스트하우스도 좋다. 특히 스위스 유스호스텔은 시설이 쾌적하며, 객실 타입이 다양해 가족여행에 적합하다. 객실 타입도 다양하다.

리기 칼트바드 호텔

스위스
열차/대중교통 시간표
▶ SBB Mobile

지도/길 찾기
구글 맵스
▶ Google Maps

저렴한 택시 잡기
▶ Uber

스위스 날씨 확인
(메테오 스위스)
▶ Meteo Swiss

대한민국 외교부
▶ 해외안전여행 앱

※ Play스토어나 기타 앱스토어에서 무료 다운로드 가능

Tip | 자료 수집

스위스 가이드북과 스위스가 실린 여행 잡지, 여행 카페 및 블로그를 통해 여행 일정과 볼거리를 정리하고 관심도에 따라 스위스 관련 일반 서적을 한두 권 정도 참고해보자. 아는 만큼 여행의 깊이가 달라진다.

추천 도서
스위스 방명록(노시내 저, 마티)
먼나라이웃나라 스위스편

해외여행이 아예 처음이거나 스위스가 처음인 사람은 어려울 수 있는 출입국 수속. 그러나 다음의 내용을 따르면 생각보다 어렵지 않게 끝낼 수 있다. 참고로 기타 유럽 지역을 경유할 경우 경유지에서 기내 수하물에 대해 검사를 받게 되므로 경유 시간이 충분한지 항공사 또는 여행사를 통해 확인하는 것이 좋다.

※ **스위스 입국 여행자 FOPH Infoline** +41 (0)58 464 4488

✚ 스위스 입국

대한민국 국민의 경우 여행 목적이라면 비자 없이 최대 90일까지 스위스에 체류할 수 있다.
한국에서 스위스로 들어가기 전 다른 EU 국가를 경유하는 경우, 첫 경유지에서 여권심사를 받았다면 스위스에서 다시 받을 필요가 없는 솅겐 조약Schengener Abkommen이 시행되고 있다.
2026년 4월부터 EU국이 아닌 여행자를 대상으로 EESEntry/Exit System 절차가 생겨 여권심사가 생체정보등록의 자동절차로 바뀌었다. 첫 등록 시 시간이 다소 소요될 수 있으니 경유 시, 시간을 여유 있게 잡자. 한 번 등록하면 3년 동안 새로 등록할 필요가 없고, 다음 입국 시에는 기존 데이터와 생체확인만 진행한다. 12세 미만이나 비전자 여권은 여전히 여권심사대로 가서 수동 등록하게 된다.
2027년 말부터는 ETIAS(전자여행 허가제)가 실시될 예정이다. 사전에 수수료를 내고 등록하는 절차로 여행 전 챙겨야 하므로, 시행일을 확인하고 미리 준비하자.

✚ 세관 규정

옷, 속옷, 화장품, 스포츠 용품, 사진 및 카메라, 캠코더, 휴대폰, 노트북, 악기, 그리고 일반적으로 사용하는 각종 개인 물품은 반입이 허용된다.

주류 알코올 18도 미만 5L까지, 18도 이상은 1L까지
담배 담배 250개비, 시가(궐련) 250개비, 기타 제품 총 250g으로 제한
※ 주류, 담배는 만 17세 이상 성인만 소지 가능 및 적용
육류 육류 및 육가공품은 1kg까지 1일 1회 반입 가능(사냥한 고기 제외, 어린이 포함)
기타 기타 품목은 최대 CHF 300까지 면세로 반입 가능
현금 현금의 반입 및 반출은 제한 없음
※ 자세한 사항은 스위스 관세청 홈페이지(bazg.admin.ch) 참고

Tip | 미리 알고 가면 유용한 것들

❶ 여행자 보험
여행자 보험은 공항에서도 가입 가능하나, 인터넷을 통해 사전에 가입하고 가는 것이 저렴하며, 보험회사의 긴급 연락처, 약관 등을 챙겨가는 것이 좋다. 현지에서 스키, 스노보드, 패러글라이딩 등 액티비티를 하다 상해를 입었을 경우 보험 처리가 되지 않는 경우가 많으니 액티비티를 위주로 여행을 하는 경우엔 해당 보험사에 문의하여 자신에게 맞는 여행 보험을 가입해두는 것이 현명하다.

❷ 의복 준비
스위스는 사계절이 뚜렷한 나라며, 산악지방으로 갈수록 평지와는 기후 차이가 확연하다. 여름이라 하더라도 보온용 스웨터 또는 윈드브레이커는 필수. 봄과 가을에도 작은 주머니에 쏙 들어가는 얇은 패딩 하나 정도는 꼭 준비해가자.

❸ 짐 꾸리기
가방을 쌀 때는 수하물용과 기내 휴대용으로 꼭 나누어 싸자. 기내 휴대용은 배낭이 좋으며 이때 액체 물품은 100mL 이하의 용기에 담아야 하고 모두 합쳐 1L(20cm x 20cm)짜리 투명 비닐 지퍼백 1개에 담아야 한다.

❹ 전자제품 이용
카메라, 휴대전화 등 전자제품 쓸 일이 많다면 멀티탭을 준비하자. 멀티탭 콘센트 개수만큼 전자제품을 충전할 수 있어 편리하다.

✚ 스위스 출국

출국은 비교적 간단한 편이다. 공항에는 출발 시각 최소 2~3시간 전에 도착해 각종 수속을 진행하자. 스위스 출국 시 한국 입국을 위해 구매한 물품을 점검해보는 것이 좋겠다. 보통 스위스 칼을 선물용으로 많이 사는데, 기내 수하물에는 기본적으로 허용이 되지 않으므로 부치는 짐에 넣자. 스위스 여행 시 육가공품도 많이 접하게 되는데, 햄, 소시지 등 육류 가공품은 한국 입국 시 반입이 금지된다. 치즈 등 유제품도 검역 대상이므로 대부분 반입이 제한된다. 농축산물은 반드시 신고해야 하며, 미신고 시 과태료가 부과될 수 있다.

✚ 면세 수속

스위스는 EU 가입국이 아니므로 스위스를 지나 기타 EU 국가로 가는 경우 스위스에서 반드시 부가가치세(VAT: Value Added Tax)를 환급받기 위한 수속을 밟아야 한다. 스위스의 부가가치세는 8.1%로 물건 구입 시 이미 구입가에 포함되어 있는데 여행자가 한 점포에서 당일 300프랑 이상 구매했을 경우 VAT를 환급받을 수 있다. 단, 30일 내에 스위스에서 반출되어야 한다.

✚ 환급 절차

공항에서의 환급 절차는 대동소이하다. 아래의 경우는 취리히 공항의 예시이며, 취리히 공항 외에도 제네바 공항, 루가노 공항 및 국경지역 등에서 환급받을 수 있는 곳이 많이 있다.

자세한 내용은
글로벌블루 홈페이지 참고!
www.globalblue.com

1 | 세관에서 VAT 양식에 도장 받기

■ **구매 물품을 위탁 수하물로 수속하려면** 체크인을 하고, 랜드사이드(보안 검색 전 구역)에 위치한 세관으로 사용하지 않은 구매 물품이 담긴 수하물을 가져가 세관 직원에게 물품 확인 및 VAT 양식에 도장을 받아야 한다(체크인 1번에 위치).

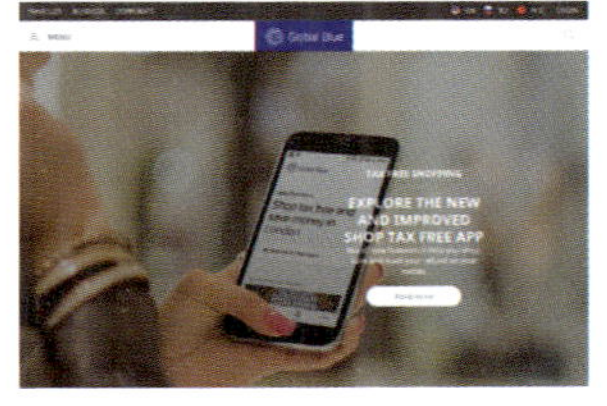

■ **기내 수하물로 물품을 가져가길 원한다면** 탑승권 검사와 보안 검색을 통과하여 에어사이드(보안 검색 후 구역)에 있는 세관으로 가야 한다. 여기서 스위스에서 구매한 물품의 VAT 양식에 도장을 받아야 한다.

2 | 환급금 받기(취리히 공항)

탑승권 검사와 보안 검색을 통과하여 에어사이드에 있는 글로벌 블루 환급금 지급 사무소로 간다. 세관 도장이 찍힌 VAT 양식을 신분증과 함께 제시하면, 현금이나 신용카드로 VAT를 돌려받을 수 있다.

취리히 공항 환급 카운터
Refund Counter Airside Center
위치 트랜스퍼 데스크/트랜스퍼 A 옆
운영 06:00~22:00
전화 +41 (0)43 816 3237
홈피 www.zurich-airport.com

STEP 4 스위스 트래블 패스

스위스 트래블 패스Swiss Travel Pass(한국에서는 '스위스 패스'라 불림)는 외국인 여행자를 위한 올인원 교통 패스라 할 수 있다. 스위스는 29,000km에 달하는 세계 최고 수준의 대중교통망을 갖추고 있으며, 이 패스를 이용하면 기차 · 버스 · 유람선을 자유롭게 탈 수 있어 매우 편리하다.

※ 스위스 트래블 패스 구입: OTA 또는 스위스 패스 전문 여행사

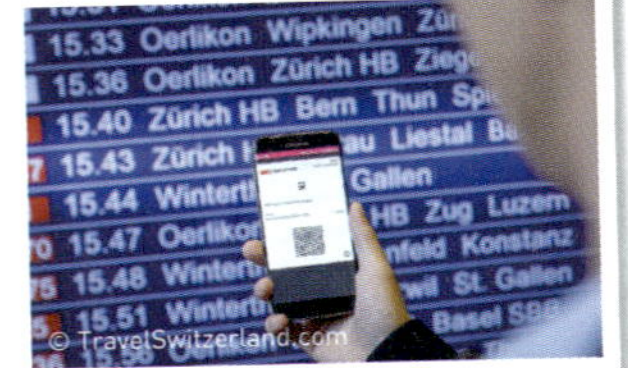

✚ 스위스의 다양한 교통 패스 및 카드

■ 스위스 트래블 패스 주요 혜택

무제한 이용	스위스 트래블 시스템(스위스 대중교통망)에 속하는 기차, 버스, 유람선
	프리미엄 파노라마 열차(좌석 예약 또는 추가 요금 불포함)
	90개 이상의 마을과 도시 내 지역 대중교통
무료 산악 여행지	리기, 슈탄저호른, 슈토스
산악 여행지 50% 할인	대부분 산악 여행지(제외: 융프라우요흐 25% 할인)
무료 입장	500개 이상의 박물관, 미술관

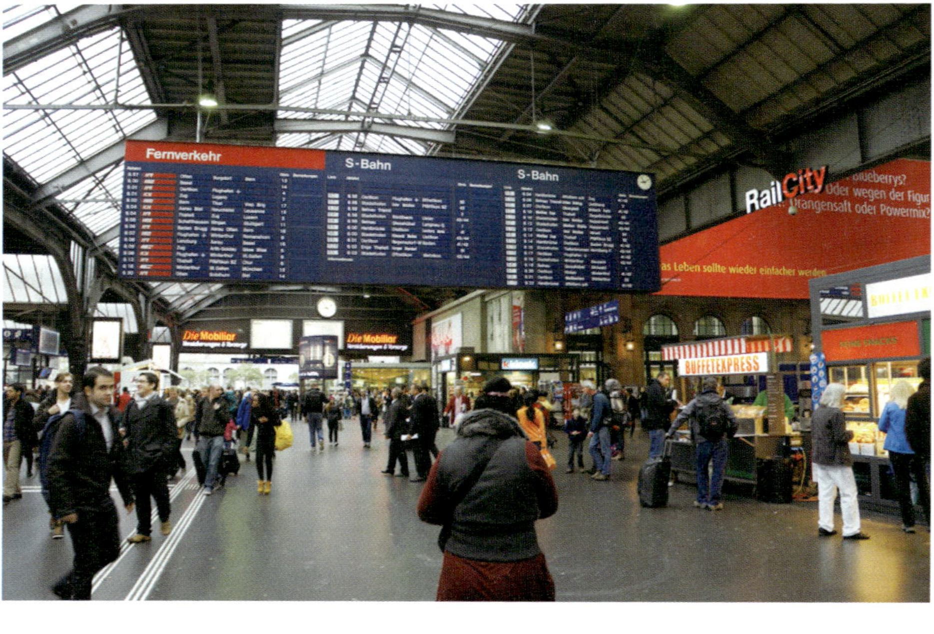

1 | 스위스 트래블 패스 종류

패스는 사용 방식에 따라 연속Consecutive과 비연속 방식인 플렉스Flex로 나뉜다. 연속 패스는 패스를 개시한 날부터 정해진 기간 동안 날짜가 끊기지 않고 매일 사용하는 방식이며 플렉스는 유효기간(보통 한 달) 내에 내가 원하는 날짜만 골라서 사용하는 방법이다.

가격 패스는 스위스 프랑으로 정해져 있으며, 환율에 따라 판매처에서 한화로 환산하여 판매

기준 연령과 가격

- **성인(만 26세 이상)**, **유스(만 16세~만 25세 미만)** 성인의 30% 할인 요금 적용
- **어린이(만 6세~만 16세 미만)** 적어도 부모 중 한 명과 동행할 경우 스위스 패밀리 카드를 발급받으면 무료 여행 가능, 부모가 동행하지 않을 시 성인의 50% 할인가로 구매하여 여행
- **만 6세 미만의 어린이** 무료로 대중교통 이용 가능

❶ 스위스 트래블 패스 연속권 Swiss Travel Pass Consecutive

매일매일 도시를 이동하거나 근교 여행을 떠나는 '부지런한 여행자'에게 적합한 패스로 스위스 체류 기간이 패스 서비스 기간과 딱 맞는 여행자라면 연속권이 좋다.

■ 가격(2026년 기준/스위스 프랑 CHF)

스위스 트래블 패스	2등석	1등석	2등석	1등석
	성인		유스	
3일	254	405	179	285
4일	309	492	218	346
6일	399	634	282	447
8일	439	697	311	492
15일	499	787	356	557

❷ 스위스 트래블 패스 비연속권 Swiss Travel Pass Flex

한 달 내에 선택한 날(3, 4, 6, 8, 15일)만큼 나누어 쓸 수 있다. (예: 4일권 구매 후 7월 1일, 3일, 7일, 10일 사용 가능) 일정이 유연하고 한 도시에 오래 머물며, 교통수단을 이용하지 않는 날이 섞여 있을 때 유리하다.

주의 사항 & 사용 방법

- 사용하는 날마다 앱(Activate)이나 홈페이지(www.activateyourpass.com)를 통해 이용 날짜를 미리 활성화해야 한다. 활성화하지 않고 탑승하면 무임승차로 간주될 수 있다.
- 비사용일에는 박물관 무료 입장이나 산악열차 할인 혜택을 받을 수 없다.

- ■ 가격(2026년 기준/스위스 프랑 CHF)

스위스 트래블 패스 비연속권	2등석	1등석	2등석	1등석
	성인		유스	
3일(1개월 내)	289	461	204	325
4일(1개월 내)	349	555	246	390
6일(1개월 내)	424	674	300	475
8일(1개월 내)	459	729	325	514
15일(1개월 내)	519	819	370	580

❸ 스위스 반액 카드 Swiss Half Fare Card

이 카드 소지자는 한 달(1개월) 동안 스위스 전역의 기차, 버스, 유람선, 그리고 대부분의 산악열차를 50% 할인된 가격으로 구매할 수 있다. 주로 차로 이동하지만, 산악열차나 유람선만 가끔 이용할 계획인 경우나 일정을 미리 촘촘하게 짜놓은 여행자라면, SBB 앱에서 예약하는 '슈퍼세이버 티켓Supersaver Ticket'과 반액 카드를 함께 사용하는 것도 좋다.

가격 CHF 150 (2026년 기준)

❹ 스위스 패밀리 카드 Swiss Family Card

부모 한 명(또는 부모 모두)이 스위스 트래블 패스나 반액 카드를 소지하고 있다면, 동행하는 모든 친자녀(만 6세~15세)는 패밀리 카드를 발급받아 무료로 여행할 수 있다. 부모는 패스 구입 시 구입 여행사에 별도 요청하여 반드시 패스와 함께 수령해야만 한다. 패밀리 카드를 사전에 요청하여 발급받지 않았다면 혜택을 받을 수 없다.

© Swiss Travel System AG 2022

❶ <u>**개시일을 정확히 지정하자.**</u> 스위스 현지 개시일을 반드시 체크하고, 구입해야 한다. 만약 발권 후 부득이한 사정으로 일정이 변경되었다면, 반드시 출발 전 발권 여행사에 연락하여 재발권을 해야만 한다.

※ 재발권 시 수수료 발생, 스위스 현지에서 재발행 불가

❷ 발권/활성화된 스위스 패스는 개시할 때 별도의 확인 절차 없이 사용 가능하다. 열차에서 승무원들이 패스를 검사하며 여권과 대조해 보기도 하므로 **영문 0 름, 생년월일, 여권번호**가 정확해야 한다.

© TravelSwitzerland.com

3 | SBB MOBILE-열차(버스, 유람선) 시간표 확인 방법

스위스 여행의 시작과 끝은 SBB(스위스 연방 철도)와 함께한다고 해도 과언이 아니다. 스위스 여행자라면 SBB Mobile 앱은 선택이 아닌 필수이다. SBB Mobile 앱에서 가고자 하는 경로를 검색한 후, 상단의 '**표시(+ Save Journey)**'를 누르면 데이터가 안 터지는 곳에서도 일정을 확인할 수 있고, 지연 발생 시 푸시 알림도 받을 수 있다.

© Swiss Travel System AG 2022

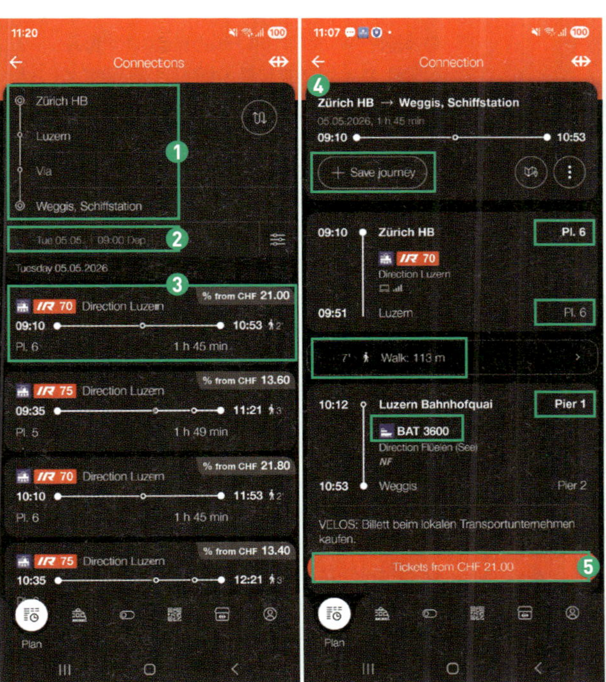

© TravelSwitzerland.com

❶ SBB 모바일 접속. 출발지(FROM) 목적지(TO) 입력. 만약 원하는 경유지가 있으면 입력 ▶ **출발지** ZURICH HB 취리히 중앙역 [**경유지** 루체른] – **목적지** Weggis 베기스

▼

❷ 날짜, 출발 시간 입력하고 검색

▼

❸ 일정에 가장 적합한 시간대 선택

▼

❹ 전체 여정(탑승/하차 시간 및 플랫폼, 선착장, 교통수단, 환승, 이동 거리) 등 확인

▼

❺ 티켓 가격 정보 확인

❶ 1등석 vs 2등석, 고민된다면?

1등석은 2+1 좌석 구조로 2등석보다 넓고 조용하다. 출퇴근 시간엔 2등석이 붐비므로, SBB 앱에서 'Class Upgrade'를 구매해 1등석을 이용할 수 있다.

❷ 1등석과 2등석, 어떻게 구별할까?

객차입구에 숫자 1과 노란색 띠가 있다면 1등석, 숫자 2만 써 있다면 2등석이다.

❸ 스위스 교통시설의 픽토그램을 알아보자.

스위스 교통시설에는 진한 단색 바탕에 흰색으로 디자인된 픽토그램이 사용되어 여행자가 직관적으로 쉽게 이해하고 이동할 수 있다.

■ 스위스 교통시설 픽토그램

 기차역
 버스 정류장
 트램 역
 선착장

 푸니쿨라
 공항
 인포메이션 센터
 플랫폼 번호

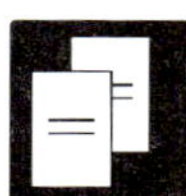 티켓센터
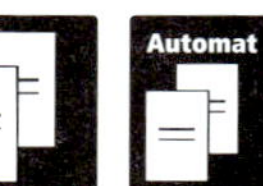 티켓 무인구입기
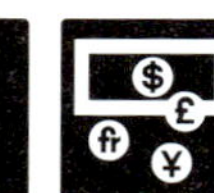 환전
 만남의 장소

 분실물 보관센터
 수하물 운송 서비스
 코인 로커
 플랫폼 내 구역 표시

❹ 무거운 짐은 역에 맡기자! 코인 로커Lockers

대부분의 기차역에 24시간 이용 가능한 로커가 있다. 최신형 로커는 현금 외에 신용카드나 스마트폰(SBB 앱 등)으로 결제가 가능하며, QR 코드가 열쇠 역할을 한다. 짐 보관 및 배송도 가능하다.

· 코인 로커는 플랫폼 1번에 있는 경우가 많다.
· 가방 크기에 맞는 사이즈에 보관하면 되고, 사이즈(S~XL)에 따라 가격이 다르다.
  M 기내용 캐리어(20인치) CHF 7~9
  L 화물용 캐리어(24~26인치) CHF 10~12

❺ 아이와 함께라면 패밀리 코치Family Coach

2층 열차(IC2000 등)의 맨 앞이나 맨 뒤 칸 2층에는 티키파크 'Ticki Park'라는 놀이 공간이 있다. 열차 시간표 옆에 'FA 아이콘'으로 확인 가능하다.

❻ 식당칸Dining Car 이나 비스트로Bistro 활용

식당칸 또는 비스트로를 이용하면 효율적이다. 맛과 가격도 꽤 괜찮다.

❼ 기차, 유람선 화장실 이용

거의 모든 열차, 유람선 내부에 무료 화장실이 완비되어 있어 편리. 반면 기차역 화장실은 유료가 많다.

❽ 이동 시 여행 짐을 기차에 실을 수 있을까?

작은 짐은 좌석 위 선반, 중형 캐리어는 좌석 사이 공간 및 객차 차이 러기지 랙Luggage Racks에 보관 가능하다. 귀중품은 직접 소지해야 한다.

· SBB 앱으로 열차 혼잡도를 확인하도록 하자. 짐이 많을 땐 여유 있는 시간대를 이용하는 것이 좋다.

❾ 기차에서 노트북, 핸드폰을 충전할 수 있을까?

신형 열차는 모든 좌석에서 충전이 가능하지만, 구형 열차의 2등석에는 단자가 없다. 충전 속도가 일정치 않으므로 보조배터리를 준비하는 것이 편리하다.

✚ SBB 수하물 운송 서비스

SBB 수하물 운송 서비스Luggage Service는 무거운 캐리어 없이 가벼운 몸으로 중간 도시를 관광하고 싶은 여행자들에게는 필요한 서비스이다. 만약, 큰 짐이 많다면 당장 필요 없는 짐은 차후 여행지로 보내어 짐에 대한 부담 없이 여행할 수 있다는 장점이 있다. 여행자들이 가장 많이 활용하는 서비스는 역에서 역으로Station to Station 와 도어 투 도어Door to Door Service가 있다.

■ 수하물 서비스

① 스테이션 투 스테이션 Station to Station

스위스 전역의 주요 기차역에서 기차역으로 짐을 대신 보내주는 서비스. 당일 기차역에서 짐과 함께 서비스를 접수하면, 서비스 요청일 이틀 뒤 목적지 역에서 수령 가능하다.

요금 짐 개당 CHF 12
※ 영수증 보관 필수. 기차역에서 수령 시 영수증 제출
※ 짐 개당 CHF 23kg 미만. 단, 바이크, 스포츠 용품은 추가금액 있음
※ 모든 역이 되지 않으므로 사전 sbb.ch에서 확인
※ **수하물 픽업 가능 시간 계산** Luggage timeframe calculator을 통해 자세한 시간 확인 가능

② 도어 투 도어 서비스Door-to-Door Service

주소가 있는 스위스 내 장소에서 픽업하여 이틀 후에 요청한 다른 주소지로 배송해주는 서비스. 완료까지 총 3일 소요된다. 요금은 기본 출장비(고정비)와 짐 개당 요금이 합산된다(추가 요금 지불 시 속달 Express 서비스 이용 가능).

요금 고정비 CHF 50, 짐 개당 CHF 12, 자전거 CHF 20, 이바이크 CHF 30
※ 만약 수트케이스 1개(23kg)라면 고정비 CHF 50 + CHF 12 = CHF 62
※ 속달서비스로 변경 시 추가비용 CHF 50

③ 도어 투 스테이션 Door to Station/스테이션 투 도어 Station to Door

기차역에서 스위스 주소지로, 스위스 주소지에서 기차역으로 보낼 수 있는 서비스도 있다. 기차역에서 수하물을 보낼 때는 수하물과 지참하여 접수해야 하며, 기차역에서 수령할 때는 영수증이 꼭 필요하다. 요금은 기본 출장비(고정비)와 짐 개당 요금이 합산된다.

요금 고정비 CHF 30, 짐 개당 CHF 12, 자전거 CHF 20, 이바이크 CHF 30
※ 만약 수트케이스 1개(23kg)라면 고정비 CHF 30 + CHF 12 = CHF 42

STEP 5 알아두면 좋은 **스위스 언어**

스위스는 지역에 따라 독일어, 프랑스어, 이탈리아어, 로망슈어 4개 국어가 공용어로 되어 있다. 그중 로망슈어를 쓰는 인구는 극히 미미하므로 여기선 독일어, 프랑스어, 이탈리아어와 영어로 정리해두었다. 만약을 대비해 몇 가지 스위스 언어를 알아두는 것도 여행 시 도움이 될 것이다.

※ 독일어의 경우 ss(더블 s) 표기를 ß(에스체트)로 주로 한다.

✚ 숫자

	영어	독일어	프랑스어	이탈리아어
0	zero	Null	zéro	zero
1	one	Eins	un	uno
2	two	Zwei	deux	due
3	three	Drei	trois	tre
4	four	Vier	quatre	quattro
5	five	Fünf	cinq	cinque
6	six	Sechs	six	sei
7	seven	Sieben	sept	sette
8	eight	Acht	huit	otto
9	nine	Neun	neuf	nove
10	ten	Zehn	dix	dieci

✚ 시간

	영어	독일어	프랑스어	이탈리아어
아침	morning	Morgen	matin	mattina
정오	noon	Mittag	midi	mezzogiorno
오후	afternoon	Nachmittag	après-midi	pomeriggio
저녁	evening	Abend	soir	sera
밤	night	Nacht	nuit	notte

✚ 요일

	영어	독일어	프랑스어	이탈리아어
월	Monday	Montag	lundi	lunedì
화	Tuesday	Dienstag	mardi	martedì
수	Wednesday	Mittwoch	mercredi	mercoledì
목	Thursday	Donnerstag	jeudi	giovedì
금	Friday	Freitag	vendredi	venerdì
토	Saturday	Samstag	samedi	sabato
일	Sunday	Sonntag	dimanche	domenica

✚ 월

	영어	독일어	프랑스어	이탈리아어
1월	January	Januar	janvier	gennaio
2월	February	Februar	février	febbraio
3월	March	März	mars	marzo
4월	April	April	avril	aprile
5월	May	Mai	mai	maggio
6월	June	Juni	juin	giugno
7월	July	Juli	juillet	luglio
8월	August	August	août	agosto
9월	September	September	septembre	settembre
10월	October	Oktober	octobre	ottobre
11월	November	November	novembre	novembre
12월	December	Dezember	décembre	dicembre

✚ 교통

	영어	독일어	프랑스어	이탈리아어
길	trail	Fussweg/Pfad	sentier	sentiero
도로	road	Strasse	rue/route	strada
주요 도로	main road	Hauptstrasse	grande route	strada principale
고속도로	freeway/motorway	Autobahn	autoroute	autostrada
기차역	railway station	Bahnhof	gare	stazione
시간표	timetable	Fahrplan	horaire	orario
선박	ship	Schiff	bateau	nave
비행기	plane	Flugzeug	avion	aereo
차	car	Auto	voiture	macchina
버스	bus	Bus	bus	autobus
철도	railway	Eisenbahn	chemin de fer	ferrovia
산악열차	mountain railway	Bergbahn	train de montagne	forrovia di montagna
공중 케이블카	aerial cable car	Luftseilbahn	téléphérique	la funivia
강삭철도	funicular	Drahtseilbahn	funiculaire	funicolare
공항	airport	Flughafen	aéroport	aeroporto
출발	departure	Abfart	départ	partenza
도착	arrival	Ankunft	arrivée	arrivo
플랫폼	platform	Gleis	voie	piattaforma
티켓	ticket	Billett	billet	biglietto

✚ 상점

	영어	독일어	프랑스어	이탈리아어
계산대	counter	Kasse	caisse	cassa
출구	exit/way out	Ausgang	sortie	uscita
입구	entrance	Eingang	entrée	entrata
개점	open	Offen	ouvert	aperture
폐점	closed	Geschlossen	fermé	chiuso
할인	discount	Rabatt	rabais	sconto
품절	sold out	Ausverkauft	désassortiment	esaurito
청구서	bill	Rechnung	note	conto
영수증	receipt	Quittung	reçu	ricevuta
거스름돈	change	Wechselgeld	monnaie	resto

✚ 장소

	영어	독일어	프랑스어	이탈리아어
집	house	Haus	maison	casa
교회	church	Kirche	église	chiesa
탑	tower	Turm	tour	torre
성	castle	Schloss/Burg	château	castello
마을	village	Dorf	village	villaggio
소도시	town	Stadt	ville	città
구시가	old town	Altstadt	vieille ville	città vecchia
중심부	center	Zentrum	centre	centro
도시	city	Grossstadt	grande ville	grande città
대로	main road	Hauptstrasse	boulevard	strada principale
거리	street	Strasse	rue	strada
다리	bridge	Brücke	pont	ponte
공원	park	Park	parc	parco
호수	lake	See	lac	lago
화장실	toilet	Toilette	toilettes	toilette/latrian
엘리베이터	elevator/lift	Lift	ascenseur	ascensore
우체국	post office	Post	poste	ufficio postale
시청사	city hall	Rathaus	hôtel de ville	municipio
광장	square	Platz	place	piazza
대학교	university	Universität	université	università
병원	hospital	Hospital/Spital	hôpital	ospedale
식당	restaurant	Restaurant	restaurant	ristorante
도서관	library	Bibliothek	bibliothèque	biblioteca

✚ 음식

	영어	독일어	프랑스어	이탈리아어
아침 식사	breakfast	Frühstück	petit déjeuner	colazione
점심 식사	lunch	Mittagessen	déjeuner	pranzo
저녁 식사	dinner	Abendessen/ Nachtessen	dîner	cena
애피타이저	appetizer	Vorspeise	entrée	antipasto
디저트	dessert	Dessert	dessert	dessert
빵	bread	Brot	pain	pane
치즈	cheese	Käse	fromage	formaggio
버터	butter	Butter	beurre	burro
감자	potato	Kartoffel	pomme de terre	patata
파스타	pasta	Teigwaren	pâtes	pasta
채소	vegetable	Gemüse	légumes	vegetale
과일	fruit	Frucht	fruit	frutta
샐러드	salad	Salat	salade	insalata
드레싱	dressing	Dressing	sauce de salade	salsa per l'insalata
닭고기	chicken	Huhn/Poulet	poulet	pollo
소고기	beef	Rindfleisch	boeuf	carne di manzo
돼지고기	pork	Schweinefleisch	porc	carne di maiale
생선	fish	Fisch	poisson	pesce
우유	milk	Milch	lait	latte
물	water	Wasser	eau	acqua
생수	mineral water	Mineralwasser	eau minérale	acqua minerale
레드와인	red wine	Rotwein	vin rouge	vino rosso
화이트와인	white wine	Weisswein	vin blanc	vino bianco
커피	coffee	Kaffee	café	caffè
맥주	beer	Bier	bière	birra
주스	juice	Saft/Juice	jus	succo

✚ 간단 회화

	영어	독일어	프랑스어	이탈리아어
아침 인사	Good morning	Guten morgen	Bonjour	Buon giorno
저녁 인사	Good evening	Guten abent	Bonsoir	Buona sera
밤 인사	Good night	Gute nacht	Bonne nuit	Buona notte
고맙습니다	Thanks	Danke	Merci	Grazie
안녕	Hi	Grüezi	Salut	Ciao
도와주세요	Can you help me?	Kannst du mir helfen?	Pouvez-vous m'aider?	Puoi aiutarmi?
실례합니다	Excuse me	Ver Zeihen Sie	Excuse-moi	Miscusi

스위스인의 대다수 특히 독일어권 지역 사람들은 영어를 유창히 하는 편이다. 또한, 웬만한 관광지에서는 영어만 사용하더라도 불편함을 느끼지 않을 정도. 어디서든 막힘 없이 여행할 수 있게 기초 회화 정도는 익혀가는 센스를 발휘하자.

✚ 호텔

체크인을 하고 싶습니다.	I'd like to check in, please.
제이라는 이름으로 3박 예약했어요.	I made a reservation for three nights under the name of Jay.
전망 좋은 방으로 주세요.	I'd like a room with a nice view.
체크아웃은 몇 시죠?	When is check out time?
짐 좀 맡아주시겠어요?	Could you keep my baggage?
맡긴 짐을 찾고 싶어요.	May I have my baggage?
택시를 불러주시겠어요?	Would you get me a taxi?
다른 방으로 바꿔주세요.	Could you give me a different room?
에어컨이 작동하지 않아요.	This air conditioner doesn't work.
이틀 더 머물겠습니다.	I'd like to stay two days longer.
하루 일찍 떠나겠습니다.	I'd like to leave a day earlier.
체크아웃 좀 부탁합니다.	Check out, please.

✚ 레스토랑

6시에 3명 예약하고 싶어요.	Can I make a reservation for three at six?
창가 쪽 테이블로 주세요.	We'd like a table by the window, please.
추천 좀 해주시겠어요?	What do you recommend?
이걸로 할게요.	This one, please.
내가 주문한 게 아직 안 나왔어요.	My order hasn't come yet.
요리가 덜 된 것 같아요.	This is not cooked enough.
저는 완전히 익힌 스테이크를 원해요.	I want my steak well-done.
계산서 주세요.	Just the bill, please.
남은 것 좀 싸주시겠어요?	Can I have a doggy bag?

✚ 공항 & 기내

창가 쪽/통로 쪽으로 주세요.	**Window/Aisle seat, please.**
저는 앞쪽 좌석에 앉기를 원합니다.	**I would like to be seated in te front.**
탑승 수속은 몇 시에 합니까?	**What is the check-in time for my flight?**
비행기가 지연된 이유는 무엇입니까?	**What is the reason for the delay?**
담요 한 장 주시겠어요?	**May I have a blanket?**

✚ 택시

공항으로 가주세요.	**Take me to the airport, please.**
공항까지 얼마나 걸리죠?	**How long does it take to get to the airport?**
호텔 입구에서 세워주세요.	**Stop at the entrance to the hotel.**

✚ 쇼핑

그냥 구경하고 있어요.	**I'm just looking.**
더 작은/큰 것 없나요?	**Do you have a smaller/bigger one?**
입어 봐도 돼요?	**May I try this on?**
얼마예요?	**How much is this?**
너무 비싸요.	**It's too expensive.**
깎아주세요.	**Can you give me a discount?**
이걸로 주세요.	**I think I'll take this one.**
좀 더 싼 게 있나요?	**Have you anything cheaper?**
다른 것으로 바꿔주세요.	**Can I exchange it for another one?**
죄송한데 환불해주세요.	**Can I have a refund?**
따로따로 포장해주세요.	**Please wrap them separately.**

✚ 위급 상황

저는 영어를 못합니다.	**I can't speak English.**
한국어 하는 사람 있나요?	**Is there anyone who can speak Korean?**
교통사고를 당했습니다.	**I was in a car accident.**

베른과 주변 지역

베르너 오버란트 -융프라우 지역

발레 주
체르마트와 주변 지역

TRAVEL NOTE

전문가와 함께하는
전국일주 백과사전
N www.gajakorea.co.kr
우리나라 최초 전국일주 코스 가이드 플랫폼!
'전국일주 백과사전'과 떠나는 상상만으로도 멋진 여행
#전국일주
#코스 가이드
#친절해요
(주)상상콘텐츠그룹
문의 02-963-9891 | www.gajakorea.co.kr
서울특별시 동대문구 왕산로28길 37, 2층(용두동)

스위스여행 함께 준비해요
NAVER
스위스프렌즈
검 색